梯级电站开发

对水生态环境及河流健康影响研究

珠江水利委员会珠江水利科学研究院
水利部珠江河口治理与保护重点实验室
广东省河湖生命健康工程技术研究中心
罗　欢　李胜华　黄伟杰 / 编著

U0252201

中国环境出版集团·北京

图书在版编目（CIP）数据

梯级电站开发对水生态环境及河流健康影响研究/罗欢，
李胜华，黄伟杰编著. —北京：中国环境出版集团，2022.4
ISBN 978-7-5111-5124-7

Ⅰ．①梯…　Ⅱ．①罗…②李…③黄…　Ⅲ．①梯级
水电站—影响—水环境—研究　Ⅳ．①X143

中国版本图书馆 CIP 数据核字（2022）第 066143 号

出 版 人　武德凯
责任编辑　殷玉婷
责任校对　薄军霞
封面设计　宋　瑞

出版发行　中国环境出版集团
　　　　　（100062　北京市东城区广渠门内大街 16 号）
　　　　　网　　　址：http://www.cesp.com.cn
　　　　　电子邮箱：bjgl@cesp.com.cn
　　　　　联系电话：010-67112765（编辑管理部）
　　　　　发行热线：010-67125803，010-67113405（传真）
印　　刷　北京中献拓方科技发展有限公司
经　　销　各地新华书店
版　　次　2022 年 4 月第 1 版
印　　次　2022 年 4 月第 1 次印刷
开　　本　787×1092　1/16
印　　张　21.75
字　　数　450 千字
定　　价　109.00 元

中国环境出版集团郑重承诺：
中国环境出版集团合作的印刷单位、材料单位均具有中国环境标志产品认证。

编写委员会

主 编

罗　欢　李胜华　黄伟杰

参编人员

吴　琼　王建国　林　萍　孙玲玲

王　珂　李　宁　郭星星　刘古月

前　言

北江是珠江水系干流之一。干流长 573 km，平均坡降 0.7‰，集水面积 52 068 km²，占珠江流域总面积的 10.3%；流域部分跨入湘、赣两省。北江平均年径流量 510 亿 m³、径流深为 1 091.8 mm，干流在韶关市区以上称浈江、韶关市以下始称北江，北江是珠江第二大水系，流入珠江三角洲网河区，主流由虎门出海。北江流域内有韶关、清远、佛山三市，总人口 1 258 万人，国民生产总值 3 740 亿元，是粤北地区经济发展的水上命脉，也是广东粤北地区沟通珠三角及港澳地区的唯一水运通道，近年来"一带一路"政策的实施为北江沿岸的发展注入新的动力。

武江是北江的一级支流，北江第二大支流，全流域跨湖南、广东两省，广东省内流域面积 3 617 km²、河流长度为 152 km，跨乐昌市、乳源县、武江区、浈江区，在韶关市范围内流经乐昌市的三溪、老坪石、坪石镇、罗家渡、大源、河南、城关镇、长来、安口等区（镇）到乳源县的桂头区、浈江区的犁市区，在沙洲尾汇入北江。韶关市内流域面积 7 097 km²，河流长度为 260 km，武江主流在广东省境内比较陡峭，平均比降 1.27‰，流速大，洪水传播时间短，流域地势高峻，含沙量较少，是典型的山区河流。

河湖健康评价是结合国情、水情和河湖管理实际，基于河湖健康概念从生态系统结构完整性、生态系统抗扰动弹性、社会服务功能可持续性三个方面建立河湖健康评价指标体系与评价方法，从"盆"、"水"、生物、社会服务功能等 4 个准则层对河湖健康状态进行评价。河湖健康评价工作遵循科学性原则、实用性原则及可操作性原则，结合有关规定及相关技术标准，科学评价河湖健康状况。河湖健康评价是河湖管理的重要内容，将为判定河湖健康状况、查找河湖问题、剖析"病因"、提出治理对策等提供重要依据。河湖健康评价是强化落实河湖长制的重要技术手段，是编制"一河（湖）一策"方案的重要基础，是河湖长组织领导河湖管理保护工作的重要参考。开展河湖健康评价工作，对于进一步提升公众对河湖健康认知水平，推动各地进一步深化落实河湖长制，强化河湖管理保护，维护河湖健康生命具有重要的现实意义。

梯级水电站能充分考虑上、下游梯级间紧密的水力、电力联系，充分发挥流域内调节水库的调节性能，减少弃水，增加发电水头，提高流域水能利用率，大大提高梯级整体发电效益；通过调蓄洪水，进行削峰、错峰，能有效提高流域整体防洪能力。梯级水电站的运行增加了流域整体的防洪、发电和供水等综合效益，但同时梯级水电站建设加剧了河流的阻断效应，使得天然径流更为坦化，改变了河道水量变化过程，干扰河流生态，影响河流健康。武江流域作为北江流域的重要组成部分，水电开发程度较高，包括乐昌峡、张滩、昌山、长安、七星墩、塘头和靖村共7级阶梯工程。

本书共分为7章，主要结合武江流域梯级开发情况，研究梯级开发对水生态环境和河流健康的影响。从流域概况、流域梯级规划概况、梯级开发工程现状、已实施梯级开发水环境影响分析、实施中梯级开发水环境影响分析、河湖健康评价概述及武江流域河流健康评价共7个方面展开编写。本书第1章由罗欢、李胜华、黄伟杰完成，第2章由吴琼完成，第3章由林萍、孙玲玲、王珂完成，第4章由李胜华完成，第5章由王建国、林萍、王珂、孙玲玲完成，第6章由王建国、李宁完成，第7章由郭星星、刘古月完成。全书由李胜华统稿，罗欢定稿。

在本书的出版过程中，得到了韶关市生态环境局、广东韶科环保科技有限公司等单位的大力支持，同时还得到了珠江水利科学研究院陈文龙教授、杨芳教授、亢庆副院长、汪义杰教授、张心凤教授、董延军教授、蒋然教授、黑亮教授等的专业指导。在此，本书编著团队向所有支持和帮助我们的领导、同事、同行及所有参考文献资料的作者表示最由衷的感谢！

由于梯级开发对流域影响的研究具有持续性和复杂性，加之时间仓促和水平有限，书中难免有不妥及错误之处，敬请广大读者批评指正。

作　者
2021 年 10 月于广州天河

目　录

第1章

武江流域概况

1.1 流域概述

1.1.1 地理位置

武江（又称武水）是北江的一级支流，位于东经112°23′～113°36′、北纬24°46′～25°41′，发源于湖南省临武县三峰岭，流经湖南省的临武县、宜章县、郴县、桂阳县、汝城县五县和广东省韶关市的乐昌市、乳源县、武江区、浈江区等四县（市、区），于韶关市沙洲尾注入北江。武江全长260 km，流域面积7 097 km^2（其中湖南省境内河长92 km，流域面积3 480 km^2），河床平均比降0.91‰，天然落差123 m。由乐昌峡塘角至韶关河口长81.4 km，落差44 m。

武江主流在广东省境内比较陡峭，平均比降1.27‰，流速大，洪水传播时间短，流域地势高峻，含沙量较低，是弯曲型的山区河流。

1.1.2 河流水系

武江全流域跨湖南、广东两省。在广东省韶关市范围内流经乐昌市的三溪、老坪石、坪石镇、罗家渡、大源、河南、城关镇、长来、安口等区（镇）到乳源县的桂头区、浈江区的犁市区，在沙洲尾汇入北江。

从坪石镇至乐昌峡，河床两岸都是高山峡谷，险滩多，不利船行，全河最窄的河段（25 m）是乐昌峡。出峡后，河床才较为平缓。植被好，岩石坚硬，含沙量较小；流域地势高，河道坡降陡，流速大，洪水传播快，是典型的山区河流。故洪水期坪石、乐昌、市郊等地的沿河农田、村庄常遭遇洪水，水力资源较为丰富。

武江共有14条主要支流。在湖南省境内汇入武江的有大湾水、连塘水、罗家水；在广东省乐昌市境内汇入武江的有南花溪、宜章水、白沙水、梅花水、田头水、太平水、九峰水、西坑水、廊田水；于乳源境内汇入武江的有杨溪水；在武江区境内汇入武江的有一六水和重阳水。武江及其主要支流的河流特征如表 1.1-1 所示。

表 1.1-1　武江及其主要支流的河流特征值

编号	一级支流	二级支流	三级支流	集水面积/km²	河长/km	河床平均坡降/‰	发源地	河口	备注
1	武江			7 097	260	0.906	三峰岭	沙洲尾	发源于湖南省境
2		大湾水		140	23	21.1	香花岭	谭家水	发源于湖南省境
3		连塘水		363	49	4.53	平溪洞右	鱼美田	发源于湖南省境
4		罗家水		184	36	17.1	仰天湖	水东	发源于湖南省境
5		南花溪		1 188	117	3.36	猛坑石	水口	发源于湖南省境
6			大刘家河	173	28	13.6	七星落地	澄江	发源于湖南省境
7			辽思水	235	49	9.35	老鹏顶	新塘	部分发源于湖南省境
8		宜章水		278	47	9.39	上茶园头	三星坪	发源于湖南省境
9		白沙水		529	66	5.44	仰天湖	坪石	发源于湖南省境喀斯特地区
10			平和水	161	16	9.80	枧坪上	三家车	发源于湖南省境喀期特地区
11		梅花水		147	23	10.9	鹧鸪塘	老虎冲	喀期特地区
12		田头水		523	70	6.12	狮子口下	罗家渡	发源于湖南省境
13		太平水		160	26	22.8	阿公岩下	水口	
14		九峰水		292	50	12.7	杨东山	梅山隧洞	
15		西坑水		100	24	13.7	武洞	乐昌城	
16		廊田水		365	51	9.95	白云仙	大赛坝	又名长垅（来）水
17		杨溪水		498	64	11.5	老鹏顶	杨溪	
18		新街水		339	46	13.5	牛角岭	沙园	
19			重阳水	153	41	14.7	茶坪上	黄土坛	
20			大富河（武江河）	225	33				
21			下陂水（武江河）	66.6	33.6				

武江多年平均河川径流量为 61.2 亿 m³，其中过境水量 22.5 亿 m³；枯水年（$P=90\%$）为 32.4 亿 m³，最小年径流量为 22.6 亿 m³，本地多年平均浅层地下水量为 7.92 亿 m³，最枯流量为 12.3 m³/s（出现于 1966 年）。

韶关境内武江流域情况

广东乐昌市、乳源县、武江区、浈江区等县（区），在韶关市浈江区与浈江汇合为珠江水系北江干流（图 1.1-1）。主流两岸支流众多，集水面积 100 km² 以上的支流有 13 条，其中 1 000 km² 以上的仅南花溪 1 条，流域面积为 1 188 km²。武江乐昌市坪石镇莲塘村段在乐昌市境，从西北部的三溪入境，经坪石往东南穿流于大瑶山武江峡的大源，出泷口过张滩、乐城、长来和安口，下接乳源县。市内河长 12.28 km，境内流域面积 2 421 km²，平均坡降为 0.91‰。在乳源县境，由广东省乐昌市武阳司及长来镇进入乳源县桂头镇杨溪、东岸、均村、大坝、桂头墟，由塘头村出境流入韶关市区。在乳源县境内长 16.25 km，河段平均坡降 1.23‰，集雨面积 749 km²，占全流域面积的 10.5%。在韶关市武江区（原曲江县、曲江区辖地）境内，武江位于县北部，俗称西河。由乳源县桂头入境，经重阳镇，入浈江区境，在境内河段长约 20 km，流域面积 441.4 km²，河床坡降 0.906‰。

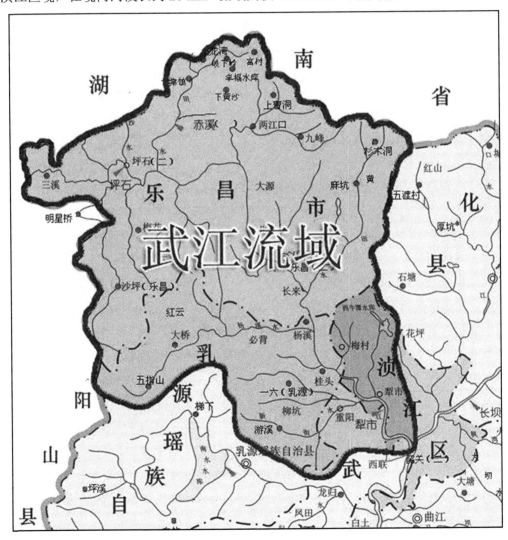

图 1.1-1　韶关市武江流域水系分布

1.1.3 水文气象和水资源特征

武江在广东省范围内设有气象站 1 处（乐昌），雨量站 18 处。18 处雨量站分别设在乳源和乐昌市境内，其中，在乳源境内有五指山、杨溪、大桥、桂头 4 处；在乐昌市境内有岐下岭、富村、下黄沙、甘棠镇、丰收水库、幸福水库、三溪、水口、杉木洞、麻坑、九峰、两江口、沙坪、梅花 14 处。武江流域内还有汾市、坪石、乐昌、犁市水文（位）等站，其中汾市站位于湖南省境内。

坪石站于 1952 年 4 月设立为水位站，1962 年 6 月撤销；1964 年 1 月向下游约 6 km 迁移，在灵石坝渡口右岸下游 80 m 处，改为基本水文站，称坪石（二）站。鱼粮滩水文站位于坪石站下游约 13 km，设立于 1958 年，1963 年 12 月撤销。因其集雨面积为 3 711 km²，与坪石站集水面积仅差 4.0%，故将两站流量测验资料合并使用，并将坪石站流量系列延长至 1958 年。犁市水文站设立于 1955 年 4 月，1979 年 1 月向下游左岸 600 m 处迁移，改称犁市（二）站。塘湾坝水文站位于犁市站下游约 7 km 处，设立于 1952 年，1955 年撤销。集雨面积为 7 096 km²，与犁市站集雨面积仅差 1.7%，因此将两站流量测验资料直接合并使用。

乐昌气象站从 1918 年开始观测，坪石、犁市和赤溪水文站分别于 1952 年、1955 年和 1958 年设站观测，乐昌水位站从 1947 年开始观测。雨量站最早观测的是乐昌的梅花、九峰站，从 1954 年开始观测；其次是沙坪、三溪站，从 1955 年开始观测。

1.1.3.1 气候特征

武江流域处于南岭山脉以南，属东亚季风气候区，冬半年受东北季风控制，气候较冷，略干燥，夏半年受西南和东南季风控制，气候炎热多雨。流域具有山地气候特征，一年四季的主要特点是：春季阴雨连绵，雨日较多；夏季高温湿热，暴雨集中；秋季常有热雷雨；冬季低温，有短期严寒霜冻，雨量稀少。由于冬夏自然气候差别较大，且地形复杂，往往带来灾害性天气。多年平均气温为 19.6℃，最高达到 38.4℃，最低为 −4.6℃，最冷 1 月平均气温为 9℃，最热 7 月平均气温为 28℃。由于地理位置和地形关系，常常受气团交替的峰面雨影响，流域多年平均降水量为 1 450 mm，多年平均降水等值线的变化在 1 300～2 000 mm。地区分布大致自南向北递减，年雨量最小的地区为乐昌的西北部。降水量年内分配很不均匀，主要集中在 4—6 月，一般占全年降水量的 45%～50%，4—9 月占全年降水量的 72%，10 月—次年 3 月占全年降水量的 28%。年降水天数一般为 150～180 d。流域水面蒸发量为 900～1 080 mm，地理分布为西北部较小，东南部较大，总体来说空间上和年际变化较小，最大年仅为最小的 1.3 倍，全年以 7 月、8 月两月蒸发量最大，7 月、8 月两月占全年蒸发量的 26%。陆地蒸发多年平均值在 550～730 mm，地理分布与水面蒸发量一样，即由西北向东南递增。干旱指数为 0.6～0.7，属湿润气候。

1.1.3.2　水资源特征

（1）水位

武江流域地势高，河道坡降陡，涨退水较快，一般洪峰涨退历时：犁市站 72～84 h。最高洪水位一般发生在 4—6 月，最低水位一般发生在 12 月前后，洪峰出现最频繁的是在 5 月中旬至 6 月中旬。

（2）径流

根据 1978 年广东省印发的等值线图量算，多年平均径流深为 857 mm，年径流总量为 60.80 亿 m³。广东省境内为 32.0 亿 m³。由于径流的补给来源主要是降雨，故年径流地区分布和年内分配均与降雨趋势大体一致。年径流系数为 0.59 左右。汛期径流量占全年径流量的 75%～80%，径流的年际变化比雨量的年际变化大，年径流变差系数一般为 0.34～0.45，年径流的最大年为最小年的 4～6 倍。

（3）泥沙

水土流失较弱，河中含砂量较少。沙峰一般出现于洪峰之前，特别是首次发洪时，由于地表干燥，表土松散，易于冲刷。最小含沙量多在汛后枯水期。

1.2　自然环境

1.2.1　地形地貌

武江流域四周分水岭以北部西山山脉的狮子口最高，海拔为 1 913 m；其次是南部猛石坑，海拔为 1 902 m；流域内地形总的趋势是北高南低。

地形的一个重要特点是喀斯特发育。由于石灰岩极易溶蚀，溶洞裂隙发育，形成奇峰异景，乐昌的古佛岩和铜鼓山就是石灰岩溶蚀的结果。由于溶洞裂隙发育，径流往往汇入地下，形成地下河。

地形的另一个特点是乐昌金鸡岭一带的红色砂岩，由于结构疏松，岩性脆弱、易碎，透水性强，形成千姿百态的山峰异景，成为旅游胜地。

武江主流在广东省境内坡降较陡，平均坡降 1.27‰，流速大，洪水传播时间短，流域地势高峻，含沙量较少，是弯曲型的山区河流。

1.2.2　区域地质

韶关市地质绝大部分处于华夏活化陆台的湘粤褶皱带。岩石主要有石灰岩、红色砂砾岩、砂岩、石英岩、变质岩、花岗岩，其分布大体情况如下：

①红色砂砾岩：主要分布在粤北山字形构造体的前弧东翼内侧和西侧反射弧附近，即

浈江的南雄、始兴盆地和武江的坪石盆地。

②砂岩、石英岩、变质岩：主要分布在浈江的始兴、仁化、武江的乐昌以及浈、瀚两江之间的始兴、翁源地带。

③石灰岩：主要分布在乳源部分地方、乐昌市区附近和沙坪、云岩、梅花，翁源县城和曲江马坝等地。

④花岗岩：主要分三列出现，第一列自乐昌九峰经仁化扶溪，到南雄北部延至江西省；第二列自清远市的连州、阳山经韶关市乳源天井山、曲江乌石、始兴司前到南雄盆地入江西省境；第三列亦来自清远市，经韶关市的翁源再到新丰。

1.2.3 土壤植被

绝大部分属黄泥土（红壤土）和淡黄泥土（黄壤土），红壤土主要由灰岩分化而成，部分由红层风化而成，多属砂质黏土或黏土，透水性较小。

黄壤土主要由砂质岩和花岗岩风化而成，砂质岩风化的黄壤土以砂质黏土为主，透水性较大；花岗岩风化的黄壤土以砂壤土或砾质黏土为主，透水性较小。

除少数石灰岩地区如沙坪、云岩区外，其他地区植被是丰茂的，既有杉林、松林、竹林，还有油茶、阔叶林，宜林荒山亦长有低草。

1.2.4 自然灾害

韶关市地处粤北山区，离南海有一定距离，境内山高林密，台风登陆路线也极少通过韶关，故台风对韶关市影响不大。秋旱时节，受台风外围低压环流影响而带来的降雨，对缓解韶关市秋旱旱情有一定的作用。

1.3 社会环境

1.3.1 行政区划

韶关市地处广东省北部，南岭山脉之南缘，是粤、赣、湘三省的接合部，地理位置为东经 112°52′～114°45′、北纬 23°53′～25°32′。北接湖南省，东北与江西省交界，西及西南与清远市的阳山县、英德市毗邻，东南与河源市的连平县相接，南与惠州市的龙门县接壤，素有"广东北大门"之称。市区三面环山，浈江、武江在此相汇后流入北江，山、水、城相互映衬，风景迷人，环境优美，人称"三江六岸"。

韶关市辖始兴、仁化、翁源、乳源、新丰、乐昌、南雄七县（市）和浈江、武江、曲江三区，总面积 18 385 km²。全市共有 107 个乡镇，村民委员会有 1 200 个，居民委员会

198 个。市区面积 2 870 km²，人口超 90 万人，是广东北部重镇，居"五岭之口，当百越之冲"，是历代兵家必争之地，有着悠久的历史和古老的文明。

1.3.2　人口结构

韶关市是多民族聚居地区，人口大部分为汉族，还有瑶族、壮族、回族、满族、京族、白族、侗族、土家族等 31 个少数民族。根据《韶关市 2020 年国民经济和社会发展统计公报》，全市年末户籍人口 336.6 万人，其中城镇人口 151.9 万人，户籍人口城镇化率为 45.1%。

全年城镇新增就业人数 2.53 万人，城镇失业人员再就业 2.23 万人，就业困难人员实现就业 2 219 人。城镇登记失业率为 2.45%，比上年提高 0.34 个百分点。

2020 年武江区年末户籍总人口 289 731 人，其中：城镇人口 221 301 人，乡村人口 68 430 人；男性 144 259 人，女性 145 472 人。根据第七次全国人口普查数据，全区常住人口 373 686 人，其中：城镇人口 315 838 人，城镇化率 84.52%；农村人口 57 848 人。全区常住出生人口 2 859 人，人口出生率 9.61‰；死亡人口 1 665 人，人口死亡率 5.60‰；自然增长人口 1 194 人，人口自然增长率 4.01‰。

1.3.3　社会经济发展

韶关市是广东的重工业城市，工业基础雄厚，农业和第三产业也有相当的规模。20 世纪 50—70 年代，国家先后把韶关作为华南重工业基地和广东战略后方来建设，建立起韶关钢铁厂、韶关冶炼厂、韶关挖掘机厂、凡口铅锌矿、大宝山矿、曲仁煤矿等一大批骨干工业企业，奠定了韶关工业在当地经济中的基础地位。20 世纪 70 年代，韶关已成为广东重要的工业基地。80 年代以来，韶关的工业得到了进一步发展。全市现有工业企业 2 万多家，已形成了以采掘、有色金属冶炼、钢铁工业、铸锻件、建筑材料等资源型行业为主的重点产业；以机械制造、轻工、纺织、石油化工、电力五大行业为主的加工工业；以电子信息技术、机电一体化、新材料、医药等行业为主的高新技术产业。

2020 年，韶关实现地区生产总值 1 353.49 亿元，比上年增长 3.0%。其中，第一产业增加值 198.36 亿元，增长 4.5%，对地区生产总值增长的贡献率为 18.9%；第二产业增加值 464.80 亿元，增长 4.5%，对地区生产总值增长的贡献率为 49.4%；第三产业增加值 690.33 亿元，增长 1.8%，对地区生产总值增长的贡献率为 31.8%。三次产业结构比重由 2019 年的 13.4∶34.1∶52.5 调整为 14.7∶34.3∶51.0。人均地区生产总值 5.1 万元。全年地方一般公共预算收入 105.1 亿元。

韶关市荣获全国双拥模范城"四连冠"，获评全国绿化模范城市、最美中国文化旅游名城，是全省唯一的国家产业转型升级示范区、国家绿色矿业发展示范区、国家山水林田湖草生态保护修复试点市，被列为第七届全国文明城市提名城市，环境质量改善、老工业基地调整改造两项工作获国务院督查激励，城市竞争力和美誉度不断提升。韶关市成为广东省唯一的碳排放权交易试点城市，纳入国家节能减排财政政策综合示范城市，加之前些年获得的中国优秀旅游城市，国家卫生城市、国家园林城市、全国生态文明建设试点地、中国金融生态城市、广东省历史文化名城、广东省文明城市、国家科技进步考核先进市、产学研结合示范市，韶关已经成为经济基础雄厚、交通便利、生态良好、发展潜力巨大的优良之地。

1.3.4 水土保持

查看广东省流域平均侵蚀模型分布图可知：韶关市水土流失面积中，微度流失面积 13 540.11 km^2、轻度流失面积 542.78 km^2、中度流失面积 923.98 km^2、强度流失面积 478.72 km^2、极强度流失面积 164.5 km^2、剧烈流失面积 10.95 km^2，平均侵蚀模数为 739.95 t/（$km^2 \cdot a$）。根据现场查勘，工程区占地范围内，林草覆盖率相对较高，水土流失强度为轻度。

根据《土壤侵蚀分类分级标准》（SL 190—2007），研究区属以水力侵蚀为主的南方红壤丘陵区，水土流失容许值为 500 t/（$km^2 \cdot a$），属广东省重点预防保护区。

武江流域水土流失主要分布在石灰岩山区的乐昌市、乳源县，其他各县均有水土流失的现象。

1.3.5 水利灌溉工程

根据《韶关市武江流域综合规划修编报告》（珠江水文水资源勘测中心），武江流域内万亩[①]以上的灌区共计 5 处，其中水源为陂头引水的工程有：乐昌市的廊北灌区，乳源瑶族自治县的引杨、双口引水灌区；水源为水库供水的工程有：武江区的沐溪灌区，浈江区的西牛潭灌区。山坑田面积 9.165 万亩，其中已治理 7.860 万亩；整理田间灌排系统 12.255 万亩，其中已配套 10.305 万亩。

流域内的灌溉系统由蓄水工程、引水工程、提水工程组成，具体情况如下：

1.3.5.1 蓄水工程

截至 2005 年共建有水库工程 26 项，其中中型水库工程 5 项，分别是浈江区的西牛潭、乐昌市的东洛和龙山、武江区的沐溪、乳源瑶族自治县的横溪；小（一）型水库工程 21 项，合计总库容 4 682.09 万 m^3，灌溉库容 3 292.83 万 m^3，防洪库容 876.45 万 m^3。

---

① 1 亩≈666.67 m^2。

1.3.5.2 引水工程

引水灌溉包含习惯上所称的"自然水灌溉",它和木石陂都是"一水一修"的易被洪水冲坏的较简陋的灌溉设备,且一般具有较低的抗旱能力。

现有引水工程 25 项,均为有坝引水,陂头有木石陂、浆砌石陂,设计引水流量为 9.28 m³/s,有效灌溉面积为 11.47 万亩。其中灌溉面积在万亩以上的有乳源瑶族自治县的引杨、乐昌市的廊田和西坑工程,设计年供水量共计 3 866 万 m³。规划中的引水工程共计 799 项,其中续建 571 项,扩建 5 项,新建 223 项。

1.3.5.3 提水工程

现有电灌站 334 个,灌溉面积 8.67 万亩;水轮泵数量最多的是乐昌市,共 58 台,灌溉面积 0.34 万亩。

1.3.6 污水治理工程

目前韶关市已投产的城镇污水处理厂有:韶关市第一污水处理厂（1.5 万 t/d）、韶关市第二污水处理厂（11 万 t/d）、乐昌市污水处理厂（1.25 万 t/d）、南雄市污水处理厂（1.5 万 t/d）、始兴县污水处理厂（1 万 t/d）、新丰县污水处理厂（1.5 万 t/d）、曲江区鑫田污水处理厂（3.25 万 t/d）、仁化县污水处理厂（1.0 万 t/d）、乳源县污水处理厂（1.5 万 t/d）、翁源县污水处理厂（1.5 万 t/d）、坪石污水处理厂（1.0 万 t/d）11 座。目前,韶钢污水处理厂（10 万 t/d）也已投入运营,全市城镇污水集中处理能力达到 26 万 t/d。

位于武江区域的污水治理工程主要为乐昌市污水处理厂、乳源县污水处理厂和韶关市第一污水处理厂、第二污水处理厂。

1.4 流域环境质量

1.4.1 河流水质

1.4.1.1 历年水质情况

武江流域韶关境内有两个韶关市控水质监测断面,分别为昌山变电站断面和武江桥断面。采用昌山变电站断面和武江桥断面 2009—2013 年连续 5 年的常规监测数据和 2014 年实测数据进行分析。

昌山变电站断面和武江桥断面所在河水水质目标均为Ⅲ类水,根据 2009—2013 年常规监测数据报告,昌山变电站和武江桥断面的各项监测指标均能达到《地表水环境质量标准》（GB 3838—2002）Ⅲ类水质标准,研究河段近年来地表水水质状况良好。

1.4.1.2　水质情况（2014 年）

　　为了全面了解研究范围内的水质情况，在乐昌峡以下已建的 5 个梯级坝址上游 500 m 处各布设一个取样断面，对 5 个水质监测断面取样进行补充分析。取样时间为 2014 年 12 月 11—13 日，连续 3 d 取样，监测指标为 pH、DO、BOD_5、COD_{Cr}、氨氮、SS、石油类、总磷、总氮、氟化物、硫化物、挥发酚、水温、砷、铅、锰、铬（六价）、汞、铜共 19 项。5 个监测断面取样的水质均达到了《地表水环境质量标准》（GB 3838—2002）Ⅱ类水质标准，研究河段水质良好。

1.4.1.3　水质情况（2017 年）

　　在昌山电站坝址上游断面 1 000 m 处、塘头水电站坝址及坝址下游 1 000 m 处共设置 3 个监测断面，监测了 pH、DO、BOD_5、COD_{Cr}、COD_{Mn}、氨氮、SS、石油类、粪大肠菌群、总磷、水温、砷、铅、铬（六价）共 14 项指标。监测时间为 2017 年 6 月 19—21 日，每天监测一次，连续监测 3 d。各监测断面的各项监测指标均能达到《地表水环境质量标准》（GB 3838—2002）Ⅲ类水质标准，区域地表水水质状况良好。

1.4.2　河流底质

1.4.2.1　监测结果（2014 年 12 月）

　　2014 年 12 月 11 日在乐昌峡以下已建各梯级坝址上游 500 m 处以及武江汇入北江交汇处上游 500 m 处各布设一个底泥取样点，共 6 个底泥监测点，采取底泥进行分析。监测指标为 pH、镉、汞、铜、铅、总铬、锰、砷 8 项。

　　监测结果显示：各监测断面底泥均呈酸性，各监测断面底泥中铜、铅、总铬等指标均为达标，但是武江桥断面底泥中的镉、砷和汞指标，七星墩断面底泥中的汞指标，以及长安断面底泥中的砷指标，均超过《土壤环境质量标准》（GB 15618—1995）二级标准。由于韶关市武江流域内没有矿山开采项目，也没有重金属直接排入武江，而北江上游湖南境内有相关矿山开采项目，因此，研究河道部分底泥中部分重金属超标可能为上游湖南境内相关矿山或企业的废水排入河流，重金属在底泥中富集所致。

1.4.2.2　监测结果（2017 年 11 月）

　　2017 年 11 月 1 日，为了解时隔数年后，整个武江河流沉积物的变化情况，对上述 3 个超标断面（武江桥断面、七星墩断面及长安断面）的河流沉积物进行了补充监测。

　　（1）监测布点

　　对河流沉积物共实施了两次监测，第 1 次设 1 个监测点，第 2 次共设 3 个监测点，具体点位位置见表 1.4-1 和图 1.4-1。

表 1.4-1　项目上下游河流沉积物环境监测点

序号	采样点名称	水体名称	位置
T1	塘头水电站坝址	武江	坝址处
T2	武江桥断面	武江	武江汇入北江交汇处上游 500 m 处
T3	七星墩断面	武江	七星墩坝址上游 500 m 处
T4	长安断面	武江	长安坝址上游 500 m 处

（2）监测项目

2017 年 6 月塘头坝址监测断面监测项目：镉、汞、铜、铅共 4 项。

2017 年 11 月武江桥断面、七星墩断面和长安断面监测项目包括 pH、铜、铅、镉、总铬、砷、汞共 7 项。

（3）监测时间与频率

项目坝址监测断面：2017 年 6 月 19 日监测一天。

武江桥断面、七星墩断面和长安断面：2017 年 11 月 1 日监测一天。

（4）监测结果

汇总两次监测的沉积物监测结果如表 1.4-2 所示。

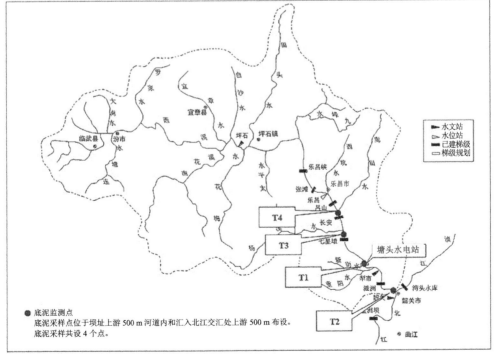

图 1.4-1　河流沉积物监测点位布置

1.4.2.3　评价结果

表 1.4-2 将 2017 年 11 月的监测结果与 2014 年 12 月的监测结果对比列出，同时列出对比参考的《土壤环境质量标准》（GB 15618—1995）二级标准。

表 1.4-2　沉积物监测结果

序号	检测位置	采样日期	检测结果							备注
			pH	铜/(mg/kg)	铅/(mg/kg)	镉/(mg/kg)	总铬/(mg/kg)	砷/(mg/kg)	汞/(mg/kg)	
T1	拟建坝址处	2017 年 6 月 19 日	—	20.5	31.7	0.08	—	—	ND	*
T2	武江桥断面	2017 年 11 月 1 日	6.32	37	102	0.22	69	27.3	0.207	*
		2014 年 12 月 11 日	5.61	49	105	1.08	68	47.6	1.20	**
T3	七星墩断面	2017 年 11 月 1 日	6.35	20	20.1	0.05	42	20.6	0.182	*
		2014 年 12 月 11 日	6.02	20	14.4	0.01	45	26.2	0.613	**
T4	长安断面	2017 年 11 月 1 日	6.43	31	35.3	0.20	58	29.7	0.168	*
		2014 年 12 月 11 日	6.15	41	40.0	0.26	57	51.4	0.221	**
	GB 15618—1995 二级标准		—	50	250	0.30	150	30	0.30	
	评价结果		—	达标	达标	达标	达标	达标	达标	

注：ND 表示低于该方法检出限。

　　—表示未检测项。

　　* 为 2017 年的监测数据。

　　** 为 2014 年 12 月的监测数据。

1.4.2.4　评价结论

根据本次河流沉积物监测结果，武江各监测断面的监测因子均符合《土壤环境质量标准》（GB 15618—1995）二级标准要求。与 2014 年 12 月的监测结果对照，原来超标的武江桥断面底泥的镉、砷和汞指标，七星墩断面底泥中的汞指标，以及长安断面底泥中的砷指标，本次监测结果均达到了《土壤环境质量标准》（GB 15618—1995）二级标准。这说明时隔数年后，武江原超标的断面沉积物质量均有所改善，现已不再存在超标情况。分析武江监测断面河流沉积物质量改善的原因，除了水文条件变化引起底泥环境本底逐渐变化外，还与近年来武江流域大力整治工业污染源，武江两岸排入水体的工业废水大为减少有密切关系。

综上，武江河流沉积物中环境质量现状良好。

1.4.3　水生态环境

1.4.3.1　鱼类

（1）调查方法

对评价区域鱼类生态调查，采用了文献调查、社会访问调查和现场断面补充调查相结合的方法。

1）文献调查和社会访问

武江渔业资源丰富，有相关历史文献可查（表1.4-3）。而武江在韶关段为该河段北江特有鱼类及其生境设置了韶关北江特有珍稀鱼类省级自然保护区，该自然保护区有充实的科学调研资料可查，再有武江流域建设涉及韶关北江特有珍稀鱼类省级自然保护区的功能调整，为此近年来有针对性地做了项目建设对鱼类影响的部分研究工作。

表1.4-3　本次评价鱼类调查文献资料

项目	序号	文献资料
历史文献	1	1960 年《华南师范大学学报》刊文《广东北江的淡水鱼类及其特点的初步报道》介绍了当时北江的鱼类资源状况，其列出的 25 种主要经济鱼类包括唇鲮、桂华鲮
	2	1981—1983 年，农业部组织实施珠江水系渔业资源调查，由潘炳华主编的《珠江水系北江渔业资源》，对北江的鱼类资源状况有较详细的介绍
	3	2001 年，广东省海洋与渔业局立项组织了北江水系韶关江段鱼类产卵场的调查，该调查发现韶关江段分布有多个产漂流性卵的鱼类产卵场
	4	2005 年，华南师范大学生命科学学院在武江流域乐昌市坪石镇、乐昌市区、黎市镇、十里亭等地进行了调研和鱼类采集。其中在塘头至百旺江段（涵盖武江流域调查范围）主要是在韶关北江珍稀鱼类自然保护区内进行鱼类采样，采集鱼类 1 148 尾，鉴别鱼类 49 种
近年资料	1	2007 年 12 月，由暨南大学水生生物研究所、广东省渔政总队韶关支队、广东省海洋与水产自然保护区管理总站编制的《韶关北江斑鳠（鱼类种质资源）省级自然保护区科学考察报告》
	2	2014 年 3 月，由中国水产科学研究院珠江水产研究所编制了《"广东韶关武江塘头水电站工程"对韶关北江特有珍稀鱼类省级自然保护区影响评价报告》
	3	2014 年 12 月，由珠江水利委员会珠江水利科学研究院编制的《广东省韶关市武水梯级开发规划（乐昌峡塘角坝址以下武水干流河段）环境影响回顾性研究报告》
	4	2017 年 3 月，由暨南大学水生生物研究所、珠江水资源保护科学研究所、广州草木蕃环境科技有限公司、广东省环境科学研究院编制的《韶关北江特有珍稀鱼类省级自然保护区范围与功能区调整综合科学考察报告》
	5	2017 年 3 月，由广东省环境科学研究院、广州草木蕃环境科技有限公司、珠江水资源保护科学研究所、暨南大学水生生物研究所编制的《韶关北江特有珍稀鱼类省级自然保护区总体规划（2016—2025 年）》
	6	2017 年 3 月，由广东省环境科学研究院、广州草木蕃环境科技有限公司、珠江水资源保护科学研究所、暨南大学水生生物研究所编制的《广东韶关武江塘头水电站工程对韶关北江特有珍稀鱼类省级自然保护区影响专题评价报告》

2）现场调查

现场调查方法按照《内陆水域渔业自然资源调查手册》进行现场采样和检测，向当地渔业相关专业主管部门、渔民以及市场调查等获取项目区鱼类、渔业等方面资料，并通过资料收集和访问等方法，了解项目区鱼类的种类组成，武江流域特有、重要经济鱼类的种类、分布特征，以及鱼类"三场"数量和分布状况。

（2）调查结果

1）鱼类组成及区系

2014 年 1 月，对塘头水电站上下游水域进行鱼类资源调查，采样点分布见图 1.4-2。共计鱼类 66 种，分属于 7 目，18 科，55 属。该水域鱼类种类以鲤形目最多，40 种，占总数的 60.6%；其次是鲈形目，11 种，占总数的 16.7%；再次是鲇形目，10 种，占总数的 15.2%。在所有的科中，以鲤科最多，34 种，占总种类数的 51.5%，其次是鳅科，5种，占总种类数的 7.6%，再次是鳅科，4 种，占总种类数的 6.1%，该水域鱼类种类组成以鲤科占显著优势，其次种类较多的依次是鳅科、鳅科，这与珠江水系鱼类 1989 年的区系组成一致（表 1.4-4）。

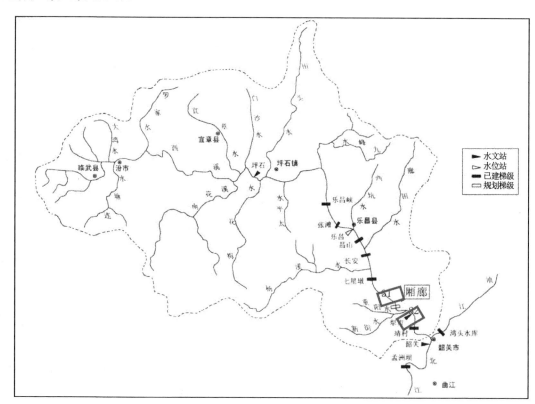

图 1.4-2　鱼类采样点分布

表 1.4-4　武江鱼类分布情况

鱼类	历史记录（乐昌市）	电站上游（S1）	电站下游（S2）
一、鲤形目（Cyprinifomes）			
（一）鲤科（Cyprinidae）			
1. 宽鳍鱲（*Zacco platypus*）	+	+	+
2. 马口鱼（*Opsariichthys bidens*）	+	+	
3. 青鱼（*Mylopharyngodon piceus*）	+		+
4. 草鱼（*Ctenopharyngodon idellus*）	+	+	+
5. 赤眼鳟（*Squaliobarbus curriculus*）	+	+	+
6. 海南红鲌（*Erythroculter recurviceps*）		+	+
7. 翘嘴红鲌（*Erythroculter alburnus*）	+	+	+
8. 三角鲂（*Megalobrama terminal*）	+		
9. 团头鲂（*Megalobrama amblycephala*）			+
10. 鳌（*Hmiculter leucisxulus*）	+	+	+
11. 半鳌（*Hmiculter sauvagei*）	+		
12. 南方拟鳌（*Pseudohemiculter dispar*）	+	+	+
13. 线细鳊（*Rasborinus lineatus*）	+		
14. 银鲴（*Xenocypris argentea*）	+	+	+
15. 鳙（*Aristichthys nobilis*）	+	+	+
16. 鲢（*Hypophthalmichthys molitrix*）	+	+	+
17. 大鳍鳎（*Hemibarbus macracanthus*）	+		
18. 唇鳎（*Hemibarbus labeo*）	+	+	+
19. 花鳎（*Hemibarbus maculatus*）	+	+	
20. 麦穗鱼（*Pseudorasbora parva*）	+	+	+
21. 小鳈（*Sarcocheilichthys parvus*）	+		+
22. 黑鳍鳈（*Sarcocheilichthys nigripinnis*）	+		
23. 银色颌须鮈（*Gnathopogon argentatus*）	+	+	+
24. 银鮈（*Squalidus argentatus*）	+	+	+
25. 棒花鱼（*Abbottina rivularis*）	+	+	+
26. 乐山棒花鱼（*Abbottina kiatingensis*）	+		
27. 片唇鮈（*Platysmacheilus exigums*）	+		
28. 似鮈（*Pseudogobio vaillanti vaillanti*）	+		+
29. 蛇鮈（*Saurogobio dabryi*）	+	+	
30. 短须鳡（*Acheilognathus barbatulus*）	+		+
31. 越南鳡（*Acanthorhodeus tonkinensis*）	+	+	+
32. 大鳍刺鳑鲏（*Rhodeus macropterus*）	+		
33. 兴凯刺鳑鲏（*Rhodeus chankaensis*）	+		
34. 中华鳑鲏（*Rhodeus sinensis*）	+	+	+

鱼类	历史记录 （乐昌市）	电站上游 （S1）	电站下游 （S2）
35．条纹二须鲃（*Capoeta semifasciolata*）	+	+	+
36．光倒刺鲃（*Spinibarbus caldwelli*）	+	+	+
37．倒刺鲃（*Spinibarbus denticulatus denticulatus*）	+	+	
38．北江光唇鱼（*Acrossocheilus beijiangensis*）	+		
39．珠江虹彩光唇鱼（*Acrossocheilus zhujiangensis*）	+		
40．细身光唇鱼（*Acrossocheilus elongatus*）	+		
41．长鳍光唇鱼（*Acrossocheilus longipinnis*）	+		
42．侧条光唇鱼（*Acrossocheilus parallens*）	+	+	+
43．南方白甲鱼（*Varicorhirnus gerlachi*）	+	+	+
44．白甲鱼（*Varicorhirnus sima*）	+		
45．卵形白甲鱼（*Varicorhirnus ovalis ovalias*）	+		
46．稀有白甲鱼（*Varicorhirnus rarus*）	+		
47．小口白甲鱼（*Varicorhirnus lini*）	+		
48．瓣结鱼（*Tor brevifilis brevifilis*）	+		
49．纹唇鱼（*Osteoichilus salsburyi*）	+		
50．鲮（*Cirrhina molitorella*）	+	+	+
51．麦瑞加拉鲮（*Cirrhina mrigola*）		+	+
52．桂华鲮（*Sinilabeo decorus*）	+		
53．异华鲮（*Parasinlabos assimilis*）	+		
54．唇鲮（*Semilabeo notabilis*）	+		
55．东方墨头鱼（*Garra orientalis*）	+	+	+
56．三角鲤（*Cyprinus multitaeniata*）	+		+
57．鲤（*Cyprinus carpio*）	+	+	+
58．鲫（*Carassius auratus*）	+	+	+
59．南方长须鳅鮀（*Gobiobotia longgibarba meridionalis*）	+		+
60．海南鳅鮀（*Gobiobotia kolleri*）	+		
（二）鳅科（Cobitidae）			
61．横纹条鳅（*Nemacheilus fasciolatus*）	+		+
62．花斑副沙鳅（*Parabotia fasciolata*）		+	+
63．沙花鳅（*Cobitis arenae*）	+	+	+
64．泥鳅（*Misgurnus anguillicaudatus*）	+	+	+
（三）平鳍鳅科（Homalopteridae）			
65．平舟原缨口鳅（*Vanmanenia pingchowensis*）	+	+	+
66．广西华平鳅（*Pseudogastromyzon fangi*）			+
67．刺臀华吸鳅（*Sinogastromyzon wui*）	+		
68．贵州细尾爬岩鳅（*Beaufortia kweichowensis gracilicauda*）	+	+	

鱼类	历史记录（乐昌市）	电站上游（S1）	电站下游（S2）
二、鲇形目（Siluriform）			
（四）鲇科（Siluridae）			
69．鲇（*Silurus asotus*）	+	+	+
（五）长臀鮠科（Cranoglanididae）			
70．长臀鮠（*Cranoglanididae bouderiusbouderius*）		+	
（六）胡子鲇科（Clariidae）			
71．胡子鲇（*Clarias fuscus*）	+	+	+
（七）鲿科（Bagridae）			
72．黄颡鱼（*Pelteobagrus fulvidraco*）	+	+	+
73．瓦氏黄颡鱼（*Pelteobagrus vachelli*）	+	+	
74．粗唇鮠（*Leiocassis crassilabris Gunther*）	+	+	+
75．纵带鮠（*Leiocassis argentivittatus*）	+		
76．细身拟鲿（*Pseudobagrus gracilis*）	+		+
77．斑鳠（*Mystus guttatus*）	+	+	+
（八）鮡科（Sisoridae）			
78．福建纹胸鮡（*Glyptothorax fokiensis*）			+
三、合鳃鱼目（Synbranchiform）			
（九）合鳃鱼科（Synbanchidae）			
79．黄鳝（*Monopterus albus*）	+	+	+
四、鳉形目（Cyprinodontiformes）			
（十）鳉科（Oryziatidae）			
80．青鳉（*Oryzias latipes*）	+		
五、鲈形目（Perciformes）			
（十一）鮨科（Serranidae）			
81．大眼鳜（*Siniperca kneri*）	+	+	+
82．斑鳜（*Siniperca scherzeri*）		+	+
（十二）丽鱼科（Cichlidae）			
83．莫桑比克罗非鱼（*Tilapia mossambica*）		+	+
84．尼罗罗非鱼（*Tilapia niloticus*）		+	+
（十三）塘鳢科（Eleotridae）			
85．尖头塘鳢（*Eleotris oxycephala*）		+	+
（十四）鰕虎鱼科（Gobiidae）			
86．子陵吻鰕虎（*Rhinogobit giurinus*）		+	+
87．溪吻鰕虎（*Rhinogobit duospilus*）			+
（十五）攀鲈科（Anabantiidae）			
88．攀鲈（*Anabas testudineus*）			+

鱼类	历史记录（乐昌市）	电站上游（S1）	电站下游（S2）
（十六）斗鱼科（Belontiidae）			
89．歧尾斗鱼（*Macropodus opercularis*）	+		+
（十七）鳢科（Channidae）			
90．斑鳢（*Channa maculata*）	+	+	+
91．月鳢（*Channa asiatica*）	+	+	+
92．南鳢（*Channa gachua*）	+		
（十八）刺鳅科（Mastacembelidae）			
93．大刺鳅（*Mastacembelus armatus*）	+	+	+
94．刺鳅（*Mastacembelus aculeatus*）	+		
六、鳗鲡目（Anguilliformes）			
（十九）鳗鲡科（Anguillidae）			
95．鳗鲡（*Anguilla japonica*）	+	+	+

注：+表示该物种在该区域被采集到。

2）与北江渔业资源历史记载比较

根据《北江渔业资源调查》记载，武江乐昌段记录有鱼类 79 种，与历史资料比较，本次调查未采集的种类有：半䱵（*Hmiculter sauvagei*）、线细鳊（*Rasborinus lineatus*）、大鳍骨（*Hemibarbus macracanthus*）、黑鳍鳈（*Sarcocheilichthys nigripinnis*）、乐山棒花鱼（*Abbottina kiatingensis*）、片唇鮈（*Platysmacheilus exigums*）、大鳍刺鳑鲏（*Rhodeus macropterus*）、兴凯刺鳑鲏（*Rhodeus chankacensis*）、北江光唇鱼（*Acrossocheilus beijiangensis*）、珠江虹彩光唇鱼（*Acrossocheilus zhujiangensis*）、细身光唇鱼（*Acrossocheilus elongatus*）、长鳍光唇鱼（*Acrossocheilus longipinnis*）、白甲鱼（*Varicorhirnus sima*）、卵形白甲鱼（*Varicorhirnus ovalis ovalias*）、稀有白甲鱼（*Varicorhirnus rarus*）、小口白甲鱼（*Varicorhirnus lini*）、瓣结鱼（*Tor brevifilis brevifilis*）、纹唇鱼（*Osteoichilus salsburyi*）、桂华鲮（*Sinilabeo decorus*）、异华鲮（*Parasinlabos assimilis*）、唇鲮（*Semilabeo notabilis*）、海南鳅鮀（*Gobiobotia kolleri*）、刺臀华吸鳅（*Sinogastromyzon wui* Fang）、纵带鮠（*Leiocassis argentivittatus*）、青鳉（*Oryzias latipes*）、刺鳅（*Mastacembelus aculeatus*）共 26 种。

3）与保护区科考报告比较

本次现场采样未见到的种类有国家一级保护动物鼋，国家二级保护动物唐鱼、山瑞鳖、三线闭壳龟（金钱龟）、大鲵、虎纹蛙，以及珍稀鱼类、重要经济鱼类唇鲮、桂华鲮、盆唇华鲮、卷口鱼、光倒刺鲃、鲮、白甲鱼、鳡鱼、鲈鱼、黄尾密鲴、三角鲂、异尾爬鳅、多鳞原缨口鳅等。

4）优势种群

评价区域内鱼类优势种见表 1.4-5，以鲤、鲫、黄颡鱼、鲮鱼、䱵、唇鲭、银鮈、子陵吻鰕虎等占优势地位。

表 1.4-5 武江鱼类优势种的空间分布

种类	个体数百分比/%	质量百分比/%
鲤（Cyprinus carpio）	9.4	20.5
鲫（Carassius auratus）	11.3	12.2
黄颡鱼（Pelteobagrus fulvidraco）	15.6	8.6
鲮鱼（Cirrhina molitorella）	8.9	10.7
鳘（Hmiculter leucisxulus）	14.3	6.1
唇鲭（Hemibarbus labeo）	3.4	3.2
银鮈（Squalidus argentatus）	5.8	—
子陵吻鰕虎（Rhinogobit giurinus）	7.9	—

5）珍稀特有及重要经济鱼类

国家二级保护动物有唐鱼；列入中国濒危动物红皮书的有：长臀鮠；国家级水产种质保护品种有：黄颡鱼、斑鳢、青、草、鲢、鳙、赤眼鳟、日本鳗鲡、翘嘴红鲌、团头鲂、三角鲂、黄鳝、鳊、光倒刺鲃、倒刺鲃；广东省重点保护鱼类有 3 种：桂华鲮、唇鲮、卷口鱼，珠江水系特有鱼类有：海南红鲌、三角鲂、间鲭、长须鳅鮀、侧条光唇鱼、北江光唇鱼、虹彩光唇鱼、桂华鲮、盆唇华鲮、直口鲮、异华鲮、卷口鱼、细尾贵州爬岩鳅、细身拟鲿、中间黄颡鱼等。

①长臀鮠（Cranoglanididae bouderiusbouderius）

分类地位与地理分布：俗称骨鱼、枯鱼。属鲇形目，长臀鮠科，长臀鮠属。

识别特征：体长，侧扁，背鳍起点为体最高处。头平扁，略呈三角形，背面骨粗糙裸露。吻突出，钝圆。口近端位，弧形，上颌略突出。上颌齿带横列，中间有裂缝；下颌齿带明显，分为左右两块；齿绒状。两鼻孔相隔较远；前鼻孔近吻端，呈短管状；后鼻孔有一发达的鼻须，鼻须一般伸达眼后缘，个别略超过或仅至眼中心。上颌须 1 对，一般伸达胸鳍刺的 1/2～4/5，较小个体可达胸鳍刺的末端。下颌须 2 对，下额外侧须一般达胸鳍起点，下额内侧须可达峡凹部。鳃孔大，鳃膜游离。匙骨后端尖形。体无鳞。侧线直线形。背鳍很高，尖刀形，位于体背前部，硬刺的后缘和前缘上部具弱锯齿；脂鳍短，后端游离；

臀鳍很长，臀鳍条 26～34；胸鳍位低，后伸不达腹鳍；腹鳍位于背鳍基后，伸达臀鳍；尾鳍尖叉状，体背侧橄榄色，腹侧乳白色。鳍灰白，基部黄色。生境与习性：为亚热带山麓河溪底层鱼类，喜清澈流水环境。善游，性贪食，以虾类、小鱼、小型贝类等为主食。

　　资源现状与研究进展：长臀鮠原在珠江水系（尤其在广西各江）很常见，最大个体体重可达 1 kg。由于其肉味鲜美，含脂肪量较多，原为珠江深受欢迎的主要食用鱼类之一。数十年来，由于人口骤增，捕捞过度，致使资源量明显减少。目前在保护区江段还能见到长臀鮠，但数量十分稀少。

　　②唇鲮（*Semilabeo notabilis*）

　　分类地位与地理分布：俗称没六鱼、没落鱼、木头鱼、唇鱼、岩鲮、岩鱼。属鲤形目，鲤科，野鲮亚科，唇鲮属。唇鲮分布于珠江水系的武江、西江，云南元江也产此鱼。

　　识别特征：体长筒形，稍侧扁，腹部平，尾柄侧扁。头略钝而稍窄，头顶稍凸；吻圆钝；口大，下位，横裂。吻皮与上唇连合，覆盖上颌，后缘平直，边缘区披颗粒状角质乳突，排列较密。下唇厚，外缘布满小乳突，向颐部伸展成三角形。上下颌边缘锐利，为厚唇完全覆盖。唇后沟限于口角。眼大，位高，上缘几乎与颅顶平齐。须 2 对，均细小，颌须常退化。鳞较大，侧线平直；背鳍无硬刺，末根不分枝鳍条柔软，其长远超过头长。体呈黄棕色，背部较深，腹部乳白色；体侧从头后至尾鳍基部有灰褐色的鳞间纵纹 8～9 条；各鳍灰棕色。

　　生境与习性：唇鲮为江河的中下层鱼类。性喜水质清亮而流急的水域，常顶流而上，渔民谓之"只上水，不落水"，故有"没落鱼"之称。常居山溪有流水的岩洞中，亦呼之为"岩鱼"。此鱼常见的多在 3 kg 以下，故又名"没六鱼"。每年 11 月至次年 3 月，唇鲮随地下水进入与泉水相通的岩洞中越冬，刮食着生藻类和有机碎屑。2—5 月为繁殖期，在有流水的岩洞中产卵，卵附着于河底砾石上。常见唇鲮个体体重 1～2 kg，最大可达 5 kg。肉嫩味美，含脂量高，为珍贵经济鱼类，在武江和广西桂平等江段产量相当可观。

　　资源现状与研究进展：由于人为因素破坏其产卵场和栖息环境，目前唇鲮在珠江水系种群数量十分稀少，武江过去唇鲮是主要的经济鱼类，目前基本绝迹。林义浩曾对广东武江的唇鲮资源状况和保护提出自己的想法，庞世勋等（2005）对珠江水系的唇鲮的生物学进行了研究，结果表明：唇鲮的年轮分为疏密型和切割型 2 种，新年轮形成期主要是在 2—4 月；体长（L）与鳞长（R）之间的关系可用 $R=0.199\,8L-0.762\,4$ 表示，体长（L）与体重（W）之间的关系可用 $W=0.023\,6L^{2.953\,8}$ 表示；自然界中以 3 龄鱼为主；产卵季节为 2—5 月，属一次性产卵类型，相对怀卵量 2 350 粒/条，绝对怀卵量为 17 575 粒/条；雌雄比例为 1.91∶1。"唇鲮以摄食硅藻为主，对硅藻有较高的消化率，可达 86.3%。"保护区江段分布有唇鲮，但数量十分稀少。

③卷口鱼（*Ptychidio jordanl*）

分类地位与地理分布：俗称嘉鱼、老鼠鱼。属鲤形目，鲤科，野鲮亚科、卷口鱼属，是珠江水系特有种，仅分布于珠江水系。

识别特征：卷口鱼体长亚圆筒形，后部稍侧扁，头小、口下位，吻皮肥厚突出下垂，包盖着上下颌，垂边缺刻成流苏状，上有许多小乳突。上下颌具角质锐缘，具须 2 对。眼小，间隔窄。鳞片细小，侧线鳞 40 以上。背鳍无硬棘，各鳍棕黑色。体色棕灰，背部色深，腹部黄白色。

生境与习性：卷口鱼属于穴居岩石生境鱼类，非洄游性。常生活于河床宽阔、水质清澈的深潭、石砾河段，尤喜急流石洞之处。杂食性，食物包括淡水壳菜、蚬类、藻类、水生昆虫、有机碎屑等。4—9 月为繁殖期，在栖息地产卵繁殖。卷口鱼是珠江四大名贵河鲜（鲈、嘉、鳜、鲋）之一，为珠江水系特有种。

资源现状与研究进展：目前卷口鱼在西江还有一定数量的种群分布，在武江数量已经十分稀少。由于卷口鱼为珠江重要经济鱼类，有关其研究相对较多，崔淼等（2001）对卷口鱼的年龄和生长进行了研究。谢刚等（2001，2002）对野生卷口鱼的人工驯养、卷口鱼耗氧规律、卷口鱼的临界水温和溶氧量进行了实验。杜合军等（2006）应用 RAPD 技术对珠江水系西江段广西桂平至广东肇庆之间的野生卷口鱼遗传多样性进行分析，结果显示，野生卷口鱼在广西桂平至广东肇庆之间的江段中可能至少存在两个种群。该研究为卷口鱼的种质保护、合理开发利用以及选择育种提供了一些基础数据。

④斑鳠（*Mystus guttatus*）

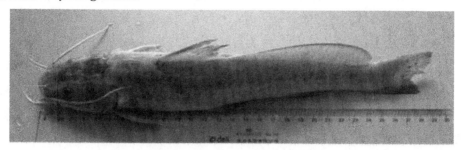

分类地位与地理分布：英文名为 Spotted longbarbel catfish，俗称鲮鱼、芝麻鲮、梅花鲮、鲶鱼。属鲶形目，鲿科，鳠属。分布于珠江各大水系和海南岛水系，长江水系和钱塘江水系也有少量分布。

识别特征：体长，侧扁。头平扁，吻宽而圆钝，略似犁头状。口宽大，下位，弧形。上、下颌齿带弧形，腭骨齿带略呈半环形，齿绒毛状。唇厚，下唇中间不连续。两鼻孔略近，前鼻孔管状，后鼻孔前缘有鼻须。须 4 对：上颌须最大，末端达腹鳍基；鼻须较短；颐须 2 对，外侧 1 对较长，可达鳃孔。眼中等大，眼睑游离。背鳍短，硬刺细短，后缘具细弱锯齿；胸鳍刺扁长，前缘锯齿细弱，埋于皮下，后缘锯齿粗大；腹鳍与臀鳍均短，无硬刺。脂鳍高，特别长，起点接近背鳍，末端靠近尾鳍，但不与尾鳍相连，后缘游离，圆形；尾鳍分叉，上叶略长。体呈棕色，腹部黄色；体侧有大小不等、排列不规则的圆形蓝色斑点（幼鱼无斑）。背鳍、脂鳍及尾鳍灰黑色，有褐色小斑点；胸鳍、腹鳍及臀鳍色淡，很少有斑点。

生境与习性：栖息于江河的底层，以小型水生动物为食，如水生昆虫、小鱼、小虾等，也食少量的高等水生植物碎屑。每年 4—6 月繁殖，但在 6—8 月也发现有成熟个体，产黏性卵。

资源现状与研究进展：目前斑鳠在珠江水系是优势种群，在武江有较大数量的分布，据渔民介绍，每年 6—8 月，在武江都能捕到上百万的鱼苗，由于捕捞压力，数量也逐渐衰竭。斑鳠为珠江名贵经济鱼类之一，朱新平等（2005）对池养珠江斑鳠进行了人工繁殖和胚胎发育的初步研究。胡隐昌等（2003）对珠江斑鳠的食性进行研究，结果表明：天然水域中斑鳠主要以甲壳类、昆虫类、鱼类、环节动物、植物碎屑等为食，其中甲壳类的出现频率高达 78.6%，水生昆虫的出现频率为 45.8%。其食物类群的季节变化明显，但没有出现停止摄食的时期。斑鳠在春季的摄食强度最大，各类食物在春季出现的频率均高于其他季节，斑鳠摄食率和充塞度的季节变化相一致。不同体长斑鳠的饵料有一定的转化或更替阶段，约 170 mm 体长时为主要饵料转化的第一阶段，约 240 mm 体长时为主要饵料转化的第二阶段，随着斑鳠体长的增长，其摄食饵料的个体变大，但种类减少。任岌等（2005）测定了斑鳠线粒体细胞色素 b 基 1 的全序列，该序列全长 1 137 bp，其中 T、C、A、G 4

种碱基含量分别为 31.6%、25.7%、29.6%、13.1%，A+T 的含量（61.2%）显著高于 G+C 的含量（38.8%）。

6）武江鱼类生态类型分析

按生态习性区分，鱼类分为江海洄游性、江湖半洄游性和定居性 3 种生态类型。武江为急流型河流，底质为石砾、卵石，有很多岩洞和深坑，有些山地形成水深急流的长峡，因此其自然条件适合于急流底栖和石穴岩洞生活的鱼类。据数据记载，武江水系急流、沙砾和石穴岩洞生活的鱼类约占 80%，如鲃亚科和鮈亚科的多数种类，平鳍鳅科、鳅科、鲿科及鮡科的一些种类，这些鱼类特点是口多为下位或亚下位，唇部和吻褶发达，有的特化为乳突或不同程度的吸盘。在水流湍急的江河之中，大部分的原生鱼种都善于游泳，或具有特殊攀爬能力的身体构造。加上河流的水文条件四季变化明显，生物自然演化出最能够适应环境条件的洄游习性。

武江鱼类以纯淡水鱼类为主，河海洄游鱼类相当稀少。其中，又以鲤科、鳅科、鲿科为优势类群。鲤科鱼类的种类约占 45%。虽然鲤科鱼类不像鳗鲡科或鲑鳟鱼类做河海间长距离的洄游，但是根据过去的文献记载和实际调查，有很多物种都有所谓的河川内洄游行为。再如产漂浮性卵的四大家鱼（青、草、鲢、鳙）等种类，会在雨季来临之前溯河洄游至较上游的江段，同时趁着洪水来临之前产卵，卵随洪水漂流孵化后，将鱼苗带至中下游江河之中。反之，有一些在旱季会从中上游往下游洄游的物种，如宽鳍鱲、马口鱼等，会在下游产卵。之后，孵化出的成群的小鱼会趁着雨季来临之时，溯河至中上游成长。

也有一些喜欢在水温低的水体里繁殖的物种，如白甲鱼、光唇鱼和鲟之类，大型的繁殖个体会在雨季来临之时往上游溯河，寻找适合的水域，在大雨过后水退的时间里分批产卵。更有一些平鳍鳅科鱼类的幼鱼，会在雨季之后的枯水季里，由下游河段往上游溯河。这种多样性的洄游模式，不像河海洄游的物种那么单纯，但是因为过去的相关研究记录甚少，因此所知仍旧有限。

1.4.3.2　浮游植物

（1）采样方法

浮游植物主要分为定性和定量标本的采集。定性样品采集方法：每次采样时，用 25$^{\#}$ 浮游植物网在水体表层划 "∞" 5 min 左右，然后放入样品瓶中，加甲醛 1 mL 固定。定量样品采集方法：用采水器采水 5 L，取水样 1 000 mL，福尔马林溶液固定，低温避光保存，带回实验室，静置沉淀逐步浓缩至 30 mL，如不能及时看此样品，加 30%甲醛溶液 1 mL 固定。

将浓缩后的样品摇匀后，取 0.1 mL 注入浮游生物计数框类，盖好玻片后，置于 OLYMPUS CX21 显微镜（日本，奥林帕斯）下进行计数，每个样品做 2 个平行观察，取平均值，然后换算成每立方米水体的细胞个数。如遇到样品中藻类密度过高，需进行稀释后再计数。

（2）调查结果

1）浮游植物种类组成和分布

如表 1.4-6 所示，本次调查共监测出浮游植物 6 门 62 种。其中，硅藻门 33 种，占种类总数的 53.23%；绿藻门 16 种，占种类总数的 25.81%；甲藻门和蓝藻门均为 2 种，占种类总数的 3.23%；裸藻门 5 种，占种类总数的 8.06%；隐藻门 4 种，占种类总数的 6.45%。见图 1.4-3。

表 1.4-6　浮游植物物种名录

主要类别	采样点							
	张滩	西坑水	昌山	杨溪水	长安	靖村	七星墩	廊田
硅藻 33 种								
广缘小环藻（*Cylotella comensis*）	+	+	+	+	+	+	+	+
梅尼小环藻（*Cyclotella meneghiniana*）	+	+	+		+		+	
具星小环藻（*Cyclotella stelligera*）	+				+		+	
短小舟形藻（*Navicula exigua*）	+	+	+			+		+
库津针杆藻（*Cyclotella kuetzingiana*）	+							
两头针杆藻（*Synedra amphicephal*）			+					
尖针杆藻（*Synedra acusvar*）	+		+	+	+		+	+
肘状针杆藻（*Synedra ulna*）			+				+	+
肘状针杆藻狭细变种（*Synedra ulna* var. *danica*）			+					
近缘针杆藻（*Saffinis affinis*）	+							+
羽纹脆杆藻（*Fragilaria pinnata*）	+							
中型脆杆藻（*Fragilaria intermedia*）				+				+
连接脆杆藻（*Fragilaria comstruens*）								+
变异脆杆藻（*Fragilaria virescens*）								+
钝脆杆藻（*Fragilaria capucina*）			+			+		
近缘桥弯藻（*Cymbella cymbiformis*）								+
小桥弯藻（*Cymbella laevis*）	+							
极小桥弯藻（*Cymbella perpusilla*）			+					
细小桥弯藻（*Cymbella gracilis*）					+			+
新月桥弯藻（*Cymbella cymbiformis*）		+						
拟菱形弓形藻（*Schroederia nitzschioides*）	+		+		+		+	
颗粒直链藻（*Melosira granulata*）	+		+	+		+	+	+
颗粒直链藻极狭变种（*Melosira granulata* var. *angustissima*）		+	+		+			
卵形褶盘藻（*Frybioptychus cocconeiformis*）	+							

主要类别	采样点							
	张滩	西坑水	昌山	杨溪水	长安	靖村	七星墩	廊田
粗壮双菱藻（*Surirella robusta*）		+						
大羽纹藻（*Pinnularia major*）				+				+
弯羽纹藻（*Pinnularia gibba*）							+	
透明卵形藻（*Cocconeis pellucid*）								+
扁圆卵形藻（*Cocconeis placentula*）						+		
窄异极藻延长变种（*Gomphonema parvulum* var. *productum*）								+
纤细异极藻（*Gomphonema gracile*）					+			+
尖异极藻布雷变种（*Gomphonema acuminatum* var.*brebissonii*）								+
披针曲壳藻（*Achnanthes lanceolata*）								+
绿藻 16 种								
被甲栅藻（*Scenedesmus armatus*）		+					+	+
被甲栅藻博格变种双尾变形（*Scenedesmus armatus* var. *boglariensis* f. *bicaudatus*）		+						
被甲栅藻博格变种（*Scenedesmus armatus* var. *boglariensis*）		+			+			
双对栅藻（*Scenedesmus bijuga*）			+					
二形栅藻（*Scenedesmus dimorphus*）					+			+
爪哇栅藻（*Scenedesmus javaensis*）			+					
四尾栅藻（*Scenedesmus quadricauda*）		+						
杂球藻（*Pleodorina morum*）		+						
扁鼓藻（*Cosmarium dichondrum*）		+			+	+		
单角盘星藻（*Pediastrum simplex*）		+						
卵囊藻（*Oocystis* sp.）		+						
多芒藻（*Golenkinin radiate*）			+		+			
衣藻（*Chlamydomonas* sp.）			+			+	+	
小球藻（*Chlorella vulgaris*）								+
单生卵囊藻（*Oocystis solitaria*）								+
窗格平板藻（*Tabellaria fenestrata*）					+			
甲藻 2 种								
裸甲藻（*Gymnodinium* sp.）			+		+	+	+	
多甲藻（*Peridinium* sp.）					+	+		
蓝藻 2 种								
颤藻（*Oscillatoria* sp.）			+					
微小平裂藻（*Merismopedia minima*）			+					
裸藻 5 种								
纺锤鳞孔藻（*Lepocinclis fusiformis*）							+	+
椭圆鳞孔藻（*Lepocinclis steinii*）					+	+	+	

主要类别	采样点							
	张滩	西坑水	昌山	杨溪水	长安	靖村	七星墩	廊田
变胞藻（*Astasia* sp.）								+
带形裸藻（*Euglena ehrenbergii*）					+			+
膝曲裸藻（*Euglena geniculata*）								+
隐藻 4 种								
蓝隐藻（*Chroomonas* sp.）					+			
具尾蓝隐藻（*Chroomonas caudate*）		+	+					
卵形隐藻（*Cryptomonas ovata*）			+	+			+	+
尖尾蓝隐藻（*Chroomonas acuta*）	+					+		

注：+表示该浮游植物在该站点被监测到。

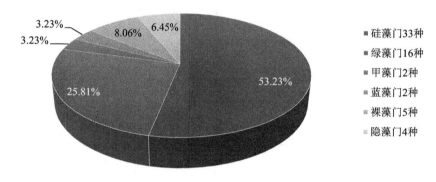

3.23%　3.23%　8.06%　6.45%　53.23%　25.81%

■ 硅藻门33种
■ 绿藻门16种
■ 甲藻门2种
■ 蓝藻门2种
▧ 裸藻门5种
▨ 隐藻门4种

图 1.4-3　浮游植物的种类组成

如表 1.4-7 和图 1.4-4 所示，各站位浮游植物种类数为 6～30 种。从各站位分布来看，廊田位点种类最多，为 30 种；昌山位点次之，为 19 种；杨溪水位点种类数最少，仅为 6 种。从类群构成来看，硅藻和绿藻为主要类群，甲藻和隐藻种类较少，蓝藻仅偶见。

表 1.4-7　各站位浮游植物种类数　　　　　　　　单位：种

主要类别	调查水域各站位							
	张滩	西坑水	昌山	杨溪水	长安	靖村	七星墩	廊田
硅藻	12	6	12	5	8	5	8	21
绿藻	0	8	4	0	5	3	1	4
甲藻	0	0	1	0	2	2	1	0
蓝藻	0	0	0	0	2	1	2	4
隐藻	1	1	2	1	1	1	1	1
合计	13	15	19	6	18	12	13	30

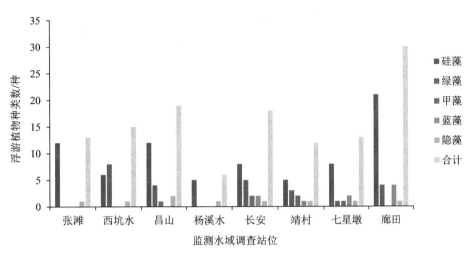

图 1.4-4 各站位浮游植物种类数

2）浮游植物密度、浮游植物优势种

如表 1.4-8 所示，根据本次调查，各站位主要浮游植物优势种有广缘小环藻（*Cylotella comensis*）、短小舟形藻（*Navicula exigua*）、被甲栅藻博格变种双尾变形（*Scenedesmus armatus* var. *boglariensis* f. *bicaudatus*）、微小平裂藻（*Merismopedia minima*）、裸甲藻（*Gymnodinium* sp.）、椭圆鳞孔藻（*Lepocincilis steinii*）、多甲藻（*Peridinium* sp.）等。

表 1.4-8　各站位浮游植物优势种及其优势度

采样站位	浮游植物优势种及其优势度（*Y*）
张滩	广缘小环藻（*Cylotella comensis*）0.435；短小舟形藻（*Navicula exigua*）0.172；近缘针杆藻（*Saffinis affinis*）0.115
西坑水	被甲栅藻博格变种双尾变形（*Scenedesmus armatus* var. *boglariensis* f. *bicaudatus*）0.205；四尾栅藻（*Scenedesmus quadricauda*）0.136；扁鼓藻（*Cosmarium dichondrum*）0.082
昌山	微小平裂藻（*Merismopedia minima*）0.972
杨溪水	尖针杆藻（*Synedra acusvar*）0.743
长安	尖针杆藻（*Synedra acusvar*）0.278；椭圆鳞孔藻（*Lepocincilis steinii*）0.130；梅尼小环藻（*Cyclotella meneghiniana*）0.111
靖村	扁圆卵形藻（*Cocconeis placentula*）0.239；椭圆鳞孔藻（*Lepocincilis steinii*）0.239；多甲藻（*Peridinium* sp.）0.149；广缘小环藻（*Cylotella comensis*）0.090
七星墩	裸甲藻（*Gymnodinium* sp.）0.780；椭圆鳞孔藻（*Lepocincilis steinii*）0.068；纺锤鳞孔藻（*Lepocinclis fusiformis*）0.057
廊田	短小舟形藻（*Navicula exigua*）0.236；颗粒直链藻（*Melosira granulata*）0.086；变胞藻（*Astasia* sp.）0.064

3）浮游植物多样性指数

如表 1.4-9 和图 1.4-5 所示，各站位浮游植物丰富度为 1.618～4.403，均值在 2.628；均匀度指数在 0.314～0.969，均值为 0.738；香农-威纳指数（Shannon-Wiener Index）在

0.926~2.864，均值为 1.878。物种丰富度以廊田站位最高，均匀度以杨溪水站位最高，香农-威纳指数以廊田站位最高。

表 1.4-9　各站位浮游植物多样性指数

采样站位	多样性指数		
	丰富度（d）	均匀度（J′）	香农-威纳指数（H′）
张滩	1.975	0.747	1.856
西坑水	3.030	0.915	2.416
昌山	2.536	0.314	0.926
杨溪水	1.924	0.969	1.560
长安	3.631	0.829	2.395
靖村	1.910	0.860	2.062
七星墩	1.618	0.379	0.942
廊田	4.403	0.890	2.864
均值	2.628	0.738	1.878

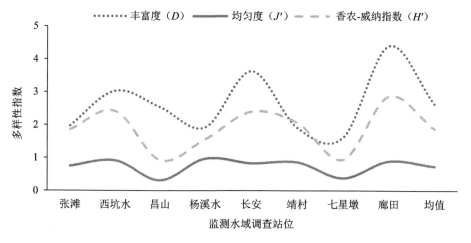

图 1.4-5　各站位浮游植物多样性指数

1.4.3.3　浮游动物

（1）样品采集及处理方法

浮游动物的定性、定量分析严格按照《渔业生态环境监测规范》中规定的采样方法，于每个采样点采集 4 个样品，定量样品用有机玻璃采水器采集，原生动物和轮虫采水 1 L，样品浓缩用自然沉淀法进行。甲壳类用 25# 浮游生物网滤水 30 L。定性标本采集时，原生动物和轮虫用 25# 网，甲壳类 13# 网，在水面呈"∞"形移动，捞取样品约 3 min。原生动物和轮虫用鲁哥氏液固定，甲壳类加 4%福尔马林液固定。原生动物用 0.1 mL 的浮游生物计数框进行计数。轮虫和浮游甲壳动物用 1 mL 浮游生物计数框分别在 10×10 和 10×4 倍的显微镜下计数。

（2）调查结果

1）浮游动物种类组成和分布

如表 1.4-10 和图 1.4-6 所示，本次调查共监测出浮游动物 48 种，其中，原生动物门 13 种，占种类总数的 27.08%；轮虫 27 种，占种类总数的 56.25%；枝角类 3 种，占种类总数的 6.25%；桡足类 5 种，占种类总数的 10.42%。浮游动物种类组成情况如图 1.4-6 所示。

表 1.4-10　浮游动物种类组成

动物种类	采样点							
	张滩	西坑水	昌山	杨溪水	长安	靖村	七星墩	廊田
原生动物（Protozoa）13 种								
简裸口虫（*Holophrya simples*）							+	
弯斜头虫（*Loxocejhalus plagius*）							+	
武装尾毛虫（*Urotricha armatus*）					+			+
草履虫（*Paramecium* sp.）			+					
珍珠映毛虫（*Cinetochilum margaritaecum*）			+		+	+	+	
大弹跳虫（*Halteria grandinella*）					+			
王氏拟铃壳虫（*Tintinnopsis wangi*）	+						+	
淡水筒壳虫（*Tintinnidium fluviatile*）								+
针棘匣壳虫（*Centropyxis aculeata*）								+
瓜形膜袋虫（*Cyclidium citrullus*）		+						
球形急游虫（*Strombidium globosaneum*）	+		+	+	+	+		+
绿急游虫（*Strombidiidae viride*）			+		+	+		+
旋回侠盗虫（*Strobilidium gyrans*）			+			+		+
轮虫（Rotatoria）27 种								
长刺异尾轮虫（*Trichocerca longiseta*）			+				+	
刺盖异尾轮虫（*Trichocerca capucina*）								+
圆筒异尾轮虫（*Trichcoerca cylindrica*）					+			
暗小异尾轮虫（*Trichocerca pusilla*）	+				+		+	
韦氏同尾轮虫（*Diurella weberi*）								
角突臂尾轮虫（*Brachionus angularis*）		+						
曲腿龟甲轮虫（*Keratella valga*）		+	+		+		+	
剪形臂尾轮虫（*Brachionus forficula*）					+			
蒲达臂尾轮虫（*Brachionus budapestiensis*）		+		+				
长三肢轮虫（*Filinia longiseta*）		+						
卵形无柄轮虫（*Ascomopha ovalis*）		+			+	+	+	+
蹄形腔轮虫（*Lecane ungulata*）								+
十指平甲轮虫（*Platyas militaris*）								+
精致单趾轮虫（*Monostyla elachis*）					+			

动物种类	采样点							
	张滩	西坑水	昌山	杨溪水	长安	靖村	七星墩	廊田
囊形单趾轮虫（*Monostyla bulla*）			+		+			
史氏单趾轮虫（*Monostyla stenroosi*）							+	
罗氏腔轮虫（*Lecane ludwigii*）					+			
月形腔轮虫（*Lecane lana*）					+			
腔轮亚属一种（*Lecane* sp.）			+					
大肚须足轮虫（*Euchlanis dilatata*）			+					
梳状疣毛轮虫（*Synchaeta pectinata*）					+	+	+	
前节晶囊轮虫（*Asplachna priodonta*）					+			
长足轮虫（*Rotaria neptunia*）								
截头鬼轮虫（*Trichotria truncata*）					+		+	
台杯鬼轮虫（*Trichotria pocillum*）						+		
棒状水轮虫（*Epiphanes clavulatus*）					+		+	
针簇多肢轮虫（*Polyarthra trigla*）							+	
枝角类（Cladocera）3 种								
矩形尖额溞（*Alona rectangula*）					+	+		
晶莹仙达溞（*Side crystallina*）			+					
直额弯尾溞（*Camptocercus rectirostris*）					+			
桡足类（Copepoda）5 种								
桡足类无节幼体	+	+	+	+	+	+	+	+
透明温剑水蚤（*Thermocyclops hyalinus*）	+		+		+	+	+	
跨立小剑水蚤（*Microcyclops varicans*）			+	+	+			+
大尾真剑水蚤（*Eucyclops macruroides*）					+			
湖泊美丽猛水蚤（*Nitocra lacustris*）			+					
同形拟猛水蚤（*Harpacticella paradoxa*）							+	

注：+ 表示该物种在该样点被采集。

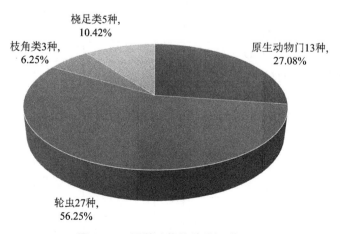

图 1.4-6　浮游动物的种类组成

如表 1.4-11 和图 1.4-7 所示，各站位浮游动物种类数为 3～24 种。从各站位分布来看，其中，长安位点种类最多，为 24 种；七星墩位点次之，为 16 种；杨溪水位点种类数最少，仅为 3 种。从类群构成来看，原生动物门、轮虫和桡足类在 8 个采样点均被采集到，各站位均以原生动物门和轮虫为主要类群，枝角类仅在 3 个位点被采集到。

表 1.4-11 各站位浮游动物种类数 单位：种

主要类别	调查水域各站位							
	张滩	西坑水	昌山	杨溪水	长安	靖村	七星墩	廊田
原生动物门	2	6	6	1	6	5	5	7
轮虫	1	5	5	1	13	3	9	4
枝角类	0	0	1	0	2	1	0	0
桡足类	1	1	3	1	3	1	2	1
合计	4	12	15	3	24	10	16	12

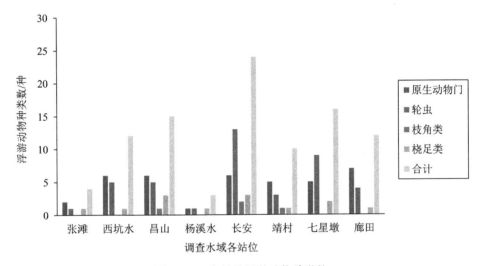

图 1.4-7 各站位浮游动物种类数

2）浮游动物密度、后生浮游动物优势种

如表 1.4-12 所示，调查水域各站位浮游动物密度在 62.88～1 603.92 ind./L，平均为 626.19 ind./L。从各站位分布来看，廊田浮游动物密度最高，长安次之，杨溪水最低；从各类群的空间分布来看，原生动物门密度在 60～1 600 ind./L，平均密度为 616.56 ind./L；轮虫密度在 0.24～7.50 ind./L，平均密度为 3.48 ind./L；枝角类密度在 0～1.76 ind./L，平均密度为 0.36 ind./L；桡足类密度在 0.19～22.17 ind./L，平均密度为 5.77 ind./L。

表 1.4-12　各站位浮游动物密度　　　　　　　　　单位：ind./L

主要类别	调查水域各站位							
	张滩	西坑水	昌山	杨溪水	长安	靖村	七星墩	廊田
原生动物门	370	180	478.5	60	840	858	546	1 600
轮虫	2.80	1.93	5.87	0.24	7.50	3.13	5.22	1.12
枝角类	0.00	0.00	1.76	0.00	0.83	0.31	0.00	0.00
桡足类	2.24	0.19	8.21	2.64	22.17	5.01	2.90	2.80
总计	375.04	182.12	494.34	62.88	870.50	866.46	554.12	1 603.92

如表 1.4-13 所示，根据本次调查，各站位主要后生浮游动物优势种有桡足类无节幼体、暗小异尾轮虫（*Trichocerca pusilla*）、长刺异尾轮虫（*Trichocerca longiseta*）、卵形无柄轮虫（*Ascomopha ovalis*）、蒲达臂尾轮虫（*Brachionus budapestiensis*）、梳状疣毛轮虫（*Synchaeta pectinata*）、曲腿龟甲轮虫（*Keratella valga*）、晶莹仙达溞（*Side crystallina*）、透明温剑水蚤（*Thermocyclops hyalinus*）、跨立小剑水蚤（*Microcyclops varicans*）等。在张滩和西坑水站位，第一优势种均为轮虫；在杨溪水站位，第一优势种为透明温剑水蚤（*Thermocyclops hyalinus*），在其他 5 个采样站位，桡足类无节幼体均为第一优势种。

表 1.4-13　各站位后生浮游动物优势种及其优势度

采样站位	后生浮游动物优势种及其优势度（Y）
张滩	暗小异尾轮虫（*Trichocerca pusilla*）0.556；桡足类无节幼体 0.222；透明温剑水蚤（*Thermocyclops hyalinus*）0.222
西坑水	蒲达臂尾轮虫（*Brachionus budapestiensis*）0.363；曲腿龟甲轮虫（*Keratella valga*）0.274
昌山	桡足类无节幼体 0.296；长刺异尾轮虫（*Trichocerca longiseta*）0.148；晶莹仙达溞（*Side crystallina*）0.111；透明温剑水蚤（*Thermocyclops hyalinus*）0.111
杨溪水	透明温剑水蚤（*Thermocyclops hyalinus*）0.833；蒲达臂尾轮虫（*Brachionus budapestiensis*）0.083；跨立小剑水蚤（*Microcyclops varicans*）0.833
长安	桡足类无节幼体 0.634；卵形无柄轮虫（*Ascomopha ovalis*）0.082；梳状疣毛轮虫（*Synchaeta pectinata*）0.082
靖村	桡足类无节幼体 0.519；卵形无柄轮虫（*Ascomopha ovalis*）0.259
七星墩	桡足类无节幼体 0.309；暗小异尾轮虫（*Trichocerca pusilla*）0.166；梳状疣毛轮虫（*Synchaeta pectinata*）0.166；卵形无柄轮虫（*Ascomopha ovalis*）0.143
廊田	桡足类无节幼体 0.643

3）后生浮游动物多样性指数

如表 1.4-14 和图 1.4-8 所示，各站位后生浮游动物丰富度在 0.805～3.455，均值在 1.938；均匀度指数在 0.515～0.906，均值为 0.743；香农-威纳指数在 0.246～0.884，均值为 0.612。物种丰富度以长安站位最高，均匀度以张滩站位最高，香农-威纳指数以昌山站位最高。

表 1.4-14 各站位后生浮游动物多样性指数

采样站位	多样性指数		
	丰富度（*D*）	均匀度（*J'*）	香农-威纳指数（*H'*）
张滩	0.910	0.906	0.432
西坑水	2.085	0.890	0.692
昌山	2.256	0.884	0.884
杨溪水	0.805	0.515	0.246
长安	3.455	0.520	0.665
靖村	1.157	0.737	0.573
七星墩	2.943	0.807	0.871
廊田	1.895	0.685	0.533
均值	1.938	0.743	0.612

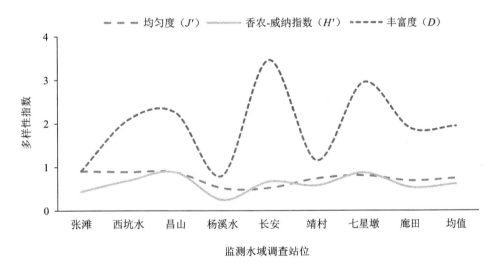

图 1.4-8 各站位后生浮游动物多样性指数

1.4.3.4 底栖生物

（1）大型底栖动物种类组成和分布

如表 1.4-15 和图 1.4-9 所示，本次调查共监测出大型底栖动物 3 门 5 纲 29 种，其中，环节动物门 3 种，均由寡毛纲组成，占种类总数的 10.34%；软体动物门 20 种，占种类总数的 68.96%，其中，腹足纲 15 种，双壳纲 5 种；节肢动物门 6 种，占种类总数的 20.69%，其中，软甲纲 4 种，昆虫纲 2 种。

表 1.4-15 大型底栖动物物种名录

动物种类	采样点							
	张滩	西坑水	昌山	杨溪水	长安	靖村	七星墩	廊田
环节动物门（Annelida）								
寡毛纲（Oligochaeta）3 种								
霍甫水丝蚓（*Limnodrilus hoffmeisteri*）			+				+	+
多毛管水蚓（*Aulodrilus pluriseta*）								+
管水蚓一种（*Aulodrilus* sp.）							+	
软体动物门（Mollusca）								
腹足纲（Gastropoda）15 种								
梨形环棱螺（*Bellamya purificat*）			+		+	+		+
铜锈环棱螺（*Bellamya aeruginosa*）							+	+
尖口圆扁螺（*Hippentis cantori*）			+					
大脐圆扁螺（*Hippentis umbilicalis*）		+						
多棱角螺（*Angulyagra polyzonata*）			+				+	+
福寿螺（*Pomacea canaliculata*）		+	+	+	+	+	+	
尖膀胱螺（*Physa acuta*）		+		+				
瘤拟黑螺（*Melanoides tuberculata*）		+			+			
静水椎实螺（*Lymnaea stagnalis*）		+	+				+	+
狭萝卜螺（*radix lagotis*）				+			+	
钉螺（*Oncomelania hupensis*）			+					
赤豆螺（*Bithynia fuchsiana*）		+						
方格短沟蜷（*Semisulcospira cancellata*）				+	+	+	+	
光滑狭口螺（*Stenothyra glabar*）							+	
琵琶拟沼螺（*Assiminea lutea*）							+	
双壳纲（Bivalvia）5 种								
河蚬（*Corbicula fluminea*）	+	+	+		+	+	+	
闪蚬（*Corbicula nitens*）							+	
淡水壳菜（*Melanoides tuberculata*）	+		+		+	+		
背角无齿蚌（*Anodonta woodiana*）								+
帝纹樱蛤（*Tellina timorensis*）							+	
节肢动物门（Arthropoda）								
软甲纲（Malacostraca）4 种								
广西沼虾（*Macrobrachium kwangsiensis*）	+							
广东米虾（*Caridina cantonensis*）		+		+				
日本沼虾（*Macrobrachium venustum*）								+
阳山束腰蟹（*Somanniathelphusa yangshanensis*）								+
昆虫纲（Insecta）2 种								
隐摇蚊一种（*Cryptochironomus* sp.）			+					
蜓科稚虫一种（*naiad of Aeschniidae*）		+						

注：＋表示该物种在该样点被采集。

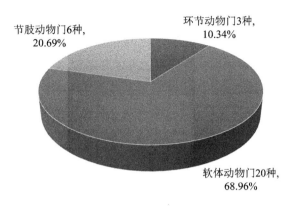

图 1.4-9 大型底栖动物的种类组成

如表 1.4-16 和图 1.4-10 所示，各站位大型底栖动物种类数为 3～13 种。从各站位分布来看，其中，七星墩位点种类最多，为 13 种；昌山位点次之，为 10 种；张滩位点种类数最少，仅为 3 种。从类群构成来看，软体动物在 8 个采样点均有采集，各站位均以软体动物门的腹足纲和双壳纲为主要类群，寡毛纲和昆虫纲种类均较少。

表 1.4-16 各站位大型底栖动物种类数 单位：种

主要类别		采样点							
		张滩	西坑水	昌山	杨溪水	长安	靖村	七星墩	廊田
环节动物门	寡毛纲	0	0	1	0	0	0	2	2
软体动物门	腹足纲	0	6	6	4	3	4	8	4
	双壳纲	2	1	2	0	2	2	3	1
节肢动物门	软甲纲	1	1	0	1	0	0	0	2
	昆虫纲	0	1	1	0	0	0	0	0
合计		3	9	10	5	5	6	13	9

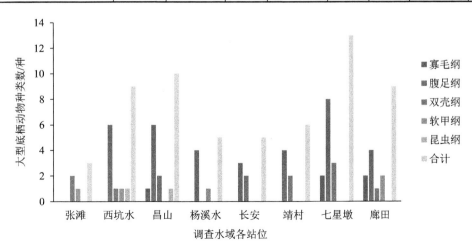

图 1.4-10 各站位大型底栖动物种类数

（2）底栖动物密度、生物量、优势种

如表 1.4-17 和图 1.4-11 所示，调查水域各站位大型底栖动物密度在 160.00～949.34 ind./m²，平均为 426.00 ind./m²。从各站位分布来看，西坑水由于采集到较多的腹足纲软体动物静水椎实螺（*Lymnaea stagnalis*），大型底栖动物密度高出其他采样站位较多，廊田大型底栖动物密度最小，是因为软体动物密度较小的原因，其密度主要由寡毛纲组成。从各类群的空间分布来看，寡毛纲密度在 16.00～154.67 ind./m²，平均密度为 23.33 ind./m²；腹足纲密度在 0～570.67 ind./m²，平均密度为 140.00 ind./m²；双壳纲密度在 0～474.67 ind./m²，平均密度为 222.67 ind./m²；软甲纲密度在 0～138.67 ind./m²，平均密度为 34.00 ind./m²；昆虫纲密度在 0～37.33 ind./m²，平均密度为 6.00 ind./m²。

表 1.4-17　各站位大型底栖动物密度　　　　　　　　　单位：ind./m²

主要类别		采样点							
		张滩	西坑水	昌山	杨溪水	长安	靖村	七星墩	廊田
环节动物门	寡毛纲	0.00	0.00	16.00	0.00	0.00	0.00	16.00	154.67
软体动物门	腹足纲	0.00	570.67	117.33	288.00	42.67	37.33	64.00	0.00
	双壳纲	474.67	245.33	266.67	0.00	282.67	170.67	336.00	5.33
节肢动物门	软甲纲	10.67	122.67	0.00	138.67	0.00	0.00	0.00	0.00
	昆虫纲	0.00	10.67	37.33	0.00	0.00	0.00	0.00	0.00
合计		485.34	949.34	437.33	426.67	325.33	208.00	416.00	160.00

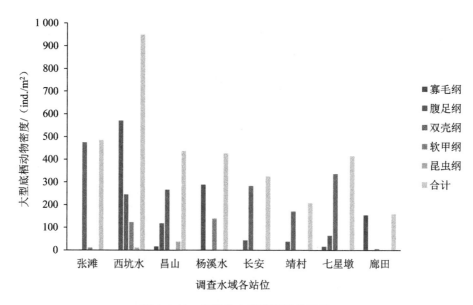

图 1.4-11　各站位大型底栖动物密度

如表 1.4-18 所示，调查水域各站位大型底栖动物生物量在 94.67～537.28 g/m²，平均生物量为 200.98 g/m²，各站位生物量组成均以软体动物门为主。从各站位分布来看，七星墩由于采集到较多的河蚬（*Corbicula fluminea*），生物量密度相较于其他采样站位高出较多。从各类群的空间分布来看，寡毛纲生物量在 0～3.41 g/m²，平均生物量为 0.62 g/m²；腹足纲生物量在 0～198.40 g/m²，平均生物量为 83.46 g/m²；双壳纲生物量在 0～499.52 g/m²，平均生物量为 113.80 g/m²；软甲纲生物量在 0～13.87 g/m²，平均生物量为 2.83 g/m²；昆虫纲生物量在 0～1.60 g/m²，平均生物量为 0.27 g/m²。

表 1.4-18　各站位大型底栖动物生物量　　　单位：g/m²

主要类别		采样点							
		张滩	西坑水	昌山	杨溪水	长安	靖村	七星墩	廊田
环节动物门	寡毛纲	0.00	0.00	0.48	0.00	0.00	0.00	1.07	3.41
软体动物门	腹足纲	0.00	198.40	136.80	162.93	53.07	79.79	36.69	0.00
	双壳纲	89.87	50.24	56.64	0.00	59.89	32.59	499.52	121.65
节肢动物门	软甲纲	4.80	3.95	0.00	13.87	0.00	0.00	0.00	0.00
	昆虫纲	0.00	1.60	0.59	0.00	0.00	0.00	0.00	0.00
合计		94.67	254.19	194.51	176.80	112.96	112.37	537.28	125.06

如表 1.4-19 所示，根据本次调查，各站位主要大型底栖动物密度优势种有淡水壳菜、静水椎实螺、河蚬、狭萝卜螺和霍甫水丝蚓等，主要生物量优势种有淡水壳菜、福寿螺、河蚬和背角无齿蚌等。在张滩和长安站位，淡水壳菜均为第一密度优势种且优势度较大；在昌山、靖村和七星墩站位，河蚬占据优势，为第一密度优势种；在西坑水和杨溪水站位，淡水腹足类静水椎实螺和狭萝卜螺分别为第一密度优势种；在廊田站位，寡毛类霍甫水丝蚓为第一密度优势种。在各站位的生物量优势种组成中，一些密度优势相对较小的物种，如福寿螺、背角无齿蚌由于体质量相对较大，分别为 5 个站位的第一生物量优势种；在张滩、长安和七星墩站位，第一密度优势种如淡水壳菜和河蚬仍然为第一生物量优势种。

表 1.4-19　各站位大型底栖动物优势种

采样站位	密度优势种	生物量优势种
张滩	淡水壳菜（*Melanoides tuberculata*）0.956	淡水壳菜（*Melanoides tuberculata*）0.824；河蚬（*Corbicula fluminea*）0.125
西坑水	静水椎实螺（*Lymnaea stagnalis*）0.376；河蚬（*Corbicula fluminea*）0.258；广东米虾（*Caridina cantonensis*）0.129；福寿螺（*Pomacea canaliculata*）0.090；赤豆螺（*Bithynia fuchsiana*）0.067	福寿螺（*Pomacea canaliculata*）0.499；静水椎实螺（*Lymnaea stagnalis*）0.202；河蚬（*Corbicula fluminea*）0.198

采样站位	密度优势种	生物量优势种
昌山	河蚬（*Corbicula fluminea*）0.488； 淡水壳菜（*Melanoides tuberculata*）0.122； 梨形环棱螺（*Bellamya purificat*）0.098； 隐摇蚊一种（*Cryptochironomus* sp.）0.085	福寿螺（*Pomacea canaliculata*）0.330； 河蚬（*Corbicula fluminea*）0.247； 梨形环棱螺（*Bellamya purificat*）0.236； 多棱角螺（*Angulyagra polyzonata*）0.107
杨溪水	狭萝卜螺（*Radix lagotis*）0.438； 广东米虾（*Caridina cantonensis*）0.325； 方格短沟蜷（*Semisulcospira cancellata*）0.138； 福寿螺（*Pomacea canaliculata*）0.087	福寿螺（*Pomacea canaliculata*）0.603； 方格短沟蜷（*Semisulcospira cancellata*）0.193； 狭萝卜螺（*Radix lagotis*）0.125； 广东米虾（*Caridina cantonensis*）0.078
长安	淡水壳菜（*Melanoides tuberculata*）0.836； 梨形环棱螺（*Bellamya purificat*）0.082	淡水壳菜（*Melanoides tuberculata*）0.041； 梨形环棱螺（*Bellamya purificat*）0.302； 福寿螺（*Pomacea canaliculata*）0.129； 河蚬（*Corbicula fluminea*）0.089
靖村	河蚬（*Corbicula fluminea*）0.795； 福寿螺（*Pomacea canaliculata*）0.128	福寿螺（*Pomacea canaliculata*）0.631； 河蚬（*Corbicula fluminea*）0.284
七星墩	河蚬（*Corbicula fluminea*）0.705； 方格短沟蜷（*Semisulcospira cancellata*）0.115； 闪蚬（*Corbicula nitens*）0.064	河蚬（*Corbicula fluminea*）0.904
廊田	霍甫水丝蚓（*Limnodrilus hoffmeisteri*）0.700； 多毛管水蚓（*Aulodrilus pluriseta*）0.267	背角无齿蚌（*Anodonta woodiana*）0.973

如表 1.4-20 和图 1.4-12 所示，各站位大型底栖动物丰富度在 0.443～2.042，均值为 1.152；均匀度指数在 0.192～0.788，均值为 0.566；香农-威纳指数在 0.265～0.749，均值为 0.460。整体而言，本次调查中各站位底栖动物多样性指数不高。

表 1.4-20　各站位大型底栖动物多样性指数

采样站位	多样性指数		
	丰富度（D）	均匀度（J'）	香农-威纳指数（H'）
张滩	0.443	0.192	0.265
西坑水	1.554	0.765	0.730
昌山	2.042	0.749	0.749
杨溪水	0.913	0.788	0.551
长安	0.973	0.402	0.281
靖村	1.092	0.452	0.316
七星墩	1.607	0.527	0.476
廊田	0.588	0.651	0.311
均值	1.152	0.566	0.460

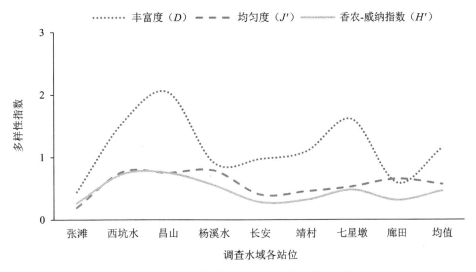

图 1.4-12　各站位大型底栖动物多样性指数

1.4.3.5　主要鱼类"三场"及洄游通道

（1）产卵场（图 1.4-13）

1）产漂流性卵鱼类产卵场

根据文献记录，武江产漂流性卵鱼类产卵场有 9 个，产卵规模 358 000 万粒，其中四大家鱼 311 190 万粒，占 86.93%。武江产漂流性卵鱼类产卵场包括：①三溪产卵场；②明月滩产卵场；③坪石产卵场；④张滩产卵场；⑤安口产卵场；⑥桂头产卵场；⑦东风山产卵场；⑧犁市产卵场；⑨黄田坝产卵场。

2）产草属性卵（黏草性卵与隐藏性丛砂巢卵）鱼类产卵场

武江产草属性卵鱼类产卵场有 5 个。2001 年共产鲤鱼卵 24 790 万粒，鲫鱼卵 16 680 万粒，黄颡鱼卵 24 720 万粒，共 66 190 万粒。武江产草属性卵鱼类产卵场包括：①塔头产卵场；②安口产卵场；③杨溪产卵场；④犁市产卵场；⑤黄田坝产卵场。

3）产黏沉性卵鱼类产卵场

武江产黏沉性卵鱼类的产卵量为 27 760 万粒，其中南方白甲鱼 12 360 万粒，光倒刺靶 10 340 万粒，合计 22 700 万粒，占 4 种鱼的 81.8%。武江产黏沉性卵鱼类产卵场包括：①成家岸产卵场；②坪石产卵场；③罗家渡产卵场；④三层滩产卵场；⑤新秦产卵场；⑥长来产卵场；⑦杨溪产卵场；⑧桂头产卵场；⑨沙园产卵场。

4）产石隙隐藏性卵鱼类产卵场

武江山崖石壁延绵不绝，连同下游桥墩石洞的产卵场在内，合计有斑鳠与粗唇鮈产卵场 1 个。产斑鳠卵 15 980 万粒，粗唇鮈卵 7 820 万粒，共 23 800 万粒。产卵场有：①坪石产卵场；②三层滩产卵场；③大源产卵场；④滑石坑产卵场；⑤太平坑产卵场；⑥杨溪产卵场；⑦八里排产卵场；⑧沙尾产卵场；⑨东风山产卵场；⑩沙洲产卵场；⑪西河产卵场。

　5）保护区内产卵场分布

　位于韶关北江特有珍稀鱼类自然保护区内的产卵场有：桂头产卵场、八里排产卵场、犁市产卵场、沙尾产卵场、东风山产卵场、沙洲产卵场、黄田产卵场和西河产卵场。

　（2）越冬场

　每年11月以后，武江随着气温下降，水量减少，水位降低，鱼类活动减少，少数鱼类从支流或浅水区进入饵料资源相对较为丰富、温度较为稳定的深水潭中越冬，部分鱼类降河至保护区水域靖村水利枢纽库区越冬。靖村水利枢纽库区是该江段鱼类重要的越冬场所，同时该河段也有一定的鱼类越冬条件，鱼类越冬场所一般为激流险滩下水流冲刷形成的深潭，深潭河床多为岩基、礁石和砾石，水生昆虫较为丰富。武江属于急流性河川，流域地势总体为北高南低，南岭山脉呈东西走向横亘在北部。武江流域的土质以红壤居多，地层由古生代的灰岩、砂岩及页岩褶皱所组成，其间又散布有第三纪的红色盆地丘陵，故岩性强弱相间，地形上峡谷和平原相间，在岩质松弱处，河床岩石经雨水渗透和暴流冲刷，形成很多岩洞和深坑。主干流河床流经地段中，有些山地形成长峡，如乐昌峡、武江沿岸，多属崇山峻岭，山高河窄，水流湍急，周围植被茂盛，由草本植物、灌木或乔木组成，并有不少杉木林区，河水清澈。这一江段有乐昌峡，是在坚硬的石英岩中形成，河床除卵石外，多见基岩出露。保护区江段独特的生境是武江众多特有珍稀和重要经济鱼类，如斑鱯、唇䱻、桂华鲮、盆唇华鲮、卷口鱼、大眼鳜、斑鳜、长臂鮠、鳗鲡、倒刺鲃、光倒刺鲃、鲮、白甲鱼、南方白甲鱼、鳤鱼、黄尾密鲴、花骨、赤眼鳟、三角鲂、黄颡鱼、斑鳢、异尾爬鳅、多鳞原缨口鳅以及鲤、鲫、四大家鱼（青鱼、草鱼、鲢鱼、鳙鱼）等的越冬场所。

　（3）索饵场

　河流型鱼类喜群集于各种各样的岸边浅水区索饵，主要在水面开阔、缓流水区的回流、沙质岸边、沙砾石间与江水相连的水坑、凹岸处饵料丰富的区域。这些索饵场还要有水较深的坑或与干流岸边水较浅的地方很近，遇到干扰时成群躲入坑中或水深处躲避，特别是有地下水渗出的岸边浅水区，更为常见。韶关武江土塘水利枢纽位于武江中下游桂头村江段，该江段生境独特，有重阳水、新街水等多条支流汇入，浮游生物、底栖动物相对丰富，是武江鱼类索饵的理想场所。

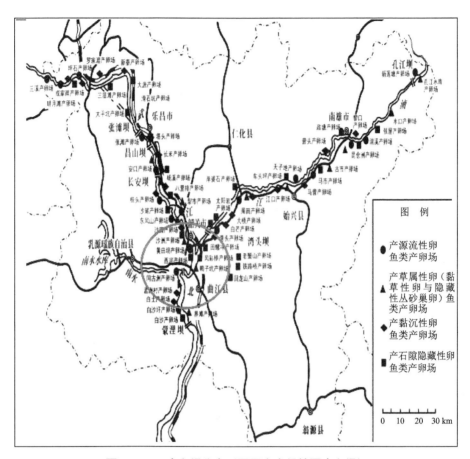

图 1.4-13 产卵场分布（圆圈内为保护区产卵场）

（4）洄游通道

武江各梯级电站建成后，加剧了北江及武江洄游通道受阻程度，同时阻碍鱼类上溯至武江产卵场。根据保护区资料和调查数据可知，该水域分布有洄游性鱼类鳗鲡，江河半洄游性鱼类青、草、鲢、鳙、倒刺鲃、光倒刺鲃、三角鲂、南方白甲鱼、银鲴、桂华鲮、唇鲮、三角鲤等。这些种类需要生殖洄游，水坝阻碍洄游通道，影响这些鱼类的繁衍，对种类资源造成较大影响。

1.4.4 陆域生态环境

1.4.4.1 陆生植被现状调查结果

（1）陆生植物的基本特征

通过野外调查表明，项目区主要有维管束植物 518 种，隶属 142 科 392 属。其中蕨类植物 40 种，隶属 24 科 31 属；裸子植物 5 种，隶属 5 科 5 属；被子植物 473 种，隶属 113 科 356 属。从维管束植物组成来看，项目区调查有栽培植物 78 种，隶属 48 科 69 属，主要以与人类息息相关的禾本科（7 属 9 种）、十字花科（4 属 4 种）、蔷薇科（5 属 5 种）等为代表。植物种数超过 15 种的主要科有禾本科（43 属 60 种）、菊科（36 属 50 种）、莎草科（11 属 21 种）、豆科（19 属 20 种）、大戟科（12 属 16 种）、蔷薇科（8 属 15 种），分别占整个项目植物总数的 11.6%、9.6%、4.1%、4.0%、3.9%、3.9%，这些科以草本植物占绝对优势。

项目区因地处居住区，人类干扰严重，原生和次生的南亚热带常绿阔叶林已不存在，现存植被基本为人工植物群落和野生的湿地草本植物群落，未发现珍稀濒危植物。人工植物群落以尾叶桉、马尾松、杉木群落为主，林下植物组成较为简单。常见的人工栽培和野生植物群落建群树种主要有：里白科的铁芒萁 [*Dicranopteris linearis*（Burm.f.）Underw.]，乌毛蕨科的乌毛蕨（*Blechnum orientale* L.），松科的马尾松（*Pinus massoniana* Lamb.），杉科的杉木 [*Cunninghamia lanceolata*（Lamb.）Hook.]，樟科的山苍子 [*Litsea cubeba*（Lour.）Pers.]、樟树 [*Cinnamomum camphora*（L.）Presl.]，芭蕉科的香蕉（*Musa acuminata* cv. Dwarf Cavendish），楝科的苦楝（*Melia azedarach* L.），漆树科的盐肤木（*Rhus chinensis* Mill.），桃金娘科的尾叶桉（*Eucalyptus calophylla* R. Br.）、桃金娘 [*Rhodomyrtus tomentosa*（Alt.）Hassk.]，蓼科的酸模叶蓼（*Polygonum lapathifolium* Linn.）、长刺酸模（*Rumex trisetifer Stokes*），藜科的苋科的空心莲子草 [*Alternanthera philoxeroides*（Mart.）Griseb.]，茄科的少花龙葵（*Solanum Americanum* Miller），豆科的草木樨 [*Melilotu officinalis*（Linn.）Pall]，菊科的胜红蓟（*Ageratum conyzoides* Linn.）、假臭草（*Eupatorium catarium* Veldkamp.）、三叶鬼针草（*Bidens pilosa* L.）、苦荬菜 [*Ixeris denticulate*（Houtt.）Stebb.]、翼茎阔苞菊 [*Pluchea sagittalis*（Lam.）Cabrera]、鼠麴草（*Gnaphalium affine* D.Don）、白酒草 [*Conyza japonica*（Thunb.）Less.]、菊芹 [*Erechtites valerianaefolia*（Wolf.）DC.]，鸭跖草科的水竹叶 [*Murdannia nudiflora*（L.）Bren.]，莎草科的蔗草（*Scirpus triqueter* Linn.），禾本科的类芦 [*Neyraudia reynaudiana*（Kunth）Keng ex Hitchc.]、粉单竹（*Bambusoideae cerosissima* McClure）、白茅 [*Imperata cylindrica*（Linn.）Beauv.]、芒草（*Miscanthus sinensis* Andr.）、鸭姆草（*Paspalum scrobiculatum* Linn.）、双穗雀稗 [*Paspalum paspaloides*（Michx.）Scribn.]、撑篙竹（*Bambusa pervariabilis* McCl.）、毛竹（*Phyllostachys heterocycle* cv.Pubescens）、看麦娘（*Alopecurus aequalis* Sobol.）、蔓生莠竹 [*Microstegium vagans*（Nees ex Steud.）A.Camus]、麻竹（甜竹）（*Dendrocalamus latiflorus* Munro）等。

（2）项目研究范围植物地理分布规律

项目区位于广东省东北部。根据吴征镒《中国种子植物属的分布区类型专辑》的划分方案，对研究区域种子植物区系的地理成分进行了分析统计。在 15 种地理成分中，除中亚分布、温带亚洲分布和地中海区、西亚至中亚分布、中国特有分布缺失以外，其他 11 种地理成分均有不同程度的分布。其中，北温带分布居于首位，世界分布次之，泛热带分布、东亚分布和热带亚洲分布也占有较大的比例。不计算世界分布的成分，则研究范围各类温带分布类型的属占本区总属数的 47.58%，热带分布类型的属占该地区总属数的 52.42%，这表明研究范围中温带成分和热带成分均较丰富，见表 1.4-21。

表 1.4-21　研究区域种子植物属的分布区类型

属的分布区类型	属类型数量/个	所占比例/%	常见属
世界分布	52	—	蓼属（*Polygonum*）、鬼针草属（*Bidens*）、千里光属（*Senecio*）、酢酱草属（*Oxalis*）、莎草属（*Cyperus*）、芦苇属（*Phragmites*）、悬钩子属（*Rubus*）等
热带亚洲和热带美洲间断分布	13	5.68	木姜子属（*Litsea*）、柃属（*Eurya*）、雀梅藤属（*Sageretia*）、胜红蓟属（*Ageratum*）等
泛热带分布	42	18.34	薯蓣属（*Dioscorea*）、山矾属（*Symplocos*）、买麻藤属（*Gnetum*）、木防己属（*Cocculus*）、耳草属（Hedyotis）、珍珠茅属（*Scleria*）、飘拂草属（*Fimbristylis*）等
热带亚洲至热带非洲分布	16	6.99	土蜜树属（*Bridelia*）、羊角拗属（*Strophanthus*）、莠竹属（*Microstegium*）、类芦属（*Neyraudia*）、红毛草属（*Rhynchelytrum*）等
热带亚洲至热带大洋洲分布	14	5.69	桃金娘属（*Rhodomyrtus*）、樟属（*Cinnamomum*）、野牡丹属（*Melastoma*）、岗松属（*Baeckea*）、荛花属（*Wikstroemia*）
旧世界热带分布	23	10.04	野桐属（*Mallotus*）、娃儿藤属（*Tylophora*）、杜茎山属（*Maesa*）、八角枫属（*Alangium*）、千金藤属（*Stephania*）、山合欢属（*Albizzia*）等
热带亚洲分布	13	5.68	草珊瑚属（*Sarcandra*）、构树属（*Broussonetia*）、苦荬菜属（*Ixeris*）、箬竹属（*Indocalamus*）
东亚和北美洲间断分布	11	4.80	鼠刺属（*Itea*）、山蚂蝗属（*Desmodium*）、楤木属（*Aralia*）、络石属（*Trachelospermum*）等
北温带分布	63	27.51	松属（*Pinus*），盐肤木属（*Rhus*）、桑属（*Morus*）、忍冬属（*Lonicera*）、荚蒾属（*Viburnum*）、葡萄属（*Vitis*）、紫菀属（*Aster*）、一枝黄花属（*Solidago*）、苦苣菜属（*Sonchus*）、野古草属（*Arundinella*）、稗属（*Echinochloa*）、画眉草属（*Eragrostis*）等
旧世界温带分布	13	5.68	鹅肠菜属（*Myosoton*）、益母草属（*Leonurus*）、女贞属（*Ligustrum*）、莴苣属（*Lactuca*）等
温带亚洲分布	—	—	
地中海区、西亚至中亚分布	—	—	
中亚分布	—	—	
东亚分布	21	9.17	蕺菜属（*Houttuynia*）、石斑木属（*Raphiolepis*）、檵木属（*Loropetalum*）、下田菊属（*Adenostemma*）等
中国特有分布	—	—	
合计	281	100.00	

（3）国家珍稀濒危植物、名木古树

韶关市武江干流地处亚热带，在中国植被区划上属于南亚热带常绿阔叶林带，自然环境优越，水热条件充沛，但长期以来由于当地生产和生活的需要，原有植被破坏严重。根据野外调查发现，除小面积的樟树风水林外，其他基本为马尾松和桉树人工林及湿地草本植物，区内植物多为常见草本植物。区内村落周边零散分布有国家二级保护植物樟树和古榕树。

1）古树分布现状

经调查，研究范围内共有 25 株古树，主要分布于石园村、唐糖村、水口村、上坪村、塘头村、凰村、莫家村、乐昌峡左岸道路等人为活动较多的区域，具体分布状况见表 1.4-22。

表 1.4-22　研究区域的古树调查

序号	植物名称	株数	胸围/cm	树高/m	分布地点/经纬度	健康度评估	生境
1	榕树	1	506	30～35	石园村，113°32′15″E，24°51′34″N	长势良好，无明显病虫害	村寨内，道路旁
2	榕树	1	489	25～30	糖寮村，113°31′51″E，24°53′13″N	长势良好，无明显病虫害	渡口附近
3	樟树	1	296	25～30	糖寮村，113°31′51″E，24°53′13″N	长势良好，无明显病虫害	渡口附近
4	榕树	1	318	20～25	水口村，113°28′45″E，24°53′39″N	长势良好，无明显病虫害	村寨内
5	榕树	1	175	20～25	水口村，113°28′27″E，24°54′38″N	长势良好，无明显病虫害	河流边
6	榕树	1	268	20～25	上坪村，113°22′44″E，25°02′44″N	长势良好，无明显病虫害	村委旁，河流边
7	榕树	1	455	30～40	上坪村，113°23′34″E，25°02′53.01″N	长势良好，无明显病虫害	道路旁，河流边
8	榕树	1	418	25～35	上坪村，113°23′38″E，25°02′50.38″N	长势良好，无明显病虫害	村内，河流边
9	枫杨	3	156、164、177	25～30	乐昌峡左岸进厂公路旁，113°16′09″E，25°11′10″N	长势良好，无明显病虫害	道路旁、河流边
10	枫杨	1	132	20～25	乐昌峡左岸进厂公路旁，113°16′57″E，25°9′34″N	长势良好，无明显病虫害	道路旁、河流边
11	酸枣	2	117、103	20～25	乐昌峡左岸进厂公路旁，113°16′57″E，25°9′34″N	长势良好，无明显病虫害	道路旁、河流边
12	榕树	1	371	7.5	塘头村西口江边，113°26′55.47″E，24°56′13.86″N	茎段有枯萎，且被杂草葎草严重覆盖	村寨附近

序号	植物名称	株数	胸围/cm	树高/m	分布地点/经纬度	健康度评估	生境
13	榕树	1	234	12.5	塘头村村内，113°26′44.90″E，24°56′18.47″N	长势良好，无明显病虫害	村寨附近
14	榕树	1	186	12	塘头村村内，113°26′44.90″E，24°56′18.47″N	长势良好，无明显病虫害	村寨附近
15	榕树	1	165	10.5	莫家村村内，113°25′48.59″E，24°56′31.80″N	长势良好，无明显病虫害	村寨附近
16	樟树	1	153	17	塘头村村内，113°26′44.90″E，24°56′18.47″N	长势良好，无明显病虫害	村寨附近
17	樟树	1	158	18		长势良好，无明显病虫害	村寨附近
18	樟树	1	167	20		长势良好，无明显病虫害	村寨附近
19	樟树	1	171	21	凰村附近风水林，24°58′20.54″N，113°24′11.10″E	长势良好，无明显病虫害	村寨附近
20	樟树	1	175	21		长势良好，无明显病虫害	村寨附近
21	樟树	1	164	20		长势良好，无明显病虫害	村寨附近
22	樟树	1	150	17		长势良好，无明显病虫害	村寨附近

2）研究范围古树整体健康生长情况调查

为了解研究区内保留的榕树古树与大树生长的影响，调查人员深入研究范围实地对古榕树、古樟树分布比较集中的凰村、塘头村、犁市镇和乐昌峡左岸道路等地进行全面踏查，然后选择有代表性的地段对榕树古树进行地上与地下部分生长情况调查与分析。

①调查内容

A．榕树、樟树Ⅰ级侧根（固定榕树体主要根系）分布规律及生长特点；

B．榕树、樟树根系分布与树冠冠幅相关性；

C．榕树、樟树主要吸收根系分布状况与其生长相关性。

本次调查榕树古树2株、樟树4株，沿树干基部挖掘土壤，调查根系分布与生长情况，为了不影响树木正常生长，调查时一般只挖两个方向，调查完毕后，土壤全部覆盖回原位。通过细致的调查与分析，基本摸清榕树、樟树古树与大树根系分布与生长情况。

②具体调查结果

A．此次调查的 2 株榕树古树，Ⅰ级侧根一般在树干基部有突出的凸显位，可以根据凸显的状况，准确判断从树干基部长出的Ⅰ级侧根的数量。此次调查 4 株樟树的Ⅰ级侧根为 3～4 个，Ⅰ级侧根从根颈处斜向或直向入土 40～60 cm 深，然后在 40～60 cm 深土层中向外伸长，Ⅰ级侧根在斜向或水平伸长过程中，每间隔 20～50 cm，就有分叉，Ⅱ级侧根生长中不断长出Ⅲ级侧根。通常在树干基部长出的Ⅰ级侧根，大多为粗大的板状或圆形大根，Ⅰ级侧根与树干连接的位置其直径相当于树干地径的 2/3。由于榕树古树每株均有 3～4 个大的Ⅰ级侧根伸向土壤中，并发出大量Ⅱ～Ⅲ级侧根，形成Ⅰ～Ⅲ级侧根网络，使树木牢牢扎根于土壤中，不怕风吹和雪压。

B．此次挖掘土层调查根系的 6 株古树与大树，其根系横向生长分布区均超出树冠投影范围。分布在树冠外围的根系大多为Ⅲ级侧根或小根与须根，大多分布在 5～30 cm 土层内，树冠内外的根系形成一个庞大的吸收水分与养分网络，源源不断地为树木生长提供水分和养分，促进树木的快速生长。

C．调查结果表明，榕树、樟树古树的Ⅰ级侧根在土壤中分布的深度大多为 40～70 cm，从Ⅰ级侧根长出的Ⅱ级侧根和从Ⅱ级侧根长出的Ⅲ级侧根，大多分布在 30～40 cm 的土层中。小根（粗度小于 0.5 cm）及须根大多分布在 5～30 cm 土层中，小根和须根是榕树吸收水分和养分的主要根系（称吸收根系）。在吸收根系分布范围，必须有良好的透水透气性能，才能促进根系的新陈代谢，不断萌发新根，使根系保持很强的活力。根据榕树、樟树的生物学特性和生长特点，榕树具有一定的耐水性能，但其吸收根系不能长久淹在水中，而樟树不耐水，否则会由于通气条件不良，而造成根系腐烂，导致树木生长不良或死亡。

（4）植物资源分类

各种具有不同经济价值的植物被称为资源植物。根据植物用途的不同，可将本区域的资源植物划分为 5 类，即食用植物、药用植物、纤维植物、芳香油及工业油脂类经济植物、园林观赏植物。主要资源植物共 140 余种。

1）食用植物

可以直接供人食用的资源植物在研究区域有 30 余种。其中富含维生素 C 和糖类的植物种类有枇杷、金樱子、桃金娘、高粱泡、悬钩子等；果实或根茎富含淀粉的有何首乌、蕨、薯莨、薯蓣、芋等；植物嫩叶（茎）可作山野菜的有豆角、藜（灰灰菜）、毛竹、山苦荬、蕨、霹雳等。

2）药用植物

植物体内含有特殊的有效成分，可用以治疗疾病的药用植物在本区域分布较少。按药用植物用途分，具有清热解毒作用的有蕨、凤尾蕨、铁线蕨、狗脊、忍冬、酢浆草等 11 种；具有止咳化痰平喘作用的有牡荆、沿阶草、石韦等 7 种；具有祛风除湿止痛作用的有

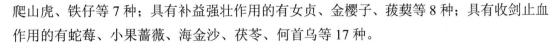

爬山虎、铁仔等7种；具有补益强壮作用的有女贞、金樱子、菝葜等8种；具有收剑止血作用的有蛇莓、小果蔷薇、海金沙、茯苓、何首乌等17种。

3）纤维植物

植物体纤维发达，纤维长且韧性强，可用于工农业生产利用的植物有6种，如构树、芒、盐肤木等。其中，构树、芒分布较广。

4）芳香油及工业油脂类经济植物

植物体内含芳香油，可提取作香料等化工产品的芳香植物有20余种，主要代表植物如杉木、马尾松、金樱子、小果蔷薇等，其中多数种类在研究区域零星分布。种子或树皮含油脂提取可供工业生产利用的油脂植物不多，主要种类仅有山乌桕、山苍子等4种，它们在该区域内均为零星分布。

5）园林观赏植物

可用于绿化、美化环境或其叶、花、果可观赏的植物在区域内种类较多。园林树种主要有樟树、潺槁、朴树、榕树、山乌桕、鸭脚木、桃金娘、粉单株、撑篙竹、芦苇等。

1.4.4.2 陆生植被类型

（1）陆生植被概况

根据野外调查，项目区植被分布简单，大部分为农田，仅局部地区分布有自然植被群落，代表性群落为樟树风水林群落。研究范围分布有少量面积的马尾松、尾叶桉人工林群落，但分布面积不大。因研究范围人工活动频繁，植被干扰严重，河边附近现基本为湿地草本群落，群落种类较多，代表性群落主要有长刺酸模+酸模叶蓼+小飞蓬+少花龙葵群落、芦苇—空心莲子草+鸭跖草群落、蘸草+酸模叶蓼群落等。

根据样方调查结果分析，并参考现有的资料和文献，对照群落的特征，比较它们之间的异同点，按照吴征镒等的《中国植被》、宋永昌的《植物生态学》中对中国自然植被及人工植被的分类系统，对拟建项目研究区域不同的植被群落类型进行划分如下：

1）自然植被

①常绿阔叶林

- 樟树+粉单竹—南丹参+鲫鱼胆群落

②灌草丛

- 类芦群落

- 长刺酸模+酸模叶蓼+小飞蓬+少花龙葵群落

- 白茅群落

- 蘸草+酸模叶蓼群落

- 芦苇—空心莲子草+鸭跖草群落

- 草木樨+小飞蓬+长刺酸模群落

- 鸭姆草+酸模叶蓼群落

2）人工植被

- 尾叶桉—乌毛蕨群落
- 马尾松+樟树群落
- 马尾松+杉木群落
- 马尾松—铁芒萁群落
- 竹林
- 农田

（2）项目区主要植物群落特征分析

1）樟树+粉单竹—南丹参+鲫鱼胆群落

该植物群落广泛分布于研究区域，为当地的风水林群落。本次研究在七星墩电站坝址附近设置样地，样地调查群落面积 100 m^2，群落高 22～25 m，郁闭度较高，为 70%～85%。群落分层明显，第一层以樟树占绝对优势，高 20 m 以上，第二层主要为粉单竹，高 8～10 m；林下灌木种类稀少，草本植物密集且丰富，主要有臭茉莉、胡颓子、火炭母、水芹、南丹参、鲫鱼胆、九节龙、蔓生莠竹、糯米团、细齿叶柃、华南毛蕨、八角枫、华紫珠，及藤本植物刺五加、何首乌、木防己、乌敛梅等。乔木层生物量约为 365 t/hm^2，草本层约为 9.2 t/hm^2，群落总生长量约为 16.8 $t/(hm^2 \cdot a)$（表 1.4-23、图 1.4-14）。

表 1.4-23   樟树+粉单竹—南丹参+鲫鱼胆群落

群落层	编号	种名	株数/株	高度/m	胸径/cm	盖度/%
乔灌木层	1	樟树	1	22	31.5	85
	2	樟树	1	24	29.0	
	3	樟树	1	26	53.0	
	4	樟树	1	20	36.0	
	5	樟树	1	24	28.0	
	6	樟树	1	21	37.0	
	7	樟树	1	23	26.0	
	8	粉单竹	6 丛约 65 根	8～10	5～7	30
草本层	4	南丹参	9	0.5～1.0		60
	5	鼠刺	3	0.2～0.5		10
	6	胡颓子	2	0.5～0.7		5
	7	火炭母	2	0.1～0.3		5
	8	络石	12	0.1～0.2		30
	9	糯米团	2	0.4～0.5		5

群落层	编号	种名	株数/株	高度/m	胸径/cm	盖度/%
	10	酢浆草	15	0.1～0.2		10
	11	刺五加	2	0.3～0.4		10
草本层	12	蔓生秀竹	6	0.3		5
	13	阔鳞鳞毛蕨	1	0.4		5
	14	华紫珠	1	0.5		10

注：群落乔木调查面积 100 m²，草本 1 m×1 m。

图 1.4-14　樟树+粉单竹群落

2）马尾松—铁芒萁群落

该植物群落零散分布于研究区域河岸两边山头，郁闭度较低，为 50%～65%，为马尾松单一优势群落。群落分层明显，共分两层，第一层以马尾松占绝对优势，高 7～11 m，第二层主要为铁芒萁占绝对优势的草本群落，高 0.8～1.2 m；林下灌木种类稀少，零星分布有桃金娘、山苍子、野漆树，而草本密集，铁芒萁覆盖度达 80%，其他种类还有黑莎草、三叉苦、狗脊蕨、小叶海金沙、细齿叶柃等。群落乔灌木层生物量约为 66.5 t/hm²，草本层约为 3.5 t/hm²，群落总生长量约为 13.1 t/（hm²·a）（表 1.4-24、图 1.4-15）。

表 1.4-24　马尾松—铁芒萁群落

群落层	编号	种名	株数/株	高度/m	胸径/cm	盖度/%
	1	马尾松	1	7	7.0	
	2	马尾松	1	8	10.5	
乔灌木层	3	马尾松	1	4.5	4.5	50
	4	马尾松	1	11	28.5	
	5	马尾松	1	13	26.0	
	6	马尾松	3	4.5	3.5	

群落层	编号	种名	株数/株	高度/m	胸径/cm	盖度/%
乔灌木层	7	山苍子	2	2.5	2～3	3
	8	野漆树	1	3.0	1.8	2
	9	野漆树	1	2.8	1	2
	10	桃金娘	5	1.0～1.8	0.5～1.5	10
草本层	11	铁芒萁	27	0.5～1.0		80
	12	黑莎草	2	0.5～1.2		15
	13	三叉苦	3	0.3～0.8		5
	14	山苍子	3	0.1～0.5		5
	15	狗脊蕨	1	0.4		10
	16	小叶海金沙	2	0.4		5
	17	细齿叶柃	2	0.4～0.5		10

注：群落乔木调查面积 100 m²，草本 1 m×1 m。

图 1.4-15　马尾松—铁芒萁群落

3）马尾松+樟树群落

本研究在七星墩电站坝址附近山坡设置样地。该植物群落为砍伐山林后人工种植的植物群落，结构比较简单，乔木层除少数马尾松零散分布外，树种主要有樟树、银木荷、腺齿山矾等。林下草本稀疏，种类较少，主要有铁芒萁、山苍子、团叶鳞始蕨、假臭草和白背酸藤子等。群落乔木层生物量约为 72.6 t/hm²，草本层约为 1.75 t/hm²，群落总生长量约为 13.9 t/（hm²·a）（表 1.4-25、图 1.4-16）。

表 1.4-25　马尾松+樟树群落调查情况

群落层	编号	种名	株数/株	高度/m	胸径/cm	盖度/%
乔灌木层	1	马尾松	1	12	30.5	50
	2	马尾松	1	8	23.5	
	3	樟树	1	5.5	6.0	
	4	樟树	1	5.0	6.3	
	5	樟树	1	8	6.5	
	6	樟树	3	7	7.7	
	7	樟树	7	7.5	11.0	
	8	银木荷	1	5.0	8.0	10
	9	腺齿山矾	1	5.0	7.0	10
	10	腺齿山矾	3	5.5	8.5	
草本层	11	铁芒萁	11	0.1～0.3		40
	12	山苍子	2	0.1～0.2		5
	13	团叶鳞始蕨	2	0.1～0.3		5
	14	假臭草	3	0.1～0.5		20
	15	白背酸藤子	1	0.4		5

注：群落乔木调查面积 100 m²，草本 1 m×1 m。

图 1.4-16　马尾松+樟树群落

4）马尾松+杉木群落

该植物群落广泛分布，本次研究群落为马尾松林改造的杉木林，林内残留少量马尾松，杉木占优势，其他种类还有苦楝，乔木层高 6～9 m，灌木种类较少，主要有山苍子、盐肤木等，乔灌木覆盖度为75%～80%。林下草本密集，主要以类芦占优势，覆盖度达50%，其他常见草本还有三叶鬼针草、少华龙葵、扇叶铁线蕨等，藤本主要有大花忍冬、玉叶金花等。群落乔木层生物量约为 65.4 t/hm²，草本层约为 3.1 t/hm²，群落总生长量约为 12.8 t/（hm²·a）（表 1.4-26、图 1.4-17）。

表 1.4-26　马尾松+杉木群落调查情况

群落层	编号	种名	株数/株	高度/m	胸径/cm	盖度/%
乔灌木层	1	马尾松	1	7	11.0	30
	2	马尾松	1	9	16.0	
	3	马尾松	1	8.5	14.5	
	4	苦楝	1	8.5	16.5	20
	5	杉木	1	7.0	5.5	55
	6	杉木	4	7.5	6.0	
	7	杉木	4	7.0	5.0	
	8	杉木	4	6.5	6.5	
	9	杉木	3	6.0	6.0	
	10	杉木	3	7.5	6.5	
	11	山苍子	1	3.5	2	5
草本层	12	类芦	4 丛	1.2～1.5		70
	13	玉叶金花	2			5
	14	三叶鬼针草	3	0.3～0.4		10
	15	大花忍冬	2			5
	16	少花龙葵	3	0.1～0.3		5
	17	扇叶铁线蕨类	2	0.1～0.2		3

注：群落乔灌木调查面积 100 m²，草本 1 m×1 m。

图 1.4-17　马尾松+杉木群落

5）尾叶桉—乌毛蕨群落

该植物群落广泛分布于研究区域，为人工种植的经济木材林。该群落郁闭度约 95%，尾叶桉平均直径约 10 cm，高 11～15 m。林下草本稀疏，常见有三叶鬼针草、乌毛蕨、铁芒萁等。群落乔木层生物量约为 97.6 t/hm^2，草本层约为 1.86 t/hm^2，群落总生长量约为 18.4 t/（hm^2·a）（表 1.4-27、图 1.4-18）。

表 1.4-27　尾叶桉—乌毛蕨群落调查情况

群落层	编号	种名	株数/株	高度/m	胸径/cm	盖度/%
乔灌木层	1	尾叶桉	1	13	3.0	95
	2	尾叶桉	1	14	5.8	
	3	尾叶桉	1	15	6.0	
	4	尾叶桉	1	7	2.5	
	5	尾叶桉	1	13	4.3	
	6	尾叶桉	1	12	4.3	
	7	尾叶桉	1	14.5	5.5	
	8	尾叶桉	1	8	2.0	
	9	尾叶桉	2	15	6.8	
	10	尾叶桉	2	13	3.8	
	11	尾叶桉	1	14	8.5	
	12	尾叶桉	1	5	2.0	
	13	尾叶桉	1	13	5.0	
	14	尾叶桉	1	11	4.3	
	15	尾叶桉	1	14	6.0	
	16	尾叶桉	1	15	6.5	
	17	尾叶桉	3	11	6.0	
	18	尾叶桉	4	13	5.5	
	19	尾叶桉	2	7	2.5	
	20	尾叶桉	3	15	4.5	
	21	尾叶桉	3	15	7.0	
草本层	22	铁芒萁	16	0.2～0.3		10
	23	乌毛蕨	3	0.5～0.7		5
	24	三叶鬼针草	3	0.4～0.6		5
	25	白背酸疼子	6	0.3～0.5		3
	26	假臭草	5	0.2～0.3		2
	27	旱田草	2	0.1		5
	28	火炭母	3	0.1～0.3		5

注：群落乔木调查面积 100 m^2，草本 1 m×1 m。

图 1.4-18　尾叶桉—乌毛蕨群落

6）长刺酸模+酸模叶蓼+小飞蓬+少花龙葵群落

该植物群落广泛分布于研究区域河两边的旱地，分布面积较广。群落高度为 0.5～0.8 m，覆盖度达 90%～95%。该群落物种组成丰富，主要优势种为长刺酸模、酸模叶蓼、小飞蓬和少花龙葵，其他种类还有虾钳菜、空心莲子草、繁缕、石龙芮、碎米荠、蕹菜、蛇莓、酢浆草、韩信草、弯齿盾果草、醉鱼草、野甘草、旱田草、长蒴母草、大车前、石胡荽、鼠麴草、苦荬菜、黄花蒿、鹅观草等。群落生物量约为 11.2 t/hm^2，群落总生长量约为 7.5 t/（hm^2·a）（表 1.4-28、图 1.4-19）。

表 1.4-28　长刺酸模+酸模叶蓼+小飞蓬+少花龙葵群落

种名	株数/株	高度/m	盖度/%
长刺酸模	11	0.3～0.8	40
酸模叶蓼	15	0.1～0.4	25
小飞蓬	6	0.4～0.8	15
少花龙葵	7	0.1～0.3	10
石龙芮	3	0.3～0.4	10
醉鱼草	5	0.3～0.5	15
碎米荠	2	0.1～0.2	5
酢浆草	21	0.1～0.15	8
弯齿盾果草	1	0.25	5
大车前	2	0.2～0.3	5
苦荬菜	2	0.1～0.3	3
鼠麴草	7	0.1～0.3	15
鹅观草	1	0.2	2
黄花蒿	2	0.3～0.5	10

图 1.4-19　长刺酸模+酸模叶蓼+小飞蓬+少花龙葵群落

7）类芦群落

该植物群落在研究区域分布较广，在农田边、路边、河两岸均有分布。群落高度为 1.5～2 m，覆盖度达 100%。类芦占绝对优势，群落中还零散分布有少量的苎麻、少花龙葵、苦荬菜等，样方调查面积为 1 m×1 m。该群落在项目区常成片分布，总分布面积约为 3.5 hm^2。群落生物量约为 15.6 t/hm^2，群落总生长量约为 4.8 t/（hm^2·a）（表 1.4-29、图 1.4-20）。

表 1.4-29　类芦植物群落样方调查情况

种名	株数/株	高度/m	盖度/%
类芦	54	0.8～1.4	75
苎麻	5	1.1～1.3	25
少花龙葵	3	0.1～0.3	5
空心莲子草	5	0.1～0.2	3
苦荬菜	2	0.1～0.3	2

图 1.4-20　类芦群落

8）白茅群落

该植物群落主要分布于两边河岸，群落高度约 0.8 m，覆盖度达 100%。白茅占绝对优势，群落中还零散分布有少量的酸模叶蓼、天胡荽、空心莲子草等，样方调查面积为 1 m×1 m。群落生物量约为 5.6 t/hm²，群落总生长量约为 2.6 t/（hm²·a）（表 1.4-30、图 1.4-21）。

表 1.4-30　白茅植物群落样方调查情况

种名	株数/株	高度/m	盖度/%
白茅	79	0.6～0.8	100
酸模叶蓼	2	0.1～0.3	2
空心莲子草	5	0.1～0.2	3
天胡荽	35	0.05～0.15	5

图 1.4-21　白茅群落

9）藨草+酸模叶蓼群落

该植物群落主要分布于河中间湿地，群落较为简单，主要以藨草、酸模叶蓼组成，其他植物还有小眼子菜、空心莲子草、双穗雀稗等。群落生物量约为 2.8 t/hm²，群落总生长量约为 1.2 t/（hm²·a）（表 1.4-31、图 1.4-22）。

表 1.4-31　藨草+酸模叶蓼植物群落样方调查情况

种名	株数/株	高度/m	盖度/%
藨草	54	0.2～0.4	70
酸模叶蓼	5	0.1～0.3	15
空心莲子草	15	0.1～0.2	15
双穗雀稗	11	0.05～0.1	10
小眼子菜	35	0.05～0.15	15

图 1.4-22　蔗草+酸模叶蓼群落

10）芦苇—空心莲子草+鸭跖草群落

该植物群落主要分布于河两岸旱地边上，群落明显分 2 层，第一层主要为芦苇，高 1.5～
1.8 m，第二层主要为空心莲子草、鸭跖草、酸模叶蓼、长刺酸模等草本层，高为 0.3～0.5 m，
覆盖度达 95%以上。群落生物量约为 13.8 t/hm^2，群落总生长量约为 6.5 t/（hm^2·a）（表 1.4-32、
图 1.4-23）。

表 1.4-32　芦苇—空心莲子草+鸭跖草群落调查情况

种名	株数/株	高度/m	盖度/%
芦苇	38	1.3～1.5	70
鸭跖草	15	0.2～0.4	25
空心莲子草	24	0.2～0.4	50
酸模叶蓼	6	0.1～0.4	5
长刺酸模	2	0.3～0.4	10

图 1.4-23　芦苇—空心莲子草+鸭跖草群落

11）草木樨+小飞蓬+长刺酸模群落

该植物群落主要分布于河两岸的空地上，群落高 0.4～0.8 m，主要优势种有草木樨、小飞蓬、长刺酸模，其他伴生种还有酸模叶蓼、藜、醉鱼草、少花龙葵、鼠麹草、翼茎阔苞菊、金扭扣、光头稗、长蒴母草等。群落生物量约为 4.5 t/hm²，群落总生长量约为 2.6 t/（hm²·a）（表 1.4-33、图 1.4-24）。

表 1.4-33　草木樨+小飞蓬+长刺酸模群落调查情况

种名	株数/株	高度/m	盖度/%
草木樨	3	0.4～0.8	30
小飞蓬	11	0.2～0.4	20
长刺酸模	8	0.4～0.6	50
鼠麹草	7	0.1～0.3	10
少花龙葵	4	0.2～0.3	8
翼茎阔苞菊	1	0.4	5
光头稗	1	0.4	2
长蒴母草	2	0.1～0.15	2
酸模叶蓼	2	0.1～0.4	5
藜	1	0.4	4

图 1.4-24　草木樨+酸模叶蓼+长刺酸模群落

12）鸭姆草+酸模叶蓼群落

该植物群落主要分布于河两岸岸边，群落以鸭姆草、酸模叶蓼占优势，其间还分布有少量的草木樨、空心莲子草、长蒴母草、黄花蒿等。群落生物量约为 3.2 t/hm²，群落总生长量约为 1.8 t/（hm²·a）（表 1.4-34、图 1.4-25）。

表 1.4-34　鸭姆草+酸模叶蓼群落调查情况

种名	株数/株	高度/m	盖度/%
鸭姆草	约 550	0.1～0.2	70
酸模叶蓼	11	0.1～0.3	30
长蒴母草	3	0.05～0.15	3
黄花蒿	2	0.2～0.4	10
空心莲子草	7	0.1～0.2	5
草木樨	3	0.3～0.5	20

图 1.4-25　鸭姆草+酸模叶蓼群落

13）农田

①以水稻、油菜（小麦）为主的作物组合

农田植被在本研究区域面积较大。由于水源及灌溉条件的差异，水田一般可划分为灌溉水田和望天田，但两类水田的作物组合以及群落的季相层片结构无明显差异，均以水稻和油菜为主要作物组合。以水稻、油菜为主的一年一熟或一年两熟水田作物层片结构因作物组合而异，在少数水源条件较差的地段，多为望天水田，植被则为一年一熟的单季水稻，植被仅有一个建群层片，即夏秋建群层片。多数水源较好的地段，则为一年两熟作物组合，植被具有两个建群层片。夏秋建群层片以水稻为主，冬春建群层片以油菜为主，或间有豌豆、胡豆等小季作物搭配，形成"稻—油""稻—豆""稻—芋"等多种类型。

②以玉米、油菜（小麦）为主的作物组合

旱地作物在本研究区域中所占比重较小，以一年两熟的"玉—油""玉—薯"和一年一熟的玉米、马铃薯等类型为主。除上述类型外，一年两熟尚有"薯—薯""玉—豆"等类型，而且多有玉米间作豆类及"玉、麦""玉、薯"套作的习惯。

1.4.4.3　基于景观生态体系的环境现状

景观生态学（landacape ecology）将"景观"定义为："一个空间异质性的区域，由相互作用的拼块（patch）或生态系统组成，以相似的形式重复出现"的生态体系。为了深入认识本研究范围环境特征，下面用景观生态学的原理和方法来研究该范围生态体系的组成、特征、生产力及其稳定性。

按照生态学中景观的概念描述可知，景观生态体系的组成即生态系统或土地利用类型组成，因而可以用该研究范围的主要土地利用类型——森林、灌木林、草地、农田植被、旱地植被、河流水库、难利用地等生态系统作为景观体系的基本单元——拼块来进行景观分析。

根据土地利用遥感资料分析可知，武江流域梯级电站开发工程研究范围景观生态体系由以下组分组成：

（1）以杉木、桉树、马尾松、樟树等乔木为主的森林拼块

该拼块以高大的乔木为主，生长势比较突出，是研究区域内最主要的乔木植被类型。大部分拼块是由人工栽培后经过一段时间自然生长发育形成的，具有一定的人工性，属于环境资源拼块。该拼块在评价范围内分布较广，但面积不是很大，主要分布在河两岸，连通程度较低。从本区域环境质量的影响因子来看，森林拼块起着非常重要的作用。

（2）以类芦、五节芒、芒萁等灌木植物为主的灌丛拼块

乳源县地处全国黄壤、红壤复合地带，该拼块在亚热带水热条件下缓慢发育而来，是自然演替的必经阶段，对水土保持和涵养水源有重要作用。它的形成是由于森林植被遭受砍伐或山火等人类不良活动后，发育形成灌丛状的植被类型。该类型属于人类活动干扰后形成的环境资源拼块，在评价范围内分布较小，零散分布于路边、房屋和农田附近，连通程度较高。

（3）以长刺酸模、酸模叶蓼、草木樨、小飞蓬为主的灌草丛拼块

该拼块是自然演替的初级阶段，它的形成是由于人类活动的强烈影响，破坏了其原有的生态类型而重新形成的自然群落。多分布在林地边缘地带或人口稠密区的地带及河两岸。其受人类活动影响，干扰程度高，水土流失和生物多样性受损严重。在TM影像遥感解译过程中，对土地利用分类中划分出来的难利用地、疏林地等地类，由于不同程度生长有一些草本植物而难以细致区分开来，因此将它们一起并入灌草丛拼块。

（4）以多种农作物为主的耕地植被拼块

该拼块属于人工引进的种植拼块。这类拼块主要是靠人类通过耕作、种子、肥料、农药等管理措施为之补充能量，同时提高拼块的生产力。该拼块在本研究区域中所占比重较小，作物种类比较多样化，并形成多种组合。由于受海拔和河谷地貌的影响，此类拼块在区内各地分布较为分散，但比较广泛，多为坡耕地。其生境中周期性积水，作物随人类的干扰（种植活动）而发生周期性变化，从而引起拼块在外貌和结构上的时间变化（季节变化）。

（5）以河流为主的水面拼块

自然或人工形成的水生生态系统，属于环境资源拼块。该拼块除河流水体外，还包括河滩、河岸以及沿线的植被。

（6）以建设用地为主的乡镇建筑拼块

乡镇人工生态系统是人工建造引进的拼块，为人类的聚居地，是拼块中受人类干扰最明显的组分之一，表现在拼块外貌和结构上不再具有自然属性，而更具有社会性。该拼块在区内分布比较局限，在各个村寨所在地有成片分布。

（7）以滩涂、裸土地为主的未利用地拼块

该区域尚有部分未利用地，主要包括各种滩涂、裸土地等。

以上拼块类型构成了本研究范围的景观生态体系，它们之间既相互联系又相互制约。以马尾松、桉树、杉木、樟树等为主的森林拼块和以类芦等植物为主的灌丛拼块以及以长刺酸模、酸模叶蓼、草木樨、小飞蓬等为主的灌草丛拼块等构成了陆地植被系统。在该系统中，各拼块相互影响，最终形成了复杂的生态系统。此外，还有以河流、水库、坑塘为主的水生生态系统，以及以多种农作物为主的耕地拼块生态系统。在自然界中，各系统均是相对独立又相互依存的，所有的植被身体系统均需水生生态系统来提供水分，而植被生态系统又有涵养水源的作用，农田、旱地生态系统的生产力水平也受各种因素和生态因子的影响。但对工程建设本身而言，环境资源拼块的自然生产能力和稳定性的维护是决定本区域生态环境质量的主导性因素。

1.5　鱼类种质资源自然保护区概况

1.5.1　地理位置

韶关北江斑鳠（鱼类种质资源）省级自然保护区位于北江水系的武江，起始于桂头大桥，结束于韶关市区海关半岛。地理坐标为：113°25′18″E～113°35′19″E、24°48′17″N～24°56′60″N，总面积 2 820 hm²，其中，核心区 1 020 hm²，缓冲区 675 hm²，实验区 1 125 hm²。

功能区划以武江莲塘—沙洲段为核心区，黄塘—莲塘、沙洲—十里亭大桥为缓冲区，桂头镇—黄塘、十里亭大桥—海关半岛为实验区。

1.5.2　保护区生境及其特点、重点保护物种及其生物学和生态特性

1.5.2.1　保护区生境及其特点

北江属于急流性河川，流域的地势总体为北高南低，南岭山脉呈东西走向横亘在北部。北江流域的土质以红壤居多，地层由古生代的灰岩、砂岩及页岩褶皱所组成，其间又散布

有第三纪的红色盆地丘陵，故岩性强弱相间，地形上峡谷和平原相间，在岩质松弱处，河床岩石经雨水渗透和暴流冲刷，形成很多岩洞和深坑。主干流河床流经地段中，有些山地形成长峡，如乐昌峡、武江沿岸，多属崇山峻岭，山高河窄，水流湍急，周围植被茂盛，由草本植物、灌木或乔木组成，并有不少杉木林区，河水清澈。这一江段有乐昌峡，是在坚硬的石英岩中形成，河床除卵石外，多见基岩出露。武江江段是北江唇鱼主要产区之一。

图 1.5-1　保护区生境照片

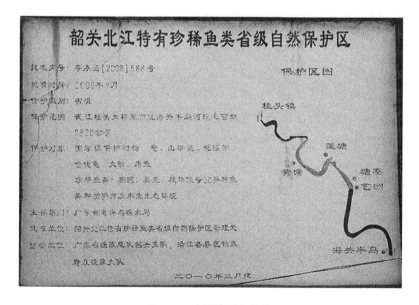

图 1.5-2　保护区宣传牌

1.5.2.2　重点保护物种及其生物学和生态特性

韶关北江斑鳠（鱼类种质资源）省级自然保护区以保护北江水系特有和珍稀鱼类种质资源及其生态系统为宗旨，包含群落多样性、物种多样性和遗传多样性三个层次的保护内容。全面保护水体生态系统及其水生生物和栖息地，是集资源和生态保护、科研教育、生态旅游和鱼类资源可持续利用等多功能于一体的综合性自然保护区，属于海洋与渔业系统管理的社会公益性事业单位。保护对象为北江特有、珍稀、频危鱼类和主要经济鱼类及其栖息地；独特的物种种质资源；北江河流生态系统的完整性。

具体保护对象包括珍稀鱼类和重要经济鱼类：斑鳠、唇鱼、桂华鲮、盆唇华鲮、卷口鱼、大眼鳜、斑鳜、长臀鮠、鳗鲡、倒刺鲃、光倒刺鲃、鲮、白甲鱼、南方白甲鱼、鳡鱼、黄尾密鲴、花鲭、赤眼鳟、三角鲂、黄颡鱼、斑鳢、异尾爬鳅、多鳞原缨口鳅、鲤、鲫、四大家鱼等，以及其栖息活动区域的自然环境、水质环境、底栖环境等。

与珠江水系其他河流相比，北江是较典型的山川急流型河流，从粤北崇山峻岭飞流直下南海，落差大、峡谷多，拥有岩洞和深坑，形成砾石或卵石河床急流生境，具有较特殊的水生生物组成特点和生态系统类型。与栖息环境相适应，北江分布有多种底栖性和急流性的鱼类，如鲃亚科和鮀亚科的多数种类以及平鳍鳅科和鳅科的一些种类，还有一些岩洞生活鱼类。中下游由于两岸地势平坦开阔，鱼类分布以平原鱼类为主。

1.5.3　北江特有珍稀鱼类自然保护区现状

1.5.3.1　鱼类资源情况

根据近期调查，记录鱼类共有 97 种，隶属于 8 目，15 科，80 属，97 种。其中鲑形目 1 科 1 属 1 种，鳗鲡目 1 科 1 属 1 种，鲤形目 3 科 58 属 67 种，鲶形目 4 科 6 属 11 种，鳉形目 2 科 2 属 2 种，鲈形目 2 科 10 属 13 种，合鳃目 1 科 1 属 1 种，鲀形目 1 科 1 属 1 种。

在各目鱼类中，鲤形目最多，占 69.07%，鲈形目次之，占 13.4%，再次为鲶形目，占 11.34%，其余 5 目共占 6.19%。鲤形目中鲤科最多，有 60 种，占本次调查鱼类种数的 61.86%；其次为鳅科，有 6 种，占鱼类种数的 6%；平鳍鳅科仅有 2 种。与 20 世纪 80 年代调查记录相比，鱼类种数明显减少，物种组成也发生明显变化。

保护区的 97 种鱼类大多数有食用价值，其中作为主要捕捞对象的经济鱼类约 30 种。主要经济鱼类如斑鳠、鳜、南方白甲鱼、倒刺鲃、光倒刺鲃、黄颡鱼、斑鳜、鳊、鲂、黄尾密鲴、鲮、鲤、鲫、鳘条、花鲭、唇鲭、赤眼鳟、蛇鮈等种类分布较广，种群数量较多，是沿江常见的捕捞对象；青鱼、鲢、鳙在保护区的产量不大；鲥鱼现在已经绝迹。

主要经济鱼类有光倒刺鲃、赤眼鳟、鳊、鲂、鲤、鲫、黄颡鱼、大刺鳅、大眼鳜、斑鳠、粗唇鮠、白甲鱼属鱼类和光唇鱼属鱼类等 30 多种。珍稀鱼类主要有唇鲮、桂华鳜、伍氏华鲮、卷口鱼、长臀鮠、瓣结鱼、倒刺鲃等。

1.5.3.2　主要鱼类产卵场

保护区内的鱼类产卵场主要有 4 种类型，分别是产漂流性卵的鱼类产卵场、产草属性卵的鱼类产卵场、产黏沉性卵的鱼类产卵场、产石隙隐藏性卵的鱼类产卵场。各产卵场详细情况见表 1.5-1～表 1.5-4，产卵场分布图见图 1.5-3。

表 1.5-1　保护区内漂流性卵鱼类产卵场的位置与规模

江段	产卵场名称	起迄地点	产卵场长度/km	产卵规模/万粒									河湾
				草鱼	青鱼	鲢	鳙	鲮	鳡	四须盘鮈	美丽沙鳅	小计	
武江	桂头产卵场	大坝—桂头	1.75	10 000	16 000	13 300	46 000	6 800		400	1 700	94 200	1
	东风山产卵场	厢廊—东风山	3.70	12 000	27 000	2 000	10 000	1 300		300	3 200	55 800	1
	犁市产卵场	莲塘—犁市	1.50					8 500		400	250	9 150	1
	黄田坝产卵场	塘湾—黄田坝	3.50					820				820	2
	小计		10.25	22 000	43 000	15 300	56 000	17 420		1 100	5 150	159 970	5

表 1.5-2　保护区内草属性卵鱼类产卵场的位置与规模

江段	产卵场名称	起迄地点	产卵场长度/km	黏草性卵/万粒			草沙巢卵/万粒	合计/万粒	着生水草洲、滩数/个		
				鲤鱼	鲫鱼	小计	黄颡鱼		草滩	沙滩	小计
武江	犁市产卵场	水口—剁鸡坑	10.0	1 850	1 270	3 120	2 800	5 920	1	6	7
	黄田坝产卵场	塘湾—西河大桥	5.1	640	530	1 170	170	1 340	0	2	2
	小计		15.1	2 490	1 800	4 290	2 970	7 260	1	8	9

表 1.5-3　保护区内武江水系黏沉性卵的主要鱼类产卵场的位置与规模

江段	产卵场名称	起迄地点	产卵场长度/km	产卵规模/万粒					地理环境	
				南方白甲鱼	光倒刺鲃	倒刺鲃	大刺鳅	小计	河湾	砾滩
武江	桂头产卵场	大坝—塘头	4.85	60	70			130	2	4
	沙园产卵场	黄水口—沙园	2.15	30	20			50	1	1
	小计		7.00	90	90			180	3	5

表 1.5-4 保护区内武江水系石隙隐藏性的斑鳠和粗唇鮠鱼类产卵场的位置与规模

江段	产卵场名称	起迄地点	产卵场长度/km	岸属	产卵规模/万粒			生态环境		
					斑鳠	粗唇鮠	小计	近岸山名	标高/m	水深/m
武江	八里排产卵场	温山—营盘	4.00	右	370	40	410	八里排	548	12
	沙尾产卵场	塘头—沙尾	0.80	左	60	120	180	沙尾岗	143	8
	东风山产卵场	东风山—黄水口	1.65	右	1 270	2 100	3 370	东风山	167	5
	沙洲产卵场	下坑坝—沙洲	2.10	右	800	550	1 350	天子岭	357.5	6
	西河产卵场	十里亭大桥—武江大桥	2.68	中	240	100	340	石砌岸、桥墩		4
	小计		11.23		2 740	2 910	5 650			

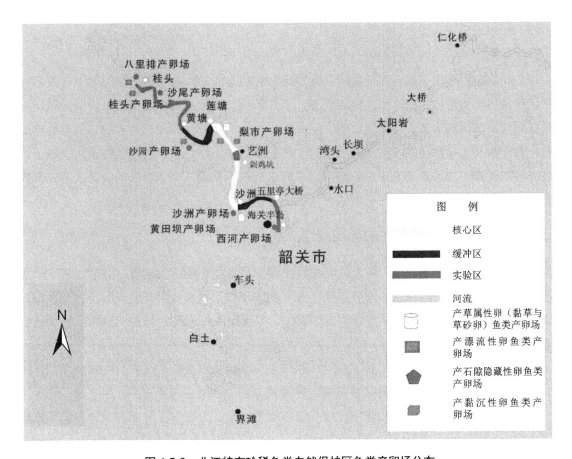

图 1.5-3 北江特有珍稀鱼类自然保护区鱼类产卵场分布

1.6 流域存在的主要环境问题

1.6.1 水资源开发利用存在的主要问题

武江流域水资源较为充沛，水力资源丰富，但流域内现有的水利工程不能满足工农业用水和城乡人民生活的要求，制约了社会经济的发展。目前武江水资源开发利用存在的主要问题如下：

（1）城乡生活及工业供水保障能力不足，污水处理设施不够完备

流域内水资源量丰富，水量充足，供水基本有保证，但乡镇供水缺少必要的污水处理设施，使水源地水质难以得到有效保障。

（2）农田水利工程重建轻管，设备老化，效益下降

在治水过程中，长期存在重建设、轻管理的倾向。农田水利工程以小型为主，工程管理工作落实不到位，工作人员生活福利差，工作积极性不高；管理水平较低，缺乏科学的用水管理；田间耗水量大，渠道淤塞，渠系水利用系数较低；工程建筑老化，效益逐年衰减。农田水利工程都是以社会效益为主，属纯公益性的工程，大多无经营性收入，由于地处经济发展相对滞后的粤北山区，地方财政对水利投入有限，长期以来的农田水利工程建设、管理方面的资金投入不足，对农田水利工程的日常维护带来一定的影响。

1.6.2 梯级电站开发存在的环境问题

（1）部分梯级已经建成，但是没有履行建设项目环境影响评价制度，有的梯级建设之前编制了环境影响评价报告，也获得了生态环境主管部门批复，但是建成后没有履行环保竣工验收，没有落实环境保护"三同时"制度，甚至没有落实环评报告所要求的环境保护措施。

（2）乐昌峡水利枢纽工程下游武江干流河段规划的六级梯级，目前已建成其中的五级，但该五个梯级均没有单独设置过鱼通道，导致鱼类洄游通道被阻断。

（3）环境风险管理制度和环境风险应急机制不健全，大坝及库区环境风险应急设施不够完善。

（4）电厂危险废物没有按照《危险废物贮存、处置场污染控制标准》的要求进行暂存和处理、处置，没有严格执行危险废物转移联单制度。

（5）污染物排放口规范化设置有待改进，运营期间没有按环评报告书及其批复的要求定期开展环境监测工作。

1.6.3　局部河段水质污染与治理问题

武江流域某些局部河段,如各县(市)城区河段以及工矿企业过分集中的河段,入河排污口比较集中且废污水量大;加上上游取水量大,径流量相应减少,水体自净能力减弱,从而造成这些河段水体严重污染,环境恶化。

部分河段,特别是个别饮用水水源一级保护区水域,沿岸居民生活垃圾没有集中处理,而是堆放在河道大堤上,甚至有些直接被扔进河里,对饮用水水源水质造成了一定的威胁。

近年来,北江清远段曾出现取水口上游水质检测重金属超标的情况,严重威胁了下游城市饮水安全。根据第一次全国污染源普查(2010 年更新)的结果显示,本研究河道沿岸不少工业企业有重金属排入武江,如果重金属排放量不能得到有效控制,也将对下游水质,尤其是饮用水水源水质造成严重威胁。

1.6.4　山区防洪问题

武江为山区河流,山洪暴发时,常常造成岸崩田毁,居民受淹,作物受浸,如 1994 年"6·18"洪水,武江沿岸大量乡村、农田受浸,水利水电、电力通信以及交通设施也大量受毁,损失惨重。规划近期在一些主要河流采取清除河道碍洪物,在适当位置扩宽泄洪河道、裁弯取顺以及修水库、建堤防等治理措施,同时搞好水土保持工作,改变流域产流产沙条件,这些综合措施的防洪效益计算还有待今后进一步分析研究。

1.6.5　建议

1.6.5.1　编制水库运行调度图

目前,境内部分水电站库区没有编制水库调度图,按水库调度图进行运行调度。水库电站的管理仍是原始的粗放型管理,操作调度随意性大,科学性少,不能满足现代水利管理的需要。建议今后落实经费,组织人员编制好水库调度图,并按调度图操作,在保证防洪、发电、供水、灌溉、航运、环保等综合利用的前提下,充分合理利用水资源,满足各部门的效益,实现水库调度的最优化。

1.6.5.2　加强农业用水研究

农业用水包括粮食种植业灌溉用水、水产养殖业用水、林木以及茶园菜地等经济作物种植用水几个方面。目前,国家非常重视水资源科学管理,水利部及各级水行政主管部门每年都要编制水资源管理年报及编发水资源公报,而年报和公报里面相当一部分内容属农业用水范畴,由于现有水利工程均未设计量设备,故农业用水全部是根据当年的降水量,大致采用丰水期、平水期、枯水期三个定额来反算。据了解,县(市、区)编制公报和年报所用定额均按 20 世纪 80 年代河流规划复查编制的"稻—稻—冬"种定额成果,即一年三熟定额，且有的县（市）仅有90%保证率的定额。建议今后结合"三高"农业、农业灌溉节水技术等，研究出不同作物结构、不同降雨频率的定额曲线，为今后水资源有效管理，发展"三高"农业，建设稳产、高产农田提供翔实可靠的科学依据。

1.6.5.3 努力提高水利管理队伍的科学技术水平

本次规划暴露出某些地方水利管理队伍整体技术水平不高的缺陷。许多地方规划人员难以做到专人专职，既要完成规划任务，又要兼顾面上的工作，"既打锣，又打鼓"，工作十分被动。

建议今后除继续向各大专院校招收相关专业毕业生外，还要加强现有人员的技术培训工作，提高工作人员业务素质和管理水平，培养一大批既掌握现代科学知识，又具有丰富的水利水电建设实践经验的技术骨干和精干管理人员，为水利现代化建设服务。

1.6.5.4 继续做好水资源优化配置的研究工作

水资源优化配置工作是一个系统工程，主要内容是研究某一地区、某一流域的防洪、灌溉、发电、供水、航运、渔业、环保和旅游等部门的用水分配，协调各部门利益和矛盾，在各个部门均能获得供水效益的前提下，确保综合利用效益最大化。

1.6.5.5 抓好水质动态监测工作

建议今后尽快落实好机构、人员和资金，做好水质在线监测工作，在充分掌握水质资料，废污水排放规律，入河排污口位置、数量与规模，工农业生产，城镇人口与分布等资料的基础上，认真计算分析不同时期各江河沿程水质的变化规律、指标、水体自净能力、水环境纳污容量等，编制好可操作性强、实用价值高，能够确定不同时期排污单位排污指标的水质动态规划报告，用于水资源的动态管理，提高水资源管理水平。

1.6.5.6 抓好综合规划工程建设资金来源的研究工作

近期实施工程绝大部分属甲类工程，即以社会效益为主、公益性较强的项目，少部分属于以经济效益为主，兼有一定社会效益的乙类项目。对这些工程，建立水利建设资金，申请国债并严格执行"谁投资、谁所有，谁受益、谁管理，谁收费、谁负责"的原则，从而拓宽投资渠道。

1.6.5.7 加强饮用水水源水质保护工作

目前发展水利渔业、旅游业已不同程度地导致水质污染，影响生态环境，故对有城乡居民饮用水水源任务的工程，库区里面不准开展旅游项目，至于水利渔业以及无供水要求的水利工程的水利旅游开发，建议与环境保护结合起来统一进行研究实施。如选择对水质有净化作用的鱼类，兴建环保设施等。

第 2 章

流域梯级规划概况

2.1 流域规划现状

2.1.1 广东省韶关市江河流域综合规划

根据《广东省韶关市江河流域综合规划修编报告》，在原梯级开发规划的基础上提出如下内容：

2.1.1.1 旧电站改造、续建、扩建增容

乐昌市旧电站改造、续建、扩建增容总装机容量 7.99 万 kW，武江区旧电站改造、续建、扩建增容总装机容量 4 060 kW。其中，重点工程张滩水电站左岸扩容工程，规划张滩水电站左岸扩容工程的装机规模 8 000 kW 左右。

2.1.1.2 新建电站

武江区新建电站总共 2 座（靖村梯级），装机容量 3.49 万 kW，年发电量 1.43 亿 kW·h。乐昌市新建电站总共 14 座，装机容量 6 810 kW。乳源县新建电站总共 16 座（塘头梯级），装机容量 9.26 万 kW，年发电量 2.94 亿 kW·h。

2.1.2 广东省北江流域综合规划

根据《广东省北江流域综合规划报告》，武江干流以乐昌峡为龙头调节水库，以下至韶关分 6 级开发，均为低水头径流式梯级，水头 5～7 m，自上而下依次为张滩一级（16 MW）、昌山（12 MW）、长安（12 MW）、七星墩（12 MW）、厢廊（12 MW）、靖村（16 MW），总装机容量 80 MW，年发电量 2.86 亿 kW·h。目前除厢廊外，其余梯级均已建成运行。规划梯级布置原则要求梯级间上、下游水位衔接。

2.1.3 韶关市水资源综合规划

2.1.3.1 水资源量及利用现状

根据《韶关市水资源综合规划报告》，武江流域水力发电用水量为 31.104 亿 m³，水力发电开发程度较高，绝大部分水资源发挥了水力发电效益。武江犁市站以上航运水量 11.289 5 亿 m³，2000 年武江河道内用水总量 384 530 万 m³，水资源开发利用程度见表 2.1-1，基准年水资源供需平衡分析见表 2.1-2。

表 2.1-1　武江水资源开发利用程度分析

河名	面积/km²		地表水			浅层地下水			水资源总量		
	流域	计算	供水量/万 m³	水资源量/万 m³	开发率/%	开采量/万 m³	水资源量/万 m³	开采率/%	用水消耗量/万 m³	水资源总量/万 m³	水资源利用消耗率/%
武江	7 097	3 689	36 969	383 119	9.6	1 388	84 658	1.6	14 734	383 119	3.8

表 2.1-2　2000 年水资源供需平衡分析结果（多年平均）

分区编号	分区名称	需水量/万 m³	供水量/万 m³	缺水量/万 m³	径流量/万 m³	利用程度/%
H050120	武江	38 431	38 431	0	336 703	11.4

武江 2000 年的供水量为 38 431 万 m³，水资源利用程度为 11.4%。

2.1.3.2 水资源保护规划

根据《韶关市水资源综合规划报告》，武江流域各水功能区 COD 入河总量控制及排放量规划见表 2.1-3。

表 2.1-3　武江各水功能区 COD 入河总量控制及排放量控制规划

水功能一级区	水功能二级区	水平年	排放量/t	入河量/t	纳污能力/t	入河控制量/t	入河削减量/t	排放控制量/t	排放削减量/t	排放削减率/%
武江坪石—乐昌保留区		2000	2 556.3	1 982.1	1 588.2	1 588.2	393.9	2 268.9	287.4	11.2
		2010	1 811.0	1 267.7	1 588.2	1 267.7	0.0	1 811.0	0.0	0.0
		2020	2 636.7	1 845.7	1 588.2	1 588.2	257.4	2 268.9	367.8	13.9
		2030	3 567.0	2 496.9	1 588.2	1 588.2	908.7	2 268.9	1 298.1	36.4
武江乐昌—韶关开发利用区	武江犁市饮用渔业用水区	2000	7 762.3	6 180.0	1 037.8	1 037.8	5 142.1	1 482.6	6 279.7	80.9
		2010	5 646.4	3 952.5	1 037.8	1 037.8	2 914.7	1 482.6	4 163.8	73.7
		2020	8 220.9	5 754.6	1 037.8	1 037.8	4 716.8	1 482.6	6 738.3	82.0
		2030	11 121.6	7 785.1	1 037.8	1 037.8	6 747.3	1 482.6	9 639.0	86.7

水功能一级区	水功能二级区	水平年	排放量/t	入河量/t	纳污能力/t	入河控制量/t	入河削减量/t	排放控制量/t	排放削减量/t	排放削减率/%
杨溪水源头水保护区	武江西河桥饮用渔业用水区	2000	5 047.3	3 710.6	954.4	954.4	2 756.3	1 363.4	3 683.9	73.0
		2010	3 390.3	2 373.2	954.4	954.4	1 418.8	1 363.4	2 026.9	59.8
		2020	4 936.1	3 455.2	954.4	954.4	2 500.9	1 363.4	3 572.7	72.4
		2030	6 677.7	4 674.4	954.4	954.4	3 720.0	1 363.4	5 314.4	79.6
	武江沙洲尾渔业景观用水区	2000	469.0	702.4	694.1	694.1	8.3	469.0	0.0	0.0
		2010	641.8	449.3	694.1	449.3	0.0	641.8	0.0	0.0
		2020	934.4	654.1	694.1	654.1	0.0	934.4	0.0	0.0
		2030	1 264.1	884.9	694.1	694.1	190.8	991.6	272.5	21.6
		2000	64.3	47.2	24.6	24.6	22.6	35.2	29.1	45.3
		2010	43.1	30.2	24.6	24.6	5.5	35.2	7.9	18.4
		2020	62.8	43.9	24.6	24.6	19.3	35.2	27.6	43.9
		2030	84.9	59.4	24.6	24.6	34.8	35.2	49.7	58.6
杨溪水乳源保留区		2000	12.5	10.0	3.6	3.6	6.4	5.2	7.3	58.4
		2010	9.1	6.4	3.6	3.6	2.8	5.2	3.9	43.1
		2020	13.3	9.3	3.6	3.6	5.7	5.2	8.1	60.9
		2030	18.0	12.6	3.6	3.6	9.0	5.2	12.8	71.1

2.1.4 韶关市环境保护规划

根据《韶关市环境保护规划报告》，武江市区河段环境综合整治内容如下：

按照"统一规划、统一定点"的要求，实行合理的流域工业布局和产业调整。对可能造成较大环境影响的区域开发项目、重大工业项目和工业园区建设，实施沿岸各县（市、区）政府和有关部门共同参与的联合审批制度。

加大对工业污染源的整治力度。武江河沿岸所有工业企业污染物实现全面、稳定达标排放。重点企业安装废水在线监测系统。对限期内不能完成达标任务的企业，依法采取关停、搬迁等强硬措施。

开展韶关市第二污水处理厂二期、乐昌市乐城镇污水处理厂二期以及乐昌市坪石镇、乳源县桂头镇、浈江区犁市镇污水处理厂建设，配套完善相应的生活污水截污管网建设，确保到2010年全市城镇生活污水处理率超过60%。

加强农业生态建设和农村环境保护。提高畜禽粪便无害化处理率，在农村地区大力推广使用沼气，武江河流域力争到2008年80%以上的农户用上沼气。

对位于武江饮用水水源二级保护区沿岸的3个煤场，由市政府组织有关部门开展联合执法行动，清理、关闭武江沿岸所有煤场。由市政府组织有关部门，依法责令所有饮食船只上岸经营，并配套完善废水处理等环保设施。

建立孟洲坝水电站及武江各梯级电站统一的调度机制，保证各电站下游河道的最小生态下泄流量。

建立重大污染事故的防控体系。制定污染事故紧急处理预案，建立跨省污染事故信息通报制度。

2.1.5 韶关市 "十三五" 环境保护与生态建设规划

根据《韶关市 "十三五" 环境保护与生态建设规划》，主要任务包括：①强化环境调控，大力推动绿色发展。将环境保护作为推动绿色发展的重要抓手，坚持预防为主，强化环保引导和调控作用，严格落实环境空间管控，积极引导产业绿色低碳循环发展，形成节约资源和保护环境的空间布局、产业结构和生产生活方式。②贯彻实施大气污染防治方案，改善环境空气质量。贯彻实施《韶关市大气污染防治实施方案（2014—2017 年）》（韶府办〔2014〕53 号），以环境空气质量持续改善为目标，以污染物排放总量削减为手段，深化结构调整，控制煤烟型污染、机动车污染、工业污染、扬尘污染和挥发性有机物污染，全面推进大气污染防治工作。到 2020 年，实现城市空气质量稳定达标，区域 PM_{10} 年均浓度控制在 50 μg/m³ 以下。③加强饮用水水源保护，提升水环境质量。全面贯彻《水污染防治行动计划》和《南粤水更清行动计划》，认真落实《"南粤水更清行动计划" 韶关市实施方案（2013—2020 年）》《韶关市水污染防治行动计划实施方案》（韶府〔2016〕10 号），推进精准治污，建立水源安全保障、水污染严格控制、治水管理一体化的保护与防控体系。④加强土壤污染防治，保障农产品质量安全和人居环境健康。坚持 "预防为主、保护优先、风险管控" 的思路，以省市共建韶关土壤污染防治先行区为契机，编制实施全市土壤污染防治方案，以保障农产品质量安全和人居环境健康为根本，严格控制土壤污染来源，实施土壤环境分级分类管控，推进受污染土壤的治理与修复，建设土壤污染综合防治先行区，力争到 2020 年全市土壤环境质量得到明显改善。⑤贯彻防治结合，努力保持声环境质量。⑥强化风险管控，着力保障环境安全。强化污染源专项治理和风险管控，实施工业源全面达标排放治理改造，强化重金属污染防治、危险废物和化学品管控、核与辐射安全监管，保障环境安全。⑦加强农村环境保护，建设美丽乡村。以农村生态文明示范创建为抓手，加快农村环境连片综合整治步伐，加强农村饮用水水源保护、畜禽养殖和农业面源污染防治，大力推进美丽乡村建设。⑧强化生态系统保护，创建生态韶关。强化山水林田湖 "生命共同体" 意识，维护生态安全格局，加强生态体系建设，保护生态系统多样性，提升生态系统完整性、稳定性和服务功能，促进人与自然和谐共生。⑨深化改革创新，完善环保制度体系。统筹推进生态环境治理制度改革，完善环境法规制度，健全污染防治机制，完善环境市场机制，确保政府履责，强化企业自觉自治，鼓励全民参与，形成政府、企业、公众共治的现代化治理体系。⑩加强能力建设，提升环境治理水平。实施省以下环保机构监测、监察、执法垂直管理制度，大力提升环境保护基础能力，着力构建符合新形势需求的集环境监测、监察、科教为一体的环保体系，全面提升环境治理水平。

　　为实现规划目标，重点实施城镇集中式饮用水水源地水质保护、水污染防治、大气污染防治、固体废物处理处置、农业源污染物减排、重金属污染防治与生态修复、生态环境保护建设、环境管理能力建设共 8 大类重点工程。

2.2　武江流域梯级规划现状

2.2.1　武江干流梯级开发规划

　　武江主流在广东省境内比降较陡，平均坡降 1.27‰，流速大，洪水传播时间短，流域地势高峻，植被较好，河流含沙量较少，是弯曲型的山区河流。乐昌峡河段位于武江中游，坪石镇与乐昌之间。峡谷段自罗家渡至张滩全长 41 km，天然落差 54 m，平均比降为 1.31‰。乐昌峡河段属 V 形峡谷河段，河道曲折，河面狭窄，两岸沟壑纵横，且河道切割较深，滩多水急，有"九泷十八滩"之称。乐昌至韶关河段较平缓、开阔，平均坡降 0.59‰。

　　根据《韶关市武江梯级开发规划报告》，乐昌市上游规划第一级乐昌峡水库，乐昌峡水库坝址至韶关市河段长 81.4 km，落差 44 m；此河段规划共分 6 级开发，从上游起至下游依次是：张滩（扩建）16 000 kW、昌山（茶亭角）12 000 kW、长安（白糖宁）12 000 kW、七星（七星墩）12 000 kW、厢廊 12 000 kW、靖村（下坑）16 000 kW，总装机容量 8.0万 kW，年发电量 2.86 亿 kW·h。武江干流乐昌峡上游、下游梯级规划方案特性分别见表 2.2-1 和表 2.2-2。

表 2.2-1　武江干流乐昌峡上游广东省内梯级规划方案特性

项目	单位	三溪	浪头	石村	武阳司	石灰冲
坝址以上流域面积	km²	800	1 423	1 400	1 800	1 470
多年平均流量	m³/s	22	37.9	37		41
总库容	万 m³	10	18.2	4	2	
设计水头	m	5.8	5.3	5.5	5.5	5.3
装机容量	MW	1.21	1.89	1.25	1.50	1.89
年发电量	万 kW·h	490	802.5	501	566	808.1

表 2.2-2　武江干流乐昌峡下游广东省内梯级规划方案特性

项目	单位	张滩	昌山	长安	七星墩	厢廊	靖村
坝址以上流域面积	km²	5 060	5 265	5 718	6 200	6 400	7 090
多年平均流量	m³/s	139	145	157	169	174	193
正常蓄水位	m	96.0	86.5	80.0	74.0	68.0	60.5
设计水头	m	7.3	5.5	4.9	5.3	5.3	7.1
装机容量	MW	16	12	12	12	12	16
保证出力	kW	1 395	1 073	990	1 035	1 225	1 680
年发电量	万 kW·h	5 085	4 000	3 355	4 760	4 085	7 275

注：表列指标均未考虑乐昌峡建库。

2.2.2　武江支流（乐昌段）梯级开发情况

根据乐昌市水利局有关乐昌市水电站统计资料，2007 年年底全市支流上已建水电站共 254 座，总装机容量约 145 MW，在建水电站 3 座，总装机容量约 2 MW。见表 2.2-3。

表 2.2-3　乐昌市武江支流水电站情况

电站情况	河流名称	所在镇	数量/座	与乐昌峡坝址关系	设计装机容量/kW	电站投产时间
已建	辽思水	沙坪、秀水	13	坝上	6 770	1978—2007 年
	南花溪	坪石	2	坝上	1 960	1980 年、2003 年
	宜章水	坪石	4	坝上	1 750	1976—2002 年
	白沙水	坪石	1	坝上	800	1973 年
	梅花水	梅花、沙坪、秀水、云岩	6	坝上	2 340	2001—2007 年
	田头水	白石、黄圃、两江、坪石、庆云	19	坝上	12 140	1979—2006 年
	太平水	大源、梅花、云岩	14	坝上	9 755	1978—2007 年
	墩子水	大源	2	坝上	1 440	2005 年
	九峰水	九峰、两江	39	坝上	27 490	1981—2007 年
	岐乐水	两江	2	坝上	720	2002 年
	大源水	大源、沿溪山	11	坝上	5 855	1975—2006 年
	滑石排水	大源	6	坝下	3 660	2003—2006 年
	西坑水	北乡、乐城	15	坝下	4 834	1962—2006 年
	龙山水	廊田	7	坝下	3 615	1980—2003 年
	廊田水	长来、廊田、五山	65	坝下	40 745	1976—2005 年
	王坪水	长来、乐城	11	坝下	5 180	1981—2005 年
	金鸡水	长来	1	坝下	100	1979 年

电站情况	河流名称	所在镇	数量/座	与乐昌峡坝址关系	设计装机容量/kW	电站投产时间
已建	张溪水	乐城	13	坝下	6 630	1983—2005 年
	大洞水	乐城	5	坝下	2 165	2001—2003 年
	武江小支流	大源、乐城、两江、梅花	18	—	7 075	2002—2007 年
	小计		254	—	145 024	—
在建	田头水	黄圃	1	坝上	960	—
	武江小支流	乐城	1	坝下	320	—
	西坑水	北乡	1	坝下	500	—
	小计		3	—	1 780	—
合计			257	—	146 804	—

乐昌市武江支流中建有水电站最多的为廊田水,已建电站达 65 座,总装机容量达 40 745 kW;其次为九峰水,已建电站 39 座,总装机容量达 27 490 kW;田头水已建电站 19 座,装机容量 12 140 kW。上述 3 条支流水电开发程度甚高,总装机占全市支流电站总装机的 55%。

从电站在支流的位置情况来看,宜章水的三星坪电站离武江最近,仅为 0.2 km;其次为岐乐水的岐乐二级电站,距离武江约为 1.0 km。武江主要支流南花溪、白沙水、梅花水、田头水、太平水、九峰水、大源水、西坑水、廊田水中已建、在建电站离武江最近距离分别为 2.7 km、2.6 km、6.5 km、2.0 km、4.9 km、8.5 km、4.1 km、2.9 km、6.8 km,武江支流中的天然河段已很少。

2.2.3　武江流域(乐昌段)梯级开发计划

根据乐昌市水利局收集的统计资料,乐昌市计划在武江支流新建 27 座小水电站,其中 22 座的建设地点位于所在武江支流已建梯级的上游,另外 6 座则位于所在武江支流已建梯级的下游,包括白沙水的白沙电站(距离武江 2.6 km)、廊田水的长荣电站(距离武江 6.9 km)、梅花水的梅花二级和龙潭电站(梅花二级距离武江 2.6 km)、武江小支流的双夏电站(距离武江 1.4 km)、西坑水的大河坡电站(距离武江 2.9 km)。

2.3　武江干流梯级规划目标和任务

2.3.1　规划目标

由于韶关市地处山区,经济基础薄弱,社会经济发展较慢,所以,加快山区水力资源的开发对促进山区经济的发展、加快山区脱贫致富具有重要意义。武江作为北江上游的重要河段，水力资源仍未能得到有效开发，因此为充分发挥山区水力资源优势，建设武江梯级电站工程，开发山区水力资源，向省电网提供电能，对促进山区的社会经济发展所带来的效益也是十分显著的。

水电作为清洁可再生能源，可年复一年永续使用，能够对解决地区的用电需求，缓解电力供需矛盾，优化能源结构，促进地区经济社会发展发挥重要作用。

2.3.2　规划任务

武江在乐昌峡水电站圹角坝址以下至韶关市区孟洲坝水电站（正常高水位 52.5 m）河段，尚有落差 44 m。其开发利用梯级规划的任务为按上、下游水位衔接，少淹耕地和不影响较大的居民点，考虑交通便利、施工条件较好等原则，布置张滩（扩建）、昌山、长安、七星（七星墩）、厢廊和靖村 6 级梯级。

2.4　梯级规划方案主要内容

《韶关市武江梯级开发规划报告》于 1993 年 12 月由韶关市水利电力局编制完成，1994年 4 月广东省水利电力厅以粤水电水资字〔1994〕29 号文对该报告进行了批复。

《韶关市武江梯级开发规划报告》的主要内容如下：

武江是北江第二大一级支流，集水面积 7 097 km²，河长 260 km。乐昌峡水库塘角坝至韶关河段 81.4 km，落差 44 m。

根据历次规划和尽量少淹没农田的原则，并反复实地勘测和征询有关乡镇意见，规划选定张滩（扩建）、昌山（茶亭脚）、长安（白糖宁）、七星（七星墩）、厢廊和靖村（下坑）6 级开发。

6 个梯级共装机 80 000 kW（含张滩已装机 6 000 kW），年发电量 28 560 万 kW·h（乐昌峡水库未建）和 29 415 kW·h（乐昌峡水库建成），年利用时长分别为 3 570 h 和 3 677 h。

梯级电站属四等，按 30 年一遇洪水设计，200 年一遇洪水校核。

梯级布置的原则是上、下游水位衔接，不淹较大居民点，交通便利，施工条件较好，比较顺直的河段。各梯级的代表性坝址进行地形测量和地质勘查工作，为枢纽布置和投资估算提供依据。

各梯级电站均为低水头日调节电站。主体建筑物由水力自控翻板门为主的活动闸坝，发电厂房和变电站，8 m×80 m×1.2 m 通航船闸，以及两岸连接建筑物等组成。为减少壅高洪水位，活动闸坝的闸底基本与河床底相平，且闸宽亦与河宽相近。当上游水位超过正常高水位 0.3 m 时，自控翻板门即全部翻倒泄洪。

固定坝采用实用堰型，底部建在弱风化带以下1～3 m，以便不设防冲设施，而利于施工。除张滩电站现有固定坝较高外，5年一遇和20年一遇洪水位均有所降低。

两岸连接建筑物一般采用路堤结合过水型的混凝土护路面、浆砌石护坡。堤顶高程一般比正常水位高1 m。

淹没高程按正常高水位加0.5 m计（因5年一遇和20年一遇洪水均已开闸泄洪，且洪水位还有所下降），没有淹浸房屋，仅影响92亩沙滩旱地；不包含靖村梯级右岸筑堤（长约100 m）防护部分。在河边沙滩地种植的作物属于河障，不予赔偿。岸上低地旱作按每亩10年产值计算，一般为0.8万元；加上施工用地补偿，共为520万元。

梯级电站建成后，将美化沿岸景观，有利于发展旅游业。

张滩梯级扩建（移至坝后）时，在右侧开通临时引水渠，供现有电站发电。尾水渠长为1.7 km，进行适当清挖整治。七星和厢廊两梯级尾水渠亦需进行清挖整治。

武江梯级开发特性见表2.4-1。

表2.4-1 武江梯级开发特性

项目		单位	张滩	昌山	长安	七星	厢廊	靖村
集水面积		km²	5 060	5 265	5 718	6 200	6 400	7 090
多年平均流量		m³/s	139	145	157	169	174	193
设计洪水流量（3.3%）		m³/s	3 920	4 030	4 250	4 480	4 570	4 890
校核洪水流量（0.5%）		m³/s	5 120	5 260	5 540	5 840	5 960	6 360
设计洪水位（3.3%）		m	—	90.8	84.3	77.7	71.2	61.7
校核洪水位（0.5%）		m	—	92.3	85.8	79.1	72.6	63.2
正常水位		m	96.0	86.5	80.0	74.0	68.0	60.5
下水位		m	86.5	80.0	74.0	68.0	60.5	52.5
日调节库容		万 m³	500	210	208	135	300	455
水头	最大	m	9.0	6.5	6.0	6.0	7.1	8.0
	设计	m	7.3	5.5	4.9	5.3	5.3	7.1
闸坝基岩			砂岩	石灰岩	石灰岩砂岩	砂岩	石灰岩	石灰岩
设计流量	水库未建	m³/s	280	270	290	270	270	280
	水库建成	m³/s	280	270	290	270	270	280
装机容量	水库未建	kW	16 000	12 000	12 000	12 000	12 000	16 000
	水库建成	kW	16 000	12 000	12 000	12 000	12 000	16 000
保证出力	水库未建	kW	1 395	1 073	990	1 035	1 225	1 680
	水库建成	kW	2 565	1 901	1 845	1 845	2 142	2 820
年发电量	水库未建	万 kW·h	5 085	4 000	3 355	4 760	4 085	7 275
	水库建成	万 kW·h	5 150	4 065	3 240	4 815	4 590	7 375
年利用小时	水库未建	h	3 178	3 333	2 796	3 967	3 404	4 547
	水库建成	h	3 219	3 388	2 850	4 013	3 825	4 609

项目		单位	张滩	昌山	长安	七星	厢廊	靖村
翻板门翻倒泄洪流量		m³/s	500	495	431	415	445	552
建站后水位升降	$P=20\%$	m	3.3	−2.4	−2.0	−1.5	−2.0	−0.1
	$P=5\%$	m	2.8	−2.6	−2.8	−3.1	−2.3	−0.9
位置	电厂、变电站		右岸	右岸	右岸	左岸	左岸	右岸
	船闸		左岸	左岸	右岸	右岸	右岸	右岸
活动闸坝	净长	m	192	120	130	140	150	210
	堰顶高程	m	94.3	81.6	75.1	69.1	63.1	55.6
	活动门（长×宽）	m	9×4.5	10×5	10×5	10×5	10×5	10×5
	最大闸坝高	m	9.2	11.0	10.0	11.0	13.0	13.0
主厂房长度		m	72	60	60	60	60	72
船闸（宽×长×深）		m	0				8×80×1.2	
淹浸沙滩旱地		亩	50	8	6	5	3	20
总工程费		万元	6 718	7 825	7 801	7 945	8 046	10 246
土石方开挖		万 m³	28.2	22.4	19.4	20.0	22.9	25.1
石方回填		万 m³	10.0	2.5	2.0	2.0	2.0	2.5
浆砌石		万 m³	1.9	4.9	4.9	5.0	5.1	5.3
干砌石		万 m³	—	0.2	0.2	0.2	0.2	0.3
混凝土		万 m³	3.1	3.3	3.2	3.3	3.4	4.3
钢材		t	1 500	1 800	1 850	1 880	1 900	2 600
水泥		t	12 210	11 340	11 360	10 370	11 385	11 500
木材		m³	1 161	867	868	869	870	1 181
单位千瓦投资		元	4 199	6 521	6 501	6 621	6 705	6 404
每千瓦时电投资（建库前）		元	1.32	1.96	2.33	1.67	1.97	1.41

注：水库系乐昌峡水库。

2.4.1 梯级开发规模

根据《乐昌峡水电站可行性研究报告》分析武江航道现状为，梅田—坪石段 20 世纪 60 年代以前枯水深 0.2～0.5 m，通航 10 t 以下的木船，现已断航。坪石—乐昌段有险滩 27 处，60 年代以前曾通行 10 t 以下木船；张滩拦河坝建成后至今，也无通航；筏道亦已停止使用，木材起水转陆运。乐昌—韶关段经扒沙炸滩整治，可维持水深 0.5～0.7 m，通航 25 t 级木帆船。主要货运是煤和水泥。水电站以下除张滩以外的 5 个梯级全部建成，可能通航 50 t 级船舶，故梯级水电站采用 8 m×80 m×1.2 m 船闸，均位于水电站对岸。

乐昌峡水电站正常蓄水位 157 m，4—6 月限制水位 155 m，正常尾水位 97.7 m。考虑到乐昌峡水电站将来可能担负调峰运行，下游需有相应的反调节水库。规划改建张滩电站。张滩电站现有装机：右岸 3 台 5 000 kW，引水渠长 1.7 km，渠长 4.7 m，宽 33 m，引水流量为 120 m³/s；左岸泵站，扬程 72 m，由 6 台 100-6 型水轮泵串联，流量 1.92 m³/s；结合装机 8 台 1 000 kW。

张滩拦河坝加固后坝高为 7.4 m，长 195 m，坝顶高程 93.0 m。规划将自控翻板门 1.5 m×5.0 m 改为 4.5 m×9.0 m，使正常高水位达 97.7 m，与塘角尾水相衔接。反调节库容为 95～97.7 m 的 600 万 m³，故发电上水位暂按 96 m 计算。同时，为了便于管理和提高水的利用率，将电站上移至坝后右端或左端，建成后替代现有电站；或加高加固现有引水渠，利用现有电站扩建。建议可行性研究时分析确定。尾水位改为 86.5 m，以便提高昌山梯级的发电水头。移至坝后，尾水渠可能要进行疏通整治。同时，将左岸泵站改成电灌站，这将可以得到较多的建房用地。

昌山梯级的尾水位为 80.0 m。坝址适当下移至河床深水槽低于 80 m 处，初步选在开低洲村上游约 300 m 处。长安梯级位于安口村附近，深水槽在中间，左右两边河床高程均低于 74.0 m。七星梯级位于七星墩村附近。厢廊梯级初步选在厢廊村头，尾水渠可能需加整治，使上下深水槽得以相接。靖村梯级位于靖村的附近，尾水位为孟洲坝正常高水位的 52.5 m。各梯级间距为 8.1～13.4 km。为便于各级电站同时发挥调峰作用，均留 1～2 h 的日调节库容。

2.4.2 梯级布置及枢纽建筑物

按各梯级电站装机容量，根据水利电力部《水利水电枢纽工程等级划分及设计标准》（SDJ 12—78）的规定，各电站均为四等，按 30 年一遇洪水设计，按 200 年一遇洪水校核。

梯级布置是在各梯级上、下游水位衔接和不淹没上游较大居民点的原则下，结合地形地质条件尽量选择河床较宽阔、对外交通较便利、施工条件较好的顺直河段，作为各梯级的代表性坝址进行地形测量和地质勘查工作；并据以进行枢纽布置及投资估算等工作。

各梯级电站均为低水头日调节电站。其枢纽主题建筑物由以水力自控翻板门为主的活动闸坝，发电厂房和变电站、船闸以及两岸建筑物等组成。其布置原则是船闸布置在深水河槽一侧，以利枯水期通航。发电厂房和变电站布置在河床的另一侧，并考虑对外交通方便。活动闸坝布置在河床中部；为减少对下游河床及岸坡的冲刷与壅高洪水位，活动闸坝的闸底基本与河床底相平，且闸宽亦与河宽相近，即保持泄洪断面不变。张滩梯级拦河坝坝高出河床较多，抬高 5 年一遇洪水位 3.3 m 和 20 年一遇洪水位 2.8 m，右岸约有 50 亩农田受淹。建议在可行性研究时对抬高地面或建高 2 m 防护堤与淹没赔偿进行比较选定。

当上游水位超过正常高水位 0.3 m 时，自控翻板门即全部翻倒泄洪，停止发电。相应的流量如表 2.4-2 所示。

表 2.4-2　梯级水电站水位变化分析成果

梯级名称		张滩	昌山	长安	七星	厢廊	靖村
自控翻板门全部翻倒停发电泄洪	水位/m	96.3	86.8	80.3	74.3	68.3	60.8
	流量/（m³/s）	500	495	431	415	445	552
设计洪水流量/（m³/s）	20%	2 530	2 600	2 760	2 920	2 980	3 210
	5%	3 580	3 670	3 870	4 080	4 170	4 470
建站后相应水位/m	泄洪	95.5	83.0	76.5	70.4	64.4	56.8
	20%	97.9	88.7	81.9	75.0	68.9	59.5
	5%	98.8	90.2	83.6	76.8	70.6	61.2
建站前后水位升降/m	20%	+3.3	−0.1	−0.1	−0.2	−2.0	−0.1
	5%	+2.8	−0.1	−0.2	−0.3	−0.3	−0.2

固定坝采用低实用堰型。底部建在弱风化带顶部以下 1～3 m。既具有较好的抗冲刷能力而可免设防冲设施，又可避免开挖过深，从而减少施工困难。同时，除张滩梯级外，5 年一遇和 20 年一遇洪水位均有所降低，对防洪有一定裨益。

船闸闸室长 80 m，宽 8 m，口门 5 m，槛上最小水深 1.2 m，并根据地形布置上、下引航道长度。根据低水头水电站，均暂选用灯泡式水轮发电机组和河床式挡水厂房。厂房发挥挡水和发电两种作用。机组的基本尺寸参数及过水流道的基本尺寸均参考厂家提供的机组系列资料，并据此进行粗略的厂房布置；副厂房（60 m×9 m）一般布置在主厂房下游侧尾水管顶部；在主厂房靠岸并临近交通道路一侧布置安装间（17 m×15 m）。厂房进水口段设拦污栅、检修闸门及工作闸门，尾水管出口处设尾水闸门。厂房规模见表 2.4-3。

表 2.4-3　梯级水电站建筑物特性

梯级名称		张滩	昌山	长安	七星	厢廊	靖村
位置	梯级	乐昌县城上游约 1 km 处	乐昌昌山乡下游约 0.5 km	乐昌长来镇安口村附近	乳源桂头镇七星墩附近	曲江厢廊村头	韶关市区靖村附近
	电厂	右岸	右岸	右岸	左岸	左岸	右岸
	变电站	右岸	右岸	右岸	左岸	左岸	右岸
	船闸	—	左岸	左岸	右岸	右岸	左岸
活动闸坝	净长/m	192	120	130	140	150	210
	堰顶高程/m	94.3	81.6	75.1	69.1	63.1	55.6
	活动门（长×高）/（m×m）	(24−9)×4.5	(12−10)×5	(13−10)×5	(14−10)×5	(15−10)×5	(21−10)×5
	最大闸坝高/m	9.2	11	10	11	13	13

梯级名称		张滩	昌山	长安	七星	厢廊	靖村
主厂房	长度/m	72	60	60	60	60	72
	高度/m	36	36	36	36	36	36
	宽度/m	15	15	15	15	15	15
机组中心线/m		12	12	12	12	12	12
船闸引航道长度/m		0	117.5	130.0	110.0	126.5	140.0
两岸连接形式		路堤	路堤	路堤	路堤	路堤	路堤
路堤顶高程/m		97.0	87.5	81.0	75.0	69.0	61.5

2.4.3　梯级开发规划淹没、防护及环境影响

根据发电流量少于洪水流量均值，且建筑物均考虑以尽量减少对洪流的影响。故淹没高程按正常水位加 0.5 m 计算，则没有淹浸房屋，仅有 92 亩沙滩旱地受淹浸沙滩旱地中，张滩梯级右岸 50 亩，靖村梯级右岸 20 亩；另昌山梯级 8 亩，长安、七星、厢廊三梯级分别为 6 亩、5 亩和 3 亩（均未含厂房等建筑物和施工用地）。

利用河边沙滩地种植又无土地证的属于河障，不予赔偿。岸上低地旱作按每亩 10 年产值计，一般为 0.8 万元；加上施工用地补充，共为 520 万元（含水轮泵改电灌站费用）。

沿岸受影响的水轮泵站共 7 处，扬程 8～14 m，灌溉水稻田 9 500 亩、鱼塘 148 亩、坝地 2 600 亩、食水 4 000 人，发电 165 kW（表 2.4-4）。规划改建为电灌站，费用已列入补偿费中，所需用电则由有关梯级电站专线承担或采用包干用电费用。

七星梯级影响杨溪八里排水电站尾水位，可考虑开挖 1.5 km 尾水渠至七星拦河坝下游。

梯级电站全部建成后，将大大改善水运，美化武江沿岸景观，特别是张滩梯级调节库将成为乐昌县城的旅游湖泊。乐昌县城和沿河乡镇附近河段均将呈现湖光山色美景，有利于发展水利旅游业。建议在可行性研究和设计阶段考虑旅游需求的枢纽布局和水工建筑物。两岸如有交通需求，则应在设计时同时结合考虑，投资则由有关单位解决或通过收取过桥费还贷解决。船闸也适合按照收取过闸费设计。

由于采用活动闸坝，预计不会有不利影响，如运行期间发生局部冲刷坡岸而影响生产或生活，则应该由水电站负责护砌，以保证安全。

表 2.4-4　沿岸受影响水轮泵站情况

梯级	站名	水头/m	扬程/m	灌溉/亩			食水/人	发电/kW	备注
				水田	坝地	鱼塘			
七星	七星	2.5	12	2 500	800	300	1 200	0	
	温山	2.0	10	800	30	0	0	0	

梯级	站名	水头/m	扬程/m	灌溉/亩			食水/人	发电/kW	备注
				水田	坝地	鱼塘			
厢廊	塘头	2.5	14	1 500	300	18	1 600	55	
	桂滩	2.5	12	2 800	1 200	80	0	110	
	大坝	2.0	8	1 200	0	0	1 200	0	
	林场	1.5	8	300	0	20	0	0	
靖村	下园	2.5	12	400	0	0	0	0	已停用
合计				9 500	2 600	148	4 000	165	

第3章

梯级开发工程现状

3.1 龙头梯级——乐昌峡水利枢纽工程概况

3.1.1 地理位置

乐昌峡水利枢纽位于韶关市乐昌境内、北江支流武江乐昌峡河段内，坝址位于旧京广铁路塘角火车站附近，下距乐昌市约 14 km，距韶关市 81.4 km，现场照片见图 3.1-1。

乐昌峡拦河坝

上游库区

坝址下游河段

河道两岸

图 3.1-1 乐昌峡水利枢纽工程现场照片

3.1.2　工程特性及规模

（1）项目名称：乐昌峡水利枢纽工程。

（2）建设地点：旧京广铁路塘角火车站附近。

（3）控制河流：武江干流。

（4）建设性质：新建。

（5）工程等别：Ⅱ等大型工程。

（6）工程规模：正常蓄水位为 154.5 m，水库总库容为 3.44 亿 m³，电站装机容量为 132 MW。

（7）开发方式：坝后式开发。

（8）开发任务：防洪、发电为主，兼顾航运、灌溉。

（9）泄洪消能方式：在隧洞出口布置消力池消能，消力池长约 160 m，宽约 150 m，池深 7 m，右岸泄洪洞与导流洞结合。

2008 年 1 月，乐昌峡水利枢纽动工，2011 年 10 月 10 日，主体工程完工，2012 年 3 月 23 日，乐昌峡施工导流隧洞封堵，枢纽开始蓄水发挥防洪效益，2013 年 1 月底，首台机组并网发电。

3.1.3　相关环保设施

（1）过坝设施

①上游过木码头

上游过木码头布置于坝轴线上游约 600 m 的杀鸡坑水域，该水域较为开阔，大坝泄洪时不影响木排或船只停泊。码头为重力式码头，分为两级，较低一级地面高程为 150 m，面积为 40 m×60 m，较高一级地面高程为 160.0 m，面积 60 m×60 m。

②升船机

远期在枢纽布置中预留有过 50 t 级船舶的升船机方案位置。

（2）生态放水设施

根据环保要求，该工程设置生态流量放水管，其主要建筑物如下：

根据工程环保要求，为了满足下游需水要求，拟在挡水坝溢流坝段右边墩增设一条生态放水管。放水管直径为 1.6 m，放水管中心线高程 135 m，长度 75 m，厚度 14 mm，在出口处布置锥形阀控制泄量。

3.2 梯级开发规划已实施工程概况

3.2.1 张滩（扩建）水电站

3.2.1.1 地理位置

张滩闸坝枢纽工程属于改扩建工程，位于北江流域的一级支流武江上，位于乐昌峡水利枢纽工程下游约 10 km 处，距离乐昌市区约 3.0 km，是以灌溉为主，兼顾发电的综合利用水利枢纽。现场照片见图 3.2-1。

张滩库区

原闸坝

新闸坝处（原闸坝下移 46 m）

左岸现状引水渠

左岸电站厂房

张滩村（左岸）

图 3.2-1　张滩（扩建）水电站现场照片

3.2.1.2　原张滩水电站概况

乐昌市张滩水电站低水头径流引水式水电站，分为左、右两岸电站。右岸电站于 1985 年投产发电，装机容量为 3×1 670 kW=5 010 kW，1996 年扩建 4# 机组投产，单机容量为 2 000 kW，2003 年 4 月完成 1#～3# 机组的扩容工程，1#～3# 机组扩容后容量为 3×2 200 kW= 6 600 kW，右岸装机容量为 8 600 kW。左岸电站是由原来的抽水站改建，于 1978 年全部改造完毕，装机容量为 8×125 kW=1 000 kW，厂房建筑面积 270 m²，引水渠全长 500 m。左岸电站正常发电流量为 32 m³/s，在右岸电站扩容前左岸电站年均发电量为 267 万 kW·h，扩容后其年均发电量为 115 万 kW·h。目前，张滩水电站左岸、右岸总装机容量为 9 600 kW，全站多年平均发电量为 3 800 万 kW·h，年平均利用时长为 5 181 h。

为充分利用水力资源，进一步提高张滩水电站的经济效益，2003 年 4 月张滩水电站右岸已进行了技改增容。右岸技改主要是对拦河坝、右岸引水渠进行加高处理，对部分设备进行技术改造，其余建筑物保持不变。右岸技改时已经考虑到上游乐昌峡兴建后，下游张滩水电站正常蓄水位发生变化，使上、下游电站水位衔接，故也对拦河坝、右岸水渠进行了加高处理。

3.2.1.3　工程特性及规模

（1）项目名称：乐昌市张滩闸坝枢纽工程（重建）。

（2）建设地点：乐昌市城区上游约 3 km。

（3）建设性质：改扩建。

（4）工程规模：工程主要建筑物包括拦河闸坝、左右岸抽水泵站、左岸电站扩容、两岸连接筑物等。张滩水电站工程的等别为Ⅱ等，工程规模为大型；因张滩闸坝库容小，失事后对下游造成的损失不大甚至基本无影响，永久性水工建筑物的级别通过征求相关部门意见后，降低一级设计，所以取主要建筑物为 3 级，次要建筑物为 4 级，水工建筑物防洪标准按 30 年一遇设计，按 100 年一遇校核。

乐昌市张滩闸坝取水灌溉面积为 3.29 万亩（包括水田、旱地），其中左岸取水流量为 1.5 m³/s，右岸取水流量为 2.5 m³/s。

乐昌市张滩闸坝枢纽工程（重建）的建设，包括对左岸旧电站进行扩容重建，扩容后电站正常蓄水位采用 97.00 m（珠基，下同），拆除原左岸电站，新建左岸电站装机容量增至 12 000 kW，右岸电站装机容量维持现状为 8 600 kW。扩容后张滩水电站总装机容量 20 600 kW，多年平均发电量 6 912.46×10⁴ kW·h，年利用时长 3 355.563 h。水库设计洪水位为 97.26 m，校核洪水位为 97.36 m。

（5）开发方式：低水头引水径流式水电站。

（6）工程任务：灌溉为主，兼顾发电。

（7）项目总投资：20 198.873 万元。

（8）施工期：27 个月。

3.2.1.4　工程重建前后主要特性参数

张滩闸坝枢纽工程（重建）前后主要特性参数见表 3.2-1。

表 3.2-1　张滩闸坝枢纽工程重建前后主要参数特性

项目	重建前	重建后	变化
正常蓄水位	96.48 m	97.00 m	+0.52 m
正常库容	550 万 m³	600 万 m³	+50 万 m³
回水长度及水面面积	6 km 4.8 km²	10 km 8 km²	+4 km +3.2 km²
装机容量	9 600 kW 左岸：1 000 kW 右岸：8 600 kW	20 600 kW 左岸：12 000 kW 右岸：8 600 kW	+11 000 kW
平均发电流量	左岸：53 m³/s 右岸：167.7 m³/s 总流量：220.7 m³/s	左岸：191.52 m³/s 右岸：167.7 m³/s 总流量：359.22 m³/s	左岸：+138.52 m³/s 右岸：+0 总流量：+138.52 m³/s
多年平均发电量	3 800×10⁴ kW·h	6 912.46×10⁴ kW·h	+3 112.46×10⁴ kW·h

3.2.1.5　工程布置与主要建筑物

该工程主要建筑物包括拦河闸坝、左右岸抽水泵站、左岸电站扩容、两岸连接筑物等。

（1）工程总布置

工程枢纽布置（重建）方案与旧电站枢纽工程的布置方案基本相同。重建的张滩闸坝枢纽工程位于北江流域的一级支流武江上，位于乐昌峡水利枢纽下游约 10 km 处。新建坝址位置布置在旧闸坝下游约 46 m 处，与河道深泓线垂直。本次主要建设内容包括拦河闸坝及两岸连接筑物、左右岸抽水泵站、左岸电站扩容等。

张滩闸坝（重建）短期内共设有 14 孔泄洪闸，其中 1 孔作为预留船闸使用，远期泄洪闸有 13 孔。闸坝布置在原闸坝下游 46 m 的主河床上，泄流总净宽 156 m，闸坝右端与右岸进水闸相连，左端与左岸进水闸紧邻；溢流堰体为驼峰堰，堰顶高程 91 m，比上游现状河床约高 0.5 m，闸室基础位于弱风化石灰岩上，高程为 79.3～85.6 m，闸室顺水流方向长度 17.8 m，泄洪闸孔口宽为 12 m，中墩和边墩厚度为 2 m。左岸电站渠道进水口轴线与泄洪闸坝轴线平行，共设 2 孔，每孔尺寸为 12 m，堰顶高程为 92.0 m。右岸电站引水渠道渠首设计水位 94.7 m，闸前正常蓄水位为 97.0 m，堰顶高程为 92.00 m，堰顶宽 12 m，后接陡坡与消力池相连。

左岸电站引水渠道中心线与左岸进水口中心轴线于 166°相交，渠道长 450 m，渠道底坡降为 1∶3 000，渠内净宽 21 m，净高 7.41 m，设计水深 4.6 m，渠首底高程为 92.0 m，顶高程为 99.41 m，渠道采用 C25 混凝土矩形断面。

左岸发电厂房位于左岸电站引水渠后，每台机组进水口设置一道拦污栅，孔口尺寸为 10.174 m×13.5 m（宽×高，下同），底板高程 85.952 m，工作平台高程 99.447 m。主厂房的主要尺寸为：机组间距为 12.5 m，主厂房长度为 39 m，安装间位于左岸侧，长度为 9.7 m，厂房总长度为 48.7 m。

左岸泵站布置在左岸电站厂房上游 100 m 附近的岸边，从左岸引水渠道抽水。泵站压力管线跨过乐昌峡公路，沿公路往下游 115 m，布置在原泵站压力管线上，张滩左岸泵站采用卧式机组，泵房电机层地面高程为 99.51 m，面积 35.5 m×5.8 m，泵房顶高程 104.51 m。

右岸泵站布置在原闸坝坝址上游侧 150 m 处，为便于管理，新建泵房与原泵房相连，右岸泵站采用引水涵管引水，新建压力钢管在京广铁路涵洞进口附近与原压力管连接，张滩右岸泵站采用卧式机组，泵房电机层地面高程为 99.25 m，面积为 30.0 m×10.12 m，屋顶高程为 104.25 m。

（2）主要建筑物

1）泄洪闸坝

拦河闸坝分为泄洪闸坝段，左右岸进水闸和两岸连接建筑物。

泄洪闸坝段布置在主河床上，短期内共有 14 孔泄洪闸，每孔净宽 12 m，总泄洪净宽度为 168 m，因 1 孔泄洪闸坝作为预留船闸使用，故远期泄洪闸坝按 13 孔×12 m 总泄流宽度 156 m。含闸墩在内泄洪闸坝段挡水总宽度 198 m，分别与左右岸电站渠道进水闸相邻。泄洪闸坝以底板分缝，共分为 7 个坝块，中坝块宽 28 m，边坝块宽 8 m。闸坝底板堰型为驼峰堰，堰顶高程 91 m，比上游天然河床高约 0.5 m。堰顶曲线半径 2.3 m，圆心夹角 71.89°，上下游反弧段半径为 8.84 m，其中上游反弧段圆心夹角 20.91°，下游反弧段圆心夹角 23.21°。溢流堰面采用 C25 砼，坝体则采用 C20 砼砌块石。闸室底板下游通过 1∶3.5 斜坡与消力池底板相连。堰上为 12 m×6.8 m（宽×高）弧形钢闸门。闸室顺水流方向长 17.8 m，距上游侧 1.5 m 预留检修闸门槽，为减少检修闸门启闭设备投资，检修门拟采用叠梁式平板门，在启闭室工作楼板外梁底设置葫芦走轨，电动葫芦启闭检修闸门。整个泄洪闸坝段设检修平板闸门 2 扇。平时主要作为左岸电站引水渠道进水口的检修闸门，当泄洪闸坝段闸门需检修时将其吊入预留检修闸门槽内。闸坝闸墩厚 2 m，长度与闸室底板顺水流方向相同，上、下游墩头为半圆形。闸墩顶高程按挡水和泄水两种运用情况确定，同时还需满足"检修便桥和交通桥的梁底高程均应高出最高洪水位 0.5 m 以上"的规定。挡水时正常蓄水位（97.0 m）+波浪爬高（0.89 m）+安全超高（0.4 m）= 98.29 m；泄水时校核洪水位（97.36 m）+0.5 m = 97.86 m；由进水闸检修闸门大梁底高程反推闸墩顶高程为 98.60 m，则闸墩顶高程取以上三者最大值 98.60 m，与上游防护堤高程同高。为减少泄洪闸坝开启时对进水闸流态的影响，泄洪闸坝与左右岸进水闸之间设导流堤，堤长 10 m，堤顶高程与闸墩顶高程同高确定为 99.10 m。

闸室上部距离上游边缘 3.4 m 处设有弧形闸门启闭机室，为钢筋砼框架结构，工作平台高程 106.0 m，闸门的运行用固定式卷扬机控制。为解决坝址左右岸交通，启闭机室下游侧布置有交通桥，桥面宽 6 m，桥面高程 99.58 m，C25 砼铺装层平均厚 0.1 m，桥板和梁为 C30 钢筋砼，为简支 T 形梁结构。交通桥和启闭机室栏杆为不锈钢栏杆，高 1.1 m。

闸室基础位于弱风化石灰岩上，高程为 79.3～85.6 m，上下游设齿墙，深 1.0 m，靠近上游齿槽处设帷幕灌浆孔 1 排，孔距 2 m，深入相对不透水层 1 m。帷幕灌浆孔与左右岸电站渠道进水闸基础帷幕相连并延伸到坝肩然后在闸坝上游闭合。6#、16# 闸孔岩溶发育地基则采用局部挖除和帷幕灌浆相结合的方案处理。

2）左岸引水渠道

左岸引水渠道较短，本阶段按自动调节渠道进行设计。渠道长 450 m，渠道底坡降为 1∶3 000，渠内净宽 21 m，净高 7.41 m，设计水深 4.6 m，渠首底高程 92.0 m，顶高程 99.41 m，渠道采用 C25 混凝土矩形渠型式，侧墙采用悬臂式，底板为构造底板，侧墙底厚度分别为 1.0 m、1.5 m，底板厚度为 0.3 m，清除人工填土，回填底板布置在压实后的砂卵石层上。渠道每隔 20 m 设一道横向伸缩缝，采用沥青油毛毡填缝，临水面采用铜片止水。

渠段 0+000 至 0+27.5 m 为缩窄段，渠宽从 26.85 m 缩窄为 21 m，渠段 0+405.5～0+450 长 44.5 m 为前池扩散段，底坡为 1∶7.5，底板面高程由 91.86 m 渐变为 85.952 m，同时过水净宽由 21 m 渐变为 34.703 m，然后与厂房进水导墙相接。前池水面高程为 96.37 m，设计正常水深 10.418 m，侧墙顶厚度及底厚度分别为 1.5 m、2.0 m，构造底板厚度为 0.3 m。

3）左岸厂房

左岸发电厂房建筑物主要由进水口段、主、副厂房段、尾水段及升压站等部分组成。厂房位于左岸，安装 3 台立式轴流机组，装机容量为 3×4 000 kW = 12 000 kW，水轮机型号为 ZZ660-LH-360，其配套的发电机型号为 SF4000-52/5400。

左岸发电厂房前连接长约 450 m 的引水渠，为防止大量漂浮物进入渠道，确保机组运行安全，于引水渠进口前设一道拦污浮排，以拦截住河道漂浮物，直线长度约 60 m，深度 1.2 m，与河道流向斜交，当拦污浮排前面的污物积聚较多时，则开启左闸坝段最靠近厂房的 1 孔闸门的上部进行排漂，该闸门要进行门顶小开度设计。

左岸发电厂房每台机组进水口设置一道拦污栅，孔口尺寸为 10.174 m×13.5 m（宽×高，下同），底板高程 85.952 m，工作平台高程 99.447 m。栅后设机组进水检修门槽，每台机组各用一扇进水检修闸门，门体设下游止水，孔口尺寸为 10.174 m×5.44 m，底板高程 85.952 m，工作平台高程 99.447 m，闸坝前正常蓄水位为 97.00 m，进水检修门采用 QPQ 2×250 kN 固定式卷扬机操作，动水闭，静水启门，门叶平时固定于闸门槽内。

每台机组的尾水管出口处，设置一道尾水检修闸门门槽，3 台机组共用 1 扇尾水检修闸门，门叶设上游止水，孔口尺寸为 9.975 m×4.413 m，底槛高程为 81.487 m，检修平台高程为 89.29 m，尾水检修闸门设计工作条件为静水启闭，尾水检修闸门采用 2×100 kN 移动式电动葫芦进行启闭及移动操作，电动葫芦固定平台高程为 99.447 m。

左岸电站主厂房的主要尺寸，按机组厂房图的尺寸，结合有关辅助设备尺寸及安装检修要求等通过计算确定。

经计算主厂房的主要尺寸为：机组间距为 12.5 m，主厂房长度 39 m，安装间位于左岸侧，长度 9.70 m，厂房总长度 48.70 m。

厂房宽度方向，从上游至下游分别为进水段、主厂房段、副厂房段和尾水段，各段宽度按机组或其他设备要求确定，经计算分别为 12.9 m、14.0 m、6.5 m、5.5 m，合计厂房总宽度 38.9 m。

机组安装高程 89.351 m，厂房最底点尾水管底板底高程 79.487 m，排水水泵层高程 87.347 m、水轮层高程 93.027 m、发电机层高程 99.447 m（电站平时运行管理工作层）、轨道顶高程 108.827 m，厂房顶高程 112.247 m（两侧的低点），故厂房总高度为 32.76 m。

通过以上计算得出厂房尺寸为 48.7 m×38.9 m×32.76 m（长×宽×高）。厂房结构为三层现浇钢筋混凝土结构，主厂房屋面采用轻型钢屋架。

厂房基础处理方案：根据地质勘察资料，厂房所在地自上而下为冲积砂砾卵石层和石灰岩基岩，岩石面高程约为 79 m，岩石面靠岸一侧高，靠河床中心侧较低。厂房的底板底高程在 79.5～83.9 m，离岩石面较近，故厂房基础宜落在基岩上。对于厂房底与基岩之间的空间，采用 C20 埋石砼换填处理的方式处理。需要的 C20 埋石砼换填量约为 5 000 m³，这种处理方案是造价较低、效果最好的基础处理方案。

升压站布置在厂房下游的左侧，与电站尾水渠平行，采用中型户外布置方式，平面尺寸为 54.0 m×30.0 m（宽×高，下同），地面高程为 99.00 m。升压站四周设围墙及排水沟，升压站内地面铺 0.8 m 厚河卵石层。

4）过坝设施

工程所在地目前没有通航。根据武江河段航运规划为国家Ⅶ级航道，通航船舶最大等级为 50 t 级。本阶段设计和乐昌峡水库过坝设施统筹考虑，以过木为主，并满足少量货运要求，设计年过木量（远期 2020 年）为 5 万 m³。

根据通航要求和特点、上下游建筑物的过坝方式、张滩水电站工程枢纽布置情况综合考虑，上游乐昌峡水库过坝设施方案目前已规划码头——道路转运方案，下码头设在张滩闸坝（重建）下游约 2 km 处，远期预留可通过 50 t 级船舶的升船机方案。由于张滩闸坝在其下游仅 10 km 处，且本河段已基本无通航条件。故张滩水电站工程过坝设施方案尽量与乐昌峡水库衔接，相互配合，张滩闸坝枢纽工程至乐昌峡 10 km 区间货物以陆路运输为主，现阶段推荐采用码头转运方案。由于张滩水头较低不适合升船机方案，故远期采取预留船闸方案。根据相关规定，闸坝处航道通航要求低，货物量少可按单线船闸设计，船闸闸首口门和闸室有效宽度为 8 m，且船闸处水头＜30 m，因此采用单级船闸。在正常蓄水位条件下，上游来水被全部引至左、右岸电站发电后由电站尾水排出，张滩闸坝（重建）坝址到左岸电站厂房厂址段只有生态用水，故船闸下闸室需布置在靠近左岸电站尾水处才能保证满足船只吃水深度。泄洪闸坝单孔净宽为 12 m，符合船闸净宽要求，故在闸坝的 14 孔泄洪闸中预留一孔作为船闸使用，泄洪闸坝长期按 13 孔考虑。

5）左岸泵站

张滩左岸泵站为由吸水管、泵房、压力钢管、镇墩及出水池等部分组成的提水灌溉泵站，需承担的灌溉总面积为 1.316 万亩，设计总流量为 1.5 m³/s，张滩左岸泵站出水渠分上渠（高位水渠）和下渠（低位水渠），上渠现需承担的灌溉面积为 0.828 1 万亩，设计总流量为 0.944 m³/s；上渠总装机容量为：4×280 kW=1 120 kW（其中备用容量为 1×280 kW）。下渠现需承担的灌溉面积为 0.487 9 万亩，设计流量为 0.556 m³/s，下渠总装机容量为：3×160 kW=480 kW（其中备用容量为 1×160 kW）。上、下渠总装机容量合计为 1 600 kW，其中备用容量为 440 kW。

张滩左岸泵站为卧式机组，泵房电机层地面高程为 99.51 m，平面尺寸为 35.5 m×5.8 m（长×宽），泵房顶高程为 104.51 m。

6）右岸泵站

张滩右岸泵站由进水闸、进水涵管、进水池、吸水管、泵房、压力钢管、镇墩等部分组成。需承担的灌溉总面积均为 1.974 万亩，设计总流量为 2.5 m³/s。张滩右岸在 1974 年已建有一个电灌站，因设备运行 30 多年，现已严重老化，经过几次特大洪灾后，电灌站已完全不能运行，于是在 2006 年对此电灌站进行了改造，现运行良好，站内装有一套单机容量为 220 kW，张滩右岸旧泵站机组用作右岸新建泵站的备用机组。张滩右岸泵站总装机容量为：5×450 kW=2 250 kW 及 1×220 kW=220 kW（其中备用容量为 1×450 kW 及 1×220 kW），即右岸泵站总装机容量为 2 470 kW，其中备用容量为 670 kW。

张滩右岸泵站机组为卧式机组，泵房电机层地面高程为 99.25 m，面积为 30.0 m×10.12 m，泵房顶高程为 104.25 m。

3.2.1.6 水库淹没及工程占地

（1）水库淹没

张滩水电站工程水库无新增人口迁移和房屋淹没、无新增耕地及园地征收，因此，水库淹没区不涉及人口迁移和房屋搬迁、耕地征收的问题。左岸居民点房屋及建筑物在地表填高后就地重建。重建面积为：砖混结构房屋 479.01 m²、砖木结构 115 m²、简易房屋 59.85 m²、砼地坪 47 m²。

库区淹没在无防护的情况下，林地、草地淹没线按正常蓄水位的水平线确定。正常蓄水位时水库淹没长度干流为 10.56 km，林地新增淹没区属河道管理用地，无须征收，故不存在新增淹没用地范围。

水库淹没区无迁移人口，无搬迁安置；未占用耕地，无生产性安置。

（2）工程占地实物指标

根据乐昌市水利局和张滩电站提供资料，张滩闸坝枢纽工程左岸电站原装机容量 1 000 kW，已将建筑物占地和管理用地征用，主要为进水闸、引水渠道、厂房、升压站、管理用房等占地，征地面积为 32.2 亩；右岸电站装机容量 8 600 kW，进水闸、渠道、厂区和办公区均已征地，征地面积为 183.73 亩。两岸合计已征地 215.93 亩。

经调查核实本闸坝枢纽工程（重建）无新增永久占地，只有临时占地。临时占地为左右岸工区及生活营区 31.35 亩，集中堆土区 66.15 亩，左岸填土区（需复垦）8.83 亩，土料场 5.2 亩，施工公路 5.77 亩，总计临时占地 117.29 亩。

3.2.2 富湾水电厂（原名昌山水电站）

韶关富湾水电厂原名为韶关昌山水电站，位于韶关乐昌市郊区长来镇昌山管理区内，地处粤北韶关市武江乐昌市河段，距乐昌市区 2~3 km。韶关富湾水电站是低水头日调节径流式电站，以发电为主，兼有灌溉和美化城市环境等功能。电站装机容量为 1.2×10^4 kW，主要建筑物由拦河闸坝、发电厂房与变电站、船闸、两岸连接段、防护堤、改河渠及灌溉取水口等组成。坝址以上流域面积为 5 265 km²，正常蓄水位为 86.5 m，相应库容 525 万 m³，多年平均流量为 143.74 m³/s，多年平均发电量 2 000 万 kW·h。富湾水电厂（昌山水电站）现场照片见图 3.2-2。

发电厂房   拦河闸坝

图 3.2-2 富湾水电厂（昌山水电站）现场照片

枢纽主要建筑物沿坝轴线布置从右至左：右岸土坝连接段、电站厂房、闸坝、船闸、左岸土坝连接段。富湾水电厂工程为Ⅳ等小型工程，相应主要建筑物为 4 级。按照 50 年一遇洪水标准进行设计，相应最大下泄流量 3 652 m³/s；100 年一遇洪水标准进行校核，相应最大下泄流量 4 788 m³/s。拦河闸共布置 12 孔泄洪闸，每孔净宽 8 m，闸墩宽 1.2 m，边墩宽 1.0 m，最大泄洪流量 4 788 m³/s（P=1%），闸室内设有检修门槽两道和液压翻板门一扇。拦河闸采用宽顶堰，为底流式消能型式，闸基置于弱风化基岩上。

　　厂区布置位于河床右岸靠下游侧。主厂房的平面尺寸为 41.8 m×18.28 m（长×宽），厂房内装有 3 台 ZTF08-WP-410 型水轮机组，单机容量为 4 MW，总装机容量为 12 MW；安装间位于主厂房的右侧，长度为 21.5 m；副厂房紧靠主厂房的下游侧的尾水流道上方，平面尺寸为 41.8 m×16.1 m（长×宽）；110 kV 变电站位于安装间的下游侧，平面尺寸为 54 m×37 m（长×宽），站内布置两台主变压等。富湾水电厂工程船闸等级为Ⅶ级，设计最大通航船舶（单船）吨位为 50 t，单船标准尺寸：23 m×5.4 m×0.8 m（长×宽×吃水深），闸室有效尺寸为：70 m×8 m×1.5 m（长×宽×槛上最小水深）。昌山水电站总投资为 13 800 万元。

3.2.3　长安水电站（现名富湾水电厂）

3.2.3.1　地理位置

　　长安水电站（现名富湾水电厂）位于广东省乐昌市长来镇安口管理区内北江一级支流武江河段上，上距乐昌市约 15 km，下距韶关市约 43 km。长安水电站是武江梯级开发中第四级电站，该工程以发电为主，兼有通航、灌溉等综合利用效益。现场照片见图 3.2-3。

发电厂房

变电站

泄洪闸坝

溢洪道

图 3.2-3　长安水电站（现名为富湾水电厂）现场照片

3.2.3.2 工程特性及规模

（1）项目名称：乐昌市长安水电站（现名为富湾水电厂）。

（2）建设地点：北江一级支流武江河段，上距乐昌市约 15 km，下距韶关市约 43 km。

（3）建设性质：新建。

（4）工程规模：工程主要建筑物包括发电厂房、泄洪闸坝、船闸。发电厂房的装机容量为 1.2 万 kW，船闸的通航等级为Ⅶ级，库区正常蓄水位 81.00 m，死水位 80.00 m。上游最高通航水位为 81.00 m，最低通航水位为 80.00 m，下游最高通航水位为 79.60 m，最低通航水位为 73.50 m。库容为 720 万 m³。工程等级为Ⅳ等小型工程，其主要建筑物如拦河闸坝、电站厂房、船闸等为 4 级建筑物，次要建筑为 5 级建筑物。4 级建筑物的洪水标准采用 20 年一遇洪水设计，100 年一遇洪水校核。5 级建筑物按 10 年洪水设计，20 年一遇洪水校核。

（5）开发方式：低水头日调节径流式电站。

（6）工程任务：以发电为主，兼有通航、灌溉等综合利用效益。

（7）项目总投资：13 894 万元。

（8）施工期：22 个月。

3.2.3.3 工程布置与主要建筑物

工程坝址位于乐昌市长来镇安口村安口小学附近，其枢纽主要由发电厂房、泄洪闸坝、船闸组成。武江为山区性河流，汛期流量大。长安水电站为低水头日调节的径流式电站，水库调蓄能力差，为了解决枢纽布置中的泄洪问题，拦河坝采用混凝土泄洪闸坝坝型，泄洪闸孔数 15 孔，孔宽 12 m，闸门为弧门。泄洪闸坝布置在右侧河床，工作门采用弧门门型，闸孔之间的中墩厚 1.5 m，中墩顶高程为 86.00 m，拦河闸坝总长度 204 m。闸坝的消能形式采用底流消能。洪水经宽顶堰后（堰顶高程 74.50 m），顺 1∶4 的斜坡至混凝土消力池，消力池底高程为 72.50 m，顺水流方向的长度 20 m，消力池后接浆砌石海漫，海漫顺水流方向的长度为 10 m。泄流坝段的覆盖层较浅，闸坝坝基基本上挖至基岩，局部深槽采用回填混凝土，坝基防渗采用防渗帷幕，防渗帷幕深入相对不透水层。闸坝基础进行固结灌浆处理。

船闸布置于河床的左侧，为减少船闸和发电厂房之间的干扰，船闸闸室布置于上游河床，闸室尺寸为宽 8 m，长 70 m，闸室边墙顶高程 84.10 m；上闸首布置于闸室的上游侧，长 18.5 m，宽 20 m，通航宽度 8.0 m；边墙顶高程 84.10 m，下闸首长 20.5 m，宽 20 m，通航宽度 8.0 m，边墙顶高程 86.00 m，坝顶交通从下闸首上游侧通过；上游引航道主导墙长度 87.5 m，辅导航墙长度 25.0 m，导航墙顶高程 82.00 m；下游引航道主导航强长 195.0 m，辅导航墙长 50.0 m，导航墙高程 80.60 m。船闸的上下闸首、闸室均坐落于基岩，基岩经适当固结灌浆处理后即可满足设计要求。

发电厂房布置于船闸与泄洪闸坝之间。主机间右侧为泄洪闸坝，左侧为船闸，安装间布置于船闸上，地面高程为 84.5 m。厂房坝轴线方向全长 67.00 m，其中主机间长 43.00 m，安装间长为 24.00 m。厂房顺水流方向长 52.94 m，其中主厂房宽为 16.40 m。主机间下游侧布置副厂房，安装间下游侧布置中控楼。为了便于机组大件运输，回车场布置在安装间左侧，地面高程与安装间同高，为 84.5 m。变电站位于左岸，地面高程为 84.5 m，主变室的平面尺寸为 16.5 m×6 m（长×宽），室内布置 2 台主变器。开关站位于变压站左侧，平面尺寸 38.0 m×37.0 m（长×宽）。

厂房上游进水口处设防渗帷幕，并与闸坝、船闸的帷幕相接，从而使上游形成一道防渗幕墙。由于厂房基岩为微风化岩，因此厂房基础处理视建基面开挖情况进行适当的固结灌浆处理。

3.2.3.4 水库淹没及工程占地

长安水电站工程正常蓄水位 81.00 m，相应库容为 720 万 m³，水库沿干流回水长约为 9.45 m。根据初步设计阶段的水库淹没实物指标调查成果，长安电站土地淹没主要集中在距坝址 1～2 km 的左岸贝坑村、西牛潭村及右岸王坪水两岸的拐泥塘处，水库淹没实物指标如下：淹没水田 13.03 亩，淹没旱地 1 821.55 亩，淹没草地 85.46 亩，淹没竹地 103.54 亩，无房屋淹没和人口迁移。为减少库区淹没量，两岸采取修建防护堤等措施进行保护，左岸贝坑村至西牛潭村的防护堤长 2.16 km，右岸王坪水两岸防护堤长 2.11 km。防护堤修建后，水库淹没实物指标如下：淹没水田 13.03 亩，淹没旱地 56.74 亩，淹没草地 12.83 亩，淹没竹地 0 亩，无房屋淹没和人口迁移。

长安电站工程规划征地包括工程永久占地及施工临时用地，工程永久占地 125.84 亩，施工临时占地 127.92 亩，主要为旱地和草地。

3.2.4 七星墩水电站

3.2.4.1 地理位置

七星墩水电站工程位于广东省韶关市乳源瑶族自治县境内，武江干流中下游，是武江梯级规划六级开发的第四级电站。坝址下距乳源县桂头镇 4 km，桂头镇有公路分别通往乳源县城、韶关市、乐昌市，距离分别为 31 km、29 km、26 km。现场照片见图 3.2-4。

3.2.4.2 工程特性及规模

（1）项目名称：武江七星墩水电站。

（2）建设地点：位于武江干流中下游，坝址上距乐昌水位站约 24 km，下距犁市水文站约 24.6 km，距韶关市约 40 km。

（3）建设性质：新建。

图 3.2-4　七星墩水电站现场照片

（4）工程规模：七星墩水电站工程的总库容为 1 320 万 m³（校核洪水位以下库容），电站总装机容量为 1.17 万 kW，工程等别为Ⅲ等，工程规模为中型工程。水库正常蓄水位 75.00 m，库容 830 万 m³。挡水坝、泄水闸、电站厂房及船闸上闸首设计洪水标准为 20 年一遇，校核洪水标准为 100 年一遇。泄水闸泄洪规模按宣泄 10 年一遇洪水，上游水位较天然水位壅高不超过 0.30 m 选定；船闸下闸首、闸室及引航道等按现行船闸设计规范执行。泄水闸消能防冲按 20 年一遇洪水标准设计。

（5）开发方式：低水头径流式电站。

（6）工程任务：以发电为主，兼顾航运，并结合旅游、养殖等综合效益。

（7）项目总投资：13 462.32 万元。

（8）施工期：30 个月。

3.2.4.3　工程布置与主要建筑物

（1）枢纽总体布置

七星墩水电站工程由土坝、泄水闸、船闸、电站厂房组成。七星墩水电站工程因受地形条件及下游已建发电梯级工程杨溪水电站布置的限制，坝轴线上游为大型沙洲分隔所形成两股弯道水流的交汇处，下游 200 m 左右有杨溪水电站前池溢洪道出口，因此枢纽布置中为改善主要建筑物进口和施工导流的水流条件，枢纽进水区需作适当的河道清淤治理，为保障船闸下游与原枯水航线相衔接，船闸宜布置在左岸，同时考虑到不影响右岸公路和行洪顺畅，从左到右依次布置为左岸土坝、船闸、砼连接段、泄水闸、厂房主机间、右岸土坝。枢纽坝顶全长 574.57 m，其中左岸土坝长 323.12 m，船闸前缘长 22.00 m，砼连接段长 20.00 m，泄水闸前缘长 134.00 m，厂房主机间段前缘长 40.45 m，右岸土坝长 35.00 m。枢纽坝顶上游侧布置一条贯穿整个坝顶的交通公路，行车道宽 4.00 m，左岸与韶关至乐昌

的公路相接，右岸与乳源县城至必背的公路相接。

电站厂房的安装间布置在右岸土坝下游侧，紧邻主机间，主变压器布置在安装间下游侧厂区内，厂区地面高程为 75.90 m。开关站为室内式，布置在安装间下游副厂房内。工程管理区设在坝轴线上游右岸的坡地上，地面高程 85.00 m。

（2）主要建筑物

1）泄水闸

泄水闸采用开敞式，基于土基的宽顶堰型。按宣泄 10 年一遇洪水时，闸前水位壅高值不超过 30 cm 选定。泄洪规模确定为 8 孔泄水闸，孔口宽为 14.00 m，中墩厚 2.5 m，边墩厚 1.5 m，每两孔闸为一闸段，采用边墩分缝。泄水闸总前缘长 134.00 m。堰顶高程 66.50 m，闸顶高程 78.30 m。泄水闸底宽 20.00 m。采用底流消能。

闸室设工作闸门和检修闸门，工作闸门为露顶式平面钢闸门，一机一门，采用固定式卷扬机启闭；上游设平面检修门，由坝顶门机启闭；下游检修采用临时挡水措施，不设检修门。

2）电站厂房及变电站

电站厂房为河床式，建于土基。主机间长 61.19 m，宽 40.45 m，安装间长 25.68 m，宽 20.90 m。采用水平进厂方式。

厂房顶采用轻型钢网架结构，屋面梁底高程 89.70 m。

流道进口段设拦污栅、检修闸门各一道，尾水管出口设检修闸门一道。

安装间布置在主机间的右侧，安装场地面高程为 76.00 m。

副厂房设在主机间和安装间的下游侧。

变电站分为主变场和开关站，主变场布置在安装间下游侧，为户外式，地面高程为 76.00 m，开关站布置在安装间下游副厂房首层，为户内式开关站，地面高程为 76.00 m。

3）船闸

通航建筑物为单线一级船闸，通航 50 t 级单船，闸室有效尺寸 70 m×8 m×1.2 m（长×宽×门槛水深）。上、下闸首、闸室均建于土基，采用混凝土整体式结构。船闸输水系统采用短廊道集中输水系统。

上闸首长 20.00 m，宽 22.00 m，通航净空 4.50 m，门槛高程为 71.30 m，闸顶高程为 80.70 m，工作闸门采用平板提升门，用台机启闭机操作。工作闸门、防洪检修门公用一扇闸门。闸室有效尺寸为 70.00 m×8.00 m×1.20 m（长×宽×门槛水深），上游端设镇静段 6.00 m。闸室总长 76.00 m，分为 4 块段，闸室为整体式结构，闸室墙顶高程为 77.00 m，底板顶高程 65.20 m，底板底高程 62.70 m，闸室内设浮式系船环 4 对，供船队在闸室内系船用。

下闸首长 20.00 m，底宽 22.00 m，边墩顶宽 7.00 m，门槛高程 65.70 m。

4）砼连接段

为改善泄水闸边孔的流态，船闸与泄水闸间设一砼连接段。连接段采用墩墙结构，前缘长 20.00 m，布置 3 个 1.00 m 厚的墩和 1 道厚 1.20 m 的挡水墙，顺水流向长 20 m，上游布置坝顶公路以 5%坡左侧连接船闸顶高程 80.70 m，右侧连接泄水闸坝顶高程 78.30 m。

5）土坝

左岸土坝位于左岸阶地上，总长 323.12 m，采用均质土坝。坝顶高程 78.30 m，侧接公路，右侧以 5%坡渐变为 80.70 m 接船闸坝顶公路，坝顶宽度 5.00 m，最大坝高 3.50 m。

右岸土坝为厂房主机间与右岸山体的连接段，总长 35.00 m，为均质土坝。坝顶高程为 78.30 m，左侧与厂房坝顶公路相接，右侧以 5%坡渐变为 80.00 m 与右岸公路相接。最大坝高 11.30 m。

3.2.4.4 水库淹没及工程占地

根据水库淹没设计补偿曲线，利用 2002 年 12 月测绘的 1/2 000 地形图，实地调查确定的水库淹没实物指标为：淹没农用土地 126.7 亩，其中耕地 107.7 亩，其他土地 19 亩，但库区淹没不涉及人口。

工程占地包括电站主体工程永久设施和工程管理范围的占地以及施工临时占地。利用 1/1 000 进行工程占地面积量算，共占用农用地 501.6 亩，其中耕地 326.7 亩，其他土地 174.9 亩。工程永久占用农用地 220.6 亩，其中耕地 148.1 亩，其他土地 72.6 亩；施工临时占地 281.0 亩，其中耕地 178.7 亩，其他土地 102.3 亩，可复耕面积 126.2 亩。

3.2.5 溢洲水电站（靖村水电站）

3.2.5.1 地理位置

溢洲水电站（靖村水电站）工程是武江梯级开发的最下游一级电站，下游同北江梯级开发的第一级孟洲坝水电站相衔接。该水电站位于韶关市北郊十里亭靖村，地理位置为东经 113°32′16″、北纬 24°50′57″，距韶关市 8.0 km，距武江汇入北江的河口 11.2 km。溢洲水电站现场照片见图 3.2-5。

发电厂房、升压站

上游库区

下游河段　　　　　　　　　　　　　　　　　坝顶交通桥

左岸船闸　　　　　　　　　　　　　　　　　　溢洪道

图 3.2-5　溢洲水电站（靖村水电站）现场照片

3.2.5.2　工程特性及规模

（1）项目名称：韶关市溢洲水电站（靖村水电站）。

（2）建设地点：韶关市十里亭镇靖村。

（3）控制河流：武江干流。

（4）建设性质：新建。

（5）工程规模：溢洲水电站属日调节水库和低水头河床式电站。水电站坝址以上流域面积为 7 029.6 km²，多年平均流量为 193 m³/s，保证流量 40.3 m³/s（P=90%），相应下游水位 123.66 m，单机流量 205 m³/s，满发装机流量 410 m³/s。水库正常蓄水位 60.5 m。电站设计水头 5.7 m，装机容量 20 MW，多年平均发电量 7 403 万 kW·h。

（6）工程等级和防洪标准：溢洲水电站工程水库正常蓄水位时库容为 2 323 万 m³，电站装机容量为 20 MW，根据《水利水电工程等级划分及防洪标准》（SL 252—2000）的规定，工程规模为中型，工程等级为Ⅲ等，其永久建筑物属 3 级，次要建筑物属 4 级，相应防洪标准为 30 年一遇，200 年一遇洪水校核。

水电站武江河段为Ⅶ级航道，设计过船吨位为 50 t，年货运量 80 万 t。通航建筑物为 4 级建筑物。

（7）开发任务：以发电为主，结合防洪、航运等综合利用。

3.2.5.3　工程布置与主要建筑物

溢洲水电站主体工程包括枢纽工程和库区防护工程。

枢纽工程由左右岸重力坝连接段、船闸、闸坝段、主副厂房、升压站、安装间等组成。混凝土溢流闸坝位于河床中部，电站厂房布置于右岸河床，船闸位于左岸，两岸连接坝段为混凝土重力坝。

库区防护工程包括防护堤、排洪渠和农田抬填工程。

（1）枢纽工程

1）左岸重力坝连接段

左岸重力坝连接段长度28.5 m，顶宽6 m。

2）船闸

布置在闸坝左侧，与左岸重力坝连接段相连，长度118 m，最大通航吨位为50 t，上游最高通航水位60.5 m，最低水位59 m；下游最高通航水位53.8 m，最低水位53.1 m。

3）闸坝段

枢纽河床段共布置10孔溢流闸坝，闸坝右侧与电站厂房连接，电站厂房右侧采用非溢流坝型式与右岸库区堤防相连接。闸坝为开敞式WES实用堰，闸孔尺寸为14 m×9.0 m（宽×高），堰顶高程为51.5 m，采用钢质弧门挡水没，液压启闭机启闭；上游设1道检修门，利用坝顶移动式门机启闭，坝顶设6 m高交通桥连接两岸交通，坝顶高程67.5 m。闸坝下游在河床主河槽处布置4孔消力池，解决小流量时的消能问题，其余6孔为护坦。消力池池深1.7 m，池长20.8 m，底板高程44.6 m；池后护坦长10.0 m，底板高程46.3 m，底板厚1.0 m。

4）电站厂房

电站厂房主要由主厂房、安装间、副厂房、升压站等部分组成，紧靠闸坝布置在河床右岸，为河床式。

主厂房布置在河道右侧，安装2台10 MW的灯泡贯流式机组，发电机额定水头5.7 m，顺水流方向由进水渠、拦污栅、进口检修闸门、主副厂房、下游防洪墙、出口检修闸门及尾水渠组成。

安装间紧靠副厂房右岸布置，长19.1 m，宽26.0 m，运行层地面高程62.0 m。副厂房布置在主厂房下游，平面尺寸为28.0 m×12.4 m（长×宽），呈"一"字形布置。

升压站布置在安装间下游端Ⅰ级阶地上，紧靠副厂房边墙布置，平面尺寸为53.0 m×30.0 m（长×宽），地面高程为61.85 m。

5）右岸重力坝连接段

右岸重力坝连接段长43.97 m，顶部宽度6 m，上游面与防洪堤连接，右端与进厂公路连接。

（2）库区防护工程布置

防护工程包括防洪堤、排洪渠工程和农田抬填工程。

1）防护堤

溢洲水电站（靖村水电站）共设立 3 个防护区，其中左岸 2 个，分别是先鸡坑防护区和犁市防护区；右岸 1 个，即什石园防护区，具体路线布置如下：

①先鸡坑防护区

先鸡坑防护区位于大坝左岸，包括武江监狱上、下游区。主要是菜地和池塘，防护人口4 500 人，防护房屋 54 100 m²，保护耕地 33.33 hm²，堤防长度 2.63 km，其中下游片 1.75 km，上游片 0.88 km，堤顶高程 61.86～62.25 m，以土堤为主，浆砌石挡墙段长度 724 m。防护堤临水面为现浇 C15 砼护坡，护坡内侧砌排水沟，堤背面铺草皮。

②犁市防护区

犁市防护区下游接乐韶公路，经煤场、犁市船厂、犁市税务局，接犁市渡口形成保护圈。防护人口 308 人，防护房屋 14 179 m²。该防护区堤防结构为浆砌石挡墙与墙后填筑黏土堤相结合形式，长度 1.26 km，堤顶高程 62.92～63.4 m，排水方式采用电排，电排设在犁市码头处。

③什石园防护区

什石园防护区自大坝右坝头开始，经什石园村、下坝村、中坝村、上坝村，至麦屋村，接该村北部山头，形成保护圈。什石园防护区防护人口 1 895 人，防护菜地 350 hm²，防护房屋 37 462 hm²。堤防结构为土堤，长 4.155 km，堤顶高程 61.8～62.92 m，临水面为 C15砼预制块护面。排涝方式为自排与电排相结合，麦屋村下游采取自排，通过新建排洪渠将涝水直接排至下游，麦屋村区域采取电排。

2）排洪渠工程

排洪渠位于什石园防护堤右侧，从什石园小溪至大坝下游，全长 1 008 m。断面为梯形，渠底高程为 57.64 m～55.36 m，底板和边坡以现浇 C15 砼衬砌。

3）农田抬填工程

将高程低于 61.2 m 的犁市镇水心坝村委会的 450 亩农田回填抬高到 61.2 m 高程，抬填土方来自黄塘新村涂料厂。抬填之前，先将表面耕植土清挖堆放，最后覆于回填土表面，恢复土壤肥力，完善排灌系统。

3.2.5.4　水库淹没及工程占地

（1）水库淹没范围

库区主要由武江干流和重阳河支流组成。水库正常蓄水水位 60.50 m（珠基）时，武江干流回水至 CS35 断面淹没长度为 15.7 km，回水位高度 62.49 m；重阳河回水位至 CS7断面，距河口 3 km，回水为 61.75 m。水库淹没影响涉及的行政区域包括浈江区十里亭镇的靖村，武江区西河镇什石园、黄塱、塘寮村，曲江县犁市镇的犁市、群丰、莲塘、沙元村，重阳镇的黄岸、水口村等。实施防护工程后，库区淹没的主要实物指标包括土地面积 212.75 hm² （其中水田 35.96 hm²，旱地 34.46 hm²，园地 1.80 hm²，林地 49.25 hm²，荒草地 87.18 hm²）；车渡码头 1 处，10 kV 路线 1.45 km，低压线路 0.6 km，水文站 1 处。

（2）工程占地

土地总占地面积为 149.18 hm²，其中永久占地 21.67 hm²，主要包括枢纽工程区的拦河闸坝、电站厂房、左岸链接建筑物、厂区建筑物和库区防护工程区的防洪堤、排洪渠及电排站等；水库淹没面积 212.75 hm²，主要为库区正常蓄水位以下淹没的水田、旱地、园地、水塘、林地和荒草地等；施工临时用地面积 14.76 hm²，主要包括施工辅企、土料场、弃渣场、施工道路等。

（3）移民安置

由于当地现有耕地资源较丰富，工程永久占有耕地的数量较少，各村的占地影响比重不大，生产安置人数不多，工程永久占地需要进行的生产安置人口为 10 人，通过在本村范围调整耕地的方式进行安置。从本村调剂耕地 0.77 hm²，安置标准按本村剩余人均耕地数量计算。调剂耕地后，安置区村民人均耕地数量减少，但通过补偿资金的投入，当地村民可加强水利基础建设，改良中低产田，改善种植结构，引进优良品种和先进种植技术，提高耕地单位产量和产值，村民生活水平不会下降。

3.3　已实施工程运行调度方案

3.3.1　乐昌峡水利枢纽工程

乐昌峡水利枢纽工程以防洪为主，结合韶关市、乐昌市的堤围共同组成库堤结合的防洪体系，使防洪区达到防洪设计标准。在满足防洪要求的同时，优化调度，提高发挥枢纽的发电效益。水库采取兴利库容与防洪库容相结合的方式运行，汛期 4—9 月防洪限制水位 144.5 m，10 月初回蓄至正常蓄水位 154.5 m，至翌年 3 月水库回落至死水位 141.5 m。

3.3.1.1　防洪方案

解决韶关市的防洪方案是采取水库与堤防结合的防洪体系。乐昌市位于乐昌峡水利枢纽下游 14 km 处，乐昌市堤防工程按 10 年一遇设计，安全泄量为 3 340 m³/s，乐昌峡水库与堤防工程相结合，使乐昌县城的防洪标准达到 50 年一遇；韶关市位于武江和浈江的汇合处，韶关市区堤防按 20 年一遇标准设计，安全泄量为 8 900 m³/s，乐昌峡水库与浈江上的湾头水库和堤防工程联合运行，使韶关市区的防洪标准达到 100 年一遇。乐昌峡单库运行可以使韶关防洪标准由 20 年一遇提高到 60 年左右一遇。

为了充分发挥乐昌峡水库的调节作用和充分利用湾头水库的防洪库容,满足下游乐昌、韶关两市防洪区的防洪要求,乐昌峡水库采用分级控泄的方式,湾头水库采用凑泄的方式,当乐昌、韶关发生小于 10 年一遇洪水,水库不控泄,防洪任务由堤防承担;当乐昌发生大于 10 年小于 20 年一遇洪水,乐昌峡水库按乐昌市安全泄量控泄,湾头水库按天然来量泄放;当韶关发生大于 20 年一遇洪水,乐昌峡水库根据韶关和湾头流量确定下泄流量,湾头水库根据韶关和犁市流量凑泄,使韶关防洪控制断面不超过安全泄量。

乐昌峡水库调洪原则如下:(起调水位 144.5 m)

(1)当乐昌峡库水位大于 144.5 m 小于 148.33 m,控泄 3 190 m^3/s。

(2)当乐昌峡库水位大于 148.33 m 小于 158.0 m,控泄 2 200 m^3/s。

(3)当乐昌峡库水位大于 158.0 m 小于 162.2 m,控泄 3 000 m^3/s。

(4)当水库水位超过防洪高水位 162.2 m 后,考虑水库安全,按不大于天然来量泄放,以免加重下游防洪负担。

3.3.1.2　发电运行方式

电站运行:洪水期服从北江上游防洪调度中心、乐昌峡水利枢纽管理处防洪调度分中心的防洪调度指示,以蓄泄结合为主,发电调度服从防洪调度,确保乐昌市和韶关市防洪安全。枯水期以发电调度为主,确保发电效益最大化。

汛期 4—9 月以防洪限制水位 144.5 m 运行;10 月—次年 3 月以正常蓄水位至死水位之间运行。水库以等流量调节方式运行,系统无调峰任务。当枢纽不能通过发电下放下游河道所需的生态流量时,拟通过大坝生态流量放水管下放流量 14.0 m^3/s 以满足下游生态环境需水要求。

3.3.2　张滩(扩建)水电站

3.3.2.1　闸坝调度方式

张滩闸坝的调度运用,应注重与上下游梯级开发项目的水情、雨情信息共享,尤其应与上游乐昌峡水库闸门调度运用衔接。闸坝调度主要遵循以下原则。

(1)当上游来水量($Q_来$)小于或等于电站设计发电流量($Q_发$=359.22 m^3/s)时,来水量全部用于发电,闸门关闭,上游水位通过电站发电运行调度,保持正常高水位 97.0 m,确保电站高效率运行。

(2)当上游来水量($Q_来$)大于电站设计流量但小于 2 280 m^3/s 时,电站水头[根据左岸电站厂房处河道水位—流量关系曲线,前池水位(96.37 m)与电站尾水位(<92.87 m)的水头差>3.5 m]仍可满足正常发电要求,此时闸坝闸门视来水及上游水位变化情况部分启闭宣泄多余水量,闸前水位仍然保持正常蓄水位 97.0 m;对应闸坝下游水位在 88.6～93.25 m。

（3）当上游来水量（$Q_来$）大于 2 280 m³/s 时，电站水头［根据左岸电站厂房处河道水位—流量关系曲线，前池水位（96.37 m）与电站尾水位（＞92.87 m）的水头差＜3.5 m］不满足正常发电要求，此时对应闸坝的下游水位在 93.25 m 之上，闸坝闸门视来水及下游水位水情变化控制启闭，当上、下游水位持续上升，尤其是下游水位持续上升时，应尽快开启闸门，直至全开，宣泄洪水，以确保上游行洪安全，下游水位由高水位回落至 93.25 m 时，闸门才重新回关。

（4）当电站事故停机甩负荷 $Q_发$=0 时，视来水情况部分开启闸门宣泄上游来水。

（5）当上游乐昌峡通知泄洪时，张滩闸坝应在接到讯息后按要求确保提早预泄，以减轻下游防洪压力。

（6）闸门的具体操作应是分级开启，不得跳级，闸门需要增大开度时，每开一个档次，（闸门开度＜2.5 m 时，0.25 m 一档，闸门开度≥2.5 m 时，0.5 m 一档）须待下游水位上升稳定后，再提升至下一档开度；闸门需要关闭时，则与上述开启顺序相反。

（7）闸坝泄水时，不得随意增大或减小闸门开度，否则将导致泄流量突然增多或减小，对下游的消能防冲建筑物及河道造成严重冲刷。

（8）运行中应根据坝址上下游河床演变情况、建筑物监测结果对运行调度方式按实际情况进行不断修正和完善。

（9）枯水季节，张滩闸坝（重建）应满足抽水泵站水量及最低水位等灌溉要求。

3.3.2.2　上游梯级的运行方式及最小下泄流量

上游乐昌水利枢纽工程（即将兴建）的运行方式如下：

（1）洪水调度原则

乐昌峡水利枢纽调洪原则如下：（起调水位 144.5 m）

1）当乐昌峡库水位大于 144.5 m 小于 148.33 m，控泄 3 190 m³/s。

2）当乐昌峡库水位大于 148.33 m 小于 158.0 m，控泄 2 200 m³/s。

3）当乐昌峡库水位大于 158.0 m 小于 162.2 m，控泄 3 000 m³/s。

4）当水库水位超过防洪高水位 162.2 m 后，考虑水库安全，按不大于天然来量泄放，以免加重下游防洪负担。

（2）发电运行方式

汛期 4—9 月以防洪限制水位 144.5 m 运行；10 月—次年 3 月以正常蓄水位至死水位之间运行。水库以等流量调节方式运行，系统无调峰任务。

3.3.3　长安水电站（富湾水电厂）

当水库流量小于或等于电站最大引用流量时，库水位维持正常蓄水位 81.00 m，电站基本上按天然流量发电。当入库流量大于电站最大引用流量但小于停机流量（约为

1 600 m³/s）时，水库仍维持正常蓄水位 81.00 m，机组全部投入运行，多余水量通过泄洪闸下泄。当入库流量大于停机流量，泄洪闸闸门全部开启宣泄天然来流量，机组停止运行。当洪水后期坝址下游水位回落至 79.20 m（下泄流量约 1 600 m³/s）时，泄洪闸应逐渐关闭成局部开启状态，使上游水位恢复正常蓄水位，以满足发电要求，电站开始发电。

枯水期电站主要承担系统调峰，所需日调节库容 205 万 m³，但由于该电站水头较小，水库水位消落后，电能损失严重，故一般情况下，水库水位应少消落，尽量维持在较高水位发电；只有在系统需要调峰时，水库可进行日调节在正常蓄水位 81.00 m 至死水位 80.00 m 之间。

3.3.4　七星墩水电站

水库正常蓄水位为 75.0 m，当来水量小于 277 m³/s 时，水库按正常蓄水位运行，水量除满足船闸通航耗水外，来水量全部通过机组发电；当来水量在 277～1 800 m³/s 时，部分闸门开启，宣泄发电弃水，水库仍维持正常蓄水位运行；当来水量大于 1 800 m³/s 时，电站停止发电，水库闸门逐步开启，库水位逐渐下降，直至闸门全面打开，敞泄洪水。

3.3.5　溢洲水电站（靖村水电站）

武江梯级溢洲水电站属日调节水电站，在电网负荷图上主要参加基荷运行。溢洲水电站防洪设计标准为 20 年一遇，相应洪峰控制流量 1 000 m³/s。溢洲水电站保证出力 2 500 kW，保证率 P=90%，相应的保证流量为 40.3 m³/s。

武江梯级溢洲水电站运行方式为：

（1）当入库流量小于或等于发电引用流量 216 m³/s（107.99 m³/s·2 台机组）时，库水位维持在正常蓄水位 60.5 m 运行，入库流量来多少，下泄多少；

（2）当入库流量大于发电引用流量 216 m³/s，且小于 1 000 m³/s 时，水库仍维持在正常蓄水位 60.5 m 运行，大于水轮机引用流量部分的入库流量，通过开启闸门的孔数和开度控制下泄；

（3）当入库流量大于 1 000 m³/s 时，加大闸门下泄直至全开，水库接近天然行洪状态；

（4）当入库洪水处于消退状态，入库流量小于或等于 1 000 m³/s 时，坝上闸门逐渐关闭，其关闭的原则以维持库水位 60.5 m 为限。

（5）电站下泄保证流量为 40.3 m³/s（P=90%）。

3.4 已实施梯级工程水文水资源利用评价

3.4.1 已实施梯级工程水资源开发利用情况

3.4.1.1 武江地表水资源量分析

（1）地表水资源总量

地表水资源量是指河流、湖泊等地表水体中由当地降水形成的可以逐年更新的动态水量，用天然河川径流量表示。

1）单个水文站年径流量

根据《韶关市水资源综合规划总报告》，通过选用 1956—2000 年同步期实测年径流系列，经过还原计算和天然年径流量一致性分析与处理，得到系列一致性较好、反映近期下垫面实际情况下的天然年径流量系列。

表 3.4-1　武江各水文站天然年径流量特征值（1956—2000 年系列）

水文站名称	所在		集水面积/ km²	天然年径流量							
	河流	水资源四级区		最大		最小		多年平均		C_V	C_S/C_V
				径流量/ 亿 m³	出现年份	径流量/ 亿 m³	出现年份	径流量/ 亿 m³	径流深/ mm		
坪石	武江	武江	3 567	52.05	1973	11.52	1963	31.61	886.2	0.32	2.00
赤溪	田头水		396	6.286	1975	1.241	1963	3.620	914.1	0.36	2.00
犁市	武江		6 976	107.4	1973	23.26	1963	61.64	883.6	0.33	2.00

2）武江水资源四级区的年径流量

分区年径流量为经过还原后的天然径流量，还原水量主要为水库蓄水变量，其次是农业灌溉耗水量，最后是工业和城镇生活耗水量。分区同步期的水库蓄水变量是调查收集流域控制站以上（区间）的水库的蓄水变量资料；农业灌溉耗水量是以流域控制站的农业灌溉耗水量为依据按面积比或灌溉面积比值放大求得；工业和城镇生活耗水量利用最近工业和城镇生活用水定额调查的成果估算调查年份的工业耗水量和城镇生活耗水量，并分别与工业产值和人口建立关系来估算其余年份的工业耗水量和城镇生活耗水量。

表 3.4-2　武江水资源四级区多年平均年径流量（1956—2000 年）

水资源四级区	年径流深/ mm	年径流量/ 亿 m³	变差系数 C_V	不同保证率天然年径流量/亿 m³						
				10%	20%	50%	75%	90%	95%	97%
武江	912.7	33.67	0.35	50.06	43.61	32.73	25.55	20.05	17.18	15.39

数据来源：《韶关市水资源综合规划总报告》。

3）武江河道年径流量和出入境水量

多年平均（同步期）年降水量用流域内主要雨量站资料以算术平均法或泰森法计算；多年平均（同步期）年径流量则用该河控制水文站的多年平均（同步期）年径流量与水文站以下未控制区的径流量相加而得，水文站以下未控制区的径流量可用面积比或降水径流综合比法计算。武江干流年降水量、径流量见表 3.4-3。

表 3.4-3　武江干流河道年径流量

河名	面积/km²	河长/km	多年平均					不同保证率年径流量/亿 m³							年径流量 C_V
			年降水量/mm	年径流深/mm	年降水量/亿 m³	年径流量/亿 m³	年平均流量/(m³/s)	10%	20%	50%	75%	90%	95%	97%	
武江	7 097	260	1 460	883.7	103.6	62.71	199	90.49	79.26	60.42	47.68	37.91	32.78	29.71	0.33

根据《韶关市水资源综合规划总报告》，武江年入境水量约 29.75 亿 m³，入境地点为湖南省宜章县入乐昌市。

（2）地表水资源可利用量

地表水资源可利用量是指在经济技术可行及满足河道内生态环境用水的前提下，通过地表水工程措施可能为河道外用户提供的一次性最大水量（不包括回归水的重复利用）。根据《韶关市水资源综合规划总报告》有关成果，武江河流地表水资源可利用量成果见表 3.4-4。

表 3.4-4　武江河流地表水资源可利用量成果

河流	地表水资源量/亿 m³	非汛期河道内生态需水量/亿 m³	汛期难于控制利用的洪水量/亿 m³	地表水资源可利用量/亿 m³	地表水可利用率/%
武江	62.71	4.306	44.06	14.34	22.9

注：表中地表水资源量为河流的多年平均径流量。

由于各河流汛期难于控制利用的洪水量只是根据目前已掌握的蓄水工程调蓄能力来分析确定的，如果再充分考虑未来规划建设的蓄水工程调蓄能力，各河流汛期难以控制利用的洪水量应该更小，相应的地表水资源可利用量应该更大。

3.4.1.2　已实施梯级工程水资源开发利用情况

根据《广东省韶关市武江梯级开发规划报告》，武江干流以乐昌峡为龙头调节水库，以下至韶关分 6 级开发，均为低水头径流式梯级，水头 5～7 m，自上而下依次为：张滩一级（16 MW）、昌山（12 MW）、长安（12 MW）、七星墩（12 MW）、厢廊（12 MW）、靖村（16 MW），总装机容量 80 MW，年发电量 2.86 亿 kW·h（见表 3.4-5）。目前除厢廊外，其余梯级已经建成运行。

表 3.4-5　武江干流乐昌峡下游梯级规划方案特性

项　目	张滩	昌山	长安	七星墩	厢廊	靖村
坝址以上流域面积/km²	5 060	5 265	5 718	6 200	6 400	7 090
多年平均流量/（m³/s）	141.84	143.74	158	154	174	193
正常蓄水位/m	96.0	86.5	80.0	74.0	68.0	60.5
设计水头/m	7.3	5.5	4.9	5.3	5.3	7.1
装机容量/MW	16	12	12	12	12	16
保证出力/kW	1 395	1 073	990	1 035	1 225	1 680
年发电量/（万 kW·h）	5 085	4 000	3 355	4 760	4 085	7 275

注：表列指标均未考虑乐昌峡建库。

（1）张滩水电站

张滩水电站多年平均流量 141.84 m³/s，右岸装机容量为 8 600 kW，发电流量 167.7 m³/s，左岸装机容量为 12 000 kW，发电流量 191.52 m³/s；左岸取水流量 1.5 m³/s，右岸取水流量 2.5 m³/s；水库设计洪水位 97.26 m，相应最大泄量 3 574.3 m³/s，校核洪水位 97.36 m，相应最大泄量 4 373.5 m³/s；水库最小下泄流量 14.2 m³/s。

（2）昌山水电站

昌山水电站多年平均流量 143.74 m³/s，多年平均发电量 2 000 万 kW·h。设计洪水标准为（50 年一遇）相应最大下泄流量 3 652 m³/s；校核洪水标准下（100 年一遇）相应最大下泄流量 4 788 m³/s。

（3）长安水电站

长安水电站多年平均流量 158 m³/s，水库设计洪水位 82.50 m，相应最大泄量 3 850 m³/s，校核洪水位 83.84 m，相应最大泄量 5 070 m³/s；水库最小下泄流量 57.7 m³/s。

（4）七星墩水电站

七星墩水电站多年平均流量 154 m³/s，水库设计洪水位 75.12 m，相应最大泄量 4 100 m³/s，校核洪水位 76.22 m，相应最大泄量 5 360 m³/s；水库最小下泄流量 26.7 m³/s。

（5）靖村水电站

靖村水电站多年平均流量 193 m³/s，水库设计洪水位 61.22 m，相应最大泄量 5 230 m³/s，校核洪水位 62.86 m，相应最大泄量 6 657 m³/s；水库最小下泄流量 40.3 m³/s。

3.4.2 已实施梯级工程对水文情势的影响

3.4.2.1 水文情势概况

研究河段位于乐昌峡水库坝址与靖村水电站坝址之间，河道长 68 km。

（1）乐昌峡水库坝址天然径流

乐昌峡坝址控制集水面积 4 988 km²，上游有坪石水文站，控制集水面积 3 567 km²，有 1964—2001 年实测径流资料；下游有犁市水文站，控制集水面积 6 976 km²，有 1956—2001 年长系列实测径流资料。据统计，1956—2001 年系列多年平均流量为 138 m³/s，多年平均径流量为 43.5 亿 m³。

（2）靖村水电站坝址天然径流

靖村水电站坝址上游 3.88 km 有犁市（二）水文站，控制集雨面积 6 976 km²，占坝址的 99.2%，有 1956—2001 年共计 46 年实测流量资料，考虑犁市（二）水文站实测流量资料精度高，控制面积大，故靖村坝址天然径流直接采用犁市站成果。经统计，1956—2001 年多年平均流量为 193 m³/s，多年平均径流量为 60.9 亿 m³。

（3）乐昌峡至靖村水电站坝址区间天然径流

直接由靖村水电站坝址逐月平均流量减去乐昌峡坝址逐月平均流量推求。经统计，1956—2001 年系列多年平均流量为 55.1 m³/s，多年平均径流量为 17.4 亿 m³。

（4）年径流逐月分配

坪石水文站、乐昌峡坝址、靖村水电站坝址汛期 4—9 月的径流占全年的 66.3%，枯水期 10 月—次年 3 月的径流占全年的 18.4%。年径流逐月分配见表 3.4-6。

表 3.4-6 武江流域多年平均流量年内分配情况

位置	项目	4月	5月	6月	7月	8月	9月	10月	11月	12月	1月	2月	3月	年平均
坪石水文站	平均流量/(m³/s)	182	207	205	87.7	94.4	72.2	53.6	38.2	30.4	39.2	67.9	113	99.1
	占全年/%	15.1	17.7	17.0	7.5	8.1	6.0	4.6	3.2	2.6	3.3	5.3	9.7	100.0
乐昌峡坝址	平均流量/(m³/s)	244	282	288	135	137	106	75.1	53.5	42.2	52.5	88.6	150	138
	占全年/%	14.5	17.5	17.2	8.3	8.4	6.3	4.6	3.2	2.6	3.2	4.9	9.2	100.0
靖村坝址	平均流量/(m³/s)	332	390	406	202	199	153	106	75.3	59.2	71.6	118	203	193
	占全年/%	14.1	17.2	17.3	8.9	8.8	6.5	4.7	3.2	2.6	3.2	4.7	8.9	100.0

3.4.2.2　工程对水文情势的影响

（1）已实施梯级工程水文特征

已实施梯级工程建成运行后，非汛期下泄流量≤天然流量，汛期下泄流量=天然流量。

已实施梯级工程建成后，由于坝前水位抬升，预计流速将减小。水库在正常蓄水位运行时，从库尾至坝前水流逐渐趋于缓流。

（2）已实施梯级工程对水文情势的影响

由于已实施梯级工程，调节库容较小，基本上按径流式电站方式运行，不参与调峰。径流式电站的特点是对河道的调节能力不强，基本不改变河道的水文情况。根据各梯级的运行方式，一般情况下，日均下泄流量与天然来水量相同，洪水来临时河道基本恢复天然流态，对水资源调度影响很小。此外，由于各梯级工程均考虑了最小下泄流量，因此，正常情况下，下游河道枯水期径流量不少于建库前水平。

由于下游河道没有发生变化，因此其水位与流量关系建库前后也不会发生变化。变化较大的是在库区坝址处。表 3.4-7 为工程实施前溢洲（靖村）水电站坝址水位流量关系。

表 3.4-7　溢洲（靖村）水电站坝址水位流量关系

水位/m	52.5	53.0	53.5	54.0	54.5	55.0	55.5	56.0	56.5	57.0	57.5	58.0
流量/（m³/s）	20	78	200	350	545	775	1 030	1 340	1 660	2 000	2 340	2 700
水位/m	59.0	59.5	60.0	60.5	61.0	61.5	62.0	62.5	63.0	63.5	64.0	64.5
流量/（m³/s）	3 450	3 830	4 230	4 640	5 050	5 460	5 900	6 340	6 780	7 230	7 680	8 130

（3）最小下泄流量合理性分析

根据《水电水利建设项目河道生态用水、低温水和过鱼设施环境影响评价技术指南（试行）》，通过 Tennant 法计算河道内生态需水量。

河流流量推荐值是在考虑保护鱼类、野生动物、娱乐和有关环境资源的河流流量状况下，以预先确定的年平均流量的百分数为基础（表 3.4-8）。

表 3.4-8　Tennant 法河流流量推荐值

流量的叙述性描述	推荐的基流（10 月—次年 3 月）（平均流量百分数）	推荐的基流（4—9 月）（平均流量百分数）
最大	200	200
最佳范围	60～100	60～100
极好	40	60
非常好	30	50

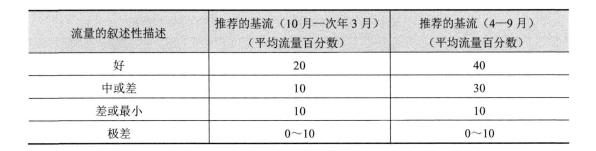

流量的叙述性描述	推荐的基流（10 月—次年 3 月）（平均流量百分数）	推荐的基流（4—9 月）（平均流量百分数）
好	20	40
中或差	10	30
差或最小	10	10
极差	0～10	0～10

根据武江的生态环境现状，选用 Q_{ec}=10% $Q_{平}$，其中 Q_{ec} 为生态流量，$Q_{平}$ 为多年平均流量。计算结果见表 3.4-9。

表 3.4-9　各河段生态流量计算结果

位置	多年平均流量/（m^3/s）	下游河道生态流量/（m^3/s）	最小下泄流量/（m^3/s）
张滩水电站坝址	141.84	14.2	14.2
昌山水电站坝址	143.74	14.3	14.3
长安水电站坝址	158	15.8	57.7
七星墩水电站坝址	154	15.4	26.7
靖村水电站坝址	193	19.3	40.3

从表 3.4-9 可以看出，为维持各区间河段水生生态系统的稳定，张滩坝址处常年需下放 14.2 m^3/s 的生态流量，昌山水电站坝址处常年需下放 14.3 m^3/s 的生态流量，长安水电站坝址处常年需下放 15.8 m^3/s 的生态流量，七星墩水电站坝址处常年需下放 15.4 m^3/s 的生态流量，靖村水电站坝址处常年需下放 19.3 m^3/s 的生态流量。各梯级工程最小下泄流量基本满足河道生态需水要求。

3.5　已实施梯级工程环保措施及存在的环境问题

3.5.1　已建梯级工程环评及环保"三同时"验收制度执行情况

本规划已建 5 个梯级工程环境影响评价制度及环境保护"三同时"验收制度的执行情况，见表 3.5-1。

表 3.5-1　已建梯级工程环评及环保"三同时"验收制度执行情况

序号	项目名称	类型	时间	环评单位	环评批准文号	是否验收	环保验收批准文号
1	韶关市溢洲水电站	报告书	2009 年	珠江水资源保护科学研究所	韶环审〔2009〕398 号	是	韶环审〔2011〕401 号
2	乐昌市张滩闸坝枢纽工程（重建）	报告书	2011 年	珠江水资源保护科学研究所	韶环审〔2011〕395 号	否	尚未重建
3	乐昌市张滩水电站左岸扩容工程	报告书	2008—2009 年	珠江水资源保护科学研究所		否	
4	韶关昌山水电站	报告书	2000 年 4 月	环保部华南环境科学研究所	韶环审〔2000〕41 号	是	韶环审〔2012〕159 号
5	韶关七星墩水电站	—	—		无	否	无
6	韶关长安水电站	报告书	2006 年	环保部华南环境科学研究所	粤环审〔2006〕672 号	是	粤环审〔2013〕167 号

3.5.2　水环境保护措施落实情况

3.5.2.1　库区水质保护措施

（1）水土流失治理

水土流失受自然因素和人为因素影响，特别是汛期，暴雨径流量大，水土流失比较严重，在库周、水库上游地区及各支流加强水土保持工作，落实水土保持规划，加大植树种草、退耕还林、封山育林、坡改梯等水土流失防治措施，库周农田尽量实行水平梯田化，充分利用河边绿化带作为土地利用和水系间的缓冲地带和过滤带。

（2）加强地力培肥体系建设，大力发展生态农业

控制营养物质从农业中流失主要有两个方面：首先，氮肥和磷肥所占的比例，以及它们的贮存和施肥方式；其次，土地的管理，包括土地的使用，还有所采纳的种植方式，如方法、及时性、种植的方向和深度，或者种植轮作制度中短期的肥田作物。在农业区，污染源的控制可以通过建设生态农业工程、大力推广农业新技术来实现。通过改进施肥方式，如限制肥料的施入以及施肥时间，可以避免氮肥的过量供应。灌溉制度以及合理种植农作物、推广新型复合肥和缓效肥料等措施可控制肥料的使用量，减少农业面源污染。保土耕种、作物轮植、节水灌溉等措施可减少农业径流的氮磷损失。同时鼓励农民科学地开发利用污泥资源，既可以利用泥肥，弥补农田水土流失，又可以疏浚河道，减少水体营养物量。

（3）严格控制发展网箱养鱼

类比各个已建水库，网箱养鱼已成为各个水库呈现富营养化趋势的影响因素之一，因

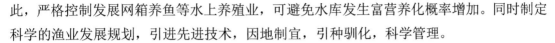

此，严格控制发展网箱养鱼等水上养殖业，可避免水库发生富营养化概率增加。同时制定科学的渔业发展规划，引进先进技术，因地制宜，引种驯化，科学管理。

（4）库区、库周污染控制措施

1）库区现有污染源的治理。库区内的污染企业必须按照广东省《水污染物排放限值》（DB 44/26—2001）要求，在Ⅱ类水体的现有排污口执行一级标准且不得增加污染物排放总量，排入Ⅲ类水体的企业执行第二时段一级标准，如果现状超标排放，一定要在水库蓄水前治理，以防止造成库区水质污染。

2）为保护库周环境及水库水质，库周应禁止发展污染企业，严禁设置各类污染源，禁止人畜粪便和垃圾直接入河，库区内人口较为集中的居住点，兴建污水处理厂或引进污水处理设备，使生活污水经处理达标后再排放。

3）受淹工厂搬迁的环境保护。按照《中华人民共和国水污染防治法》的规定：国家禁止新建不符合国家产业政策的小型造纸、制革、印染、染料、炼焦、炼硫、炼砷、炼汞、炼油、农药、石棉、水泥、玻璃、钢铁、火电及其他严重污染水环境的生产项目。《中华人民共和国环境保护法》第十八条规定，在国务院及有关主管部门和省、自治区、直辖市人民政府划定的风景名胜区、自然保护区和其他需要特别保护的区域内，不得建设污染环境的工业生产设施，建设其他设施，其污染排放不得超过规定的排放标准。已实施梯级工程移民搬迁涉及的企业，易地迁建应进行环保论证并报环保部门批准。

4）水库蓄水后由于水库流速变缓，水体自净能力减弱，水质可能较天然状态污染加重，引起富营养化等问题。根据《韶关市环境保护规划》，到 2010 年，乐昌市坪石镇、乳源县城区、桂头镇分别新建污水处理厂，处理能力分别为 1.0 万 m^3/d、1.5 万 m^3/d、2 500 m^3/d，到 2020 年，规模分别新增至 1.5 万 m^3/d、2.5 万 m^3/d、4 000 m^3/d。按照环境保护规划确定的目标，落实规划的污水处理厂建设，将减少城镇生活污染物的入河量，保证库区水体水质。

5）加强通航船舶污染控制措施。梯级水电站的运行，可改善武江通航河道，消除急滩，可畅通吨位较大的船只。船舶穿越库区，应当配备防溢、防渗、防漏、防散落设备，收集残油、废油、含油废水、生活污染物等废弃物的设施，以及船舶发生事故时防止污染水体的应急设备。

船舶机舱含油废水及漏油处理一般有水上处理和岸上处理两种方式。水上处理主要是含油废水流动处理船和在船舶上安装油水分离器两种方式。岸上处理则是通过流动收集船收集含油废水，再送至岸上处理设施处理。两种处理方法都要在船舶上安装油污水舱（柜）或油盘收集含油废水。

推广船舶便携式抽水马桶，该马桶是一种可以用清水来冲洗的全塑型抽水马桶，其上部为一只可拆卸的水箱，排污物被收集在该马桶下部的集粪箱内，该箱可单独送到任何一个固定厕所或港口化粪池倾倒。

对于各类船舶应在船上设置贮存柜，将生活垃圾集中后送到岸上处理场所（如港口）集中处置。

6）饮用水水源保护区环保措施

①在经过水源保护区路段设立警示牌、限速标志、禁止载有毒有害危险品车辆上路等警示标志，并公布事故报警电话号码等，提醒驾驶员谨慎驾驶。

②在水源保护区路段建设防撞栏等工程措施，防止过往车辆发生事故跌入武江，避免水源污染事故的发生。

③路面径流收集设施建设

在经过水源保护区路段铺设专用集污管道，对路面污水进行收集并排入市政管网。

④设立应急机制

韶关市环保、水利、交通等有关行政主管部门应当建立应对水源水质污染事故的应急机制，并设立韶关市备用水源等方案以保证若发生事故时韶关市人民饮用水安全。

3.5.2.2 最小下泄流量保证措施落实情况

根据《韶关市溢洲水电站建设项目竣工环境保护验收调查申请报告》，该项目已落实下泄流量监测设备，保证下泄流量大于 $40.3\ m^3/s$，满足生态流量的要求。

武江梯级开发已建的 5 级水电站均为日调节径流式水电站，故一般情况可满足河道下游生态环境用水要求，对下游生态用水、水资源开发利用基本不造成影响。遇特枯年来水机组停止发电时，通过利用泄洪闸坝下放生态流量。

各梯级电站制定统一的水资源利用调度方案，以保证河流的生态流量。统一调度方案制定的原则应是能够保证上游河段生产、生活用水水质与水量要求，各梯级间最小保证下泄流量相衔接，保证在任何时段，各梯级电站均不会出现局部河段断流或因减水而不能满足区域生产、生活用水要求的现象。

3.5.2.3 管理区生活污水处理

本规划已建梯级工程均为生态影响型项目，工程运行本身不排放污染物，无生产废水排放。库区无排污口，仅有管理人员产生少量的生活污水，生活污水经三级化粪池处理后用于当地农田灌溉。根据韶关市环境监测中心站的相关监测结果，昌山水电站、溢洲水电站生活污水排污口的各项监测指标均满足《农田灌溉水质标准》中三类蔬菜浇灌标准的限值要求（表 3.5-2、表 3.5-3）。长安水电站生活污水监测结果符合《广东省水污染物排放限值》（DB 44/26—2001）第二时段一级标准，排入储水池储存，并交农业部门作有机肥料使用。

表 3.5-2　韶关市溢洲（靖村）水电站生活区废水总排放口验收监测结果

监测日期	监测位置	监测结果							
		pH	化学需氧量/ （mg/L）	悬浮物/ （mg/L）	BOD₅/ （mg/L）	氨氮/ （mg/L）	磷酸盐/ （mg/L）	阴离子表面 活性剂/ （mg/L）	动植物油/ L
2011 年 3 月 28 日	生活区废水 总排放口	7.44	56.1	8	12	0.293	0.01	0.08	1.3
		7.43	57.6	7	13	0.277	0.02	0.08	0.9
2011 年 3 月 29 日		7.34	58.0	8	14	0.309	0.03	0.08	0.2
		7.30	52.1	7	12	0.303	0.03	0.08	1.3
《农田灌溉水质标准》中 三类蔬菜		—	100	60	40	—	—	5	—

表 3.5-3　韶关市富湾（昌山）水电站生活区废水总排放口验收监测结果

监测日期	监测位置	监测结果							
		pH	化学需氧量/ （mg/L）	悬浮物/ （mg/L）	BOD₅/ （mg/L）	氨氮/ （mg/L）	磷酸盐/ （mg/L）	阴离子表面 活性剂/ （mg/L）	动植物油/ L
2011 年 12 月 12 日	工程生活 区总排口	8.04	13.0	31	6	0.032	0.04	0.007	0.1
		8.01	12.4	35	5	0.038	0.04	0.007	0.1
	宿舍楼	7.98	18.5	25	8	0.751	0.06	0.006	0.1
		8.09	17.1	29	8	0.803	0.06	0.006	0.1
2011 年 12 月 13 日	工程生活 区总排口	8.02	12.4	38	5	0.032	0.04	0.08	0.1
		7.95	11.7	36	5	0.032	0.05	0.07	0.1
	宿舍楼	7.90	18.8	28	8	0.768	0.06	0.05	0.1
		8.05	19.2	29	9	0.791	0.06	0.06	0.1
《农田灌溉水质标准》中 三类蔬菜		—	100	60	40	—	—	5	—

3.5.3　生态环境保护措施落实情况

3.5.3.1　植被保护措施

（1）工程建成投产后，项目区的永久道路进行绿化，种植适应性和抗污染力强、病虫害少的树种。工程的居住区、办公区应进行园林绿化，美化环境。

（2）所有施工人员的临时工棚及时拆除，临时居住区的粪便、垃圾和受污染的水沟、场地必须做好消毒灭菌工作，并用净土覆盖、压实和恢复植被。

（3）临时用地施工结束后，必须及时清理、松土、平整，视场地具体情况及土地使用需要，考虑恢复为农用地或绿化地。对于农用地，覆盖原来熟土进行复耕，种植农作物；

对于林地、绿化地则恢复其原有植被。

3.5.3.2　水生生物保护措施

针对可能对水生生物产生的不利影响主要采取如下措施：

（1）切实落实水土保持措施，防止施工期和运行期因水土流失而增加悬浮物对水生生物的影响；

（2）堤围土石化后，水生植物的减少是影响水生生态环境的主要方面，为减少这一影响，参照国外的经验，堤外侧河滩地应尽量保留，有条件的地方可在堤围外侧种植草皮，以维持河道内的生态平衡。

3.5.3.3　鱼类资源保护措施

运营期鱼类资源保护措施主要从以下几个方面进行考虑：

（1）采取有效措施保持电站基流

对于水域生态系统来说，为保持系统的生态平衡，必须维持一部分有质量保证的水量，以满足水生生物的正常生存需要。

河流控制断面生态、环境需水量计算法（Tennant 法）根据水生生物生存环境与流量的关系，提出三条结论：一是保持水生生物生存，要求河流最低流量不低于河流枯季流量的 10%；二是保持水生生物有良好的栖息条件并进行一般的娱乐活动，要求河流流量不低于枯季流量的 30%；三是为水生生物提供优良的栖息条件和进行多数娱乐用途，要求河流流量不低于枯季流量的 60%。所以在工程运行时，枯水期各级水电站必须保证坝下游河流的生态用水量，以保证下游河段水生生物特别是鱼类的基本生存。

（2）生境保护

生境保护包括就地保护和异地保护两个方面。梯级工程生境保护采取就地保护方案。就地保护分为库区保护和电站下游区保护。

1）库区保护

库区保护是通过在库区内建设适合鱼类生存、繁衍的生境，划定保护区、禁渔区等特定保护区域，制定管理措施和监督办法，建立监测制度，给鱼类创造良好的自然生存和繁衍空间。

2）电站下游区保护

下游区保护主要是保证河道最小生态流量，满足水生生物生存的最小需要。

（3）过鱼设施

由于乐昌峡水利枢纽工程下游河段已建水电站均未设置过鱼设施，鱼类洄游通道已被阻断。为了坝址上下游种群间遗传物质的交流，建议未建的梯级预留并修建鱼道。但对于洄游性鱼类生境的恢复及保护来说，仅在单个水利枢纽针对洄游性鱼类预留过鱼通道实际效果不大，建议从流域整体考虑过鱼通道和鱼类增殖站的建设。

3.5.4　环境风险防范措施

已建梯级工程昌山水电站、长安水电站、溢洲水电站已通过环境保护行政主管部门的环保"三同时"竣工验收，证明这三个项目已基本按照环评报告书及其批复要求落实环境风险防范措施。据调查，张滩梯级扩建工程尚未实施，七星墩梯级尚未执行环评及环保"三同时"验收制度，环境风险防范措施落实情况尚不明确。

图 3.5-1　水电站库区饮用水水源保护区警示标志

3.5.5　环境管理制度及机构设置

3.5.5.1　环境管理目标

根据有关环保法规及水库的特点，各项目的环境管理总目标主要包括：

（1）确保水电工程符合环境保护法规的要求；

（2）以适当的环境保护投资充分发挥梯级工程潜在的效益；

（3）环境影响报告书中所确认的不利影响应得到有效缓解或消除；

（4）实现工程建设的环境效益、社会效益与经济效益的统一。

3.5.5.2　环境管理机构

根据国家环境保护管理的规定，各工程应设置工程环境保护管理机构。环境保护管理机构是工程管理机构的重要组成部分，在业务上接受当地环境保护部门的指导。

（1）管理机构的组织方式

为保证各项措施的有效实施，环境保护管理机构已在电站筹建期开始组建，作为公司的职能部门。

（2）环境管理办公室及下属科（室）职责

通过开展调查研究，组织拟订适合工程特点的环境保护方针和经济技术政策。

贯彻工程环境保护的有关法律、法令、条例，组织拟订工程环境保护的规定、办法、细则等，并处理环境法规执行中的有关事宜。

组织编制工程环境保护总体规划和年度规划，组织规划和计划的全面实施。组织有关部门指定工程环境保护的各项专题规划和实施计划与措施，保证将各种环保措施纳入各项目的最终设计中，并得到落实。

依法对工程环境进行执法监督、检查，检查工程环境保护设施的运行。环境保护措施的执行情况应作为检查、验收工程质量的一项重要内容。

受领导小组的委托，具体协调组织指导各有关部门的环境管理工作。

组织编写工程环境保护月、季及年度报告，实施进度评估报告，并向领导小组和有关主管部门进行工作汇报。定期组织编写环境保护简报，及时公布环境保护动态和环境监测结果。

组织环境管理技术培训、鉴定和推广环境保护的先进技术和经验，开展技术交流和研讨。组织开展工程环境保护专业培训，提高人员素质水平。

搞好环境保护宣传工作，组织必要的普及教育，提高有关人员环境保护意识。

完善内部规章制度，搞好环境管理的日常工作，做好档案、资料收集、整理等工作。完成领导小组交办的各项任务。

3.5.5.3　环境管理任务

水电站运行阶段环境管理的主要任务是保护地表水水质和生态环境，加强管理，预防水污染和生态环境破坏、环境地质及事故的发生。

环境保护管理是工程管理的重要组成部分，是工程环境保护工作能够有效实施的关键。电站运行期工程环境保护管理的主要内容包括制定环境管理目标、设置环境保护机构、制定环境管理任务、确定并执行环境管理计划等。

运行期设立环境保护办公室，负责水质及生态监测工作的外委，以及监测资料的整编与报送，保证监测成果质量。同时，还应密切注意水质及生态环境的变化动态，防止水污染、生态环境破坏、环境地质灾害等事故的发生。

3.5.6　目前存在的环境问题总结

（1）进一步完善和落实建设项目环境影响评价制度和"三同时"环保验收制度。目前除七星墩水电站外，其余已建梯级工程均已履行建设项目环境影响评价制度；除昌山水电站、长安水电站、溢洲水电站外，其余已建梯级工程尚未通过环境保护行政主管部门的专项验收。

（2）从流域整体考虑，设置过鱼设施加强对洄游性鱼类生境的恢复及保护。乐昌峡水利枢纽工程下游武江干流河段已建成 5 级水电站，鱼类洄游通道已经被阻断，影响坝址上下游种群间遗传物质的交流，尤其是洄游性鱼类。

（3）建立健全环境管理制度和环境风险应急机制；按照环发〔2010〕113 号文有关要

求，进行突发环境事件应急预案的评估、备案；完善变电站及储油区域等环境风险应急设施；危险废物按照《危险废物贮存、处置场污染控制标准》的要求，进行暂存和处理、处置，并严格执行危险废物转移联单制度。

（4）进一步完善污染物排放口规范化设置，按环评报告书及其批复的要求定期开展环境监测。

3.6　建设中梯级工程概况

3.6.1　地理位置

塘头水电站（武江厢廊梯级）位于广东省乳源县北部武江干流的中下游河段上。武江是北江上游一级支流，北江第二大支流，集水面积 7 097 km²，河长 260 km（其中广东省境内 121 km）（图 3.6-1）。塘头水电站工程为径流式电站，无调节性能，地理位置：东经 113°26′55.47″、北纬 24°56′13.86″，是一座以发电为主的水电工程。

塘头坝址右岸为塘头村，左岸有 248 省道经过，距乳源县的桂头镇约 4 km，距乳源县城约 36 km，距韶关市约 26 km，交通便利。

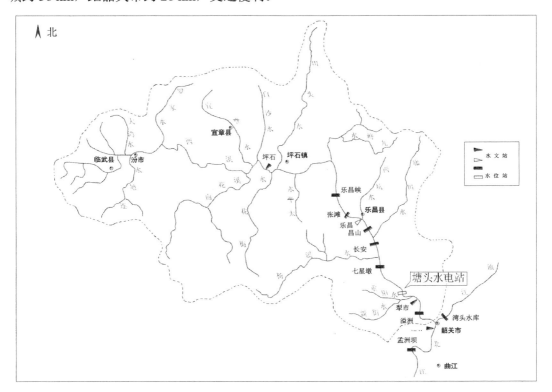

图 3.6-1　武江流域水系

3.6.2　工程任务、规模与运行方式

3.6.2.1　工程任务

塘头水电站工程开发任务以发电为主，结合航运。塘头水电站工程不承担防洪、治涝、灌溉、供水任务。

3.6.2.2　工程规模

（1）水库特征水位

1）正常蓄水位

上游梯级七星墩电站船闸下游最低通航水位为 66.9 m，最高通航水位为 73.00 m。塘头水电站规划正常蓄水位为 68.0 m。

2）防洪特征水位

塘头水电站最大过闸流量为 6 650 m^3/s，工程等别为Ⅲ等，设计洪水标准为 50 年一遇，校核洪水标准为 200 年一遇。根据泄水闸泄流曲线，当遭遇设计标准洪水时，水库水位为 70.10 m；当遭遇校核标准洪水时，水库水位为 71.87 m。

（2）装机容量及机组机型

在选定正常蓄水位 68 m 的前提下，拟定了 3 个装机方案比选：18 MW、20 MW、22 MW。当装机容量由 18 MW 增加至 20 MW 时，差额投资经济净现值为 59 万元（$i=8\%$），大于 0，增加装机容量有利，20 MW 方案比 18 MW 方案要优；当装机容量由 20 MW 增加至 22 MW 时，差额投资经济净现值为 −140 万元（$i=8\%$），小于 0，增加装机容量是不利的，22 MW 方案比 20 MW 方案要差。装机容量最终选定为 20 MW。

拟定了额定水头 H_r=3.9 m 及 H_r=3.8 m 两个方案进行比较，H_r=3.8 m 方案的电量比 H_r=3.9 m 增加约 18 万 kW·h，但工程静态投资约增加 130 万元，差额投资经济净现值为 −30 万元，小于 0。本阶段推荐机组额定水头取 3.9 m。机型选择了灯泡贯流式机组。

（3）船闸规模

根据广东省人民政府粤府函〔1998〕270 号文关于"广东省内河Ⅴ级～Ⅶ级航道定级方案"的批复，武江桂头—韶关 38 km 航道等级为Ⅵ级，航道水深 1.0～1.2 m、航宽 30 m，弯曲半径 200 m，通航船舶 100 t，所以塘头水电站的船闸按Ⅵ级设计。根据《船闸设计规范》（JTJ 305—2001）及《内河通航标准》（GB 50139—2004），采用Ⅵ级的船闸有效尺度为 100 m×12 m×1.6 m（长×宽×门槛水深）。

（4）通航水位

根据《船闸设计规范》（JTJ 305—2001），Ⅵ级船闸设计最高通航水位的设计洪水标准为 5 年一遇，对出现高于设计最高通航水位历时很短的山区性河流，Ⅵ级船闸洪水重现期可采用 2～3 年。由于武江属山区性河流，洪水陡涨陡落，洪峰历时较短，所以船闸最高

通航水位的设计洪水标准采用两年一遇。船闸下游最低通航水位采用综合历时保证率 95% 相应的水位，并考虑下游因水库运用，不饱和的挟沙水流下泄造成河床冲刷，水位下降。

当塘头坝址遭遇两年一遇洪水（2 010 m³/s）时，由于此时上下游水头差小于机组最小发电水头，泄洪闸全开，闸上水位为 66.75 m，比正常蓄水位 68.0 m 要低，故船闸上游最高通航水位采用正常蓄水位 68.00 m。

上游最低通航水位发生于坝址来流为停机流量时，此时闸门全开，闸上水位为 65.76 m，故上游最低通航水位为 65.76 m。下游最高通航水位采用两年一遇洪水的相应水位 66.67 m。

坝址综合历时保证率 95% 的流量为 31 m³/s，相应坝下水位为 60.57 m，考虑下游河床冲刷将造成水位降低，但不应低于下游靖村梯级的正常蓄水位 60.50 m，故下游最低通航水位确定为 60.50 m。

综上，通航特征水位见表 3.6-1。

表 3.6-1　通航特征水位成果

船闸上游最高通航水位/m	68.00
船闸上游最低通航水位/m	65.76
船闸下游最高通航水位/m	66.67
船闸下游最低通航水位/m	60.50

（5）通航净空高度

根据《内河通航标准》（GB 50139—2004）和《船闸设计规范》（JTJ 305—2001）的规定，结合武江船舶实际尺度，采用通航净空高度 6 m。

3.6.2.3　枢纽调度运行方式

（1）水库调度运行方式

塘头水电站为径流式电站，主要任务为发电，水库无调节性能，水库水位基本在正常蓄水位 68.0 m 运行，具体的运行方式如下（表 3.6-2）：

1）当上游来水流量小于最小发电流量 36 m³/s 时，电站停止发电，开启其中一孔泄水闸按来水下泄，满足生态基流需求。

2）当上游来水流量大于 36 m³/s，小于电站 3 台机组最大发电流量 605.1 m³/s，泄洪闸关闭，水库维持正常蓄水位 68.00 m，来水量全部通过水轮机组发电。

3）当上游来水流量大于 605.1 m³/s 时，水库维持正常蓄水位 68.00 m，以最大发电流量 605.1 m³/s 发电，多余水量通过局部开启泄洪闸下泄。

4）洪水期，随着来水流量的增大，上下游水头差逐渐变小，当水头差小于机组最小工作水头 2.0 m 时，停止发电，相应停机流量为 1 450 m³/s；为减小上游淹没，泄洪闸全开，此时来水流量全部经泄洪闸下泄，恢复至河道天然泄流状态。

表 3.6-2　项目电站调度运行方式

来水流量/（m³/s）	蓄水位/m（珠基高程）	发电机组	泄洪闸	备注
<36	<68.0	关闭	部分打开	满足生态基础流量
36～363	=68.0	部分开启	关闭	
363～1 450	=68.0	全部开启	部分打开	
>1 450	漫顶	关闭	全部打开	恢复河道天然泄流

（2）船闸调度运行方式

根据广东航道局提供的"内河航道技术等级评定材料"（1997.7），武江桂头—韶关航道等级为Ⅵ级，通航 100 t 级货船，船舶吨位 100 t 驳船（机动驳船）尺度为 32 m×7.0 m×1.0 m（总长×型宽×吃水深）。按一次过闸 2 艘加上不标准的小船，一次过闸可达 220 t。

计算船闸过闸货运量时采用以下参数：日通航时间 22 h，年通航天数 330 d，装载系数 0.8，运量不均匀系数 1.3，非货运过闸次数为 2 次/日。

按上述参数，进行船闸通过能力计算，其成果见表 3.6-3。

表 3.6-3　船闸过坝货运量

过闸方式	双向
一次过闸时间/min	45
日工作小时/h	22
日平均过闸次数/次	29
一次过闸平均吨位/t	220
非货运过闸次数/次	2
年通航天数/d	330
装载系数	0.8
运量不均匀系数	1.3
年过闸货运量/万 t	120.6

由计算结果可知，船闸过闸货运量达 120.6 万 t，满足 2035 年设计水平年货运量要求。

3.6.3　运量预测

根据实地调查了解，目前由于受船舶吨位经济效益的影响，船舶吨位越来越小，营运也主要集中在孟州坝以下，上游的货物主要通过铁路、公路运往孟州坝下再通过水路外运珠江三角洲和港澳地区。因此武江段的货运量在"九五"期间呈萎缩状，而桂头以上河段更是受航道条件限制，近年来几乎无货运量。由于航道部门在武江河段也无货运量统计数据，因此，武江货运量预测直接引用广东省航道局 1997 年 7 月"内河航道技术等级评定材料"的预测成果：预计 2020 年和 2030 年货运量分别为 150 万 t 和 200 万 t。

根据 2020 年、2030 年的货运量，可分析得出其年增长率为 2.92%，2030—2035 年亦按此增长率计算，则船闸设计水平至 2035 年的货运量为 231 万 t。武江的货运量绝大部分来自桂头镇以下，本阶段过坝货运量按乐昌—韶关的 50% 计算。武江及过坝货运量预测成果见表 3.6-4。

表 3.6-4　武江及过坝货运量预测

水平年	2020 年	2030 年	2035 年
武江货运量	150 万 t	200 万 t	231 万 t
塘头过坝货运量	75 万 t	100 万 t	115.5 万 t

3.6.4　项目组成

塘头水电站工程项目组成包括大坝枢纽、料场、弃渣场、施工营地及辅助企业和水库淹没区 5 部分。

其中，大坝枢纽布置从左到右依次为左岸接头土坝兼回车场（前沿长度为 30 m）、船闸闸室兼厂房安装间、厂房主机间、鱼道、泄水闸段、右岸接头土坝兼回车场。厂房布置在主河道，泄水闸位于右岸，船闸布置左岸。料场包括 1 个土料场、1 个砂砾料场和 1 个温山石料场；弃渣场包括 1# 弃渣场、2# 弃渣场两部分；施工营地及辅助企业包括坝址下游右岸施工营地区、混凝土拌和系统、砂石加工系统、右岸施工连接道路、供电系统、供水系统和其他辅助企业等（表 3.6-5）。

表 3.6-5　工程项目组成

工程项目			工程组成
永久工程	大坝枢纽工程	挡水建筑物	从左到右依次为左岸接头土坝兼回车场（前沿长度为 30 m）、船闸闸室兼厂房安装间（前沿长度 24 m）、厂房主机间（前沿长度 44 m）、鱼道（前沿长度 3 m）、泄水闸段（前沿长度为 151.00 m）、右岸接头土坝兼回车场（长为 50 m），两岸接头坝为土坝，枢纽坝顶全长 289 m，坝顶高程 76.50 m
		泄水建筑物	泄水闸布置于右岸，单孔净宽为 14.00 m，共布置 9 孔，泄流孔口总净宽为 126 m，中墩、边墩均厚 2.5 m，闸室前沿总长 151.00 m；闸室顺水流方向宽 20.50 m，堰顶高程取平河床高程为 60.50 m

工程项目			工程组成
永久工程	大坝枢纽工程	厂房	主厂房布置在河床中间，紧靠左岸船闸。厂区建筑物由主机间、安装间、副厂房、进水渠、尾水渠、回车场和进厂道路等组成。厂房右侧与鱼道、泄水闸相邻，左侧接船闸，厂房前缘总长 68.00 m，其中主机间长 44.00 m，安装间长 24.00 m，安装间位于主机间左侧，安装间下部结合船闸闸室设计
		船闸	布置在河床左岸，船闸上闸首下游紧贴坝顶公路，右侧接厂房主机间，左侧接回车场，船闸有效尺度定为 100 m×12 m×2.1 m（有效长度×有效宽度×最小门槛水深），通航净空 6 m 船闸，闸型式为开敞式平底宽顶堰，最大水头为 7.5 m，采用集中输水系统
		右岸接头坝及防汛公路	接头坝布置在泄水闸右岸，顺河道方向布置，接回车场，与水闸交通桥连通。接头坝坝顶高程为 76.50 m，右岸新建防汛公路，公路宽 3.5 m，采用 C25 砼路面，总长约 1 km。布置在武江右岸，沿河布置，环绕塘头村，接右岸接头坝，通往坝顶公路
		鱼道	在厂房和泄水闸之间预留 3 m 缺口用于鱼道布置，鱼道选取水池阶段式，鱼道本体结构选择垂直竖槽形式
		环境保护	地埋式一体化生活污水处理设施（接触氧化法，处理规模 6 m³/d）
	水库淹没		淹没影响土地总面积为 162.04 hm²，其中陆地面积 47.07 hm²（其中耕地 19.96 hm²，园地 0.81 hm²，林地 0.86 hm²，草地 19.79 hm²），水域面积 114.96 hm²。实物指标包括：占用坟墓 6 座，各类零星树木 16 348 株（丛），专业设施有低压电力线路 2 km，小型电站一座，电力线路（10 kV）245 m/10 杆，电力线路（220V）40 m/1 杆，通信线路 380 m/4 杆，名木古树（保护树木）1 株
	移民安置		无搬迁安置人口，设计水平年生产安置人口 384 人
临时工程	导流工程		分二期围堰导流方式，一期堰顶高程 65.60～64.63 m；厂房高水围堰顶高程 69.30～68.91 m；船闸上下游导航墙围堰堰顶高程 64.63～64.70 m；二期堰顶高程 68.70～64.63 m
	交通工程		自坝址左岸已有当地道路与之连通，宽约 3.0 m，长约 500 m，拟对其进行加固扩宽至 7.0 m，以满足左岸侧交通要求。右岸侧塘头村至桂头镇已有当地村道，长约 3.5 km，路面宽约 4 m，其中 2 km 为混凝土路面，其余为泥结石路面。塘头村至工程区暂不通路，拟沿河新建一条临时施工道路，宽为 7.0 m，泥结石路面，厚 200 mm，长约 400 m，以满足右岸工程区对外交通要求。左、右岸交通可通过桂头镇的大桥连接。为满足工程施工的要求，需另新修场内临时施工道路 1.6 km，泥结碎石路面，厚 200 mm
	施工营地		规划两个施工布置区：左岸施工生产生活区布置于左岸船闸上游约 200 m 的阶地上；右岸施工生产生活区布置于右岸厂房西面的耕地处
	施工辅助企业		砂石料筛分加工系统、砼拌和系统 2 处、小型机械修配及综合加工车间 2 个
	环保工程		左右岸施工生产生活区各设置一座地埋式一体化生活污水处理设施（接触氧化法，每座设计处理规模 50 m³/d）
	渣场及料场		2 个土料场（凰村土料场、塘头土料场）、1 个石料场（塘头石料场）、2 个弃渣场（左岸弃渣场、右岸弃渣场）
	河道疏浚		河道疏浚指坝址下游 2.2 km 处的航道清淤疏浚，设计疏浚量 15.07 万 m³

项目工程建成运行后主要水利机械设备如表 3.6-6 所示。

表 3.6-6　项目运行主要机械设备

序号	设备名称	设备型号规格	单位	总计
一		主机设备		
1	水轮机	GZ1250b-WP-370，额定水头 3.9 m，额定流量 90.75 m^3/s，额定转速 136.4 r/min	台	4
2	发电机	SFWG5000-44/3700，额定容量 3 000 kW，额定电压 6.3 kV，额定功率因数 0.9，额定转速 136.4 r/min	台	4
3	调速器	WST-100/6.3 双调节微机调速器	台	4
4	油压装置	HYZ-4.0/6.3，压力 6.3 MPa	台	4
5	励磁装置	微机可控硅	套	4
二		起重设备		
1	双主梁门式起重机	起重量：主钩 63 t，副钩 15 t，跨度 16 m，工作制轻级（电气设备中级）	台	1
2	轨道	重轨 QU80	m	160
三		供排水系统		
1	技术供水泵	ISG150-315，Q=187 m^3/h，H=28 m，N=22 kW	台	3
2	消防供水泵	ISG80-200，Q=50 m^3/h，H=50 m，N=15 kW	台	2
3	主轴密封供水泵	ISG50-160A，Q=11.7 m^3/h，H=28 m，N=2.2 kW	台	2
4	检修排水泵	ISG200-250，Q=400 m^3/h，H=20 m，N=30 kW	台	2
5	渗漏排水泵	100SLFZ，Q=100 m^3/h，H=32 m，N=15 kW	台	2
6	投入式液位变送器	LTJ31，量程 3 m，LW 型智能变送器，带 LED 显示及 3 个接点，精度等级 0.1	个	2
7	自动滤水器	DLS-150	个	3
8	滤水器	GLS-100	个	1
9	自动滤水器	DLS-50	个	2
10	廊道应急排水泵	150QW200-30-30，Q=200 m^3/h，H=30 m，N=30 kW	台	2
11	投入式液位变送器	LTJ31，量程 20 m，LW 型智能变送器，带 LED 显示及 3 个接点，精度等级 0.1	个	1
四		气系统		
1	高压气机	WH-0.9/70，Q=0.9 m^3/min，P=7.0 MPa，N=15 kW	台	2
2	低压气机	V-0.8/10，Q=0.8 m^3/min，P=1.0 MPa，N=7.5 kW	台	2
3	高压气罐	V=1.5 m^3，P=7.0 MPa	个	1
4	低压气罐	V=3.0 m^3，P=1.0 MPa	个	2
五		油系统		
1	透平油桶	立式 V=10 m^3	个	1
2	透平油桶	立式 V=5 m^3	个	2
3	齿轮油泵	2CY-5/3.3-1，N=3.0 kW	台	2

序号	设备名称	设备型号规格	单位	总计
4	压力滤油机	LY-100，N=2.2 kW	台	1
5	透平油过滤机	ZJCQ-3，N=42.29 kW	台	1
6	滤纸烘箱	HX-2，N=2 kW	台	1
7	潜水泵	65WQ30-10–2.2，Q=30 m³/h，H=10 m，N=2.2 kW	台	1
六		测量监视系统		
1	投入式液位变送器	测量范围 0～10 m，输出 4～20 mA	个	3

3.6.5　工程总布置与主要建筑物

3.6.5.1　工程总布置

武江塘头水电站采用左岸船闸右岸泄水闸的布置方案；枢纽布置自左至右为左岸接头土坝兼回车场、船闸兼安装间、厂房主机间、鱼道、泄水闸、右岸回车场上游接接头土坝。

塘头水电站工程总平面布置：泄水闸布置在河床右岸；主厂房布置在河床中间，安装间兼船闸闸室紧靠主厂房左侧；船闸布置在河床左侧，上、下游引航道均可与河道主航道相接。

厂房布置在主河道，泄水闸位于右岸，船闸布置左岸。枢纽布置从左至右依次为左岸接头土坝兼回车场 30 m、船闸闸室兼厂房安装间 24 m、厂房主机间 47 m、鱼道 3 m、泄水闸段 151 m、右岸接头土坝兼回车场 50 m。

枢纽布置从左到右依次为左岸接头土坝兼回车场（前沿长度为 30 m）、船闸闸室兼厂房安装间（前沿长度 24 m）、厂房主机间（前沿长度 44 m）、鱼道（前沿长度 3 m）、泄水闸段（前沿长度 151.00 m）、右岸接头土坝兼回车场（长 50 m）。枢纽坝顶高程 76.50 m，泄水闸最大坝高 19.00 m。泄水闸建基于弱风化灰岩上，厂房、船闸建于弱风化炭质灰岩上。泄水闸为平底宽顶堰，采用平面钢闸门型式；厂房为河床灯泡贯流式，水平进厂；船闸采用整体式结构，集中输水系统。在厂房和泄水闸之间预留 3 m 缺口用于鱼道布置。

3.6.5.2　工程及主要建筑物级别、型式及规模

（1）工程级别及建筑物级别

武江塘头水电站 200 年一遇校核洪水泄洪规模为 6 650 m³/s；电站为河床径流式电站，装机容量 20 MW。根据《水利水电工程等级划分及洪水标准》（SL 252—2000），塘头水电站工程为Ⅲ等工程。但塘头水电站工程在通过设计和校核洪水时，建筑物上下游水位差仅为 0.3～0.5 m，因此水工建筑物等级可降低一级设计，主要永久建筑物为 4 级建筑物，次要建筑物为 5 级建筑物。泄水闸、河床式厂房、船闸均按 50 年一遇洪水设计，200 年一遇洪水校核；附属次要建筑物按 20 年一遇洪水设计，100 年一遇洪水校核。

工程区地震基本烈度为Ⅵ度。

（2）主要建筑物

枢纽工程主要建筑物有泄水闸、发电厂房、船闸及两岸连接建筑物、鱼道。

1）泄水闸

拦河闸型式为开敞式平底宽顶堰，堰顶高程初定为 60.50 m，基本平河床高程。泄水闸位于河右岸，型式为开敞式平底板钢筋混凝土结构。泄水闸堰顶高程 60.50 m，基本平河床。通过水力学初算，溢流总宽度 125 m，宣泄 20 年一遇洪水时，闸前水位壅高 0.29 m，满足要求。故拟设 9 个泄洪孔，单孔净宽 14 m，溢流总宽度 126 m，闸墩厚度 2.5 m。

泄水闸地基落于弱风化灰岩，泄水闸结构形式为平底板钢筋混凝土结构。共设 9 个泄洪孔，单孔净宽 14 m，采用分离式底板结构，在闸孔底板中间分缝，共分 10 个坝段。泄水闸堰顶高程 60.50 m，大致与河床相平，底板厚度 3.0 m，闸墩厚度 2.5 m。

通过对坝顶高程进行计算，泄水闸闸顶高程为 75.00 m 时满足要求。考虑到厂房、泄水闸与船闸的检修闸门共用坝顶门机，故取泄水闸闸顶高程与船闸上闸首一致，高程 76.50 m。泄水闸坝高 19.00 m。坝顶布置从上游往下游依次布置坝顶交通公路、上游检修闸门、工作闸门、下游检修闸门。工作闸门采用露顶式平面钢闸门，共 9 扇，闸顶高程 68.50 m，尺寸均为 14.0 m×8.0 m（宽×高），由固定式卷扬机启闭。工作闸门上游设平面检修闸门，由坝顶门机启闭；下游设平面检修钢闸门，由电动葫芦启闭。坝顶交通公路宽度 5 m。

$4^{\#}$～$6^{\#}$泄水闸坝段设消力池，消力池顺水流方向长 20.00 m，宽 52.00 m。池底高程 58.50 m，采用 1∶5.0 坡度衔接泄水闸溢流堰。消力池设消力坎，坎顶高程 60.50 m。

2）发电厂房

塘头水电站为河床式电站，主厂房布置在河床中间，紧靠左岸船闸，厂区建筑物由主厂房、安装间（下部为船闸闸室）、副厂房、进水渠、尾水渠、回车场、进厂道路等组成。

厂房右侧与鱼道、泄水闸相邻，左侧接回车场，厂房前缘总长 68.00 m，其中主机间长 44.00 m，安装间长 24.00 m，安装间位于主机间左侧，安装场下部为船闸闸室。厂房顺水流方向主机间宽 57.40 m，安装间宽 40.50 m。主厂房上游为进水口，进水口顶部布置有清污机、坝顶公路和检修门机，清污平台高程 73.00 m，坝顶高程 76.50 m。进水口下游为主机间，共安装有 3 台贯流式灯泡机组，机组安装高程 55.10 m，总装机容量 20 MW，自左至右依次为 $1^{\#}$～$3^{\#}$机组。副厂房位于主机间下游。主变平台布置于回车场下游侧。

电站进水渠布置有拦沙坎及拦漂排，厂房的进水口布置有传统拦污栅。进水渠、尾水渠的斜坡段护坦采用现浇混凝土支护。

电站厂房的对外交通是通过坝顶公路、进厂公路、防汛公路和塘头村的已有道路连接实现的。厂房采用的进厂方式为水平进厂，进厂公路直通安装间左侧的回车场，由安装间左侧进厂大门进厂，回车场、安装场的高程为 76.50 m。

①主厂房

主厂房前缘总长 68.00 m，其中主机间长 44.00 m，安装间长 24.00 m，安装间位于主机间左侧。厂房顺水流方向主机间宽 57.40 m，安装间宽 40.50 m。主厂房右侧为鱼道、泄水闸，左侧为回车场。

②安装间

安装间位于主机间左侧，前缘长 24.00 m。安装场净宽与主机间相同。安装间与船闸闸室结合设计，上部为安装场，下部为船闸闸室；高程 76.5 m 为安装场，与运行层错层布置。安装间上游布置有坝顶公路。

③副厂房

副厂房位于主机间下游，尾水管顶板上部，宽 12.00 m，分 5 层布置。底层▽63.50 m 层为水机附属设备层，布置有透平油库、油处理室、压气机房等；▽68.50 m 层为电缆夹层；▽72.00 m 层为电气设备层，布置有中低压配电室、卫生间等；▽76.50 m 层布置有高压配电室、中控室、卫生间等；▽81.50 m 层仅建半层布置有高位油箱室、消防水池、卫生间、楼梯间等。

④进水渠

为使厂房进水平顺，便于拦污排沙，进水渠布置有拦沙坎和拦漂排，拦沙坎由一段垂直于坝轴线长 34 m 的直段和一段长 70 m 斜向布置的弧段组成，其中直段布置在进水渠右侧，弧段右端与直段相切，左端连接到进水渠上游右侧的拦漂排上游墩，拦沙坎顶高程为 61.50 m。拦漂排下游墩设于拦污栅段右边墩上游，拦漂排布置在两个墩中间。拦沙坎和拦漂排的这种布置都是为了把沙子和漂浮物导至泄水闸段，方便泄水闸开闸时把沉沙和漂浮物冲走。

进水渠上游水平段渠底高程 58.00 m，末端以 1∶4 坡度与流道进口底高程 49.60 m 的 5 m 平段相接。1∶4 斜坡段护坦用 0.6 m 厚 C25 混凝土护砌，上游水平段渠底高程 68.00 m 护坦使用 0.4 m 厚干砌块石支护。

⑤尾水渠

厂房尾水段设置护坦、尾水渠等建筑物。

护坦在尾水管出口后设 5 m 平段，然后再以 1∶5 反坡从 50.10 m 高程接到 58.00 m 高程，采用 0.6 m 厚混凝土衬护。

3）船闸

根据《内河通航标准》（GB 50139—2004），并根据广东省航道局《关于武江厢廊梯级建设有关通航问题的复函》：考虑到梯级下游河床有较严重的下切趋势，要求船闸门槛水深增加 0.5 m。船闸有效尺度定为 100 m×12 m×2.1 m（有效长度×有效宽度×最小门槛水深），最大设计水头 7.5 m（采用闸首集中输水系统），通航净空 6 m。

根据《船闸水工建筑物设计规范》（JTJ 307—2001）的规定，船闸上闸首、闸室、下闸首按 4 级建筑物设计，引航道内建筑物结构按 5 级建筑物设计。

塘头水电站工程船闸布置在河床左岸，船闸中心线与坝轴线垂直，桩号为坝左 0+062.00 m。上闸首下游紧贴坝顶公路，船闸右侧为厂房主机间，左侧为回车场，闸室与安装间结合段坝顶布置有坝顶公路及安装场，结合段墩顶高程根据上游最高通航水位为 68.00 m 加通航净高 6.0 m 加门机大梁高 2.5 m 确定为 76.50 m。船闸由上、下游引航道，上、下闸首、闸室及其相应设备组成。

引航道的平面布置采用不对称型，上、下游引航道均向左侧拓宽；船舶进出闸方式为"曲线进闸，直线出闸"。引航道底直线段宽度为 25 m，下游引航道口门处于河道弯段，航道宽度过了停泊段后加宽，口门区宽度为 37.5 m。

为与下游靖村梯级的航道衔接，从厢廊坝址坝下 283 m 断面开始，对河道进行疏浚。河底高程按 58.8 m 起开挖，航槽底宽为 30 m，边坡取为 1∶3，至塘头坝址处河底高程为 59.0 m，疏浚总长度约 3.3 km。

（3）其他建筑物

1）两岸回车场

根据工程的地形地质条件和建筑物布置，塘头水电站工程挡水高度较小，整体枢纽前沿长度较长，右岸泄水闸需要开挖河岸，左岸船闸虽然开挖较小，也紧靠左岸山体，故两岸接头建筑物均较短，为了满足枢纽交通要求，两岸接头建筑物的顶部均设为回车场。右岸为开阔平地，地面高程为 69.5～70.5 m，泄水闸坝顶高程为 76.50 m，从泄水闸右侧顶高程为 76.50 m 的回车场拟用一段土坝按 5% 的坡比连接右岸上游的防汛公路。左岸为较高山体，船闸坝顶公路的顶高程为 76.50 m，从船闸左侧拟用土方填筑出一个回车场连接左岸进厂道路，回车场高程为 76.50 m，长 30 m。两岸回车场的坝体均为工程开挖土方，上、下游坝坡坡比均为 1∶2.0，上游采用预制混凝土块护坡，下游采用草皮护坡。左右两岸回车场建基面以上采用黏土心墙防渗，防渗墙厚 1.0 m，顶部高程 73.00 m；建基面以下采用帷幕灌浆防渗。防渗范围为左岸船闸外延 24 m，右岸泄水闸外延 50 m。

2）右岸接头坝

接头坝迎水面前设计水位 70.10 m（$P=2\%$），校核水位 72.43 m（$P=0.33\%$）。接头坝布置在泄水闸右岸，顺河道方向布置，接回车场，与水闸交通桥连通。回车场（37 m×20 m），回车场顶部高程为 76.5 m，与坝顶公路连接。接头坝坝顶高程为 76.50 m，以 5% 坡度放坡，由 76.5 m 放坡至 73.2 m，总长 66 m。使接头坝和泄水闸形成整体挡水建筑物，并与右岸防汛道路顺接，构成了整个水电站的防洪体系。

3）右岸防汛公路

武江塘头水电站右岸新建防汛公路，公路宽 3.5 m，采用 C25 混凝土路面，厚 20 cm，总长约 1 km。布置在武江右岸，沿河布置，环绕塘头村，接右岸接头坝，通往坝顶公路。迎水面前防洪水位 70.7 m（P=5%），经计算，路面高程取 71.50 m。

防汛公路断面设计采用两种形式，分别为直立挡墙式和斜坡式。其中，直立挡墙式为桩号 L0+178.60～L0+422.60，以减少工程占地。采用 C20 埋石混凝土重力式挡墙护岸，挡墙顶高程 71.50 m，迎水坡采用抛石护脚；挡墙后填土，背水面坡度为 1∶2，采用草皮护坡，并设排水沟，尺寸 0.4 m×0.5 m。

其余断面采用斜坡式断面，防汛公路顶宽为 3.5 m，路面采用 C25 混凝土路面，厚为 200 mm，下设砂石垫层，厚 200 mm。两侧各设 C25 预制砼路缘石（200 mm×500 mm）。迎水面坡度为 1∶2，采用 C20 预制砼厚 100 mm，下设砂石垫层厚 150 mm，放坡至坡脚；背水面坡度为 1∶2，采用草皮护坡，并设排水沟，尺寸 0.4 m×0.5 m。

4）生活管理区

电站的生活管理区设在船闸左岸上游高程约为 72.00 m 的平台上，生活管理区面积约 5 000 m²，建有占地约 300 m² 的三层管理楼及其他生活辅助用房。

5）鱼道

塘头水电站工程可行性研究设计在厂房和泄水闸之间预留 3 m 缺口用于鱼道布置，鱼道选取水池阶段式，鱼道本体结构选择垂直竖槽形式。鱼道坡度按 1/16 布设，水落差 0.1 m；鱼道通流宽度为 1.0 m，鱼道的出口（入水口）向上修建短隧道，底部设计成船道式鱼道隔板；向下至发电尾水消能尾槛形成鱼道入口；垂直竖槽的高度为 1.8 m，竖槽宽度为 0.2 m。设计通过 0.2 m 竖槽最大流速约 1.4 m/s。鱼道底部用卵石设计成糙面。

在厂房的适当位置设计过鱼观察室，在入鱼口、鱼道中部、鱼出口布设水下摄像系统，连接至计算机或网络做远程的记录或联网。相关监测系统包括附有红外线光源的防水摄影镜头，监视录像设备和连接网络的软件设施，在中控室记录、贮存过鱼实测资料。

3.6.5.3 工程特性

工程特性见表 3.6-7。

表 3.6-7 武江塘头水电站工程特性

项目	单位	数量	备注
一、水文			
1. 流域面积			
全流域	km²	7 097	
坝址以上	km²	6 474	
2. 利用的水文系列			
径流	年	60	1952—2011 年
洪水	年	60	1952—2011 年

项目	单位	数量	备注
泥沙	年	51	1956—2006 年
3．多年平均年径流量	亿 m³	56.45	坝址
4．代表性流量			
多年平均流量	m³/s	179	坝址
实测最大流量	m³/s	8 800	犁市站—2006 年
实测最小流量	m³/s	6.55	犁市站—2007 年
调查历史最大流量	m³/s	6 730	犁市站—1853 年
正常运用（设计）洪水（$P=2\%$）流量	m³/s	4 720	
非常运用（校核）洪水（$P=0.5\%$）流量	m³/s	6 650	
施工导流标准（$P=20\%$）流量	m³/s	663.00	
5．洪量			
实测最大洪量（3 d）	亿 m³	15.65	犁市站—2006 年
设计洪水洪量（3 d）	亿 m³	9.97	坝址
校核洪水洪量（3 d）	亿 m³	12.7	坝址
6．泥沙			
多年平均悬移质年输沙量	万 t	105	
多年平均推移质年输沙量	万 t	15.75	
实测最大含沙量	kg/m³	6.75	犁市站—1985 年
7．天然水位			
多年平均水位	m	62.02	坝址
相应流量	m³/s	179	
实测最低水位	m	—	
相应流量	m³/s		
实测最高洪水位	m	—	
相应流量	m³/s		
调查最低水位	m	—	
相应流量	m³/s		
调查最高洪水位	m	72.86	坝址
相应流量	m³/s	8 600	
二、工程规模			
1．水库			
校核洪水位（$P=0.5\%$）	m	71.87	
设计洪水位（$P=2.0\%$）	m	70.10	
正常蓄水位	m	68.00	
发电最低运行水位	m	68.00	
正常蓄水位时水库面积	万 m²	129	
正常蓄水位以下库容	万 m³	723	
调洪库容（校核洪水位至起调水位）	万 m³	—	

项目	单位	数量	备注
调节特性		无调节	
发电用水水量利用系数	%	93.7	
设计洪水位时最大泄量	m³/s	4 720	
相应下游水位	m	69.82	
校核洪水位时最大泄量	m³/s	6 650	
相应下游水位	m	71.40	
最小下泄流量	m³/s	12.5	
相应下游水位	m	60.5	
2.水力发电工程			
装机容量	kW	20 000	
保证出力（P=90%）	kW	1 846	
多年平均发电量	万 kW·h	6 153	
年利用小时	h	3 076	
发电引水流量	m³/s	605.1	
三、建设征地移民安置			
1.建设征地			
耕地	亩	459.35	
园地	亩	17.78	
林地	亩	240.83	
草地	亩	492.86	
交通运输用地	亩	13.35	
水域及水利设施用地	亩	1 959.58	
其他土地面积	亩	200.27	
2.附属设施			
砖混结构房屋	m²	30	
杂房	m²	121.85	
坟墓	座	15	
3.零星树木	株	23 331	
4.专项设施			
电力线路（10 kV）	m/杆	645/11	
电力线路（220 V）	m/杆	470/7	
通信线路	m/杆	945/18	
小型引水电站	座	1	
灌溉渠道	m	889	
保护树木	株	14	
自流引水水泵	座	2	
农村道路（土）	m	2 380	
农村道路（水泥）	m	440	

项目	单位	数量	备注
引水钢管	m	50	
四、主要建筑物及设备			
1．挡水泄水建筑物			
挡水型式		闸坝	
泄水型式		宽顶堰	
地基特性		灰岩、炭质灰岩	
地震基本烈度		Ⅵ	
地震动峰值加速度	g	0.05	
堰顶高程	m	60.50	
闸孔净宽	m	14	
孔数	孔	9	
消能方式		面流消能	
坝顶高程	m	76.50	
最大坝高	m	19.00	
坝顶长度	m	151	
工作闸门型式		平面钢闸门	露顶定轮门
闸门尺寸	m×m	14×8.0	（宽×高）
启闭机型式		固定卷扬式启闭机	
启闭机型号		QP 2×630 kN	
设计泄洪流量（P=2.0%）	m³/s	4 720	
校核泄洪流量（P=0.5%）	m³/s	6 650	
2．通航建筑物			
型式		船闸	
闸室有效尺寸（长×宽×门槛水深）	m	108×12×2.1	
船只吨位	t	100	
3．厂房			
型式		河床式	
地基特性		灰岩	
主厂房尺寸	m×m×m	68.00×57.40×47.50	（长×宽×高）
水轮机安装高程	m	55.10	
4．主变平台			
型式		露天平台	
面积（长×宽）	m×m	30×10	
5．主要机电设备			
水轮机型号		GZXX-WP-550	
水轮机台数	台	3	
额定出力	MW	6.945	
吸出高度	m	−1.29	

项目	单位	数量	备注
最大工作水头	m	7.1	
最小工作水头	m	2.0	
额定水头	m	3.9	
额定流量	m³/s	201.7	
发电机型号		SFWG 6667-80/6220	
发电机台数	台	3	
单机容量	MW	6.667	
发电机功率因数	cosΦ	0.9	
额定电压	kV	6.3	
额定转速	r/min	75	
变压器型号		S11-20000/35 S11-10000/35	
变压器台数	台	2	
变压器容量	kV·A	20 000，10 000	
厂房起重设备规格	台	跨度 16 m，起重量 80/20 t	低速双梁桥式起重机
厂房起重设备台数	台	1	
6. 输电线			
型号		LGJ-240	
电压	kV	35	
回路数	回	1	
输电目的地		桂头变电站	
输电距离	km	7.63	
五、施工			
1. 主体工程数量			
河道疏浚	万 m³	15.07	
明挖土方	万 m³	44.25	
明挖石方	万 m³	7.06	
土石方填筑	万 m³	22.85	
干砌石	万 m³	1.34	
砼及钢筋砼	万 m³	13.53	
钢筋	t	3 869	
金属结构安装	t	2 568	
帷幕灌浆	m	3 796	
固结灌浆	m	1 510	
2. 主要建筑材料数量			
水泥	t	37 136	
钢筋、钢材	t	4 330	
3. 所需劳动力			
总工日	万工日	27.01	

项目	单位	数量	备注
高峰人数	人	480	
4．施工动力及来源			
供电最大负荷	kW	1 430	
其他动力设备（备用）	kW	180	柴油发电机
5．对外交通			
等级		省道	S248、S250 省道
距离	km	1.49	扩宽左岸 0.5 km，右岸新建 0.99 km
6．施工导流			
导流方式		分期围堰导流	
导流流量	m³/s	663.00	P=20%（10 月—次年 2 月）
度汛流量	m³/s	3 140	P=20%（全年）
挡水建筑物		土石、埋石砼围堰	
主要尺寸	m		一期堰顶高程 65.60～64.63 m；厂房高水围堰顶高程 69.30～68.91 m；船闸上下游导航墙围堰堰顶高程 64.63～64.70 m；二期堰顶高程 68.70～64.63 m
防渗型式		开挖截渗槽，回填黏土	
泄水建筑物型式			一期利用扩挖后的右岸原河床泄水，度汛利用右岸侧扩挖原河床+完建右岸 2.5 孔泄水闸（高水围堰纵向围堰占压 2 孔）泄水，二期利用左岸完建 4 孔泄水闸泄水
主要尺寸	m		一期扩挖后的右岸河床宽约为 45 m，底部平均高程为 60.5 m；度汛泄水断面宽约 105 m，底高程 60.5 m；二期左岸已完建的 4 孔泄水闸总宽度 56 m，底部高程 60.5 m
7．施工工期			
准备工期	月	3	
主体工程施工期	月	30	
工程完建期	月	3	
总工期	月	36	
六、经济指标			
1．工程部分			
建筑工程	万元	11 106.23	
机电设备及安装工程	万元	6 189.46	
金属结构设备及安装工程	万元	3 481.52	
临时工程	万元	1 491.13	
独立费用	万元	2 628.36	
静态总投资	万元	27 386.38	

项目	单位	数量	备注
其中：基本预备费	万元	2 489.67	
价差预备费	万元	—	
2．水库移民征地补偿	万元	4 825.27	
3．水土保持工程	万元	278.54	
4．环境保护工程	万元	108.35	
5．总投资			
静态总投资	万元	32 598.54	
建筑期融资利息	万元	2 977.59	
总投资	万元	35 576.13	

3.6.6　工程施工布置

3.6.6.1　工程施工条件

（1）对外交通条件

塘头电站位于韶关市乳源瑶族自治县桂头镇塘头村武江干流 200 m 的河段上，距离韶关市及乳源县城均约 25 km。S248、S250 省道均穿越桂头镇，其中 S248 省道位于工程区左岸，S250 省道位于工程区右岸。自坝址左岸已有当地道路与之连通，宽 3.0 m，长 500 m，拟对其加固扩宽至 7.0 m，以满足左岸侧交通要求。右岸侧塘头村至桂头镇已有当地村道，长约 3.5 km，路面宽约 4 m，其中 2 km 为混凝土路面，其余为泥结石路面。塘头村至工程区暂不通路，拟沿河新建一条临时施工道路，宽 7.0 m，泥结石路面，厚为 200 mm，长约 400 m，以满足右岸工程区对外交通要求。左、右岸交通可通过桂头镇大桥连接。

（2）场内交通运输

工程施工期间，场内交通道路除利用左岸加固扩宽永久进场公路 500 m 外，为满足工程工程施工的要求，需新修场内临时施工道路 2.5 km，泥结碎石路面，厚 200 mm，另在工程上游修建钢栈桥一座，连接左右两岸交通。施工临时道路规划见表 3.6-8。

表 3.6-8　施工临时道路规划

序号	道路名称	长度/m	宽度/m	备注
1	钢栈桥	175	6	连接左右两岸交通
2	1#施工道路	360		连接左岸永久进场公路与钢栈桥，且经过左岸施工营地，为左岸主要运输干道及左岸营地交通道路
3	2#施工道路	220	6	连接 1#施工道路与一期左岸围堰基坑上游侧，为一期左岸基坑上游侧对外主要交通道路
4	3#施工道路	350	6	连接左岸永久进场公路与左岸一期基坑下游侧，为一期左岸基坑下游侧主要对外交通道路

序号	道路名称	长度/m	宽度/m	备注
5	4#施工道路	50	6	连接左岸永久进场公路与左岸成品砂石料堆放场，为左岸砂石料堆放场进场道路
6	5#施工道路	700	6	连接右岸坝肩和两岸钢栈桥，为右岸侧主要运输干道
7	6#施工道路	100	5	连接 5#施工道路与二期右岸基坑上游侧，为二期基坑上游侧对外主要交通道路
8	7#施工道路	200	5	连接 5#施工道路与二期右岸基坑下游侧，为二期基坑下游侧对外主要交通道路
9	8#施工道路	120	6	连接 5#施工道路与右岸施工营地，为右岸施工营地至枢纽工程交通道路
10	其他	400	6	各料场及抬田区域内交通道路
11	合计	2 500		均为泥结石路面，厚 200 mm

3.6.6.2 施工工厂设施

施工工厂设施主要包括砂石骨料加工系统、砼拌和系统、机械修配和综合加工系统及风、水、电系统。

（1）砂石骨料加工系统

塘头水电站工程需碎石 15.55 万 m³，砂料 6.96 万 m³，均规划自塘头沙砾料场开采，由砂石筛分系统筛分成所需级配砂石。

砂石料筛分系统布置于塘头沙砾料场内高程较高的平缓河滩上。料场浅滩高程为 68～70 m，为避免汛期水下开采，拟在枯水期提前备料，暂存部分骨料于右岸砂砾料筛分堆放场内。综合考虑汛期砼浇筑强度，预计需备料碎石 3.98 万 m³，砂料 2.43 万 m³。汛期拆除砂石料筛分系统，枯水期重新安装。

综合考虑工程砼高峰浇筑强度及汛期备料，相应的砂石料加工系统生产能力为 2.0 万 m³/月。

筛分系统设 DSM 1855 直线振动筛（生产能力 50～80 t/h）1 台、ZD 1830 圆振动筛（生产能力 100～300 t/h）1 台，根据骨料需要分级生产粗细不同的骨料。砂砾料开采采用 2.0 m³ 挖机进行，配 15 t 自卸汽车运输至毛料堆放场，由 2.0 m³ 装载机给筛分系统供料。通过 2 m³ 装载机装 15 t 自卸汽车将成品料运输左、右岸施工布置区内成品料堆放场存放。

由于塘头砂砾料场砂料含量较低，故原料开采总量偏大，筛分过程中产生的粗骨料弃料就近弃于河滩内。

（2）砼拌和系统

塘头水电站工程砼总量约 13.53 万 m³，高峰浇筑强度约 2.25 万 m³/月。考虑到工程分两岸布置，左、右两岸砼浇筑强度不均衡，左岸施工生产生活布置区内布置一座生产能力为 48～60 m³/h 的 2×1.0 m³ 砼拌合楼，右岸施工生产生活布置区内布置一座生产能力为

$15\sim20$ m^3/h 的 0.8 m^3 砼拌机。

（3）机械修配及综合加工系统

工程现场不考虑施工机械大修，要求承建单位进场时机械保养完好，现场仅设置小型机械修配车间，主要进行施工机械设备及机具的零配件更换；钢管及金属结构均在厂家制作，汽车运输至工地，现场不设加工厂；钢材加工主要是钢筋制作，木材加工主要是模板制作，均为常规加工，拟在两个施工区各布置一个综合加工车间。

3.6.6.3　风、水、电系统布置

（1）施工供风

根据施工内容和工作面位置，拟布置三个空压站，每个空压站布置 ZW-6/7 型空气压缩机一台。从各空压站用高压风管将高压风引至各用风工作面，通向工作面的供风管管径选用 φ80 mm 的钢管。空压机房面积 100 m^2，占地面积 300 m^2。

空压站规划见表 3.6-9。

表 3.6-9　空压站规划

序号	所在位置	用途
1#空压站	左岸一期基坑内	厂房及泄水闸左岸 4.5 孔基础石方开挖工作面供风
2#空压站	船闸闸室段	船闸闸室段及上下游导航墙石方开挖工作面供风
3#空压站	右岸二期基坑内	泄水闸右岸 4.5 孔基础石方开挖工作面供风

（2）施工用电

电站出线接入桂头站，考虑到桂头站改造于 2015 年完成，故现状施工用电不具备与永久供电结合使用条件。

桂头镇已有 10 kV 供电线路，工程施工用电可临时架设高压线路配变压器供电。工程区需架设 10 kV 供电线路约 2.5 km，配置 1 台 S11-M-630/10 型变压器和 1 台 S11-M-400/10 型变压器，分别为左、右岸施工布置区供电。砂砾料筛分场需架设 1.0 km10 kV 供电线路，配备 S11-M-400/10 型变压器 1 台。为保证砼及其他需连续作业工作需要，在工程区内布置 2 台 90 kW 移动式柴油发电机组。

（3）施工用水

工程施工用水主要为建筑物砼的拌和与养护用水，拟直接抽取河水。施工期间生活用水可就近接入当地居民供水系统。

两岸施工布置区及发电厂房距离河岸较远，拟就近于高处布置蓄水池，共布置蓄水池 4 座，每座水池容量 60 m^3。

3.6.6.4　施工总布置

（1）施工总布置原则

施工总布置原则：因地制宜、方便施工、尽量减少对环境的破坏和影响。根据工程枢纽布置，分为左右两岸分期施工，为了方便施工与管理，结合实际，因地制宜，规划了左岸、右岸两个施工布置区，以左岸施工布置区为主。

（2）分区布置规划

根据塘头水电站工程建筑物分期施工的特点，施工布置按照利于施工、加快工程进度、减少干扰、防止重复浪费的原则进行安排，共布置左岸、右岸两个施工生产生活区。左岸施工生产生活区布置于左岸船闸上游约 200 m 的阶地上；右岸施工生产生活区布置于右岸厂房西面的耕地处。各施工区布置的临时设施见表 3.6-10。

表 3.6-10　施工临时设施占地面积

序号	建筑名称	工程布置				备注
		建筑面积/m²		占地面积/m²		
		左岸	右岸	左岸	右岸	
1	办公及生活用房	2 000	1 000	3 000	1 500	
2	综合加工厂	200	100	400	200	钢筋、木材加工场
3	机修厂及机械停放场	50	20	1 500	1 500	
4	砼拌和及浇筑系统	100	50	300	100	
5	配电站及备用电厂	30	30	50	50	施工生产生活供电
6	水泵房	40	20	100	50	
7	空气压缩机站	50	20	100	50	
8	砂石料堆场	—	—	3 000	1 500	成品料堆
9	金属结构预拼装场	120	—	250	—	
10	水泥仓库	80	40	200	100	散装水泥灌装
11	综合仓库	250	100	300	200	
12	总　　计	2 920	1 380	9 200	5 250	

3.6.6.5　土石方平衡及料场、弃渣场规划

（1）土石方平衡

工程区土石方平衡包括工程枢纽区、枢纽管理区、道路工程区、施工营造布置区、施工围堰、砂砾料筛分堆放场、料场区、库区防护工程、弃渣场及梅村河等工区土石方平衡（表 3.6-10、图 3.6-2）。塘头水电站工程总开挖量 86.47 万 m³，其中剥离表土 6.29 万 m³ 为后期绿化用土临时堆置；工程总填方量 74.99 万 m³，除利用工程自身开挖方外，需从土石料场开采 22.18 万 m³ 用于填筑（其中外购石料 2.16 万 m³）；经土石方平衡后，工程产生永久弃渣 27.38 万 m³。

表 3.6-11　工程土石方平衡

序号	防治分区	开挖/万 m³		回填/万 m³		调入		调出		外借				弃渣	
		土方	石方	土方	石方	数量/万 m³	来源	数量/万 m³	去向	数量/万 m³	来源	数量/万 m³	去向	数量/万 m³	去向
1	工程枢纽区	54.655	7.065	16.855	5.982	2.023		28.921	施工布置 7.533 万 m³，道路工程 6.737 万 m³，施工围堰 12.628 万 m³，砂砾料筛分堆放场 2.023 万 m³	8.030	塘头土料场 2.001 万 m³，凰村土料场 0.047 万 m³，外购石料 1.192 万 m³，砂砾料场 4.79 万 m³	2.309	表土绿化覆土	15.683	左岸弃渣场 14.212 万 m³，右岸弃渣场 1.471 万 m³
2	枢纽管理区	0.099										0.099	表土绿化覆土		
3	道路工程区	0.985	0.170	6.737	0.170	6.737	工程枢纽开挖	0.851	砂砾料筛分堆放场	0.170	外购石料	0.130	表土绿化覆土		
4	施工营造布置区	0.221		7.533		7.533	工程枢纽开挖					0.221	表土绿化覆土		
5	施工围堰	4.255	8.697	11.163	6.768	12.628	工程枢纽开挖			4.044	凰村土料场 3.8 万 m³，外购石料 0.165 万 m³，砂砾料场 0.079 万 m³	0.000		11.692	左岸弃渣场 8.743 万 m³，右岸弃渣场 2.949 万 m³
6	砂砾料筛分堆放场	0.481	0.519	2.355		2.874	工程枢纽开挖 2.023 万 m³，道路工程区 0.851 万 m³					0.481	表土绿化覆土		

序号	防治分区	开挖/万 m³		回填/万 m³		调入		调出		外借		弃渣			
		土方	石方	土方	石方	数量/万 m³	来源	数量/万 m³	去向	数量/万 m³	来源	数量/万 m³	去向	数量/万 m³	去向
7	料场区	2.229										2.229	表土绿化覆土		
8	库区防护工程	6.966		12.790	0.633			3.483	梅村河填平	9.940	凰村土料场 9.307 万 m³，外购石料 0.633 万 m³				
9	弃渣场	0.820										0.820	表土绿化覆土		
10	梅村河			3.483		3.483	库区防护开挖								
11	小计	70.71	15.76	60.92	14.07	33.25	工程枢纽开挖 28.92 万 m³，道路工程 0.851 万 m³，库区防护开挖 3.483 万 m³	33.25	施工布置 7.533 万 m³，道路工程 6.737 万 m³，施工围堰 12.628 万 m³，砂砾料筛分堆放场 2.874 万 m³，梅村河填平 3.483 万 m³	22.18	塘头土料场 2.001 万 m³，凰村土料场 13.154 万 m³，外购石料 2.16 万 m³，砂砾料场 4.869 万 m³	6.29	表土绿化覆土	27.38	左岸弃渣场 22.955 万 m³，右岸弃渣场 4.42 万 m³
12	合计	86.47		74.99		33.25		33.25		22.18				33.66	

注：①各种土石方均折算为自然方进行平衡；
②表土剥离量计入开挖方，按废弃方处理；
③各行均可按"开挖+调入+外借=回填+调出+废弃"进行平衡。

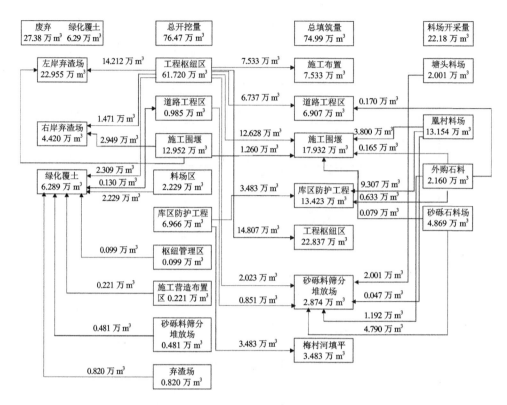

图 3.6-2 土石方流向

1）工程枢纽区

工程枢纽区总开挖量 61.72 万 m³，其中剥离表土 2.309 万 m³ 为后期绿化用土临时堆置；土石方填筑量 22.837 万 m³，从开挖量中调出 28.921 万 m³（其中用于施工场地平整 7.533 万 m³，道路回填 6.737 万 m³，施工围堰填筑 12.628 万 m³，砂砾料筛分堆放场 2.023 万 m³）；从取料场取土 8.03 万 m³ 填筑坝体（其中开挖塘头土料场 2.001 万 m³，凰村土料场 0.047 万 m³，外购石料 1.192 万 m³，砂砾料场 4.79 万 m³）；经土石方平衡后产生弃渣 15.683 万 m³，其中 1#弃渣场 14.212 万 m³，2#弃渣场 1.471 万 m³。

2）枢纽管理区

该区土方开挖量 0.099 万 m³，为表土剥离量，作为后期绿化用土临时堆置。

3）道路工程区

道路工程区总开挖量 0.985 万 m³，其中剥离表土 0.13 万 m³ 为后期绿化用土临时堆置；土石方填筑量 6.907 万 m³，从工程枢纽调入土石方 6.737 万 m³ 填筑；从开挖量中调出 0.851 万 m³ 到砂砾料筛分堆放场填筑；不够石料填筑外购 0.17 万 m³。

4）施工营造布置区

该区土方开挖量 0.221 万 m³，为表土剥离量，作为后期绿化用土临时堆置。利用工程枢纽区开挖料调入 7.533 万 m³ 进行场地回填平整。

5）施工围堰

围堰填筑量为 17.932 万 m³，全部由工程枢纽开挖以及料场取土填筑；围堰拆除的土石方 12.952 万 m³，除利用拆除方 1.26 万 m³ 自身回填外，剩余的 11.692 万 m³ 全部弃掉，其中 1# 弃渣场 8.743 万 m³，2# 弃渣场 2.949 万 m³。

6）砂砾料筛分堆放场

该区土方开挖量 0.481 万 m³，为表土剥离量，作为后期绿化用土临时堆置。利用工程枢纽区及道路工程区开挖料调入 2.874 万 m³ 进行场地回填平整。

7）料场区

该区土石方开挖量 2.229 万 m³，为表土剥离量，作为后期绿化用土临时堆置。

8）库区防护工程

库区防护总开挖量为 6.966 万 m³；回填量 13.423 万 m³，利用自身开挖料 3.483 万 m³ 调至梅村河原河道填平；从取料场取土 9.94 万 m³ 填筑防护堤（其中开挖凰村土料场 9.307 万 m³，外购石料 0.633 万 m³）；经土石方平衡后没有弃渣。

9）弃渣场

该区土方开挖量 0.82 万 m³，为表土剥离量，作为后期绿化用土临时堆置。

10）梅村河

利用库区防护调入的 3.483 万 m³ 将梅村河原河道填平。

（2）料场规划

塘头水电站工程砂石料主要用于工程枢纽区及施工围堰的填筑，拟布设 1 个石料场。

塘头石料场位于坝址上游，紧邻河床右岸，有简易道路从库区右岸达到坝区，距离坝址区约 1.0 km。可开采面积约 22.00 万 m²，开采厚度约 5.0 m，砂卵砾石原材料储量约 110 万 m³，其中砂料约 18.0 万 m³，砂砾石约 90.0 万 m³。料场砂卵砾石及砂料粒径筛分试验表明，天然骨料级配均匀，经筛分后可用做三级配砼骨料，储量及质量均满足工程要求。

（3）弃渣场规划

根据施工布置共布置了左岸弃渣场、右岸弃渣场共 2 个弃渣场，共占地 9.84 hm²，可堆渣 42.18 万 m³。

规划左岸弃碴场位于凰村以南 S248 省道以南区域，现状地面部分为农田，部分为草地，高程均高于 68.5 m，在库区淹没范围之外，占地面积约 7.94 万 m²，规划堆渣总量 22.96 万 m³（自然方），平均堆渣高度 5.0 m。主要是承担工程枢纽区及施工围堰的部分弃渣，平均运距 2 km。

规划右岸弃碴场位于工程南面约 1.5 km 处的石坡岭山脚靠近水塘围村的平缓坡地处，占地面积 1.9 hm²，规划堆渣总量 4.42 万 m³（自然方），平均堆渣高度 4.0 m。主要是承担工程枢纽区及施工围堰的部分弃渣，平均运距 2 km。

表 3.6-12　项目区表土综合利用

分区	剥离地表占地/hm²	地类	剥离堆存量/万 m³	堆放高度/m	占地面积/hm²	堆存位置
工程枢纽区	6.43	耕地、林地、草地	2.31	3~4	0.58	工程枢纽区临时堆存
枢纽管理区	0.49	草地	0.10	1~2	0.05	枢纽管理区临时堆存
施工布置区	0.74	耕地	0.22	1~2	0.11	施工布置区临时堆存
道路工程区	0.67	林地、草地	0.13	2~3	0.07	工程枢纽区临时堆存
土料场区	7.31	耕地、林地	2.23	2~3	0.74	土料场临时堆存
弃渣场	1.90	耕地、林地	0.82	2~3	0.27	弃渣场一角临时堆存
砂砾料筛分堆放场	1.60	林地	0.48	2~3	0.16	砂砾料筛分堆放场一角
合计	15.63		6.29		1.55	

3.6.6.6　工程占地

工程占地包括永久占地及临时占地，共 228.32 hm²；其中永久占地 199.7 hm²，临时占地 28.62 hm²。永久占地和临时占地与库区淹没交叉部分，按工程枢纽区占地处理；永久占地与临时占地交叉部分按永久占地处理。工程占地情况见表 3.6-13。

表 3.6-13　工程占地情况　　　　单位：hm²

序号	工程单元	耕地	园地	林地	草地	其他土地	交通运输用地	水域及水利设施用地	小计	占地性质
1	工程枢纽区	2.21	0.00	7.98	1.56	0.19	0.32	3.94	16.19	
2	枢纽管理区			0.49					0.49	
3	道路工程区	0.00	0.00	0.94	0.00	0.00	0.00	0.00	0.94	
4	施工营造布置区	0.00	0.00	0.00	0.00	0.53	0.00	0.00	0.53	
5	库区防护工程	3.60	0.00	0.00	2.07	0.00	0.18	0.52	6.36	永久占地
6	水库淹没区	19.96	0.81	0.86	19.79	5.66	0.00	114.96	162.04	
7	河道填平区	0.34	0.00	0.00	0.33	0.00	0.00	0.54	1.21	
8	弃渣场	0.00	0.00	0.00	0.00	0.00	0.00	0.00	0.00	
9	石料场区	0.00	0.00	2.15	6.65	0.47	0.00	2.65	11.93	
	永久占地小计	26.11	0.81	9.78	26.39	13.03	0.97	122.61	199.70	
1	工程枢纽区	0.00	0.00	0.00	0.00	0.00	0.00	5.51	5.51	
2	道路工程区	0.74	0.00	2.57	0.00	0.00	0.32	0.00	3.63	
3	砂砾料筛分堆放场	0.00	0.00	1.60	0.00	0.00	0.00	0.00	1.60	临时占地
4	施工营造布置区	0.74	0.00	0.00	0.00	0.00	0.00	0.00	0.74	
5	弃渣场	3.78	0.38	0.56	5.00	0.11	0.00	0.00	9.84	
6	土料场区	0.00	0.00	7.31	0.00	0.00	0.00	0.00	7.31	
	临时占地小计	5.26	0.38	12.04	5.00	0.11	0.32	5.51	28.62	
	合计	31.37	1.19	21.82	31.39	13.14	1.29	128.12	228.32	

3.6.6.7　施工总进度

根据总体工期的要求及施工进度安排原则，结合工程布置、建筑物工程量，初拟总工期 36 个月，第 1 年 7 月初施工准备，第 3 年 1 月初首批两台机组投产发电，2 月底第二批剩余两台机组投产发电，第 4 年 6 月底完工验收。塘头水电站工程建设期拟分为四个阶段：工程筹建期、工程准备期、主体工程施工期和工程完建期，每个阶段施工进度时间如下：

①工程筹建期：从第 1 年 3 月初至当年 6 月底完成，工期 4 个月；

②工程准备期：从当年 7 月初至 9 月底完成，工期 3 个月；

③主体工程施工期：从当年 10 月初至第 4 年 2 月底完成，工期 29 个月；

④工程完建期：从第 4 年 3 初月至第 4 年 6 月底完成，工期 4 个月。

3.6.7　淹没、占地与移民安置规划及专项设施复建

3.6.7.1　淹没

水库淹没区是指水库正常蓄水位以下的区域和水库正常蓄水位以上受水库洪水回水、风浪和船行波等临时淹没的区域。项目工程设计圈定淹没范围共有凰村、莫家村、担竿岭和大坝村等地段。据统计，项目工程水库淹没区总面积 120.43 hm²，淹没影响对象主要是水田、旱地和荒地，没有居民点等生活设施。塘头村居住区高程水平在 75 m 左右（珠基高程），凰村居住区高程水平在 72 m 左右（珠基高程），均不在项目库区淹没范围之内。

库区淹没地段信息具体如表 3.6-14 所示。

表 3.6-14　库区淹没地段信息

序号	淹没地段	淹没面积/疑似待观测面积（亩）	淹没影响对象	备注
1	凰村	0/39	水田、旱地	地层主要呈粉质黏土单层结构
2	莫家村	68/62	水田、旱地	地层主要呈上细下粗二元结构
3	担竿岭	58/0	旱地、灌木	地层主要呈上细下粗二元结构
4	大坝村	21/0	旱地、丢荒地	地层主要呈上细下粗二元结构
	共计	147/101		

3.6.7.2　占地

（1）工程占地

项目工程包括施工期和运行期，共利用土地 134.38 hm²，包括水域面积 106.99 hm² 和陆域面积 134.38 hm²（表 3.6-15）。

表 3.6-15　项目工程土地利用一览表　　　　　　　　单位：hm²

项目		施工期	运行期		项目工程占地总量
		施工场区	电站工程	水库淹没区	
水域		1.30	1.30	105.69	106.99
陆域	耕地	1.75	0.01	14.05	15.8
	园地	0.88	—	0.47	1.35
	林地	7.67	1.47	0.22	7.89
	草地	1.57	—	—	1.57
	交通运输地	0.47	—	—	0.47
	建设用地	0.31	0.31	—	0.31
	小计	12.65	1.79	14.74	27.39
合计		13.95	3.09	120.43	134.38

项目施工整个施工场区占地面积共 13.95 hm²，其中水域范围 1.30 hm²，陆域范围为 12.65 hm²（包括凰村土料场用地 8.46 hm²）。

项目建成后电站工程总占地面积为 3.09 hm²，全部属于施工场区范围之内，1.30 hm² 为水域，1.79 hm² 为陆域。

按设计，项目库区淹没范围共 120.43 hm²，其中水域淹没范围为 105.69 hm²，陆域淹没范围为 14.74 hm²。

（2）实物指标成果

塘头水电站建设征地实物指标汇总见表 3.6-16。

表 3.6-16　塘头水电站建设征地实物指标汇总

	序号	项目	单位	水库淹没区			枢纽工程建设区				分计	凰村抬田工程区临时占地	征地合计
							永久占地	临时占地					
				小计	永久淹没	临时淹没	枢纽区	小计	枢纽区占地	凰村土料场			
农村部分	（一）	土地面积	亩	1 806.49	1 773.70	32.79	46.42	162.85	56.95	105.90	209.27	575.49	2 591.25
	1	耕地	亩	210.80	188.36	22.44	0.23	26.01	15.42	10.59	26.24	575.49	812.53
	1.1	水田	亩									407.69	407.69
	1.2	旱地	亩	210.80	188.36	22.44	0.23	26.01	15.42	10.59	26.24	167.80	404.84
	2	园地	亩	7.12		7.12		13.21	2.62	10.59	13.21		20.33
	2.1	果园	亩	7.12		7.12		13.21	2.62	10.59	13.21		20.33
	3	林地	亩	3.23		3.23	22.08	92.94	29.40	63.54	115.02		118.25
	3.1	有林地	亩	3.23		3.23	22.08	62.58	20.22	42.36	84.66		87.89
	3.2	灌木林	亩					30.36	9.18	21.18	30.36		30.36

	序号	项目	单位	水库淹没区			枢纽工程建设区					凰村抬田工程区临时占地	征地合计
							永久占地	临时占地					
				小计	永久淹没	临时淹没	枢纽区	小计	枢纽区占地	凰村土料场	分计		
农村部分	4	草地	亩					23.62	2.44	21.18	23.62		23.62
	4.1	其他草地	亩					23.62	2.44	21.18	23.62		23.62
	5	交通运输用地	亩					7.07	7.07		7.07		7.07
	5.1	农村道路	亩					7.07	7.07		7.07		7.07
	6	水域及水利设施用地	亩	1 585.34	1 585.34		19.43				19.43		1 604.77
	6.1	河流水面	亩	1 585.34	1 585.34		19.43				19.43		1 604.77
	7	建设用地	亩				4.68				4.68		4.68
	7.1	空闲地	亩				4.68				4.68		4.68
	(二)	房屋		75.76	75.76								75.76
	1.1	砖房	m²	29.76	29.76								29.76
	1.2	棚屋	m²	46.00	46.00								46
	(三)	零星树木及坟墓											
	1	零星果木		700	700			280	80	200	280	100	1 080
	2	坟墓	座	4	4			3	3		3	2	9
专项设施	1	高压线路（10 kV）	m	125	125								125
	2	低压线路（220 V）	m	441	441								441
	3	通信线路	m	1 089	1 089								1 089
	4	小型引水电站	座/kW	110	110								110
	5	灌溉渠道	m	175	175								175
	6	保护树木	株	6	6								6
	7	库区水轮泵改造	座	1	1								1
	8	码头	座	1	1								1
	9	水井	眼	4	4								4

3.6.7.3 移民安置规划

（1）移民安置人口

建设征地区内无居住人口居住，因此塘头水电站工程无搬迁安置人口。

（2）生产安置人口

生产安置人口，是指因塘头水电站工程建设占用耕地引起该耕地原使用者失去了赖以谋生的土地资源，而需要重新给予解决生产出路的人口。生产安置人口的计算，按相关法规和规范的规定："需要安置的农业人口数，按照被征收的耕地数量除以征地前被征用单位平均每人占有耕地的数量计算"，按上述方式，计算得出塘头水电站设计基准年 376 人，设计水平年生产安置人口 384 人。

（3）安置标准

按照大致配置与征收的耕地面积相当的标准，本报告初定为生产安置人口每人配备 1 亩旱地的安置标准，采用移民自行流转、开垦土地的方式进行土地配置工作。

（4）移民生产安置方案

塘头水电站的移民生产安置，初步采取在地方政府引导下，自行流转、开垦土地进行自行安置的方式。

结合本电站建设征地征收耕地面积比例不大，库周剩余资源量较大，具有就地恢复生产的环境容量等特点，本报告采取的移民生产安置方式为移民领取补偿补助费后自行流转、自行开垦土地的自主安置方式。

（5）后期扶持

参照《移民条例》总则第三条的规定："国家实行开发性移民方针，采取前期补偿、补助与后期扶持相结合的办法，使移民生活达到和超过原有水平"，以及按照《国务院关于完善大中型水库移民后期扶持政策的意见》（国发〔2006〕17 号）的相关规定，为实现移民"搬得出、稳得住、能致富、环境得到保护"的目标，需对塘头水电站移民进行后期扶持。

第 4 章

已实施梯级开发水环境影响分析

4.1 流域梯级规划水环境容量分析

4.1.1 研究区域水环境功能区划

根据水环境功能要求《广东省地表水环境功能区划》（粤府函〔2011〕29 号），武江及其支流执行《地表水环境质量标准》（GB 3838—2002）Ⅰ～Ⅲ类水质标准。

4.1.2 水环境容量计算方法

（1）水域概化。将天然河道概化成计算水域，河道地形进行简化处理，非稳态水流简化为稳态水流。支流、排污口、取水口等影响水环境的因素也进行相应概化。若排污口距离较近，可把多个排污口简化成集中的排污口。

（2）基础资料调查与评价。调查与评价水域水文资料（流速、流量、水位、体积等）和水域水质资料（多项污染因子的浓度值），同时收集水域内的排污口资料（废水排放量与污染物浓度）、支流资料（支流水量与污染物浓度）、取水口资料（取水量、取水方式）、污染源资料等（排污量、排污去向与排放方式）。

（3）选择控制点（或边界）。根据水环境功能区划和水域内的水质敏感点位置分析，确定水质控制断面的位置和浓度控制标准。

（4）建立水质模型。根据实际情况选择建立一维水质模型，在对各类数据资料进行一致性分析的基础上，确定模型所需的各项参数。

（5）容量计算分析。应用设计水文条件和上下游水质限制条件进行水质模型计算，确定水域的水环境容量。

4.1.3　计算模型

一维模型假定污染物浓度仅在河流纵向上发生变化，主要适用于狭长河段。

在忽略影响相对较小的离散作用，污染物衰减过程采用一级动力方程式描述时，河流污染物一维稳态衰减规律的微分方程为

$$u\frac{\mathrm{d}c}{\mathrm{d}x}=-Kc \tag{4-1}$$

积分解得：

$$C=C_0\cdot\mathrm{e}^{-Kx/u} \tag{4-2}$$

式中，u —— 河流断面平均流速，m/s；

x —— 沿程距离，km；

K —— 综合降解系数，d^{-1}；

C —— 沿程污染物浓度，mg/L；

C_0 —— 起始断面的污染物浓度，mg/L。

起始断面的污染物浓度 C_0 可用下式表示：

$$C_0=\frac{C_R\cdot Q_R+C_E\cdot Q_E}{Q_R+Q_E} \tag{4-3}$$

式中，Q_R —— 上游来水流量，m^3/s；

C_R —— 水质浓度，mg/L；

Q_E —— 污水流量，m^3/s；

C_E —— 排放浓度，mg/L。

根据控制断面处的水质保护目标，对式（4-2）进行反解，即可求出该河段的环境容量：

$$W=C_s\cdot\mathrm{e}^{kx/u}\cdot(Q_R+Q_E)-Q_R\cdot C_R \tag{4-4}$$

4.1.4　计算条件及主要参数

水环境容量计算以水环境功能区为基本单元，选择近 10 年最枯月平均流量及其对应的水深、流速作为水文设计条件。按照国家的统一安排，并考虑到广东省水环境也是以有机污染为主，选择 COD 和氨氮作为容量计算的控制因子。

各控制断面以水环境功能区划以及广东省跨市河流水质达标管理办法规定的水质标准上限值为容量计算的依据。以上游水环境功能区水质保护目标为依据，以对应国家地表

水环境质量标准的上限值为流入断面本底浓度。

污染物降解系数的确定主要参考中国环境规划院提出的推荐值（表 4.1-1），并根据广东省内各流域以往的相关研究成果作出适当调整。

表 4.1-1　国内部分河流 COD、氨氮降解系数　　　　　　　　单位：d^{-1}

序号	省份	COD 综合衰减系数	氨氮综合衰减系数	河流
1	北京市	0.1	0.05	海河
2	河北省	0.3～0.4	0.4～0.6	
3	山西省	0.5	0.8	
4	河南省	0.05～1.07	0.06～0.6	
5	山东省	0.25	0.15	
6	广东省	0.1～0.2	0.05～0.1	珠江
7	规划院推荐	0.2～0.25	—	

4.1.5　水环境容量成果

根据上述水环境容量计算方法及计算条件，参考《韶关市武江流域综合规划修编报告》的有关成果，确定研究区域的水环境容量，见表 4.1-2。

表 4.1-2　水环境容量成果

河流	河段		长度/ km	水质目标	水环境容量/（t/a）	
	起始	终止			COD	氨氮
武江	乐昌城	犁市（曲江）	41	Ⅲ级	1 037.8	72
	犁市（曲江）	西河桥	21.6	Ⅱ级	954.4	9.5
	西河桥	韶关沙洲尾	1.2	Ⅲ级	694.1	166.6

4.2　水质变化趋势分析

4.2.1　流域水质变化趋势分析

4.2.1.1　时间尺度的水质趋势分析

选取典型指标（COD、NH_3-N、TN、TP），对开展常规监测的昌山变电站和武江桥两个断面 2009—2012 年的水质变化趋势进行分析，昌山变电站断面 COD、氨氮、总磷平均浓度 2009—2012 年均呈轻微上升趋势，2012—2013 年略微下降，总氮平均浓度 2009—

2013 年呈持续下降趋势，下降 0.5 mg/L 左右；武江桥断面 COD 和总磷平均浓度呈轻微上升趋势，COD 平均浓度上升 2.0 mg/L 左右，总磷平均浓度上升 0.01 mg/L 左右，氨氮和总氮平均浓度略有下降。可见断面水质变化不大，水质状况基本保持稳定，水质类别不会改变。

4.2.1.2 空间尺度的水质趋势分析

根据 2014 年 12 月 11—13 日在乐昌峡以下已建各梯级坝址上游 500 m 处连续 3 d 的水质监测资料，选择典型指标（NH$_3$-N、TN、TP）对武江干流沿程水质进行分析，氨氮浓度在 0.027～0.057 mg/L，TN 浓度在 0.062～0.075 mg/L，TP 浓度在 0.037～0.050 mg/L。长安坝址和七星墩坝址处各水质指标的浓度相对较高，昌山坝址处氨氮和 TN 浓度均低于检测限值，溢洲坝址处 TN 浓度低于检测限值（图 4.2-1、图 4.2-2）。

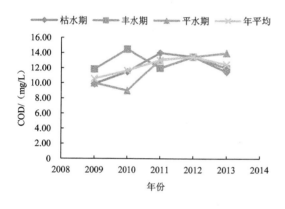

昌山变电站 COD 变化趋势

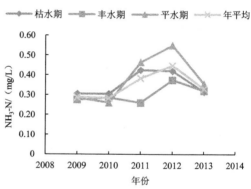

昌山变电站 NH$_3$-N 变化趋势

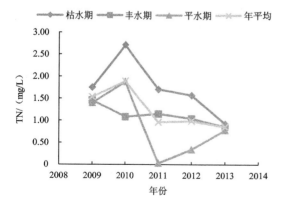

昌山变电站 TN 变化趋势

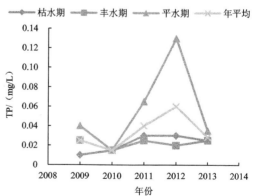

昌山变电站 TP 变化趋势

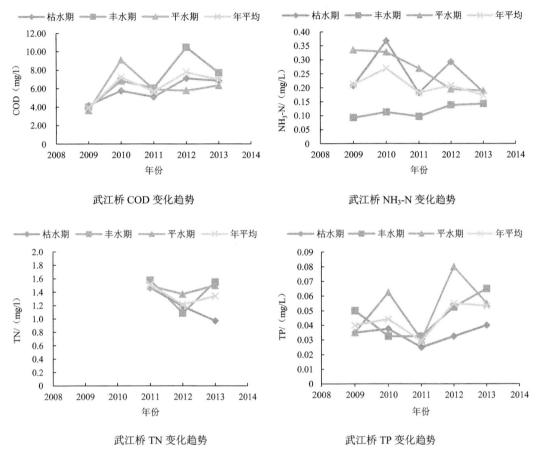

图 4.2-1 2009—2013 年水质变化趋势

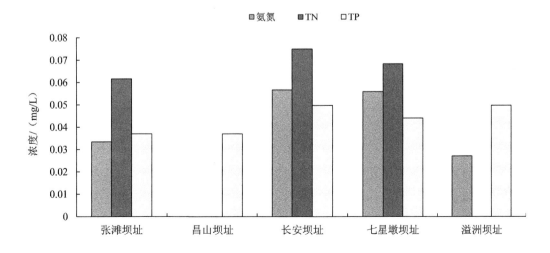

图 4.2-2 各梯级坝址处水质对比分析

4.2.2 梯级工程建设前后水质变化分析

4.2.2.1 梯级工程建设前地表水环境质量

从 2002 年韶关市对坪石、昌山水电站、武江桥的水质监测结果可以看出，三个断面水质良好，均达到Ⅱ类水质标准；十里亭饮用水水源地水质监测结果表明，该段水域水质良好，大多数指标都属于Ⅰ类标准，部分属于Ⅱ类标准，符合集中饮用水的水源标准，但铅年平均值属于Ⅲ类标准，主要是监测频次不足造成的，监测时段内可能有短时间的铅浓度增大，引起平均值的增大。纵观十里亭断面多年对铅的监测，铅的年平均浓度都达到Ⅰ类标准，分析某些时段浓度增大的原因可能是矿物中铅的溶出在局部时段增多，但从全年时段看，铅仍然达标。

从 2005 年水质监测结果来看，靖村水电站下游各断面水质良好，监测项目除了总磷为Ⅲ类外，其他项目都基本符合饮用水水源Ⅱ类以上标准，总体上符合水质保护目标的要求。

4.2.2.2 现状地表水环境质量

根据 2009—2013 年武江水质监测资料，昌山变电站和武江桥两个断面的水质状况良好，监测指标均达到地表水环境Ⅱ～Ⅲ类标准，满足水体的水环境功能要求。

综上所述，建坝前后，库区水体水质总体良好，绝大多数指标能够满足水体功能的要求，梯级工程建设对武江地表水环境影响不大。

4.2.3 梯级工程库区富营养化分析

根据 2014 年 12 月 11—13 日在乐昌峡以下已建各梯级坝址上游 500 m 处连续 3 d 的水质监测资料，选择典型指标（TN、TP），参照"中国湖泊富营养度划分标准"及《地表水环境质量标准》（GB 3838—2002）（表 4.2-1），对已建各梯级工程库区富营养化程度进行分析。

表 4.2-1 氮、磷评价标准　　　　　单位：mg/L

中国湖泊富营养度划分标准			地表水环境质量标准（湖泊）		
营养程度	TP	TN	分类	TP	TN
贫营养	<0.01	<0.5	Ⅰ类	≤0.01	≤0.2
中营养	<0.03	<0.6	Ⅱ类	≤0.025	≤0.5
中—富营养	<0.05	<1.0	Ⅲ类	≤0.05	≤1.0
富营养	<0.1	<1.5	Ⅳ类	≤0.1	≤1.5
重富营养	>0.1	>1.5	Ⅴ类	≤0.2	≤2.0

根据监测资料，张滩库区 TN 浓度 0.062 mg/L＜1.0 mg/L，TP 浓度 0.037 mg/L＜0.05 mg/L，处于中—富营养水平；昌山库区 TP 浓度 0.037 mg/L＜0.05 mg/L，处于中—富营养水平；长安库区 TN 浓度 0.075 mg/L＜1.0 mg/L，TP 浓度 0.049 mg/L＜0.05 mg/L，处于中—富营养水平；七星墩库区 TN 浓度 0.068 mg/L＜1.0 mg/L，TP 浓度 0.044 mg/L＜0.05 mg/L，处于中—富营养水平；溢洲库区 TP 浓度 0.049 mg/L＜0.05 mg/L，处于中—富营养水平。

根据湖泊水库富营养化的一般规律，当 N、P 比降到 7∶1 时，N 可能成为浮游植物生长的限制因子，当 N、P 比大于 7∶1 时，P 可能成为浮游植物生长的限制因子。根据监测数据，张滩库区、长安库区和七星墩库区 N、P 比值分别为 1.68∶1、1.53∶1 和 1.55∶1，因此，N 是浮游植物生长的限制因子，藻类生长将受到 N 的限制。

由于库区周边以农村环境为主，主要为农业面源污染以及生活污水，水库不具有调节功能，在现有情况下，水质不会发生较大的变化。因此，未来一定时期内，库区仍将处于中—富营养水平。

4.3　流域水生态环境变化趋势及分析

由于历史资料欠缺，不能对每个梯级水生态环境的变化趋势加以归纳和分析，本研究以张滩梯级库区为例，对梯级建成前后库区水生态环境的变化趋势进行分析，并分析该变化对水生生物以及鱼类等的影响。

本课题组于 2014 年 11 月底对张滩梯级库区水生态环境进行采样调查，作为张滩梯级建成后现状水生态环境情况。《广东省乐昌峡水利枢纽工程环境影响报告书》于 2008 年 3 月在张滩建设前进行水生态调查，本研究将其调查结果作为本次研究的背景值用于比较，分析梯级建成后的水生态环境变化情况。

4.3.1　浮游植物的群落结构时空变化

根据《广东省乐昌峡水利枢纽工程环境影响报告书》调查结果，2008 年在张滩梯级库区采样断面共检出浮游植物 18 种，隶属 5 门。以绿藻门、硅藻门的种数较多，均为 6 种，总密度为 $321×10^4$ ind./L。丰度最高的藻种是二形栅藻，其密度为 $42×10^4$ ind./L。

2014 年在张滩梯级库区采样断面共鉴定出浮游植物 13 种，隶属 2 门，硅藻门占据绝对优势，总密度为 $1.93×10^4$ ind./L。第一密度优势种为广缘小环藻，密度为 $0.84×10^4$ ind./L。本次调查与 2008 年调查相比，浮游植物物种数和密度均呈现出大幅下降的趋势，优势种由绿藻门向硅藻门转变，多样性指数有所降低（表 4.3-1）。

表4.3-1　张滩库区调查断面浮游植物种类组成及数量变化情况

种类数 \ 调查点	2008 年			2014 年		
	种类组成	数量分布/ （10^4 ind./L）	多样性指数	种类组成	数量分布/ （10^4 ind./L）	多样性指数
蓝藻	4	48	3.8	0	0	2.0
裸藻	1	90		0	0	
硅藻	6	60		12	1.93	
绿藻	6	105		0	0	
隐藻	0	0		1	0.01	
黄藻	1	18		0	0	
合计	18	321		13	1.94	

4.3.2　浮游动物的群落结构时空变化

根据《广东省乐昌峡水利枢纽工程环境影响报告书》调查结果，2008 年在张滩站位共鉴定出 27 种浮游动物，其中原生动物种类最多，为 8 种；轮虫和浮游幼虫种类次之，均为 5 种；枝角类 4 种，桡足类 3 种，其他浮游动物有 2 种。总密度为 321 ind./L，其中，原生动物密度为 166.66 ind./L，占据优势。

2014 年在张滩站位共鉴定出 4 种浮游动物，其中原生动物 2 种，轮虫 1 种，桡足类 1 种，枝角类未见采集，原生动物密度为 370 ind./L，轮虫密度为 2.80 ind./L，桡足类密度为 2.24 ind./L（表 4.3-2）。与 2008 年调查相比，原生动物种类降低较多，密度却有上升的趋势；轮虫和桡足类的种类与密度下降趋势同样明显，枝角类未见采集。在河流等流水水域多细胞浮游动物如轮虫、枝角类和桡足类十分贫乏，而在湖泊、池塘等静水水域，特别是在富营养型水体，这些多细胞的浮游动物数量十分丰富。在本次调查中，张滩库区断面的浮游动物种类和数量都非常少，除上述水流因素外，采样时气温较低也是一个重要因素，过低的气温也影响着浮游动物的种类和数量的出现；另外，本次采样时，水体中过多的碎屑和杂质也影响着这些浮游动物的滤食，因而导致该站位的浮游动物种类数和密度都较低。

表4.3-2　张滩库区调查断面浮游动物的种类组成及数量变化情况

种类数 \ 调查点	2008 年		2014 年	
	种类组成	数量分布/（ind./L）	种类组成	数量分布/（ind./L）
原生动物	8	166.66	2	370
轮虫	5	53.33	1	2.8
枝角类	4	46.66	0	0
桡足类	3	20	1	2.24
浮游幼虫	5	13.33	0	0
其他	2	113.33	0	0
合计	27	321	4	375.04

4.3.3　底栖动物群落结构时空变化

根据《广东省乐昌峡水利枢纽工程环境影响报告书》调查结果，2008 年在张滩位点共检出底栖动物 4 类 6 种，其中多毛类 1 种，寡毛类 2 种，软体动物 1 种，水生昆虫 2 种；总密度为 72 ind./m²，总生物量为 6.64 g/m²，水生昆虫占据优势。

2014 年，在张滩位点共鉴定出 3 种底栖动物，其中双壳纲 2 种，软甲纲 1 种，总密度为 485.34 ind./m²，总生物量为 94.67 g/m²，淡水壳菜（占底栖动物总个体数的 95.6%）为数量最多的优势种。总体而言，种类相对于前两次调查有所减少，但密度和生物量均有大幅度的提高。优势种有明显的变化，由水生昆虫类向双壳类转变（表 4.3-3）。

表 4.3-3　张滩库区调查断面底栖动物的种类组成及数量变化情况

调查点 种类	2008 年			2014 年		
	种类 组成	密度/ (ind./m²)	生物量/ (g/m²)	种类 组成	密度/ (ind./m²)	生物量/ (g/m²)
寡毛类	2	24	0.88	0	0	0
多毛类	1	8	0.56	0	0	0
软体动物	1	8	4.56	2	474.67	89.87
甲壳动物	0	0	0	1	10.67	4.80
水生昆虫	2	32	0.64	0	0	0
合　计	6	72	6.64	3	485.34	94.67

4.3.4　本次调查与北江渔业资源历史记载比较

根据《北江渔业资源调查》记载，武江乐昌段记录有鱼类 79 种，与历史资料比较，2014 年的调查未采集的种类有：半鱀（*Hemiculter sauvagei*）、线细鳊（*Rasborinus lineatus*）、大鳍骨（*Hemibarbus macracanthus*）、黑鳍鳈（*Sarcocheilichthys nigripinnis*）、乐山棒花鱼（*Abbottina kiatingensis*）、片唇鮈（*Platysmacheilus exigums*）、大鳍刺鳑鲏（*Rhodeus macropterus*）、兴凯刺鳑鲏（*Rhodeus chankacensis*）、北江光唇鱼（*Acrossocheilus beijiangensis*）、珠江虹彩光唇鱼（*Acrossocheilus zhujiangensis*）、细身光唇鱼（*Acrossocheilus elongatus*）、长鳍光唇鱼（*Acrossocheilus longipinnis*）、白甲鱼（*Varicorhirnus sima*）、卵形白甲鱼（*Varicorhirnus ovalis ovalias*）、稀有白甲鱼（*Varicorhirnus rarus*）、小口白甲鱼（*Varicorhirnus lini*）、瓣结鱼（*Tor brevifilis brevifilis*）、纹唇鱼（*Osteoichilus salsburyi*）、桂华鲮（*Sinilabeo decorus*）、异华鲮（*Parasinlabos assimilis*）、唇鲮（*Semilabeo notabilis*）、海南鳅鮀（*Gobiobotia kolleri*）、刺臀华吸鳅（*Sinogastromyzon wui* Fang）、纵带鮠（*Leiocassis argentivittatus*)、青鳉（*Oryzias latipes*)、刺鳅（*Mastacembelus aculeatus*）共 26 种。

4.3.5　梯级工程实施后水生态影响变化趋势

梯级水电开发在防洪、灌溉、供水和发电等方面起着重要作用的同时，其建设和运行对河流生态系统结构和功能，以及生活在该环境中的鱼类产生多种影响。梯级工程蓄水运行后，江段被分割为"河流—水库（大坝）—河流"形式，天然状态河流的连续性遭到破坏。库区水域生境将由河流型向湖泊型转变，其水文情势将发生很大的变化，主要体现在径流量、水位、流速、水质、泥沙和温度等因素的改变。同样，河段下游的水文情况也将发生很大的变化，主要体现在径流量、水位、流速、水质、泥沙和温度等因素的改变。

由于水文情况各个方面都发生了变化，梯级水电开发对河段水生生境的影响，主要表现在以下两点：第一，筑坝对河段下游能量、物质输送产生影响；第二，河道结构和河流中各种组成元素成分的影响，如河道形态、泥沙淤积和河床冲刷等，再如河段中的磷含量变化等。

这也就导致了河段水生生态环境结构和功能的变化，进而对所在生境中生存的生物造成负面影响，水域将由河道型变为湖泊，使得水生生物的群落发生变化，库区内水动力减弱、透明度增加，使水生态系统由以底栖附着生物为主的"河流型"异养体系，向以浮游生物为主的"湖沼型"自养体系演化。水利水电工程阻隔了洄游性鱼类的通道，影响物种的交流；水库蓄水、泄水淹没、冲毁鱼类原有产卵场地，改变其产卵水文条件；坝前的水位抬高导致上游水文水的水力学条件和河流地貌地形等发生变化，使得原有的多种河道形态被水淹没，水流的流速较坝建成前变缓，泥沙将会逐渐淤积在水库内，底质变化也将影响底栖动物的结构组成。

4.3.5.1　梯级工程实施后对浮游生物的影响

水坝建成后，库区中下游水域水位升高，浮游植物由原来的河流生态将变成河道型缓流水库生态，深度增加、水面扩大、容积增加、透明度扩大，被淹没区域植被、土壤内营养物质渗出，水中有机物质及矿物质将增加，加上水流速度减缓，泥沙沉降，导致营养物质的滞留和积累，这些条件都有利于浮游生物的生长繁殖。电站运行后，坝下近江段的浮游植物受下泄底层水的影响，浮游植物密度会有所减少，但种类组成不会发生太大变化；浮游动物密度同样会有所减少，同时清水下泄会导致坝下江段冲刷下切，浮游动物繁衍空间萎缩，水体总生物量有所下降。例如，张滩梯级库区浮游动植物种类、密度和生物量均较以前有明显下降趋势。

4.3.5.2　梯级工程实施后对底栖动物的影响

在围堰施工时，部分底栖动物由于移动缓慢可能遭受施工伤害，导致施工区域附近水域生物量减少，并且大量鹅卵石和砂石被水利水电工程拦截，使得下游河床底部的无脊椎

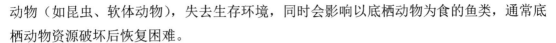

动物（如昆虫、软体动物），失去生存环境，同时会影响以底栖动物为食的鱼类，通常底栖动物资源破坏后恢复困难。

4.3.5.3 梯级工程实施后对鱼类产卵场的影响

根据资料，武江梯级开发工程建设后将主要影响产漂流性卵鱼类产卵场，由于拦河坝建设，产卵场区域的水文变化，致使这类型鱼类产卵场功能丧失。受影响的产卵场主要有：①三溪产卵场；②明月滩产卵场；③坪石产卵场；④张滩产卵场；⑤安口产卵场；⑥桂头产卵场；⑦东风山产卵场；⑧犁市产卵场；⑨黄田坝产卵场。根据历史数据分析，影响产卵规模达 358 000 万粒，其中四大家鱼 311 190 万粒，占 86.93%。影响的鱼类还包括大眼鳜、斑鳜、鲮、赤眼鳟、三角鲂、鳡鱼等，同时加重了阻隔鳗鲡、鲈鱼的洄游通道。

4.3.5.4 梯级工程实施后对鱼类的影响

（1）梯级水电开发对鱼类的区系组成变动、资源数量变化、遗传多样性变化、遗传分化、遗传分化及生活史对策产生重要影响。

工程建设期间破坏了河段生境，大江截流和围堰施工影响洄游性鱼类的迁徙，甚至直接造成鱼类的上网。工程运用后，在库区，栖息地流水条件依赖性鱼类、繁殖流水型环境的鱼类、产漂流性卵的鱼类受影响大；觅食中、上层浮游动植物的鱼类受影响较大；产黏沉性卵鱼类、喜栖缓静水体生境的鱼类、生境广适应型鱼类、繁殖依赖静水条件的鱼类、繁殖条件广适应型的鱼类、食着生藻类和底栖水生动物的底层鱼类受影响小。冬季温度较高，有利于鱼类过冬，夏季温度较低，会缩短鱼类产卵及卵发育时间，对产卵期跨度较小的鱼类不利。需要高氧生境、对水体污染敏感的大部分土著鱼类不利；对适应低溶解氧、耐污力强的鱼类有利；水体生物生产力提高，一定程度内有利于仔幼鱼和浮游生物食性鱼类的生长，若水体富营养化，会影响绝大多数鱼类的正常生长、发育和生殖，甚至直接导致鱼类突发疾病或缺氧死亡。底栖砾石、卵石和岩石的鱼类失去适应的生境，不利影响严重；吸附性鱼类也受到不利影响，产黏沉性卵鱼类的鱼卵无法孵化；洪、枯季变化敏感、繁殖期短、分布狭窄的特有种最容易受到影响。在坝下江段，电站调峰运行会导致水位和流速反复地、大幅度地变化，对鱼类影响相对较大。低温下泄水使下游江段鱼类生长期缩短、生长速度减缓、个体变小、繁殖季节推迟、繁殖时期缩短，繁殖期跨度较长的鱼类受影响相对较小，繁殖期跨度较短的鱼类受影响较大。栖息地、产卵场或孵化场所为缓静水体型鱼类受严重影响；径流量快速减少时，水位和流速快速下降，使一些鱼类的栖息地和产卵场大量减少，而且还会导致一些黏沉性卵和个体较小的鱼被搁浅死亡。此外，底栖水生生物和小型鱼类的减少，大、中型个体鱼类数量也会因为缺乏食物而减少。底栖生境或产卵、孵化场所为砾石、卵石和岩石的鱼类受影响较小，穴居鱼类喜栖于底的鱼类受影响较大。电站调峰运行和水库调度的频率越高，对鱼类危害越大。

（2）鱼类对梯级水电开发产生的响应

鱼类的响应表现为，流水型的鱼类，对高氧生境、水体污染敏感的大部分土著鱼类，摄食生藻类和底栖水生动物的底层鱼类，底栖生境、产卵或卵孵化场所为砾石、卵石和岩石生境的鱼类，这些种群在库区干流的数量可能减少，部分鱼类可能被迫向库尾上游转移或进入支流。而适应静缓水体、耐低氧耐污、摄食浮游水生动物、适应性强的鱼类，将成为库区优势物种，尤其是生境、繁殖条件都属于广适应型的鱼类的优势更加明显；大、中型个体鱼类数目将会增加。在坝下游江段，栖息地、产卵或卵孵化场所为缓静水体或浅滩条件的鱼类，穴居鱼类和喜栖淤泥的鱼类，繁殖依赖静水条件的鱼类，在坝下受到的影响更大。底层鱼类或繁殖条件为流水型的鱼类所受影响要小一些；个体小、游泳能力强且繁殖期长的鱼类成为坝下游的优势种群。

4.4 梯级开发对饮用水水源地的影响回顾性分析

本研究范围内分布有韶关市武江饮用水水源地和乐昌市生活饮用水水源地，水质目标为Ⅱ～Ⅲ类水。

4.4.1 对乐昌市生活饮用水水源地的影响回顾性分析

本研究收集了乐昌水厂上游 100 m 断面 2003—2007 年丰水期、平水期、枯水期的水质监测资料和 2008 年张滩电站上游 500 m 处断面的水质监测资料，通过与本次张滩电站上游 500 m 处断面的水质监测资料进行对比，从而回顾分析武江干流已建梯级工程对乐昌市生活饮用水水源地的影响。

收集乐昌水厂上游 100 m 断面 2003—2007 年丰水期、平水期、枯水期的水质监测资料及 2008 年张滩电站上游 500 m 处断面的水质监测资料，见表 4.4-1～表 4.4-3。

表 4.4-1 常规水质监测资料（2003—2004 年）

断面	乐昌水厂上游 100 m					
取样年份	2003 年			2004 年		
监测项目	枯水期	丰水期	平水期	枯水期	丰水期	平水期
pH	7.2	7.15	7.35	7.25	7.4	7.35
水温/℃	8	24	23.75	12	22	24.25
COD_{Mn}/（mg/L）	1.05	1.15	1.335	1.215	1.25	1.13
DO/（mg/L）	10.355	7.76	7.635	9.145	8.025	7.77
BOD_5/（mg/L）	0.91	0.92	0.85	0.935	1.135	0.95
F^-/（mg/L）	—	0.451	0.565	0.05	0.064	0.085
S^{2-}/（mg/L）	—	0.01	0.006	0.02	0.02	0.059 5

断面	乐昌水厂上游 100 m					
取样年份	2003 年			2004 年		
COD_Cr/（mg/L）	—	12.4	—	9.25	8.5	5.5
NH_3-N/（mg/L）	0.195	0.205	0.53	0.085	0.115	0.147 5
CN^-/（mg/L）	0.002	0.002	0.003	0.004	0.004	0.004
Hg/（mg/L）	0.000 02	0.000 02	0.000 035	0.000 05	0.000 05	0.000 05
阴离子表面活性剂/（mg/L）	—	0.025	0.037 5	0.05	0.065	0.08
石油类/（mg/L）	0.01	0.005	0.05	0.055	0.01	0.01
挥发酚/（mg/L）	0.001	0.001	0.001	0.002	0.002	0.002
Cr^{6+}/（mg/L）	0.013 5	0.008 5	0.008	0.008	0.008	0.005 5
As/（mg/L）	0.031 5	0.029 5	0.021 5	0.036	0.026	0.027
Cd/（mg/L）	0.000 05	0.000 275	0.000 5	0.001	0.000 8	0.001
TP/（mg/L）	—	0.05	0.03	0.027 5	0.015	0.05
Se/（mg/L）	—	0.001 2	0.002 4	0.002 5	0.001 9	0.000 65
Zn/（mg/L）	—	0.039	0.031 5	0.029	0.033 5	0.027
Cu/（mg/L）	—	0.031	0.02	0.025	0.024 5	0.019

注：—表示未检测，下同。

表 4.4-2　常规水质监测资料（2005—2006 年）

断面	乐昌水厂上游 100 m					
取样年份	2005 年			2006 年		
监测项目	枯水期	丰水期	平水期	枯水期	丰水期	平水期
pH	7.4	7.5	7.7	7.365	7.395	7.925
水温/℃	13	25	24.5	13	28.5	23
COD_{Mn}/（mg/L）	1.575	1.4	1.7	1.9	1.75	1.7
DO/（mg/L）	8.625	7.8	7.55	8.85	7.35	8.5
BOD_5/（mg/L）	0.99	0.925	0.98	1.46	1.39	1.2
F^-/（mg/L）	0.17	0.085	0.105	0.21	0.195	0.17
S^{2-}/（mg/L）	0.055	0.075	0.085	0.048	0.06	0.07
COD_{Cr}/（mg/L）	7	6.2	7.6	8.8	6	6.5
NH_3-N/（mg/L）	0.255	0.215	0.073 5	0.14	0.19	0.23
CN^-/（mg/L）	0.004	0.004	0.004	0.004	0.004	0.004
Hg/（mg/L）	0.000 1	0.000 04	0.000 06	0.000 01	0.000 05	0.000 02
阴离子表面活性剂/（mg/L）	0.07	0.075	0.08	0.07	0.075	0.08
石油类/（mg/L）	0.01	0.01	0.015	0.013	0.019	0.01
挥发酚/（mg/L）	0.002	0.002	0.002	0.002	0.002	0.002
Cr^{6+}/（mg/L）	0.008 5	0.007	0.006	0.007 5	0.01	0.007 5
As/（mg/L）	0.028 5	0.025	0.027	0.026	0.023	0.028
Cd/（mg/L）	0.001 5	0.002	0.002	0.001 5	0.002	0.002

断面	乐昌水厂上游 100 m					
取样年份	2005 年			2006 年		
监测项目	枯水期	丰水期	平水期	枯水期	丰水期	平水期
TP/（mg/L）	0.025	0.05	0.045	0.02	0.045	0.035
Se/（mg/L）	0.000 25	0.000 5	0.000 9	0.000 25	0.000 55	0.001 1
Zn/（mg/L）	0.029	0.028	0.022	0.035 5	0.024 5	0.019 5
Cu/（mg/L）	0.025	0.024	0.013	0.011	0.012 5	0.011

表 4.4-3　常规水质监测资料（2007—2008 年）

断面	乐昌水厂上游 100 m			张滩电站上游 500 m		
取样年份	2007 年			2008 年		
监测项目	枯水期	丰水期	平水期	3 月 2 日	3 月 6 日	3 月 7 日
pH	7.48	7.44	7.45	7.38	7.28	7.27
水温/℃	13.5	26.5	22	14	14	14
COD_{Mn}/（mg/L）	1.65	1.75	1.9	1.8	1.42	1.38
DO/（mg/L）	8.8	8	8.05	8.09	7.35	7.31
BOD_5/（mg/L）	1.42	1.705	1.805	1.3	0.99	1.32
F^-/（mg/L）	0.36	0.095	0.415	—	—	—
S^{2-}/（mg/L）	0.05	0.05	0.07	0.072	0.058	0.066
COD_{Cr}/（mg/L）	6.5	6	7	7	9	8
NH_3-N/（mg/L）	0.18	0.205	0.195	0.26	0.26	0.23
CN^-/（mg/L）	0.004	0.004	0.004	0.004	0.004	0.004
Hg	0.000 025	0.000 04	0.000 05	0.000 05	0.000 05	0.000 03
阴离子表面活性剂/（mg/L）	0.08	0.08	0.07	—	—	—
石油类/（mg/L）	0.01	0.015	0.01	0.02	0.01	0.01
挥发酚/（mg/L）	0.002	0.001 5	0.002	0.002	0.002	0.002
Cr^{6+}/（mg/L）	0.009 5	0.008	0.006 5	0.008	0.009	0.009
As/（mg/L）	0.028 5	0.028	0.018 5	0.023	0.021	0.022
Cd/（mg/L）	0.002	0.002	0.002	—	—	—
TP/（mg/L）	0.03	0.05	0.02	0.02	0.02	0.01
Se/（mg/L）	0.000 35	0.000 25	0.000 5	—	—	—
Zn/（mg/L）	0.015	0.014 5	0.009	—	—	—
Cu/（mg/L）	0.011 5	0.01	0.01	0.01	0.01	0.01

　　乐昌水厂上游 100 m 断面位于乐昌市生活饮用水水源地一级保护区范围内，水质目标为 Ⅱ 类水，张滩电站上游 500 m 断面位于乐昌市生活饮用水水源地二级保护区范围内，水质目标为 Ⅱ 类水。

　　由表 4.4-1～表 4.4-3 可知，武江干流梯级工程开发建设前，乐昌水厂上游 100 m 断面 2003—2007 年全年水质类别依次为Ⅱ类、Ⅱ类、Ⅲ类、Ⅱ类、Ⅱ类，其中 2003—2005 年枯水期和平水期水质略差，2003 年平水期氨氮为Ⅲ类，2004 年枯水期石油类为Ⅳ类，2005 年枯水期和平水期 Hg 为Ⅲ类。从 2003—2007 年的水质趋势分析，乐昌水厂上游 100 m 断面全年水质在Ⅱ～Ⅲ类，总体水质基本达到水环境功能要求。2008 年 3 月的监测结果显示，张滩电站上游 500 m 断面水质能够达到地表水Ⅱ类水质标准要求。

　　由于时间有限，本次研究无法对乐昌市生活饮用水水源地全年丰水期、平水期、枯水期的水质进行监测。本次研究委托广州市建环环境监测有限公司于 2014 年 12 月 11—13 日在乐昌峡以下已建各梯级坝址上游 500 m 处布设了一个取样断面，进行水质取样分析，其中张滩电站上游 500 m 断面位于乐昌市生活饮用水水源地二级保护区范围内。

　　张滩电站上游 500 m 断面现状水质达到《地表水环境质量标准》（GB 3838—2002）ⅡⅡ类水质要求，符合集中式饮用水水源标准，研究河段水质良好。

　　综上，在武江干流各梯级工程开发建设前，乐昌市生活饮用水水源地水质稍有波动。目前，各已建梯级工程均已建成并运行多年，本期监测数据显示乐昌市生活饮用水水源地水质能够达到《地表水环境质量标准》（GB 3838—2002）中Ⅱ类水质要求，符合集中式饮用水水源标准，说明武江干流各规划梯级工程建设后没有对乐昌市生活饮用水水源地水质造成不良影响。

4.4.2　对韶关市武江饮用水水源地的影响分析

　　本次研究收集了《韶关市溢洲水电站环境影响补充报告书》（2009 年）中溢洲水电站下游十里亭断面 2002 年的水质情况和 2014 年 12 月在溢洲水电站上游 500 m 断面水质监测数据，通过二者对比，回顾分析了武江干流已建梯级工程对韶关市武江饮用水水源地的影响。

　　溢洲水电站下游十里亭断面位于韶关市武江饮用水水源地一级保护区范围内，水质目标为Ⅱ类水，溢洲水电站上游 500 m 断面位于韶关市武江饮用水水源地二级保护区范围内，水质目标为Ⅱ类水。

　　《韶关市溢洲水电站环境影响补充报告书》（2009 年）中对于十里亭饮用水水源地水质历史监测结果总结如下：该段水域水质良好，大多数指标都属于Ⅰ类标准，部分属于Ⅱ类标准，符合集中式饮用水水源标准，但铅年平均值属于Ⅲ类标准，主要是监测频次不足造成的，监测时段内可能有短时间的铅浓度增大，引起平均值的增大。纵观十里亭断面多年对铅的监测，铅的年平均浓度都达到Ⅰ类标准，分析某些时段浓度增大的原因可能是矿物中铅的溶出在局部时段增多，但从全年时段看，铅仍然达标。

　　2014 年 12 月 11—13 日在乐昌峡以下已建各梯级坝址上游 500 m 处布设了一个取样断

面，进行水质取样分析，其中溢洲水电站上游 500 m 断面位于韶关市武江饮用水水源地二级保护区范围内。

溢洲水电站上游 500 m 断面现状水质达到《地表水环境质量标准》（GB 3838—2002）Ⅱ类水质要求，符合集中式饮用水水源标准，研究河段水质良好。

综上，在武江干流各梯级工程开发建设前，韶关市武江饮用水水源地水质大多数指标都属于Ⅰ类标准，部分属于Ⅱ类标准，符合集中式饮用水的水源标准，但铅年均值属于Ⅲ类标准，稍有波动。目前，各已建梯级工程均已建成并运行多年，本期监测数据显示韶关市武江饮用水水源地水质能够达到《地表水环境质量标准》（GB 3838—2002）Ⅱ类水质要求，符合集中饮用水的水源标准，说明武江干流各规划梯级工程建设后没有对韶关市武江饮用水水源地水质造成不良影响。

4.5　梯级开发对北江特有珍稀鱼类省级自然保护区的影响分析

韶关北江斑鳠（鱼类种质资源）省级自然保护区位于本次研究范围内最后一个梯级——溢洲水电站的下游，因此武江干流梯级开发对于北江特有珍稀鱼类省级自然保护区的影响主要取决于溢洲水电站。溢洲水电站于 2003 年 10 月正式开工建设，于 2008 年 4 月完工，目前溢洲水电站已投入运行多年。

4.5.1　溢洲水电站运行调度方式及最小下泄流量

韶关市武江梯级溢洲水电站属日调节水电站，在电网负荷图上主要参加基荷运行。溢洲水电站防洪设计标准为 20 年一遇，相应洪峰控制流量 1 000 m³/s。溢洲水电站保证出力 2 500 kW，保证率 P=90%，相应的保证流量 40.3 m³/s。

武江梯级溢洲水电站运行方式如下：

（1）当入库流量小于或等于发电引用流量 216 m³/s（107.99 m³/s·2 台机组）时，库水位维持在正常蓄水位 60.5 m 运行，入库流量来多少，下泄多少。

（2）当入库流量大于发电引用流量 216 m³/s，且小于 1 000 m³/s 时，水库仍维持在正常蓄水位 60.5 m 运行，大于水轮机引用流量部分的入库流量，通过开启闸门的孔数和开度控制下泄。

（3）当入库流量大于 1 000 m³/s 时，加大闸门下泄直至全开，水库接近天然行洪状态。

（4）当入库洪水处于消退状态，入库流量小于或等于 1 000 m³/s 时，坝上闸门逐渐关闭，其关闭的原则以维持库水位 60.5 m 为限。

（5）电站下泄保证流量为 40.3 m³/s（保证率 P=90%）。

4.5.2　下游梯级过鱼设施情况

按照 1993 年《韶关市武江梯级开发规划报告》，武江流域上下游梯级电站开发，除乐昌市上游的乐昌峡水库建成外，从上到下依次为：张滩、昌山、长安、七星、厢廊、溢洲六级开发，溢洲水电站为最后一级。其下游梯级有孟洲坝、濛里、白石窑、飞来峡等，这些梯级水电站均未建设过鱼通道。

4.5.3　影响分析

武江干流已建各水电站使上游原来的武江河段形成库区，使原有生态发生部分改变与调整。库区内喜流水鱼类等将减少活动场所，对北江鱼类的繁殖和洄游影响不大，库区水位抬高、水位趋于稳定，水流减缓。水库的形成，使部分鱼类（如静水鱼类）栖息、繁殖条件得以改善。

根据溢洲水电站运行调度方式，电站运行期下泄保证流量为 40.3 m^3/s，大于下游河段最小生态流量 38.6 m^3/s，完全能够满足下游河道鱼类生态用水需求。提出最小下泄流量的目的就是要求建设单位在任何时候都要保证坝下不出现断流现象，避免出现脱水河段，减小对水生生态系统的损害，一定程度上保证水生生态系统的可持续发展。溢洲水电站为径流式水电站，坝址处多年平均流量为 193 m^3/s，所以在绝大多数时候电站下泄流量是远大于最小下泄流量的。

运行期，溢洲电站本身不产生污水，仅电站管理区产生少量生活污水，生活污水量产生很少，为 2.5 m^3/d，经三级化粪池处理后达到《农田灌溉水质标准》（GB 5084—2005）规定的限值，全部用于附近农田灌溉，对武江水环境不会产生影响。坝址上游库区河段没有排水口，环境水体良好，符合《地表水环境质量标准》（GB 3838—2002）Ⅱ类水质标准，因此电站运行对坝址下游水体水质不会产生影响。

综上所述，溢洲水电站的运行不会对水体水质产生影响，水库运行调度方式合理，下泄保证流量为 40.3 m^3/s，满足下游河道最小生态需水量流量。总之，溢洲水电站对韶关北江斑鳠（鱼类种质资源）省级自然保护区影响甚微。

2014 年 1 月，中国水产科学研究院珠江水产研究所对武江省级鱼类自然保护区水域的鱼类资源、浮游植物、浮游动物、底栖动物、高等水生植物、渔业资源、重点保护物种及其"三场"和洄游通道等进行了调查，调查结论如下：保护区水域为典型的山川急流型河流，从粤北崇山峻岭飞流直下南海，落差大峡谷多，形成砾石或卵石河床急流生境，具有较特殊的水生环境。近年来，虽然受到环境污染、不合理捕捞和其他人类活动干扰等因素的影响，渔业资源和生态环境受到一定程度的破坏，部分种类甚至出现了种群数量明显下降的现象，但在北江的部分尚未开发的区域依然保持着原有的生态环境，无论是生态系统和生物群落结构还是种类组成，都保存完好。

　　根据上述调查结论，武江干流规划已建各梯级工程的建设和运行对韶关北江斑鳠（鱼类种质资源）省级自然保护区造成了一定的影响，为了更好地保护韶关北江斑鳠（鱼类种质资源）省级自然保护区、保护武江流域鱼类资源，建议后续开展全流域过鱼通道设置必要性方面的研究，充分进行论证，若论证结果为必须补建过鱼设施，则已建成的水电站应补建过鱼设施，若论证可以通过人工增殖放流、栖息地保护等工程补偿措施来达到目的，则应从流域的角度统筹考虑，规划人工增殖放流点以及放流鱼类种类、数量等，制定科学的放流和栖息地保护规划方案，并严格按照方案实施。

4.6　流域环境风险分析

4.6.1　风险识别

　　水利枢纽工程建设对环境的主要影响为非污染生态影响，其运行期基本无"三废"排放，相应环境风险主要为外源风险。根据水力发电工程性质与运行特点、周围环境特征及其与水力发电工程的关系，本次分析研究河道涉及饮用水水源一级保护区、饮用水水源二级保护区等水质要求十分严格的水域，环境风险主要为水质污染风险，特别是研究河道内分布有多个城市饮用水厂取水口，应重点保护好城市饮用水水源的水质安全。

4.6.1.1　污染源分析

　　研究河段沿岸有部分农村生活污水，经化粪池简单处理后排入河道，部分工业企业生产废水虽然经过污水处理设施处理后才排入河道，但是有些企业排放的废水中含有重金属等有毒有害物质，且重金属会在河流中富集，因此，农村生活污水以及工业废水都将对河流水质特别是饮用水水源带来环境风险。

4.6.1.2　航道运行环境风险识别

　　研究河段具有通航功能，航道运行的环境风险主要为船舶溢油和运输货物翻落河中造成的环境风险。

4.6.1.3　大坝安全环境风险识别

　　大坝安全环境风险主要是溃坝风险，引起溃坝的原因有洪水漫坝、施工质量及地震等地质灾害事故。洪水漫坝的成因包括超标准的洪水和泥沙淤积侵占防洪库容等。

4.6.2　水生生态环境风险评价

4.6.2.1　急性中毒效应

　　一旦发生溢油污染事故，将对一定范围内水域形成污染，还可能污染沿线生活用水取

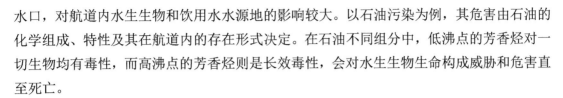

水口，对航道内水生生物和饮用水水源地的影响较大。以石油污染为例，其危害由石油的化学组成、特性及其在航道内的存在形式决定。在石油不同组分中，低沸点的芳香烃对一切生物均有毒性，而高沸点的芳香烃则是长效毒性，会对水生生物生命构成威胁和危害直至死亡。

4.6.2.2　对鱼类的影响

（1）对鱼类的急性毒性测试

根据近年来对几种不同的鱼类仔鱼的毒性试验结果表明，石油类对鲤鱼仔鱼 96 h LC_{50} 值为 0.5～3.0 mg/L，因此污染带瞬时高浓度排放（事故性排放）可导致急性中毒死鱼事故，必须对航道内石油运输船舶进行严格管控。

（2）石油类在鱼体内的蓄积残留分析

石油类在鱼体中积累和残留可引起鱼类慢性中毒而带来长效应的污染影响，这种影响不仅可引起鱼类资源的变动，甚至会引起鱼类种质变异。鱼类一旦与油分子接触就会在短时间内发生油臭，从而影响其食用价值。以 20 号燃料油为例，当石油类浓度为 0.01 mg/L 时，7 d 之内就能对大部分的鱼、虾产生油味，30 d 内会使绝大多数鱼类产生异味。

4.6.2.3　对浮游植物的影响

实验证明，石油会破坏浮游植物的细胞，损坏叶绿素及干扰气体交换，从而妨碍它们的光合作用。这种破坏作用的程度取决于石油的类型、浓度及浮游植物的种类。国内外许多毒性实验结果表明，作为鱼、虾类饵料基础的浮游植物，对各类油类的耐受能力都很低。一般浮游植物石油急性中毒致死浓度为 0.1～10.0 mg/L，一般为 1.0～3.6 mg/L，对于更敏感的种类，当油浓度低于 0.1 mg/L 时，也会妨碍细胞的分裂和生长的速率。

4.6.2.4　对浮游动物的影响

浮游动物石油急性中毒致死浓度范围一般为 0.1～15 mg/L，而且通过不同浓度的石油类环境对桡足类幼体的影响实验表明，永久性（终生性）浮游动物幼体的敏感性大于阶段性（临时性）的底栖生物幼体，而它们各自的幼体的敏感性又大于成体。综上所述，库区航道内一旦发生溢油（液）事故，污染因子石油类、甲醇将会对航道区域内鱼类的急性中毒、在鱼体内的蓄积残留和对鱼的致突变性产生较大的负面影响，而且对浮游植物和动物也会产生一定的影响，因此必须严格落实各项风险防范措施和事故应急预案。

4.6.3　航道营运期事故影响分析

库区航道内船舶一旦发生溢油事故，溢油入水后很快扩散成油膜，然后在水流、风生流作用下产生漂移，同时溢油本身扩散的等效圆油膜还将不断地扩散增大，溢油污染范围就是这个不断扩大而且漂移的等效圆油膜。油膜被破坏后，将在水力和风力作用下继续发生蒸发溶解分散乳化氧化生物降解等，受环境因素影响所发生的物理化学变化，逐步消散。

溢入水中的燃油对水环境和生态环境均会造成污染影响。

由于溢油事故中无论是溢油量还是溢油时间均有较大的不确定性，为此，为保护库区水质，必须通过严格的环境管理，尽量杜绝事故的发生。并通过建立有关制度、完善设备，提高人员素质和制订溢油应急计划，采取适当的控制溢油事故措施，以控制溢油事故的污染。航道内一旦发生风险事故，应立即启动溢油应急计划，采取事故应急措施，减缓和消除溢油事故对库区及坝下河段水环境的污染影响。

4.6.4　大坝安全环境风险评价

总结国内外因洪水导致水利工程出险实例，有下列认识：

①洪水可以导致大坝出险。

②在现有水库工程中，因洪水导致大坝出险的工程，约占水库工程的万分之几。

③因洪水导致大坝出险的形式有两类：一类为漫坝；另一类为漫坝后溃坝。前一类型的风险强度不大，后一类型的风险强度极大。

④大坝类型与洪水风险概率关系密切，大坝遭遇超标准的洪水时，混凝土重力坝一般仅有漫坝现象。

据统计，目前世界上约 1/3 的大坝失事是由洪水漫坝造成的。洪水漫坝风险和大坝洪水设计标准紧密联系，按我国现行的洪水设计标准对大坝的防洪安全进行分析，从水文角度估算的理论漫坝风险率远大于实际漫坝失事率，这说明现有大坝通常具有一定的抗洪潜力，这一抗洪潜力主要来源于两个方面：一是由于水文、水力等随机不确定性的影响，导致设计者在调洪演算过程和泄洪建筑物设计规模、坝顶高程的决策中，留有一定的安全系数；二是由于工程、管理等模糊不确定性的影响，导致洪水漫坝风险失事临界值的模糊化，常使洪水位略超坝顶高程而不发生失事事故。

洪水漫坝的第二种风险来自于泥沙淤积侵占防洪库容。水力发电工程大坝设计的泄流（洪）闸型式不同导致工程的泄洪闸排沙功能不同，最终影响着大坝的洪水漫坝风险。

4.6.5　水库诱发地震分析

研究河段各库区地震动峰值加速度小于 0.05 g，相应地震基本烈度小于 Ⅵ 度，近期未发现活动性断层，不具备孕育强震的地质构造背景，属于构造相对稳定的区域。水库建成运行后，抬升水头不高，库区地应力改变不大，水库诱发地震的可能性较小，可以说地震造成的水库溃坝风险较小。

总结因地震原因造成大坝工程出险实例，具有下列特征：

①地震原因造成大坝出险的事例，无论在大坝总数中还是在出险大坝总数中，其发生的概率值均偏低，且远低于因洪水原因造成的大坝出险概率值。

②除构造地震可以导致大坝出险外，水库诱发地震也可以导致大坝出险。水库诱发地震大坝出险率约占地震大坝出险总数的 1/3。

③地震大坝出险后果为坝体裂缝和设施破坏，影响枢纽功能的正常发挥，尚无因其引起溃坝的报道，其损失远远小于因洪水漫坝、溃坝的损失。

④混凝土重力坝即使在出险状况下，其抗震效果也要好于其他坝型。

4.6.6 水质风险分析

水电站建成后，基本上不产生"三废"污染，运行期对环境的不利影响很小，但若水电站出现油泄漏，将对下游水质产生一定的不良影响，因此，水电站漏油是运行期的环境风险之一。

4.6.7 风险事故管理措施

风险事故管理的首要环节是建立事故救援指挥系统。

事故救援指挥系统是在紧急事故发生后进行事故救援处理的体系，该系统对事故发生后作出迅速反应，及时处理事故，果断决策，减少事故损失是十分必要的。它包括组织体系、通信联络、人员救护等方面的内容。因此在项目投入运营前需制定这方面的预案。

（1）应急组织机构、人员

各级水利枢纽应设立环境应急机构，对机构成员定职定岗，并建立值班制度；安排专门人员对风险源进行常规巡视、管理和监测；环境应急机构的专职人员应进行专业培训，且进行有规划的环境应急演练。

（2）应急通信联络方式

在环境应急机构设置固定电话和无线通信系统，并且完善与所属辖区环保、林业、水利、消防、医疗机构及相关部门的联系方式，一旦发生风险事故，环境应急机构负责人（或值班人员）应立即向水利枢纽环境应急机构及行政主管部门汇报。

（3）应急防护措施和器材

环境应急机构需配备相应的消防器材和医疗设备等。

（4）应急环境监测方案

针对工程可能发生的环境风险事故，提出地表水、环境空气质量及施工人员发病率的监测方案；一旦发生环境风险事故，立即启动应急环境监测方案，并请相关行政主管部门指导或请求具有相应资质单位的协作。

（5）水电站溢油防范措施

水电站油系统包括透平油系统和绝缘油系统。透平油系统主要任务是供给机组各轴承及调速器用油并包括油净化；绝缘油主要是提供给变压器用油。

根据电站防火要求，透平油和绝缘油的储存地及油化验室均初拟放在厂外。当设备需要充油、换油时，用油车将油运往厂内安装场，然后通过油管输送到各个用油设备。当运行油需要处理时，先排到厂房内的集油箱，用油泵将油抽至油车，然后运往厂外储油地及油化验室处理。为防止油料外溢，储油地设有事故油池，各种漏油集中于事故集油池后，经油水分离器处理后，油回收处理。应严格按照设计进行设备选型与施工，防止溢油事故发生。

4.6.8　漏油事故应急预案

各梯级运行期漏油事故应急预案：

（1）现场警戒，停止相关生产设施的运行，报告消防部门、环保局、水利局和相关管理部门。

（2）迅速用围油栏围住泄漏油品，防止油品在河中扩散，并由防污船回收，并尽快找出事故原因。

（3）若油膜扩散范围已无法控制并有可能影响乐昌市饮用水水源保护区、武江饮用水水源保护区，应立即通知相关自来水公司采取相关防护措施，必要时启动水源保护区应急预案。

（4）对事故发生后的下游水质进行监测分析，进行事故评价。

4.7　梯级开发的环境保护对策及补救措施

4.7.1　水资源保护对策及补救措施

（1）发生环境风险事故的应急措施和对策

各梯级工程应制定环境风险预防措施和应急预案，并且要在日常生产生活中进行应急演练，将环境风险措施和应急预案实施工作落实到人，专人负责，一旦发生环境风险事故，应迅速响应，立即实施应急措施，并启动应急预案。各梯级之间要加强协作，建立密切联系，形成环境风险联动响应机制。同时，建议在相关政府部门牵头下开展《武江梯级库区环境污染事故应急预案》《武江梯级库区环境污染事故应急调度方案》《武江流域底泥重金属污染事故爆发预测及处理对策研究》等方面的研究，以完善武江流域梯级开发的环境风险防范体系和应急体系。

（2）加强水资源保护管理体制建设

解决好水资源保护问题的一项重大措施就是强化统一管理，将管理工作纳入科学的、以国家利益为前提的统一管理轨道；建立流域与区域结合、管理与保护统一的水资源保护工作体系，逐步形成省与地方、流域与区域、资源保护与污染防治、上游与下游分工明确、责任到位、统一协调、管理有序的水资源保护机制。值得推荐的是，建立城市水务局统一管理水资源。为更好地保护武江水资源，落实最严格的水资源管理制度，建议后期开展《武江流域"三条红线"控制指标分解方案研究》等研究工作。

（3）加大执法力度，强化取水许可管理，实施排污许可制度

实施取水许可制度是水资源管理的核心，各级水行政主管部门应严格实行取水许可制度，对取水户进行登记、审批、发证，逐步建立、健全和规范取水许可监督管理制度，包括健全计划用水、节约用水、取水许可年审制度等，加强对取水户取水水质的监督管理，严格执行取水许可水质管理规定和污水排放标准，健全排污许可证制度，实行总量控制和排污收费，控制污水排放总量，确保饮用水水质，保障人民的身体健康和生命安全。

对水环境有污染的企业，认真贯彻执行废水排放标准，强化超标排放的管理和加强治理力度。新建扩建项目严格执行环评和"三同时"制度，这是防止新污染的一项重要措施。

（4）加强水资源保护能力建设

加大水资源保护的投资力度，是加强水资源保护能力建设，增强水资源管理综合能力的重要保障。各级政府应增加资金投入，在逐步完善常规水质监测的基础上，大力提高水质监测系统的机动能力、快速反应能力和自动测报能力，增强对突发性水污染事故的预警、预报和防范能力。进一步做好对人员的培训工作，提高水资源保护队伍的整体素质。

4.7.2　水环境保护对策及补救措施

4.7.2.1　梯级工程库区污染源治理措施

（1）控制上游及库区污染源

严禁在饮用水水源保护区和Ⅱ类水域新建排污口，从根本上减少入库污水量，控制其污染。

（2）加强生活污染源治理

在流域居民区、乡镇农村居住点应积极宣传卫生知识，强调环境卫生的重要性并加强对厕所、人畜粪便的处理措施，村镇的生活污水经过排污沟收集，对已有排污进入河流的排污沟进行改造，进行集中处理后回用做农家肥，定期将生活垃圾、人畜粪便运往指定地点处理后做农家肥使用，以减少对水库水源的污染。

（3）加强农业面污染源治理，大力发展生态农业

减少农业面源的污染最有力的措施就是从根本上减少农药化肥的施用量。农业技术服务中心可在库区加强农业污染的宣传，更加紧密地与农户联系，举办更多的培训讲座，让农户提高农业环保的意识，推广生态农业，指导农民更科学合理地使用化肥和农药，减少并控制化肥和农药的施用量。

维持耕地肥力，防止土壤营养物质流失，首先，调配氮肥和磷肥的最佳比例，采用有效的贮存和施肥方式；其次，加强土地的管理和使用，调整种植方式，如方法、及时性、种植的方向和深度，或者种植轮作制度中短期的肥田作物。在农业区，污染源的控制可以通过建设生态农业工程、大力推广农业新技术来实现。通过改进施肥方式，如限制肥料的施入以及施肥时间，可以避免氮肥的过量供应。制定灌溉制度以及合理种植农作物、推广新型复合肥和缓效肥料等措施可控制肥料的使用量。农田灌溉采用节水方式，以减少回归水对河道水质的污染。保土耕种、作物轮植、节水灌溉等措施可减少农业径流的氮、磷损失。同时鼓励农民科学地开发利用污泥资源，既可以利用泥肥，弥补农田水土流失，又可以疏浚河道，减少水体的营养物量。

提倡使用低毒、低残留、高效的环保型农药，在区镇的农业服务技术中心的指导下科学合理地使用农药，增强病虫害防治的技术，改进施用农药的方法，遵守国家颁布的"农药安全使用标准"，禁止违章超标施用，减少农业面源污染。

（4）采用水生态修复技术维护库区水质

自然流态的河流在挡水坝的阻隔下，变成了流速缓慢的静水，污染物也随之停留沉积，易造成库区水体富营养化，诱发蓝绿藻类增多，建议采用浮岛式生物系统和沉箱式水体生态修复系统，该技术成本低，且具有景观美感。

（5）库区富营养化控制

经调查研究，梯级工程库区水质存在富营养化的趋势，建议开展梯级工程库区水生动植物联合修复技术研究，进行水体净化，保障饮用水安全。

4.7.2.2 生态流量下放管理

（1）加强各梯级生态流量下放监督管理

按照环评报告及其批复的要求制定生态流量下放管理制度，落实相关管理人员及负责人，制定生态下放流量台账和运行记录，建议安装生态流量在线监测记录仪。

（2）开展生态流量下放的跟踪评价

研究各梯级工程典型水文年下泄生态流量对下游河道水生生态环境的影响，针对存在的问题和影响，提出补救措施，制订跟踪监测调查计划。

4.7.2.3 船舶污水处理要求

根据《中华人民共和国防治船舶污染内河水域环境管理规定》（交通部第11号令，2005年8月20日）的要求，落实各梯级工程过往船只船舶污水的处理措施及转运情况，制定管理制度。

4.7.2.4 污废水处理措施

各梯级工程生活污水和油污水收集处理设施，应严格按照各梯级工程环评报告及其批复的要求执行、落实。

4.7.3 水生生态环境保护对策及补救措施

水力发电工程建成后库区对水生生物资源既存在有利方面的影响，也存在不利方面的影响。为尽可能地将不利影响降低并转化为有利影响，减少或避免不利影响所造成的损失，使之最大可能地发挥其生态效益、经济效益和社会效益，提出以下保护措施和对策：

（1）合理综合利用水体，可做适当的开发利用

营运期间要关注鱼类的保护和渔业的发展，使水体能最大限度地发挥综合经济效益。库区建成后，浮游动、植物，底栖动物，水生植物的种类和数量都会有不同程度的增加，为鱼类的觅食、栖息和繁衍提供有利的条件，渔业有一定的发展潜力，因此可以适当发展渔业，必须严格执行《中华人民共和国渔业法》，加强渔政管理，以便维护渔业生产秩序，应划出一定范围的禁渔区和规定禁渔期，对经济鱼种应作为当地的保护对象实施保护。由于水库的主要功能是发电和航运，因此，严禁用网箱等人工方式养鱼，严禁毒鱼、电鱼、炸鱼和用小目密网捕捞。

（2）设置诱鱼灯

在大坝与航道相交的地方设置一个诱鱼灯，将鱼类引诱到大坝附近，以利于通航时实现上下游鱼类的种质资源交流。

（3）设置增殖放流点，恢复渔业资源

主要是对武江流域中分布的地方特有鱼种和经济鱼类进行人工放流。拟增殖放流的鱼类鱼苗建议在附近设置鱼苗培育点进行培育后放流。由于目前本次研究的武江干流河道已建成梯级均未设置鱼苗增殖培育点，建议本次研究范围内的所有梯级开发单位和管理单位协调合作，共同开展和维护鱼类增殖工作，统筹考虑，统一部署设置放流点。

为提高人工培育苗种的自然存活率，苗种在放流前必须在自然水体中经过一段时间的适应性暂养和锻炼。暂养和锻炼可在网箱内或库区河汊内实行。暂养和锻炼时，选择水深适中（1.5～2.0 m）、水面开阔的水体，暂养时还必须加强对暂养水体的监管，采取一定措施对可能的敌害生物进行驱赶；放流时则应当把苗种尽量散于广阔的水域内，使其获得适合的生境与饵料条件。为满足日后放流效果评价监测的需要，放流前还需进行放流苗种标志技术的研究。

（4）进行水生生物和鱼类资源的监测

生态系统的恢复、形成和保护是一项长期的工作，需不断地进行观测、调查和保护。流域开发是一个渐进的过程，因此，需要进行不断的调查、分析，有针对性地提出措施进行保护，使资源得到长期、有效的保护。

（5）鱼类栖息地保护

水利航电枢纽工程建成后，库区水文情势发生改变，水环境影响因素发生变化，水生

生物的生境相对封闭、稳态，生物群落相对稳定，生产者、消费者、分解者之间具有相对稳态的定量关系。水库内水环境受到人类干扰后（如营养物质增多，养鱼、捕鱼、污染排入等），生态系统会不断恶化或退化；无人类干扰或人类干扰不显著的情况下，水体水面也会不断自然萎缩或水体富营养化。同时，工程建设后，库盆结构形态发生改变，水草或库滨带湿地面积减少，水温及水化学参数呈均质性变化，库区内缺少足够的水生物庇护和繁衍空穴，特别是对幼小鱼类、浮游动物的庇护、保护和孵化功能将产生不利影响。针对项目区水文情势特点、水环境特点、调度特征、水生生态物种等各种属性，应开展鱼类栖息地保护和科学研究方面的论证与设计。

工程运行后由于水文情势发生变化，且增殖放流部分当地鱼种后，在库区内将形成新的水生生态系统，有利于产黏性卵的鱼类产卵，建议在库区内库湾回水区域增加一定面积的鱼类繁殖孵化人工生物岛，人工生物岛建议采用浮岛式生物系统和沉箱式水体生态修复系统相结合的工艺技术，该技术成本低，具有一定的景观美感，可起到保护幼小鱼类和浮游动物的作用，人工生物岛系统还能净化库区水质，保护水环境质量。

东湖治理前

东湖采用人工生态岛技术治理后

图 4.7-1　东莞东湖治理前后对比

（6）充分论证过鱼设施

目前，研究河段内已建成各梯级均未建设过鱼通道。根据《关于深化落实水电开发生态环境保护措施的通知》（环发〔2014〕65 号）的要求，未建的梯级在建设时必须按照《关于深化落实水电开发生态环境保护措施的通知》（环发〔2014〕65 号）的要求，在大坝设计及施工建设时均充分考虑过鱼设施的设置问题，并设置技术可行的过鱼设施。对于未建过鱼设施的已建梯级，建议相关部门组织各已建梯级开发单位共同开展流域鱼类资源特别是北江特有珍稀保护鱼类资源和洄游性鱼类资源调查，委托专业机构开展专项论证研究工作，论证是否需要补建过鱼设施，抑或可以通过人工增殖放流和栖息地保护等工作来达到保护鱼类资源的目的。

（7）生态补偿区设置

流域各支流水资源丰富，生境与武江类似，各支流汇入武江的流水态生境尚有可能为产漂流性卵的鱼类提供产卵场所。其生境可以替代因梯级工程建设造成的生境及保护区功能损失，建议在部分支流划定一定的水域作为生态补偿区域。

第 5 章

实施中梯级开发水环境影响分析

5.1 工程分析

5.1.1 施工期水环境影响源分析

5.1.1.1 施工期废（污）水

施工期间废（污）水主要来自生产和生活，包括砂石料加工废水、混凝土拌和废水、含油废水、基坑废水、生活污水等，污染物以 SS 为主；其中砂石料加工系统所产生的废水量最大。

（1）生产废水

1）砂石料加工系统废水

枢纽区砂石料筛分系统布置于塘头砂砾料场靠近 7# 施工道路附近。砂石料加工系统生产规模 2.0 万 m^3/月（约 83 t/h），根据已建同类工程经验：每冲洗 1 t 砂石料需用水 1.5 m^3，结合项目可研可知塘头水电站工程所需石料含泥量偏高，因此将每冲洗 1 t 砂石料所需用水量调整为 2 m^3，则推算出满足系统生产规模用水总量约为 166 m^3/h。废水产生量约按排污系数 0.9 计，则砂石料加工系统冲洗废水产生量约为 149.4 m^3/h。砂石料冲洗时，毛料中的泥浆和小于 0.15 mm 的细砂将被带走，废水 SS 浓度较高，浓度一般为 1 500～5 000 mg/L，最高可达 40 000 mg/L。

2）砼拌和系统

砼总量约 13.53 万 m^3，高峰浇筑强度约 2.25 万 m^3/月。考虑到工程分两岸布置，左右两岸砼浇筑强度不均衡，左岸施工生产生活布置区内布置一座生产能力为 48～60 m^3/h 的 2×1.0 m^3 砼拌和楼，右岸施工生产生活布置区内布置一座生产能力为 15～20 m^3/h 的 0.8 m^3 砼拌机一台。

混凝土拌和系统进行混凝土生产时，每方混凝土需用水 0.3～0.4 m^3，则用水量为

32 m³/d（混凝土总量按最大生产能力 80 m³/h 计算），水分在混凝土自然干化过程中不断蒸发，这部分废水排放量很小，可忽略不计；在混凝土转筒及料罐的每次冲洗过程中，将会产生一定量的废水，类比已建同类项目可知：每次冲洗将产生废水约为 2.0 m³，每座砼拌和站冲洗废水按每天 2 班每班 1 次计算，则冲洗废水产生量约为 8 m³/d。废水 pH 约为 11，废水中悬浮物浓度约为 5 000 mg/L。

3）机械冲洗及修理系统（含油）废水

以机械施工为主，工程使用的挖掘机、推土机等施工机械及运输车辆约为 30 辆，其余施工机械有 50 余台。工程现场不考虑施工机械大修，要求承建单位进场时机械保养完好，现场仅设置小型机械修配车间，在机械、车辆的检修、冲洗过程中，会产生一定量的油性废水；类比同类工程，检修、冲洗一台车辆或机械会产生 1～1.5 m³（塘头水电站工程取值 1.0 m³）含油废水，每周冲洗 1 次，每次产生废水量约 80 m³，每月按 4 次计算，则每月产生含油废水约 320 m³。由于该冲洗废水每周产生一次，但根据实际情况，不可能所有机械集中在同一天进行冲洗，因此，将废水按每月 30 天进行平均分配，则每天产生含油废水 10.7 m³。含油废水中石油浓度可高达 30～50 mg/L（塘头水电站工程取值 40 mg/L），则污染物产生量约为 0.013 t/月。

4）基坑废水

基坑废水分为初期基坑废水和经常性基坑废水两部分，其中主要是初期基坑废水。

①初期基坑废水：由降水、渗水和施工用水（主要是混凝土养护水和冲洗水）组成；其特点是废水量大、以天然水体为主，污染物种类少、含量低，当围堰形成后，须将基坑内的水排出，以形成干地施工。

②经常性基坑废水：产生于大坝基础开挖和混凝土填筑过程；其特点为废水少、悬浮物含量高，pH 为 11～12。根据已建同类工程经验，经常性基坑废水产生量约为 2 m³/d。

（2）其他工程污染源

1）河道疏浚作业悬浮泥沙源强

疏浚作业过程中挖泥船挖泥过程搅动水体产生的悬浮泥沙量与挖泥船类型与大小、疏浚土质、作业现场水流、底质粒径分布有关，挖泥船挖泥头部水中 SS 浓度增加范围为 300～350 mg/L。航道疏浚作业产生的悬浮物发生量按《内河航运建设项目环境影响评价规范》（JTJ 227—2001）中推荐的公式进行测算：

$$Q = \frac{R}{R_0} \cdot T \cdot W_0 \qquad (5\text{-}1)$$

式中，Q —— 疏浚作业悬浮物发生量，t/h；

R —— 现场流速悬浮物临界离子累计百分比，%，取 80；

R_0 —— 发生系数为 W_0 时的悬浮物粒径累计百分比，%，取 71；

T —— 挖泥船疏浚效率，m^3/h；

W_0 —— 悬浮物发生系数，t/m^3，取 0.01。

为了与下游靖村梯级的航道衔接，从厢廊坝址坝下 283 m 断面开始，对河道进行疏浚。河底高程按 58.8 m 起开挖，航槽底宽 30 m，边坡取 1∶3，至塘头坝址处河底高程 59.0 m，疏浚总长度约 3.3 km，疏浚挖方量共计 15.07 万 m^3。

航道清淤疏浚工程开挖料为砂土层及卵砾石层，考虑到枯水期水深较浅，疏浚工作选择在丰水期进行，2.0 m^3 抓斗式挖泥船开挖，配 200 m^3 驳船运输至厢廊段现状采砂场处转运，1.0 m^3 长臂挖掘机水下开挖，配 15 t 自卸汽车运输，前期疏浚土料运输至左岸施工生产生活布置区用作场地垫高填平，后期运往左岸规划弃渣场弃渣。设计疏浚效率 40 m^3/h，根据上述公式计算疏浚泥沙源强为 0.3 t/h，疏浚施工期约 3 个月，则疏浚工作完成泥沙排放量为 216 t。

2）施工船舶舱底油污废水

施工船舶舱底油污水的产生量与船舶的新旧有关，还与航行、停泊作业时间的长短和维修及管理状况有关。挖泥船满负荷工作时，舱底油污水平均产生量约为 0.04 t/（d·艘），平均含油浓度为 5 000 mg/L，疏浚船舶完成水下疏浚作业舱底油污水排放量约为 3.6 t（按 90 天计）。施工船舶其他污水需根据《中华人民共和国防治船舶污染内河水域环境管理规定》（交通部第 11 号令，2005 年 8 月 20 日）的要求进行处理，不得直接将船舶污染物排入内河，需交由有资质的船舶污水处理单位接收处理，不得直接排入武江。

（3）施工人员生活污水

生活污水主要来源于施工期施工人员生活排水。据已建同类工程监测资料，生活污水主要污染物为 SS、BOD_5、COD、NH_3-N，其浓度分别约为 250 mg/L、150 mg/L、200 mg/L、30 mg/L。按最不利因素考虑，施工高峰人数为 480 人，每人每天用水量按 150 L 计，污水排放系数取 0.9，则生活污水产生量约为 64.8 m^3/d。

（4）施工期水平衡分析

施工期水平衡图见图 5.1-1。

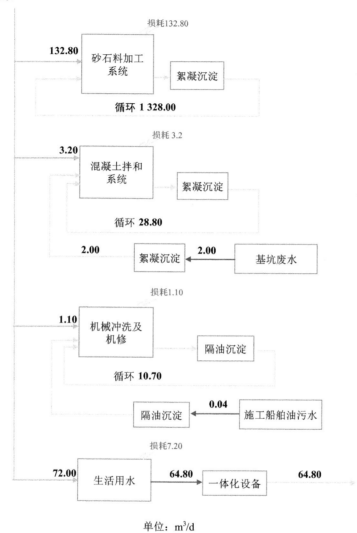

单位：m³/d

图 5.1-1　施工期水平衡

（5）小结

施工期生产废水及生活污水排放量及主要污染物排放情况详见表 5.1-1。生产废水按每年 330 天计，生活污水按每年 365 天计，施工期按 36 个月计，疏浚作业天数按 90 天计（按每天工作 8 小时计）。

表 5.1-1　施工期废污水及主要污染物产量一览表

来源		废水量			污染物产生浓度及产生量				
						浓度	产生量		
		日平均废水产生量/（m³/d）	年平均废水产生量/（10⁴ m³/a）	施工期废水产生总量/（×10⁴ m³）	污染物	产生浓度/（mg/L）	日平均产生量/（t/d）	年平均产生量/（t/a）	施工期产生总量/t
生产废水	砂石料加工系统	1 195.2	98.60	246.5	SS	5 000	5.98	4930	14 790
	混凝土拌和系统	8	0.66	1.66	SS	5 000	0.04	33.0	99.0
	基坑废水	2	0.17	0.41	SS	5 000	0.01	8.5	25.5
	机械冲洗	10.7	0.88	2.21	石油类	40	0.000 8	0.264	0.792
疏浚作业污染源	挖泥船挖泥的悬浮泥沙	—	—	—	SS	5 000	2.40		216
	施工船舶舱底油污废水	0.04		0.000 36	石油类	5 000	0.000 2		0.018
生活污水	施工人员日常生活	64.80	2.37	5.91	BOD₅	150	0.010	3.56	10.68
					COD	200	0.012	4.74	14.22
					NH₃-N	30	0.002	0.71	2.13

5.1.1.2　生态环境

本枢纽工程的主要工程内容包括坝址区枢纽工程构筑物施工，施工营地及设施的临时占地、施工临时道路占地，以及料场、渣场的占地等。以上建设施工对生态环境的影响主要有植被损毁、农田占用、地形地貌改变，工程施工时产生的废水、废气、噪声及固体废物排放也会使周围环境质量发生变化从而影响动植物的生境质量。

（1）工程施工产生的水土流失影响

施工活动将扰动地表，破坏地貌，使施工区原有的地形、地貌、土地利用方式发生改变，破坏水土保持设施。工程施工对水土流失的影响为主体工程基础开挖、施工道路修建、施工场地平整、料场开挖、弃渣处置等，这将扰动地表，破坏林草植被，开挖产生的弃土弃渣，若不采取防护措施，遇降雨冲刷，将会造成水土流失，给施工区生态环境带来不同程度的影响。根据项目水土保持方案报告书（报批稿），塘头水电站工程施工期及自然恢复期内水土流失总量为 46 599 t，其中新增水土流失量为 45 587 t。

（2）对土地利用的影响

工程永久征地面积为 199.7 hm²，其中耕地为 26.11 hm²，园地为 0.81 hm²，林地为 9.78 hm²，草地为 26.39 hm²。工程占用林地为 21.82 hm²（永久和临时），将对森林群落及植被产生直接的破坏作用，造成生物量、生产力的下降；工程永久及临时占用耕地为

31.37 hm²，占地后改变了原有土地的利用类型，将会对农业生产造成一定的影响。

（3）对陆生生物的影响

1）对陆生植物的影响

经过调查，工程淹没范围包括 1 株古树名木及各类零星树木 16 348 株（丛），通过合适的保育、迁地保护措施可有效避免该类资源的损失，故对其的影响可降至最低。水库淹没区没有发现国家重点保护植物与广东省省级保护植物分布，因此水库淹没对珍稀濒危植物无影响，电站运行对评价区的生态环境以及陆生植物生物多样性的影响不大。

2）对陆生动物的影响

运行期对动物的影响主要体现在：由于淹没使原有栖息地改变，从而造成动物分布的格局发生变化。

①对两栖和爬行类的影响

电站蓄水对在河谷地带分布的两栖类和爬行类有正负两方面的影响，其中正面影响是：对于该地区分布的两栖类来说，由于可利用水域面积的增加，适宜生境面积也随之扩大，可能促进其数量上的发展，并有可能进一步促进以蛙类为食物的蛇类和猛禽类的发展；负面影响是：使两栖爬行类被迫放弃淹没区原已熟悉的适宜生境和冬眠场所而在蓄水区周围区域重新寻找新的适宜栖息地。

②对鸟类和兽类的影响

水库蓄水后对于鸟类和兽类的影响不大，因为它们的活动能力较强，可迅速向周边适宜生境及海拔更高的地带迁移扩散；大坝蓄水淹没对兽类影响较大的是啮齿类动物，特别是鼠科动物，水库淹没将使鼠类向海拔更高的地方迁移，使其分布范围改变，个体数量有可能减少；而其余兽类由于趋避能力较强，水库蓄水后，将迁移至周边地区重新分布，其多样性和种群数量不会有太大的改变。

总体来看，运行期对陆栖动物的影响主要表现在可能迫使这些动物迁离原来熟悉的生境，重新寻找适宜生境，但是，由于蓄水的面积较小，形成的水面不大，因此，对生物多样性造成的影响并不显著。

（4）对水生生物的影响

枢纽施工中的围堰形成、基坑排水等将会造成局部范围水域浊度和悬浮物增加，对鱼类、浮游动植物的生境将会产生短期的局部影响。

枢纽施工围堰将占用很大一部分过水断面，使过水断面面积减少。构筑物对水流形态有一定的干扰，使局部流场发生改变，在坝址处产生壅水和水位抬高现象，对鱼类、浮游动植物的生境将会产生影响。

根据项目可研报告，施工期约为 36 个月。每年的 3—8 月是武江鱼类繁殖产卵的高峰期，产黏性卵的鲤、鲫、鳜等鱼类在水草、岩石上产卵，因而在施工区域附近水域活动或繁殖的鱼类，会受到施工噪声惊扰、施工产生的浑水等因素影响，影响腺发育和产卵，导致鱼类资源减少。

河道疏浚水下施工作业对鱼类有驱赶作用，导致工程区域鱼类数量减少，还有可能误伤水生生物；在鱼类产卵期作业还会影响鱼类繁殖；各类施工作业产生的废水、含油污水等使水质在一定范围内、一定时间内出现恶化，对鱼类等水生生物有一定的影响。

（5）对景观的影响

工程施工开挖及填筑、水库淹没等将对坝区及库区的自然景观产生一定影响，各种拼块类型面积发生变化将导致区域自然生态体系稳定状况发生改变。

（6）对生态系统完整性的影响

工程施工对占地范围内的生态系统完整性将产生一定的影响，其中永久占地为不可逆的影响，可通过后期种植植物绿化来进行补偿，临时占地的影响为可逆影响，施工结束后通过土地复垦及种植植物后可恢复到占地前水平。

5.1.1.3 河道疏浚影响

疏浚施工过程中，由于人为扰动河床底质，使疏浚物中的可悬浮颗粒物以疏浚作业点为中心迅速向周围扩散，造成水体混浊，水质下降，疏浚点周围一定范围内的浮游生物的正常生境在一定时间内发生恶化，挖槽内的底栖生物也因疏浚作业而发生一定的损失，随着悬浮物的逐渐沉降，挖槽中及两侧一定范围内的底栖生物生境也被改变。

5.1.2　运行期水环境影响源分析

5.1.2.1　水文情势分析

水力发电是利用水力资源产生能源的生产工艺工程，工程运行本身不排放环境污染物，但运行期蓄水发电将会改变库区及坝下水位、流量和流速等。

武江为北江干流上游河段，在武江乐昌峡塘角坝址以下规划选定了6级开发方案，自上而下分别为张滩（扩建）、昌山（茶亭角）、长安（白糖宁）、七星（七星墩）、厢廊（塘头）和靖村（下坑）梯级，均为径流式电站，除厢廊梯级（塘头水电站）未建设以外，其余5个梯级全部建设完成。

塘头水电站上游有大型水利枢纽——乐昌峡水利枢纽，乐昌峡水库的开发任务以防洪为主，结合发电，兼顾航运和灌溉。乐昌县水库建成后，可使乐昌县城的防洪标准由10年一遇达到50年一遇，使韶关市区的防洪标准达到100年一遇。乐昌峡水库现已建成，对下游梯级的径流及洪水均有调节作用。

由于塘头水电站工程为无调节型低水头径流式电站，水库基本上保持原河道天然形状，坝址处天然水位62.02 m，相应流量179 m³/s，最高洪水位72.86 m，相应流量8 600 m³/s；水库建成后正常蓄水位68.00 m，设计洪水位最大下泄流量4 720 m³/s，相应下游水位

69.82 m，最小下泄流量 12.50 m³/s，相应下游水位 60.5 m。由此可见，水文情势改变较小，库区水面与天然洪水水面相当；水位变化不大，水库水位在坝址处仅抬高 5.98 m，库中段及库尾抬高更小，与天然洪水相当，不同的是库区的水文环境变化仅仅是由原来的短时间高水位（洪水位）变为长期高水位（正常蓄水位），但并没有改变原有的地形、地层岩性、地质构造。

5.1.2.2　泥沙分析

塘头电站坝址无实测泥沙资料，但下游犁市站自建站以来即有悬移质测验资料。根据 1956—2006 年共 51 年的实测资料统计，多年平均含沙量为 0.186 kg/m³，悬移质多年平均输沙量为 112.58 万 t/a。考虑到塘头电站坝址距犁市站较近，且沿河岸坡稳定，未发现大的崩塌体和滑坡体，以及参照北江流域上、下游含沙量的变化情况，塘头电站坝址以上流域的多年平均含沙量取值与犁市相同（0.186 kg/m³）。据此推算出塘头坝址断面的多年平均悬移质输沙量为 105.00 万 t。武江属山区河流，根据国内统计资料，山区河流的推悬比 β 为 0.15～0.30，参照国内的同类工程，本工程坝址处的推悬比按 15% 计，则推移质年输沙量为 15.75 万 t，年输沙总量为 120.75 万 t。

5.1.2.3　水温分析

项目库区蓄水后由于水位和流速的变化，坝前水温将出现一定的变化。

根据水库规模和特点，水库水温结构类型采用《水利水电建设项目河道生态用水、低温水和过鱼设施环境影响评价技术指南（试行）》（环评函〔2006〕4 号）推荐的 α 判别法，其公式为

$$\alpha = 多年平均年径流量/水库总库容 \qquad (5\text{-}2)$$

当 $\alpha < 10$ 时，水库水温为稳定分层型；

当 $\alpha > 20$ 时，水库水温为混合型；

当 $10 \leqslant \alpha \leqslant 20$ 时，水库水温为过渡型。

本枢纽坝址断面多年平均年径流量为 56.45 亿 m³，$\alpha = 369.92$，属于完全混合型，因此不存在低温水下泄的过程，不会对下游生态造成不利影响。

5.1.2.4　水环境

（1）生活污水

运行期污水主要是工作人员的生活污水。初拟工程运行期的定员编制约 40 人。类比同类已建工程：用水量按 150 L/（d·人），生活污水产生量按用水量的 90% 计，生活污水的产生总量 5.4 m³/d。污水中主要污染因子为 COD、BOD_5 和 $NH_3\text{-}N$，产生浓度分别按 200 mg/L、150 mg/L 和 30 mg/L 计，则产生量分别为 1.08 kg/d、0.81 kg/d 和 0.16 kg/d。

（2）船舶污染事故

假定进出航道上的船舶发生搁浅、碰撞，造成燃油箱破损柴油泄漏入江事故，柴油泄漏量按 5 t 估算，主要污染物为石油类。

5.1.2.5　生态环境

（1）陆生生物

水库的淹没面积为 162.04 hm²，工程完工后，大坝就开始拦阻水流，水位将会上升，水库水面积增加使原本生活于库区的植被被淹没，直接导致了植被生物量的减少。具体包括耕地 19.96 hm²，林地 0.86 hm²，草地 19.79 hm²。

蓄水后，水库生境的产生改变了原有陆生生物所处的小环境，会改变它的温度、湿度、水分等生态因子，也会引起土壤的结构变化等，从而引起陆生生物的改变，一些喜湿的动植物将会增加，会形成新的生境类型。

（2）水生生物

1）浮游植物

水库蓄水初期，河段水体流速变缓，受淹没影响，水体中有机物急剧增加，同时淹没区土壤可溶性无机盐物质将逐步进入水体，加上地表径流汇入的营养物质在库区的滞留时间加长，为库区水域浮游植物的繁衍提供了丰富的物质基础，使库区内氮、磷等营养物质有较多增加。因此在蓄水初期，各种藻类特别是硅藻、黄藻等喜氮性藻类数量将会大幅增加。在水库正常运行期，河段水体流速变缓，水体浊度下降，透明度增加，有利于浮游植物进行光合作用，绿藻、蓝藻等藻类植物的数量及比重将不断增加。随着水库水体在蓄水初期增加的营养物质逐步消耗，库区水体内各种营养物质交换趋于稳定，硅藻、黄藻等藻类的生长势头将被遏止，数量逐步下滑，库区水域的浮游植物在种群结构和种群数量上将形成新的平衡，此时水库水体浮游植物的数量变化在较大程度上依赖于库区水体内营养物质如氮、磷的含量，库区水生维管束植物增长，梯级电站水库的形成会使库区内河水流速降低，会对藻类的群落结构产生一定的影响，急流藻类将被适合生长于较缓流速河流中的种类所代替。

由于库区水面扩大，流速变缓，泥沙含量减小，透明度增大，库区营养物质的总量远大于过去天然河流水体的营养物质含量，这为水生生物的生长和繁殖提供了充足的物质基础。因此，水生维管束植物、浮游植物、浮游动物的种类将大大增加，群落结构更为复杂，个体密度和生物量也将增多，为鱼类提供了更加丰富的饵料。但原适应流动水体的水生昆虫的种群和数量均呈下降趋势。深水区由于库底部溶氧含量低、日照不足等原因，将没有或很少有底栖动物生存。

2）浮游动物

拦河坝建成后，库区中下游水域水位升高，浮游植物由原来的河流生态将变成河道型缓流水库生态，深度增加、水面扩大、容积增加、透明度扩大，被淹没区域植被、土壤内营养物质渗出，水中有机物质及矿物质将增加，加上水流速度减缓，泥沙沉降，导致营养物质的滞留和积累，这些条件都有利于浮游动物的生长繁殖。电站运行后，坝下近江段的浮游植物受下泄底层水的影响，浮游动物密度较原来会有所减少，但种类组成不会发生太大变化。清水下泄会导致坝下江段冲刷下切，浮游动物繁衍空间萎缩，水体总生物量有所下降。

3）鱼类资源

①水坝阻隔对洄游性鱼类的影响

项目建成后，会阻碍鱼类上溯，通过调查发现，该水域分布有洄游性鱼类鳗鲡，江河半洄游性鱼类有青鱼、草鱼、鲢鱼、鳙鱼、倒刺鲃、光倒刺鲃、三角鲂、南方白甲鱼、银鲴、桂华鲮、唇鲮、三角鲤等，这些种类需要生殖洄游，水坝会阻碍它们的洄游通道，从而对这些种类的资源造成一定的影响。

②水坝阻隔对鱼类繁殖的影响

由于引流发电，改变了原来的水文条件，具体为原来坝下适宜鱼类产卵的流态区域发生变化，影响鱼类原有的产卵场规模，对鱼类资源、生物多样性造成一定的影响。

③水文情势变化对鱼类资源的影响

拦河坝建成运行后，库区水流变缓，水深增加，急流生境有所萎缩，河流的水动力特征发生了变化，水库库尾区域接近原天然河流，具有河流水文动力学特征，坝前库区水域水深、面阔，水流变缓，湖泊水动力学特征增强，为水库湖泊段，水库中间水域介于河流段和湖泊段，属于过渡段。水文情势变化，水量增大将使原河道水生生态系统变为湖泊型生态系统。库区原来适应底栖、砾石、岩盘等底质环境产沉黏性卵的鱼类，如似鮈、蛇鮈、光倒刺鲃、南方白甲鱼、东方墨头鱼、南方长须鳅鲀等鱼类种群数量将有所下降，而适应于缓流或静水环境生活的鱼类如鲤鱼、鲫鱼、麦穗鱼、棒花鱼、黄颡鱼、鲇鱼等种群数量将有所上升。

④水质变化对鱼类资源的影响

项目建成运行后，库区水动力学特征发生显著变化，相应的水体理化性质也会发生一系列变化。库区水流变缓，泥沙沉积，透明度升高，有利于浮游植物对光的利用，营养物质滞留和淹没库区营养物质的释放，水体中滞留的营养物质总量增加。因此，库区浮游植物的现存量将有较大幅度的升高，作为初级生产力的生产者，现存量的升高，会提高水体生物生产力，有利于仔幼鱼和浮游生物食性鱼类的生长。水坝运行过程中将下泄气体过饱和水，水体中过饱和氮对水体水质基本无不利影响，对水生生物影响不大。此外，拦河坝建成后，由于库区水位升高，水流减缓，这种生境十分适合外来物种（如罗非鱼、加州鲈、清道夫等）越冬、繁殖与生长，这些外来物种大多为凶猛种类，且会吞食其他鱼类的卵，会对库区的土著物种造成较大程度的影响。

5.2 水文情势影响分析

5.2.1 施工期水文情势影响分析

　　项目电站工程施工期引起河道水文情势改变的主要原因是施工导流和围堰。项目枢纽工程施工采用分两期围堰的导流方式（先左岸后右岸），导流方案为厂房过水围堰方案，整个施工导流围堰期间不需要拦蓄来水，具体操作如下：

　　（1）一期围堰布置在工程左岸，挡水时段为第一年 10 月至第三年 2 月，按照过水围堰设计，在右岸侧预留河道过流。围堰范围采用土石围堰，分为上、下游横向围堰及纵向围堰三段，围堰堰顶高程由河道右岸侧预留河道过流水力学计算确定。按设计，围堰期在河水流量最小的枯水期 10 月至次年 2 月，设计导流流量为 663.0 m³/s。在一期围堰导流期间，上游河道来水利用右岸侧预留的河道过流，过流河段宽度为 47～62 m，平均底部高程约为 60.0 m。

　　（2）二期围堰布置在工程右岸，挡水时段为第三年 10 月至第四年 2 月，这时一期围堰施工建设的左岸侧的 1# 泄水闸和 0.5 孔 2# 泄水闸以及发电厂房均已建成。围堰范围由上、下游横向土石围堰及已建纵向埋石砼围堰构成。其时，利用左岸侧一期施工完成的 1# 泄水闸和厂房发电流量过流（额定水头下满发流量为 363 m³/s）。

　　因此，项目塘头水电站工程施工导流和围堰期间基本不拦蓄来水，对来水无调蓄作用，不会出现断流。与现状相比，施工期间仅对约 500 m 的施工围堰河段有轻微的束窄外，基本不会影响水流的宣泄，而且影响时间仅在河道本身流量较小的三个围堰枯水期，持续时间不长，对施工点上下游河段的武江河段均不会造成影响。总体而言，项目施工期对武江水文情势影响轻微。

5.2.2 运行期水文情势影响分析

　　项目建设前后，分别在多年平均流量（178 m³/s）、多年平均汛期流量（255 m³/s）以及多年平均枯水期流量（102 m³/s）的水位计算列表如表 5.2-1 所示。图 5.2-1 所示为项目建设前后水位变化曲线图。从图表可知，相比建设前，建设后坝下河段的水位并没有发生变化，库区的水位有所增加，水位最大增值 6.72 m 出现在枯水期坝址处，在此往后至库尾水位增幅逐渐减少至 0.27 m。

　　表 5.2-2 所示为项目建设前后，分别在多年平均流量、多年平均汛期流量以及多年平均枯水期流量的水深计算列表。图 5.2-2 所示为项目建设前后水深变化曲线图。从图表可知，相比建设前，建设后坝下河段的水深并没有发生变化，库区的水深有所增加，水深最

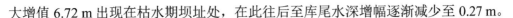

大增值 6.72 m 出现在枯水期坝址处，在此往后至库尾水深增幅逐渐减少至 0.27 m。

表 5.2-3 所示为项目建设前后，分别在多年平均流量、多年平均汛期流量以及多年平均枯水期流量的流速计算列表。图 5.2-3 所示为项目建设前后水位变化曲线图。从图表可知，相比建设前，建设后坝下河段的流速并没有发生变化，库区的流速有所增加，流速最大降幅 0.53 m/s 出现在汛期坝址下游约 1 000 m 处，在此往后至库尾流速降幅逐渐减少至 0.01 m/s。

结合项目工程建设前后水位、水深以及流速的计算结果，下面分别就库区和坝下河段的水文情势变化情况进行分析。

表 5.2-1　项目建设前后水位计算

对应位置	桩号	河底高程/m	建库前水位/m			建库后水位/m			建设前后水位变化量/m			变化量最大值/m
			多年平均流量	汛期流量	枯水期流量	多年平均流量	汛期流量	枯水期流量	多年平均流量	汛期流量	枯水期流量	
塘头村	0+248	58.51	61.63	61.97	61.14	61.63	61.97	61.14	0.00	0.00	0.00	0.00
	0+468	53.25	61.76	62.17	61.21	61.76	62.17	61.21	0.00	0.00	0.00	0.00
	0+583	55.22	61.77	62.19	61.22	61.77	62.19	61.22	0.00	0.00	0.00	0.00
	0+805	56.16	61.89	62.35	61.23	61.89	62.35	61.23	0.00	0.00	0.00	0.00
	0+985	54.68	61.94	62.42	61.24	61.94	62.42	61.24	0.00	0.00	0.00	0.00
	1+109	50.64	61.95	62.43	61.25	61.95	62.43	61.25	0.00	0.00	0.00	0.00
坝址	1+587	57.93	62.02	62.52	61.28	68.00	68.00	68.00	5.98	5.48	6.72	6.72
塘头村	1+770	57.17	62.35	62.89	61.54	68.01	68.01	68.00	5.66	5.12	6.47	6.47
	1+899	55.93	62.52	63.09	61.68	68.01	68.02	68.00	5.49	4.93	6.33	6.33
	2+361	57.86	63.14	63.77	62.25	68.03	68.05	68.01	4.89	4.29	5.75	5.75
	2+554	59.92	63.58	64.17	62.74	68.03	68.06	68.01	4.45	3.89	5.28	5.28
凰村	3+052	61.16	64.91	65.41	64.19	68.06	68.12	68.02	3.15	2.71	3.83	3.83
	3+558	61.34	65.32	65.85	64.60	68.08	68.16	68.03	2.76	2.31	3.43	3.43
	4+091	57.23	65.53	66.11	64.75	68.11	68.21	68.04	2.57	2.09	3.29	3.29
	4+388	59.92	65.63	66.24	64.82	68.12	68.24	68.04	2.49	2.00	3.23	3.23
	4+580	62.63	65.77	66.38	64.95	68.14	68.26	68.05	2.37	1.89	3.10	3.10
	4+842	59.60	66.03	66.66	65.18	68.17	68.33	68.06	2.15	1.67	2.88	2.88
	5+085	55.23	66.10	66.76	65.23	68.20	68.38	68.07	2.09	1.61	2.84	2.84
	5+337	55.25	66.18	66.86	65.27	68.22	68.42	68.08	2.05	1.56	2.81	2.81
	5+510	61.44	66.28	66.98	65.34	68.25	68.47	68.08	1.97	1.49	2.75	2.75
	5+640	60.49	66.37	67.09	65.41	68.27	68.51	68.09	1.90	1.42	2.68	2.68
	5+787	59.80	66.45	67.20	65.47	68.30	68.56	68.10	1.84	1.36	2.63	2.63
	5+976	62.56	66.60	67.36	65.59	68.34	68.63	68.12	1.74	1.27	2.53	2.53
	6+143	63.62	66.83	67.58	65.87	68.39	68.71	68.14	1.56	1.13	2.27	2.27
	6+324	64.00	67.17	67.85	66.38	68.45	68.81	68.17	1.28	0.95	1.79	1.79

对应位置	桩号	河底高程/m	建库前水位/m			建库后水位/m			建设前后水位变化量/m			变化量最大值/m
			多年平均流量	汛期流量	枯水期流量	多年平均流量	汛期流量	枯水期流量	多年平均流量	汛期流量	枯水期流量	
凰村	6+559	64.46	67.63	68.24	66.93	68.56	68.96	68.22	0.94	0.72	1.28	1.28
	6+776	64.03	67.97	68.59	67.25	68.70	69.15	68.28	0.73	0.56	1.03	1.03
	6+976	63.91	68.17	68.80	67.42	68.80	69.28	68.33	0.63	0.48	0.92	0.92
	7+176	63.26	68.29	68.94	67.50	68.87	69.38	68.37	0.58	0.44	0.86	0.86
	7+377	61.37	68.37	69.04	67.55	68.92	69.46	68.39	0.55	0.42	0.84	0.84
	7+577	64.48	68.45	69.13	67.62	68.98	69.53	68.42	0.52	0.39	0.80	0.80
	7+776	64.17	68.52	69.20	67.68	69.02	69.58	68.44	0.50	0.37	0.77	0.77
	7+976	64.25	68.57	69.26	67.73	69.05	69.62	68.46	0.48	0.36	0.73	0.73
	8+176	64.27	68.66	69.35	67.80	69.10	69.68	68.49	0.45	0.34	0.69	0.69
	8+376	63.82	68.73	69.44	67.86	69.16	69.75	68.52	0.42	0.32	0.66	0.66
	8+576	63.94	68.81	69.53	67.91	69.21	69.83	68.55	0.40	0.30	0.64	0.64
	8+776	63.24	68.88	69.61	67.96	69.26	69.90	68.58	0.38	0.29	0.62	0.62
	8+976	61.01	68.91	69.65	67.98	69.29	69.93	68.59	0.38	0.28	0.61	0.61
	9+182	61.32	68.93	69.67	67.99	69.30	69.95	68.60	0.38	0.28	0.61	0.61
库尾	9+337	62.01	68.94	69.69	67.99	69.31	69.96	68.60	0.37	0.27	0.61	0.61

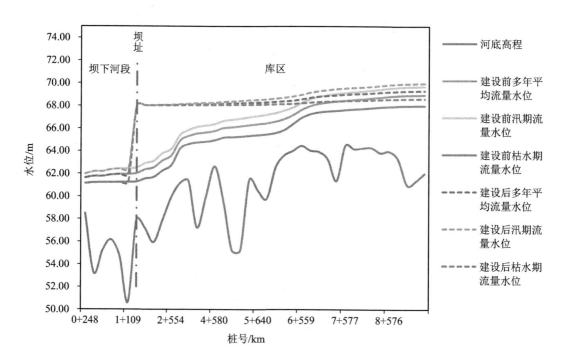

图 5.2-1　项目建设前后水位变化

表 5.2-2 项目建设前后水深变化

对应位置	桩号	河底高程/m	建库前水深/m			建库后水深/m			建设前后水深变化量/m			变化量最大值/m
			多年平均流量	汛期流量	枯水期流量	多年平均流量	汛期流量	枯水期流量	多年平均流量	汛期流量	枯水期流量	
塘头村	0+248	58.51	3.12	3.46	2.63	3.12	3.46	2.63	0.00	0.00	0.00	0.00
	0+468	53.25	8.51	8.92	7.96	8.51	8.92	7.96	0.00	0.00	0.00	0.00
	0+583	55.22	6.55	6.97	6.00	6.55	6.97	6.00	0.00	0.00	0.00	0.00
	0+805	56.16	5.73	6.19	5.07	5.73	6.19	5.07	0.00	0.00	0.00	0.00
	0+985	54.68	7.26	7.74	6.56	7.26	7.74	6.56	0.00	0.00	0.00	0.00
	1+109	50.64	11.31	11.79	10.61	11.31	11.79	10.61	0.00	0.00	0.00	0.00
坝址	1+587	57.93	4.09	4.59	3.35	10.07	10.07	10.07	5.98	5.48	6.72	6.72
塘头村	1+770	57.17	5.18	5.72	4.37	10.84	10.84	10.83	5.66	5.12	6.47	6.47
	1+899	55.93	6.59	7.16	5.75	12.08	12.09	12.07	5.49	4.93	6.33	6.33
	2+361	57.86	5.28	5.91	4.39	10.17	10.19	10.15	4.89	4.29	5.75	5.75
	2+554	59.92	3.66	4.25	2.82	8.11	8.14	8.09	4.45	3.89	5.28	5.28
凰村	3+052	61.16	3.75	4.25	3.03	6.90	6.96	6.86	3.15	2.71	3.83	3.83
	3+558	61.34	3.98	4.51	3.26	6.74	6.82	6.69	2.76	2.31	3.43	3.43
	4+091	57.23	8.30	8.88	7.52	10.88	10.98	10.81	2.57	2.09	3.29	3.29
	4+388	59.92	5.71	6.32	4.90	8.20	8.32	8.12	2.49	2.00	3.23	3.23
	4+580	62.63	3.14	3.75	2.32	5.51	5.63	5.42	2.37	1.89	3.10	3.10
	4+842	59.6	6.43	7.06	5.58	8.57	8.73	8.46	2.15	1.67	2.88	2.88
	5+085	55.23	10.87	11.53	10.00	12.97	13.15	12.84	2.09	1.61	2.84	2.84
	5+337	55.25	10.93	11.61	10.02	12.97	13.17	12.83	2.05	1.56	2.81	2.81
	5+510	61.44	4.84	5.54	3.90	6.81	7.03	6.64	1.97	1.49	2.75	2.75
	5+640	60.49	5.88	6.60	4.92	7.78	8.02	7.60	1.90	1.42	2.68	2.68
	5+787	59.8	6.65	7.40	5.67	8.50	8.76	8.30	1.84	1.36	2.63	2.63
	5+976	62.56	4.04	4.80	3.02	5.78	6.07	5.56	1.74	1.27	2.53	2.53
	6+143	63.62	3.21	3.96	2.25	4.77	5.09	4.52	1.56	1.13	2.27	2.27
	6+324	64	3.17	3.85	2.38	4.45	4.81	4.17	1.28	0.95	1.79	1.79
	6+559	64.46	3.17	3.78	2.47	4.10	4.50	3.76	0.94	0.72	1.28	1.28
	6+776	64.03	3.94	4.55	3.22	4.67	5.12	4.25	0.73	0.56	1.03	1.03
	6+976	63.91	4.26	4.89	3.51	4.89	5.37	4.42	0.63	0.48	0.92	0.92
	7+176	63.26	5.03	5.68	4.24	5.61	6.12	5.11	0.58	0.44	0.86	0.86
	7+377	61.37	7.00	7.67	6.18	7.55	8.09	7.02	0.55	0.42	0.84	0.84
	7+577	64.48	3.97	4.65	3.14	4.49	5.05	3.94	0.52	0.39	0.80	0.80
	7+776	64.17	4.35	5.03	3.51	4.85	5.41	4.27	0.50	0.37	0.77	0.77
	7+976	64.25	4.32	5.01	3.48	4.80	5.37	4.21	0.48	0.36	0.73	0.73
	8+176	64.27	4.39	5.08	3.53	4.83	5.41	4.22	0.45	0.34	0.69	0.69

对应位置	桩号	河底高程/m	建库前水深/m			建库后水深/m			建设前后水深变化量/m			变化量最大值/m
			多年平均流量	汛期流量	枯水期流量	多年平均流量	汛期流量	枯水期流量	多年平均流量	汛期流量	枯水期流量	
凰村	8+376	63.82	4.91	5.62	4.04	5.34	5.93	4.70	0.42	0.32	0.66	0.66
	8+576	63.94	4.87	5.59	3.97	5.27	5.89	4.61	0.40	0.30	0.64	0.64
	8+776	63.24	5.64	6.37	4.72	6.02	6.66	5.34	0.38	0.29	0.62	0.62
	8+976	61.01	7.90	8.64	6.97	8.28	8.92	7.58	0.38	0.28	0.61	0.61
	9+182	61.32	7.61	8.35	6.67	7.98	8.63	7.28	0.38	0.28	0.61	0.61
库尾	9+337	62.01	6.93	7.68	5.98	7.30	7.95	6.59	0.37	0.27	0.61	0.61

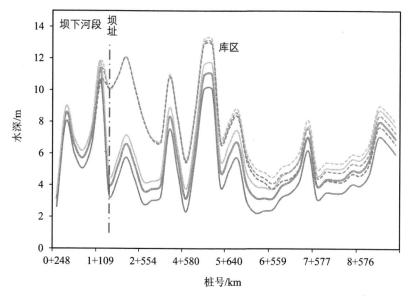

图 5.2-2　项目建设前后水深变化

表 5.2-3　项目建设前后流速变化

对应位置	桩号	河底高程/m	建库前流速/（m/s）			建库后水速/（m/s）			流速变化量/（m/s）			变化量最大值/（m/s）
			多年平均流量	汛期流量	枯水期流量	多年平均流量	汛期流量	枯水期流量	多年平均流量	汛期流量	枯水期流量	
塘头村	0+248	58.51	0.80	0.93	0.61	0.80	0.93	0.61	0.00	0.00	0.00	0.00
	0+468	53.25	0.34	0.44	0.22	0.34	0.44	0.22	0.00	0.00	0.00	0.00
	0+583	55.22	0.54	0.69	0.36	0.54	0.69	0.36	0.00	0.00	0.00	0.00
	0+805	56.16	0.73	0.85	0.58	0.73	0.85	0.58	0.00	0.00	0.00	0.00
	0+985	54.68	0.29	0.37	0.19	0.29	0.37	0.19	0.00	0.00	0.00	0.00
	1+109	50.64	0.28	0.36	0.18	0.28	0.36	0.18	0.00	0.00	0.00	0.00
坝址	1+587	57.93	0.47	0.54	0.38	0.12	0.17	0.07	−0.35	−0.37	−0.31	−0.37

对应位置	桩号	河底高程/m	建库前流速/(m/s)			建库后水速/(m/s)			流速变化量/(m/s)			变化量最大值/(m/s)
			多年平均流量	汛期流量	枯水期流量	多年平均流量	汛期流量	枯水期流量	多年平均流量	汛期流量	枯水期流量	
塘头村	1+770	57.17	0.37	0.45	0.29	0.12	0.17	0.07	−0.25	−0.28	−0.22	−0.28
	1+899	55.93	0.44	0.52	0.34	0.15	0.21	0.08	−0.29	−0.31	−0.26	−0.31
	2+361	57.86	0.33	0.36	0.30	0.07	0.10	0.04	−0.26	−0.26	−0.26	−0.26
	2+554	59.92	0.59	0.61	0.58	0.09	0.13	0.05	−0.50	−0.48	−0.53	−0.53
凰村	3+052	61.16	0.38	0.43	0.32	0.12	0.17	0.07	−0.26	−0.26	−0.25	−0.26
	3+558	61.34	0.24	0.29	0.20	0.10	0.14	0.06	−0.14	−0.15	−0.14	−0.15
	4+091	57.23	0.29	0.37	0.20	0.17	0.24	0.10	−0.12	−0.13	−0.10	−0.13
	4+388	59.92	0.25	0.29	0.20	0.13	0.18	0.07	−0.12	−0.11	−0.13	−0.13
	4+580	62.63	0.41	0.42	0.43	0.16	0.22	0.09	−0.25	−0.20	−0.34	−0.34
	4+842	59.6	0.32	0.39	0.23	0.21	0.29	0.12	−0.11	−0.10	−0.11	−0.11
	5+085	55.23	0.26	0.33	0.17	0.19	0.27	0.11	−0.07	−0.06	−0.06	−0.07
	5+337	55.25	0.28	0.35	0.20	0.19	0.27	0.11	−0.09	−0.08	−0.09	−0.09
	5+510	61.44	0.44	0.51	0.33	0.27	0.36	0.16	−0.17	−0.15	−0.17	−0.17
	5+640	60.49	0.37	0.45	0.27	0.25	0.34	0.15	−0.12	−0.11	−0.12	−0.12
	5+787	59.8	0.42	0.49	0.30	0.28	0.37	0.16	−0.14	−0.12	−0.14	−0.14
	5+976	62.56	0.43	0.49	0.35	0.27	0.36	0.16	−0.16	−0.13	−0.19	−0.19
	6+143	63.62	0.43	0.46	0.39	0.25	0.33	0.16	−0.18	−0.13	−0.23	−0.23
	6+324	64	0.35	0.37	0.33	0.21	0.27	0.13	−0.14	−0.10	−0.20	−0.20
	6+559	64.46	0.45	0.51	0.36	0.32	0.41	0.21	−0.13	−0.10	−0.15	−0.15
	6+776	64.03	0.35	0.41	0.27	0.28	0.35	0.18	−0.07	−0.06	−0.09	−0.09
	6+976	63.91	0.33	0.40	0.25	0.28	0.35	0.18	−0.05	−0.05	−0.07	−0.07
	7+176	63.26	0.28	0.35	0.20	0.25	0.31	0.16	−0.03	−0.04	−0.04	−0.04
	7+377	61.37	0.27	0.33	0.19	0.24	0.30	0.15	−0.03	−0.03	−0.04	−0.04
	7+577	64.48	0.25	0.29	0.21	0.21	0.26	0.15	−0.04	−0.03	−0.06	−0.06
	7+776	64.17	0.18	0.21	0.14	0.16	0.19	0.11	−0.02	−0.02	−0.03	−0.03
	7+976	64.25	0.22	0.25	0.18	0.18	0.22	0.13	−0.04	−0.03	−0.05	−0.05
	8+176	64.27	0.27	0.31	0.20	0.24	0.29	0.16	−0.03	−0.02	−0.04	−0.04
	8+376	63.82	0.27	0.33	0.19	0.24	0.31	0.16	−0.03	−0.02	−0.03	−0.03
	8+576	63.94	0.28	0.34	0.20	0.25	0.31	0.17	−0.03	−0.03	−0.03	−0.03
	8+776	63.24	0.24	0.29	0.17	0.22	0.28	0.15	−0.02	−0.01	−0.02	−0.02
	8+976	61.01	0.20	0.26	0.14	0.19	0.24	0.12	−0.01	−0.02	−0.02	−0.02
	9+182	61.32	0.12	0.16	0.08	0.12	0.15	0.07	0.00	−0.01	−0.01	−0.01
库尾	9+337	62.01	0.18	0.23	0.12	0.17	0.22	0.11	−0.01	−0.01	−0.01	−0.01

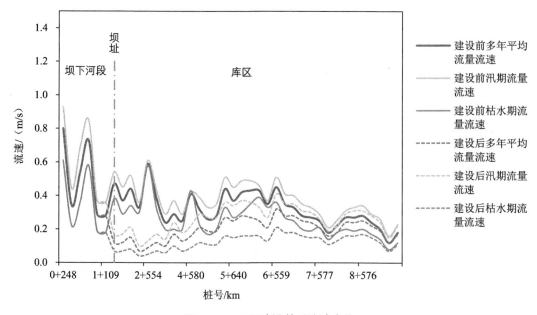

图 5.2-3 项目建设前后流速变化

5.2.3 库区水文情势影响分析

项目工程建成后，淹没了原来的天然河道，形成水库，将使库区河段的水位、水面积、流速及泥沙等水文情势发生变化。

塘头水电站属于河道型水电站，工程建成前坝址处多年平均水位为 62 m，工程建成后正常蓄水位增加至 68.0 m（珠基高程，额定水头 3.9 m），对应水库面积为 129 万 m^2，水位以下库容为 705 万 m^3，回水长度为 4 617 m。

通过计算可知，项目工程建设后，水库水位（水深）会增加，水库水位在坝址处抬高最大，最大值为枯水期的 6.72 m（对应水深增幅最大值为 6.72 m），库中段及库尾抬高变小，至库尾水位抬高只有 0.27 m（水深增幅 0.27 m），与天然洪水位相差不大。相对应，项目工程建设后库区水体流速会减少，其中最大降幅 0.53 m/s 出现在汛期坝址下游约 1 000 m 处，在此往后至库尾流速降幅逐渐减少至 0.01 m/s。

总体来看，项目工程建成后，随着水位抬升（水位最大抬升 6.72 m），库区水域面积扩大，大坝阻隔，坝前形成平面形态呈条带状的库区。而由于库区内过水面积较天然状况显著增大，水体流速明显减缓（流速最大降低 0.53 m/d），库区河段水域环境从急流型转为缓流型，同时水深增加（水深最大增加 6.72 m）、水面变宽、库区槽蓄量加大，糙率降低、水面比降减小。就库区内部而言，水文情势变化较大的区域为坝后区，至库尾处水文情势已逐步恢复至与天然状态相当。

坝前库区水文情势变化的间接影响，一方面，在降水产流方面，水库回水区直接承受降水，没有径流渗漏损失，原陆面蒸发转为水面蒸发；另一方面，由于水库回水减速作用，库区水体流速变缓，泥沙大部分被拦截沉淀在库区，天然河流挟带泥沙功能下降，因此枢纽处年平均输沙量、年平均含沙量与天然情况相比将会有不同程度的减少。除此之外，库区水文情势的变化，还会引致库区内鱼类种群结构及产卵场生境发生变化。

5.2.4　坝下河段水文情势影响分析

根据项目可研报告，塘头水电站年通航天数为 330 天，年发电天数为 365 天（全年发电），项目不产生减脱水河段，塘头水电站的运行方式主要包括：

当引水发电时：为保证单台机组安全稳定运行，最小发电引用流量为 36.0 m³/s；大于生态基流流量 17.9 m³/s。故运行期正常工况下（引水发电时）无须通过泄水闸下放生态流量，发电厂房尾水即可满足其要求，不会对下游生态环境及河道景观造成不利影响。

非正常工况下停止发电时：根据水库运行方式，当水库停止发电时，采用局部开启泄水闸下放生态流量。泄水闸堰顶高程为 60.50 m，共设 9 孔，闸孔净宽 14.0 m，最大单宽流量为 112.0 m³/s，满足下游生态基流 17.9 m³/s 以及下游水位变幅不超过 0.7 m 的要求，水库调节对下游水位、流量变幅影响较小。

5.2.4.1　初期蓄水

项目电站为径流式电站，水库无调节功能。项目库区初期蓄水时间约为一周，根据项目工程调度运行方式：蓄水时只要上游来水满足发电机组最小发电流量 36 m³/s，发电机均会工作，其时下泄流量 36 m³/s 满足《广东省乳源县武江塘头水电站工程水资源论证报告》中提出的最小下泄流量 21.7 m³/s（日后通航时最小下泄流量为 31.0 m³/s）；当上游来水小于 36 m³/s，项目发电机组停运，开启泄水坝按来水流量下泄，以满足生态基流需求。项目工程共设泄水闸 9 孔，闸门挡水高度 7.5 m，其时只需其中一孔泄水闸闸门，开度 0.35 m 即可满足最小下泄流量 21.7 m³/s。因此，项目电站水库初期蓄水期间，坝下河段会出现一定程度的减水，流量会有一定的减少，但蓄水时间只有一周，影响时间较短。而且电站按设计合理调度，下泄水量满足下游生态基流需求，坝下河段不会出现断流情况，下游河段居民生活、工农业生产以及生态需水均不受影响。总体来说，项目电站初期蓄水对坝下河段水文情势影响较小。

5.2.4.2　正常运行

由于塘头水电站工程属于低水头（额定水头 3.9 m）径流式水电站，水库无调节功能，基本来水多少即过水多少，对坝下河段的水文情势基本不会造成影响。由表 5.1-1～表 5.1-3 可知，项目工程建成后坝下河段的水位、水深、流速等水文参数不会发生变化，与天然状况基本无差异。而且，项目坝址处各月径流主要受上游乐昌峡径流调节的影响，工程正常运行对所在河段径流的年、月时空分配基本没有影响，仅是日内流量稍有变化，坝下河段径流总体上变化不大。总体来说，项目电站正常运行对坝下河段水文情势基本不会造成影响。

根据项目可研报告及航道设计通航规范、发电情况，项目不产生断流河段。根据项目工程调度运行方式，在正常运行期间，工程引水发电后的尾水全部回归原河道，无须通过泄水闸泄流即可满足下游生态环境及河道景观用水；当上游来水小于最小发电流量 36 m³/s，项目发电机组停运，开启泄水坝按来水流量下泄。其时，只需其中一孔泄水闸闸门，开度 0.35 m 即可满足最小下泄流量 21.7 m³/s。

5.2.5 下泄流量确定

塘头水电站工程按规范要求编制了《广东省乳源县武江塘头水电站工程水资源论证报告》，并最终通过了韶关市水务局审查。该水资源论证报告经计算论证，提出了塘头水电站工程满足下游河道居民生活、工农业生产和生态需水要求的最小下泄流量。

对于最小生态流量（生态基流量），该报告根据《水电水利建设项目河道生态用水、低温水和过鱼设施环境影响评价技术指南（试行）》，分别用多年平均流量百分数法和 Tennant 法计算塘头水电站坝址断面处最小生态流量，最终确定以 17.9 m³/s 作为本水电工程的最小生态流量。该流量符合《广东省水利厅关于小水电工程最小生态流量管理的意见》（粤水农电〔2011〕29 号）所规定的，中小水电工程的最小生态流量原则上按河道天然同期多年平均流量的 10%～20% 的要求。

《广东省乳源县武江塘头水电站工程水资源论证报告》考虑下游生产、生活、生态用水需求，最终确定武江塘头水电站的最小下泄流量（包含最小生态流量）为：停航情况下为 21.7 m³/s，通航情况下为 31.0 m³/s。

5.2.6 泥沙淤积影响分析

水库蓄水后，由于库区过水断面增大，水力坡度变缓，纵向流速和紊动流速均大大减小，从而降低水流的挟沙能力，改变了原来天然河道的泥沙运动规律，可能导致泥沙在库区沉淀、淤积。

5.2.6.1 泥沙淤积量计算

塘头水电站工程水库参照北江流域上、下游含沙量变化情况，坝址以上流域多年平均含沙量为 0.186 kg/m³，坝址处多年平均年输沙总量为 120.75 万 t，悬移质年输沙量为 15.75 万 t，计算得到极限淤积量为 34.1 万 m³，占正常蓄水位以下库容的 4.72%，泥沙被洪水带到坝前，随着泥沙淤积量增大，坝前淤积高程的抬高，拦沙率有所下降，最终本库运行 10 年可达到冲淤平衡。

5.2.6.2　泥沙淤积影响分析

　　塘头电站水库属锥体淤积形态，但淤积厚度不大，坝前仅 0.29 m，类似带状，库尾不产生翘尾巴淤积。同时本库来沙量不大，由于淤积量小，水库泥沙淤积对塘头水电站库容损失不产生大的影响。此外，由于工程回水长度为 4 737 m，回水较长，推移质泥沙不易运行到坝前。因此，水库末端和坝前泥沙淤积较少，对库区水面线及工程的运行影响均较小。

5.2.7　水文情势影响评价结论

　　项目塘头水电站工程属于低水头（额定水头 3.9 m）径流式水电站，无调节功能，经水利部门确认工程建成后最小下泄流量为 21.7 m^3/s，包含了最小生态流量 17.9 m^3/s。项目工程施工期不需要拦蓄来水，不会出现断流；运行期坝下河段除了蓄水期会有短暂时间减水外，正常运行水深、流速等与天然状况无差异，对水文情势影响较小；运行期库区水面加宽，流速减缓，水深增加，水文情势有较大变化，但泥沙淤积影响较小。

5.3　地表水环境影响分析

5.3.1　施工期水环境预测与评价

5.3.1.1　施工期水文情势影响分析

　　根据施工组织设计，塘头水电站工程施工导流采用围堰分期拦断河床的导流方式。一期围右岸侧 4.5 孔泄水闸及厂房，由束窄后的左岸侧河床过流；二期填筑上下游横向围堰，与一枯期间已完成的 C15 纵向埋石砼围堰形成二期枯水围堰，围左岸剩余 4.5 孔泄水闸及船闸，上游来水由一期已建好的右岸侧 4 孔泄水闸过流，二汛前完成左岸 4.5 孔泄水闸及船闸等建筑物的施工，并拆除二期枯水围堰。

　　因工程采用分期导流，施工期间，不使围堰以下河流断流，因此施工不改变下泄流量。总体来看，施工过程不影响河流水文情势。

5.3.1.2　施工生产废水影响分析

　　工程所在河段水环境功能为Ⅲ类，根据《水污染物排放限值》（DB 44/26—2001）的有关规定，施工废水排放需达到一级标准。因此，正常情况下，施工废水（包括生产废水和生活污水）经处理达标后充分回用再外排，排放量不大，不会对武江造成较大影响。

　　（1）生产废水

　　生产废水主要由砂石料加工废水、砼拌和系统冲洗废水、机械冲洗及机修废水和基坑废水组成。生产废水经收集、沉淀及添加化学药剂处理后均可回用于生产，没有外排，对武江的影响较小。

砂石料加工系统非正常工况排水的情况主要是系统故障，即水循环利用系统出现故障，当出现故障时即可停止生产；考虑最不利因素时，在此种状态下运行 30 min，砂石系统废水排放量为设计能力（149.4 m^3/h）下用水量的 90%，得出非正常工况下砂石系统生产废水排放量为 67.23 m^3。

砼拌和系统冲洗废水、机械冲洗及机修废水均为间隙性排水，排水量受人为因素影响较大，出现非正常工况排水情况主要有废水收集管道或者沟渠堵塞，废水收集池未定期清理沉淀物等。环评考虑最不利情况，非正常工况排水量按高峰日排水量计，分别为 4.0 m^3/d、10.7 m^3/d。

基坑废水非正常工况排水的情况主要有洪水淹没和围堰垮塌。根据施工组织设计，导流围堰均按枯水期 5 年一遇洪水标准建设，即当遇上 5 年一遇枯期洪水时才会被洪水淹没，概率较小，因此，可以忽略洪水淹没的问题。由于枢纽分两期建设，建设期间径流可以正常通过，径流对围堰的冲刷力度较小，出现围堰垮塌的概率极小。而且，即使出现洪水淹没或者围堰垮塌，因基坑废水中主要污染物为 SS，对水环境影响不大。综合分析，基坑废水非正常工况排水概率较小，排水对环境影响较小，因此，可以忽略基坑废水的事故排放量。

根据以上分析，最不利条件下生产废水排放量 85.93 m^3，其中砂石料加工系统 67.23 m^3，混凝土拌和系统机械冲洗 8.0 m^3/d 及机修废水 10.7 m^3/d。为了保证生产废水在非正常情况下不排入武江，要求施工单位在施工区建设事故池。

根据施工组织设计，共布置左岸、右岸两个施工生产生活区。左岸施工生产生活区布置于左岸船闸上游约 200 m 的阶地上；右岸施工生产生活区布置于右岸厂房西面的耕地处，主要设置施工辅企布置区，包括办公及生活用房、机修厂及机械停放场、砼拌及浇筑系统、砂石料堆场、综合加工厂等。因此，事故池主要在施工辅企布置区设置。根据废水排放特性和加工区地形情况，环评建议事故池沿河岸在校核洪水位 71.87 m 以上，设置长 7 m、宽 7 m，高 2.0 m 的正方形水池，并配备抽水设备，及时将沉底后的上清液抽回生产供水水池。

根据前述分析，施工辅企布置区沿河设置，地势较平坦，具备修建事故池的条件。非正常排放量为 85.93 m^3，事故池容积 98 m^3，加上正常情况排水收集池，事故池容量能够确保废水不进入武江。

综上所述，生产废水非正常工况排水受人为因素影响较大，最不利条件下生产废水排放量为 85.93 m^3，发生概率较小，可从源头进行控制，且在事故状态下采取相应措施后不会对武江造成不利影响。

（2）生活污水

项目施工期生活污水正常情况下经一体化污水处理设施处理后达到广东省《水污染物

排放限值》（DB 44/26—2001）一级标准后［同时满足《农田灌溉水质标准》（GB 5084—2005）］，可作农林灌溉用水、施工场地防尘洒水及生产用水，本次评价建议生活废水处理后尽量全部回用，不能回用的部分处理达标后再排入武江，生活污水对武江的影响较小。

生活污水发生非正常排水的情况，主要为污水处理系统故障和污水管网堵塞。工程施工高峰人数为 480 人，每人每天用水量按 150 L 计，污水排放系数取 0.9，则生活污水产生量约 64.8 m³/d。生活污水非正常情况排水一般不会发生，一旦发生，修复时间相对较长，而且无法从源头控制污水量的产生。因此，环评建议，修建能容纳 2 天的生活污水排放量的事故池，并配备污水泵和临时排污管。待解决事故原因后逐渐排入污水处理系统处理，经处理后灌溉周围的植被及农田或作防尘用水。

按照 2 天的生活污水排放量预测，非正常情况生活污水 2 天排放总量为 129.6 m³，故在施工营地设置一个 8 m×8 m×2.5 m 的事故池即可。根据地形条件和施工布置，施工营地具备修建事故池的条件，根据高峰日排水量预测，事故池能容纳 2 天以上的废水量，可以确保生活污水非正常情况下不排入武江。

（3）水质风险分析

鉴于工程河段水质较为敏感，环评考虑了事故状态下污水不能进入事故池而流入武江的情况下对水质的影响。

5.3.1.3　疏浚作业悬浮物影响分析

施工时挖泥船疏浚航道产生的悬浮物，在水动力的作用下扩散、输运和沉降，形成悬浮泥沙，将对该河段局部水体环境产生影响。通过预测求得悬浮泥沙浓度分布区域，评价其对周围环境影响的程度。

（1）悬浮泥沙扩散预测模式

采用与其流场对应的泥沙扩散数值模型预测悬浮泥沙浓度分布，方程式为

$$\frac{\partial c}{\partial t}+u\frac{\partial c}{\partial x}+v\frac{\partial c}{\partial y}-\frac{\partial}{\partial x}\left(Dx\frac{\partial c}{\partial x}\right)-\frac{\partial}{\partial y}\left(Dy\frac{\partial c}{\partial y}\right)=S_{c}+S \tag{5-3}$$

式中，源项 S 为施工源强，S_c 采用下式计算：

$$S_{c}=\alpha\omega(\beta S_{*}-\gamma C) \tag{5-4}$$

$$\beta=\begin{cases}1 & u,v\geqslant U_{c}\\ 2 & u,v\leqslant U_{c}\end{cases} \qquad \gamma=\begin{cases}0 & u,v\geqslant U_{f}\\ 1 & u,v\leqslant U_{f}\end{cases}$$

式中，ω——泥沙颗粒沉降速度；

　　　　α——泥沙颗粒的沉降概率；

　　　　U_c——启动流速；

　　　　U_f——悬浮流速；

S_* —— 水流的夹沙能力。

$$S_* = 0.027\,3\rho_s\frac{V^2}{gH} \tag{5-5}$$

式中，V —— 水流流速；

ρ_s —— 单位体积沙重（悬沙密度），取 2.65 g/cm³，沉降速度用 Stocks 公式计算：

$$\omega = \frac{gd^2}{18\gamma}\left(\frac{\rho_s - \rho}{\rho}\right) - 90.0\frac{d^2}{y^2} \tag{5-6}$$

γ 取 0.013 77。

启动流速和悬浮流速分别为

$$U_c = \left(\frac{H}{d}\right)^{0.14}\left(17.6\frac{\rho_s - \rho}{\rho} + 6.05\times10^{-7}\frac{10+H}{d^{0.72}}\right)^{\frac{1}{2}} \tag{5-7}$$

$$U_f = 0.812d^{2/5}\omega^{1/5}H^{1/5} \tag{5-8}$$

采用上述模式计算悬浮泥沙的污染扩散过程和分布状态。

（2）初始条件和边界条件

初始条件：$c(x,y,0)=0$

边界条件：

在岸边界上，物质流动不能穿越边界，即 $\dfrac{\partial c}{\partial n}=0$

在水边界上，流出时满足边界条件 $\dfrac{\partial c}{\partial t}+V_n\dfrac{\partial c}{\partial n}=0$

流入时，各边界上浓度为已知值 $c=c_0(x,y)$

（3）悬浮泥沙扩散结果

根据工程分析的计算，挖泥船施工时泥沙源强为 0.3 t/h。计算中沉降系数 α 取 0.024，河床质中质粒径为 0.025 mm。

项目疏浚作业时产生的悬浮泥沙浓度增量为 10 mg/L 以上的包络线范围为下游 80 m 范围内、单侧宽 40 m 左右，面积约 0.03 km²，挖泥产生的悬浮泥沙对下游河段的污染有限。这主要是因为施工处于航道中，流速较大，水动力条件较好，有利于悬浮物的输运和扩散。

工程河段内无取水口，下游约 4.5 km 为韶关北江特有珍稀鱼类省级自然保护区缓冲区，航道疏浚作业影响范围主要是在下游 80 m 范围内，故航道疏浚对下游敏感目标无影响。

5.3.1.4 施工船舶舱底油污废水影响分析

船舶舱底油污水平均含油浓度为 5 000 mg/L，船舶舱底油污水如不经处理直接排放，对水环境的影响很大，且工程所在河段水环境功能为Ⅲ类。疏浚船舶完成水下疏浚作业舱底油污水排放量约 3.6 t（按 90 天计），施工船舶舱底油污废水经船舶自带的油水分离器处理后靠岸排入机械冲洗回用水池储存，作机械冲洗用水，基本不外排，对武江影响较小。因此，施工船舶舱底油污废水不会对武江造成不利影响。

5.3.2 初期蓄水对水环境影响分析

根据施工总进度计划安排，第三年 5 月初下闸蓄水。水库正常蓄水位 68.00 m，库容为 723 万 m^3，水库初期蓄水时工程段为断航期，对下游通航有一定影响。根据规范要求水库施工期蓄水标准取 5 月 75%保证率流量为 249.0 m^3/s，扣除断航最小下泄流量 21.7 m^3/s 后，约需 8.84 h 就能蓄到设计要求，因此在时间上对通航影响较小。此外，可保证下游河道内生态环境需水要求，故对坝址下游河道生态环境产生的不利影响较小。

5.3.3 运行期水环境预测与评价

5.3.3.1 水文情势影响分析

（1）对库区水文情势的影响

由于水库区属于河道型水库，水库蓄水后，库区的水文环境与原来的水文环境变化不大，库水面与天然洪水水面相当；水位变化不大，水库水位在坝址处仅抬高约 5.98 m，库中段及库尾抬高更小，与天然洪水位相当，不同的是库区的水文环境变化仅仅由原来的短时间高水位（洪水期）变为长期高水位（正常蓄水位），但并没有改变原有的地形、地层岩性、地质构造。

塘头水电站建成后，水域面积、水深将有一定幅度的增加。由于水库回水减速作用，库区水体流速变缓，泥沙大部分被拦截沉淀在库区，天然河流挟带泥沙功能下降，因此枢纽处年平均输沙量、年平均含沙量与天然情况相比将会有不同程度的减少。

（2）对坝下河段水文情势的影响

根据项目可研报告，塘头水电站年通航天数为 330 天，年发电天数为 365 天（全年发电），项目不产生减脱水河段，塘头水电站的运行方式主要包括：

当引水发电时：为保证单台机组安全稳定运行，最小发电引用流量为 36.0 m^3/s；大于生态基流流量 17.9 m^3/s。故运行期正常工况下（引水发电时）无须通过泄水闸下放生态流量，发电厂房尾水即可满足其要求，不会对下游生态环境及河道景观造成不利影响。

非正常工况下停止发电时：根据水库运行方式，当水库停止发电时，采用局部开启泄水闸下放生态流量。泄水闸堰顶高程为 60.50 m，共设 9 孔，闸孔净宽 14.0 m，最大单宽流量为 112.0 m³/s，满足下游生态基流 17.9 m³/s 以及下游水位时变幅不超过 0.7 m 的要求，水库调节对下游水位、流量变幅影响较小。

5.3.3.2　泥沙淤积影响分析

水库蓄水后，由于库区过水断面增大，水力坡度变缓，纵向流速和紊动流速均大大减小，从而降低水流的挟沙能力，改变了原来天然河道的泥沙运动规律，可能导致泥沙在库区沉淀、淤积。

（1）泥沙淤积量计算

塘头水电站工程水库参照北江流域上、下游含沙量变化情况，坝址以上流域多年平均含沙量为 0.186 kg/m³，坝址处多年平均年输沙总量为 120.75 万 t，悬移质年输沙量为 15.75 万 t，计算得极限淤积量为 34.1 万 m³，占正常蓄水位以下库容的 4.72%，泥沙被洪水带到坝前，随着泥沙淤积量增大，坝前淤积高程的抬高，拦沙率有所下降，最终本库运行 10 年可达到冲淤平衡。

（2）泥沙淤积影响分析

塘头电站水库属锥体淤积形态，但淤积厚度不大，坝前仅 0.29 m，类似带状，库尾不产生翘尾巴淤积。同时本库来沙量不大，由于淤积量小，水库泥沙淤积对塘头水电站库容损失不产生大的影响，但本河段推移质及河床中有较多的砂卵砾石，尚需做好电站门前清的工作及排导沙的设计，防止推移质及粗粒泥沙进入电站进水口。

此外，由于工程回水长度为 4 737 m，回水较长，推移质泥沙又不易运行到坝前。因此，水库末端和坝前泥沙淤积较少，对库区水面线及工程的运行影响均较小。

5.3.3.3　最小下泄流量影响分析

建设项目的最小下泄流量，应满足下游河道居民生活、工农业生产和生态需水的要求。塘头水电站最小下泄流量需考虑河道内最小生态流量，下游用水户煤矸石火电厂和韶关市市政供水需求，以及下游航运要求。

（1）生态基流量

目前关于生态流量，国内还没有统一公认的确定原则，根据资料情况，本次生态流量采用目前国内常用的 2 种水文学方法进行分析计算，并结合坝址所处河道生态情况进行综合确定。

1）多年平均流量百分数法

根据坝址断面多年平均流量的百分数初步确定河流最小生态流量。根据《水资源调查评价》中取值原则，塘头水电站坝址断面处多年平均流量 179 m³/s，按 10%~20%取值范围计算，河道生态流量为 17.9~35.8 m³/s。

2）Tennant 法

Tennant 法是将一年分为 2 个计算时段，根据坝址多年平均流量百分比和河道内生态环境状况的对应关系，分时段计算维持河道一定功能的生态水量。计算时间分为枯水期（11 月至翌年 4 月）和丰水期（5 月至 10 月）。生态基流按多年平均流量百分比与河道内生态环境状况的对应关系，枯水期通常选多年平均流量的 10%～20%，丰水期取多年平均流量的 30%～40%。经计算，塘头水电站坝址断面处生态流量枯水期和丰水期分别为 17.9～35.8 m³/s 和 23.0～30.8 m³/s。

塘头水电站工程坝址下游现状水生态环境较好，且不存在脱水河段，最终塘头水电站工程以坝址多年平均流量的 10%，即 17.9 m³/s 作为最小生态流量，与《广东省水利厅关于小水电工程最小生态流量管理的意见》（粤水农电〔2011〕29 号）中规定的小水电工程的最小生态流量原则上按河道天然同期多年平均流量的 10%～20%要求相符。

（2）下游用水户

煤矸石火电厂年取水量为 832.73 万 m³/a，日最大取水量为 3.81 万 m³/d，折合流量为 0.44 m³/s。

韶关市市政供水设计取水规模为 28.5 万 m³/d，折合流量为 3.23 m³/s；现状实际供水量为 22.0 万 m³/d，折合流量为 2.55 m³/s。

下游用水户总取水规模为 3.67 m³/s。

（3）航运要求

95%保证下塘头坝址断面要求的航运流量为 31.0 m³/s。

（4）最小下泄流量需求

考虑到河段通航要求，最小下泄流量分两种情形：当来水大于最小通航流量 31.0 m³/s，河段通航，最小下泄流量确定为 31.0 m³/s；当来水小于最小通航流量 31.0 m³/s，河段停航，最小下泄流量确定为 21.7 m³/s。

塘头水电站水库建成后，坝址无减水河段，对下游河道生态系统产生影响较小，为确保枯水期下游水生生态系统的平衡，提出下泄生态流量的要求。根据工程总布置，工程下泄水口布设于河道左岸。根据水库运行方式，枯季来水量主要通过水轮机、船闸等下泄，以满足下游的用水需求。

项目初期蓄水期，河道停止航运，开启其中一孔泄水闸下泄，最小下泄流量 21.7 m³/s（相应闸门开度为 0.25 m）。工程共设泄水闸 9 孔，闸门挡水高度为 7.5 m，泄放最小下泄流量时最大开度为 0.35 m，经金属结构专业分析计算，只要不大于此开度不会对闸门及相关设施造成大的影响，同时在设计中对运行期用于泄放最小下泄流量的闸门采取了一系列的抗振、减振措施，进一步减轻了由于闸门局部开启可能造成的有害振动。

5.3.3.4　对水体富营养化影响分析

（1）预测模式

氮、磷在库区水体中的浓度预测采用狄龙模型的简化模式进行计算，计算公式如下：

$$C = \frac{L(1-R)}{\rho \cdot H} \tag{5-9}$$

式中，C —— 水库中氮、磷的浓度，mg/L；

$\quad$ L —— 氮、磷流失进入水库负荷量，g/（m^2·a）；

$\quad$ R —— 氮、磷滞留系数，a^{-1}；

$\quad$ ρ —— 水力冲刷系数，a^{-1}；

$\quad$ H —— 水库平均水深，根据水库设计的水面高程计算水库的库容和水库面积，计算出水库平均水深，6.25 m。

（2）参数确定

1）总磷、总氮负荷参数的确定

入库的氮、磷浓度采用坝址下游 1 000 m 处（6$^{\#}$）现状监测的最大值。由现状监测值可知：总磷浓度最大值为 0.053 mg/L，总氮浓度最大值为 0.48 mg/L，年入库水量取多年平均径流量 56.45 亿 m^3，则进入水库的磷总量为 299.2 t/a，氮总量为 2 709.6 t/a。正常蓄水位时水库面积为 1.29 km^2，则 $L_{磷}$=276.0 g/（m^2·a），$L_{氮}$=2 499.9 g/（m^2·a）。

2）水力冲刷系数的确定

水力冲刷系数采用以下公式进行计算：

$$\rho = \frac{Q_{入}}{V} \tag{5-10}$$

式中，ρ —— 水力冲刷系数，a^{-1}；

$\quad$ $Q_{入}$ —— 入库水量，m^3/a；

$\quad$ V —— 水库容积，m^3。

塘头水电工程的坝址断面的年入库水量取多年平均径流量 56.45×10^8 m^3，水库相应容积为 7.23×10^6 m^3，则水力冲刷系数 ρ =780.8/a。

3）滞留系数的确定

$$R = 1 - \frac{W_{出}}{W_{入}} \tag{5-11}$$

式中，$W_{入}$、$W_{出}$ —— 入、出湖（库）年磷（氮）量，kg/a。

根据可研成果，塘头水电站水量利用系数为 93.7%，因此，得到入库水量与出库水量的比值为 0.937，再由总磷、总氮负荷参数确定可知，入库氮、磷量等于入库水量实测值的乘积，假定出库浓度与入库浓度相同，则 $W_{入}/W_{出}$=入库水量与出库水量的比值 0.937。因此，确定 R=0.063。

4）预测结果

塘头水电站工程建成后，水体富营养化预测参数及预测结果见表 5.3-1。

5）预测评价

参照"中国湖泊富营养度划分标准"及《地表水环境质量标准》（GB 3838—2002），对水库富营养化趋势进行分析评价。

表 5.3-1　富营养化预测参数、结果统计

序号	项目	单位	结果
1	武江地表径流总磷输入量	t/a	356.04
2	武江地表径流总氮输入量	t/a	3 495.4
3	水库面积	km²	1.29
4	总磷负荷量	g/（m²·a）	276.0
5	总氮负荷量	g/（m²·a）	2 499.9
6	滞留系数 R	a⁻¹	0.063
7	水力冲刷系数 ρ	a⁻¹	780.8
8	平均水深 H	m	6.25
9	总磷预测结果	mg/L	0.053
10	总氮预测结果	mg/L	0.48

由表 4.2-1 可知，水库在建成投入使用后在现状污染水平下，$C_{磷}$ = 0.053＜0.1，处于富营养以下水平，$C_{氮}$ = 0.48＜0.5，处于贫营养以下水平，总磷浓度达到《地表水环境质量标准》Ⅱ类标准，总氮浓度可达《地表水环境质量标准》Ⅱ类标准。

根据湖泊水库富营养化的一般规律，当 N、P 比降到 7∶1 时，N 可能成为浮游植物生长的限制因子，当 N、P 比大于 7∶1 时，P 可能成为浮游植物生长的限制因子。根据塘头电站建成后 N、P 预测，其比值为 9.82∶1，P 是浮游植物生长的限制因子，藻类生长将受到 P 的限制。

由于库区周边以农村环境为主，主要为农业面源污染以及生活污水，水库不具有调节功能，在现有情况下，水质不会发生较大的变化。因此，库区仍为富营养状态。

5.3.3.5　对水温的影响分析

（1）水温结构类型的判定

水库水温变化与坝址下游溶解氧含量、水生生物、农作物生长（低温水不宜作水稻灌溉用水）等关系密切。水库的水温结构，按照水库规模和库内水流缓急大致分为分层型和混合型两种。水流缓慢的高坝大库多为分层型，具有特殊的水温结构，夏季水库沿水深方向有三个明显的水温区，上层为高温层，下层为低温层，上下层之间过渡区为斜温层，水温变化复杂。塘头水电站属低水头径流式电站，水库水温结构与水库所在地区的水文气

象、水库水深、水库表面积、进水口或泄水口位置与高程及水库调节运用方式等有着重要关系。

本次评价采用我国通用的库水替换次数[《水利水电工程水文计算规范》（SDJ 214—83）中推荐的公式]判断拟建项目水体水温结构类型。判别系数计算公式如下：

$$\alpha = W / V_{总} \qquad\qquad (5\text{-}12)$$

式中，α——判别系数；

　　　W——多年平均年入库径流量，m^3；

　　　$V_{总}$——总库容，m^3。

当 $\alpha < 10$ 时，水库水温为分层型；

当 $\alpha > 20$ 时，水库水温为混合型；

当 $10 \leqslant \alpha \leqslant 20$ 时，水库水温为过渡型。

塘头水电站的主要工程特性及水温是否分层的计算结果见表 5.3-2。

表 5.3-2　塘头水电站水温分层计算结果

名称	坝址多年平均入库径流量/亿 m^3	多年平均流量/（m^3/s）	水库总库容/亿 m^3	α	水温结构
塘头水电站	56.45	179	0.152 6	370	混合型

计算结果表明，塘头水电站库区水温不分层，为混合型水库。主要是由于梯级为径流式工程，坝身低，水头不高，库水交换频繁，有利于水温混合均匀。从 3 月开始，随着气温升高进入汛期；4—9 月来水量很大，占全年的 74%以上，流速更大，水体掺混极为强烈，极难形成温差异重流引起的水温层化；10 月至次年 3 月为降温期，温度的变化只是加强水体对流，而不能促进水温层化。

（2）水温影响分析

塘头水电站蓄水后，一年中任何时间库内水温分布较均匀，库底与库表之间有明显的热量交换，库底水温随库表水温而变化。不同水深的水温均随月份而变化，水温的垂直梯度较小。混合型水库水温与天然河道水温相近，不存在低温水下泄过程，对下游河段水生生物、鱼类等生境的影响较小。水库水温对下游水体影响不大，不会对下游水产资源和工农业生产带来不利影响。

5.3.3.6　对水质的影响分析

（1）水库淹没

水库蓄水后使库区水位抬升，水体体积增加，河流流速减慢，水体容量增大，悬浮物沉降作用加强，水体悬浮物浓度降低。水库蓄水淹没正常蓄水位 68.0 m 以下的植被、土地，植物腐烂将释放出有机物质，土地浸泡而使原积蓄的化肥和农药流失，增加水库 N、P 等有机物，水库营养物质的增加，特别是在水库蓄水初期，对水库水质可能产生一定的影响。

（2）生活污水

运行期污水主要是闸坝工作人员的生活污水。生活污水的产生总量为 5.4 m³/d，污水中主要污染因子为 COD、BOD_5 和 NH_3-N，产生浓度分别按 200 mg/L、150 mg/L 和 30 mg/L 计，则产生量分别为 1.08 kg/d、0.81 kg/d 和 0.16 kg/d。武江执行《地表水环境质量标准》（GB 3838—2002）Ⅲ类标准，水污染物排放执行广东省《水污染物排放限值》（DB 44/26—2001）一级标准。因此，管理人员产生的生活污水可经过厂区内设置的污水处理设施处理达标后再外排，由于水量较小，对武江的影响很小。

5.3.3.7 对武江饮用水水源地影响分析

塘头水电站工程大坝位于韶关市饮用水水源准保护区水域保护范围，工程其他地面设施及施工区域范围均位于韶关市饮用水水源准保护区陆域保护范围。从地理位置分析，项目大坝下游大约 15 km 进入饮用水水源二级保护区，大坝下游大约 19 km 进入饮用水水源一级保护区，武江 4 个水厂水源地十里亭龟头石水域位于项目工程坝址下游约 5 km。

项目在施工期和运行期，产生的污（废）水水量较小，水质简单，即使在事故排放状态下，因其排放量相对武江流量较小，经河水稀释，韶关市武江饮用水水源地水质仍可达到相应的环境标准，不会受其影响。但项目应在施工期严格按要求做好水污染防治工作，严禁污（废）水直接排放入水体，造成事故排放。

综上，项目按要求对包括施工期内所产生的污（废）水进行合理处理和回用，项目工程会满足所处韶关市武江饮用水水源准保护区的管理要求，对武江地表水环境质量不会造成明显影响。

5.3.3.8 地下水环境影响分析

（1）地下水运行特点

第四系孔隙性潜水：主要分布于武江两岸冲积阶地，含水层主要为阶地下部的砂层、含泥砂卵砾石层，其透水性一般较强，水量中等～丰富。地下水位埋深 0.50～8.00 m。

碎屑岩类基岩裂隙水：主要分布于粉砂岩、砂岩、砾岩和砂页岩裂隙中，水量一般较贫乏，且径流不畅。

碳酸盐岩岩溶裂隙水：主要发育在石灰岩、白云岩中，水量中等。其透水性受岩溶发育程度及溶洞充填状态影响。

（2）地下水与武江的联系

据库区水文地质调查表明，地下水埋深一般为 2～8 m，各含水层主要补给来源均为大气降水。通过观测第四系阶地水井水位和河水位的关系可知：枯水期，第四系孔隙性潜水接受碎屑岩类基岩裂隙水和碳酸盐岩岩溶裂隙水的侧向补给，最终向武江排泄；洪水期，河水位高于井水位，汛期河水补给第四系孔隙性潜水。

（3）工程对地下水环境的影响分析

工程正常蓄水位 68.0 m，蓄水以后，河段各断面水位均较原水位有不同程度的抬升，正常蓄水位比测时天然水位抬高了约 5.98 m（多年平均流量为 179 m³/s，相应坝址水位为 62.02 m）。当武江水位高于地下水水位时，地下水接受武江水补给，直至建立新的更加有利于地下水的动态平衡。

塘头水电站工程为河床式水库，正常蓄水位 68.0 m，库首右岸为一级阶地冲积层，据阶地钻孔资料揭露，其沉积特征由粗到细，具二元结构，表层黏性土为相对隔水层，渗透性微弱，下部砂卵砾石层埋深约 5 m，层厚大于 5 m，渗透性属中等—强透水，库水存在沿砂卵砾石层向坝址下游武江或下游阶地低洼河沟渗漏的可能。大坝基础处于中厚层灰岩上，由坝轴线地质剖面可知，部分地段建基面岩溶较发育，属中等—强透水层，存在坝基渗漏问题，渗流量较大。

工程为无调节型水库，蓄水以后，对下游的武江水位影响不大，也不会对两岸的地下水造成较大的不利影响。水库蓄水后，库水引起的地下水位抬升较大，回水会造成上游两岸阶地以及桂头镇上、下游右岸部分等低于回水高程的低洼地带的农田被淹没，对农作物耕种造成不良影响。

随着该工程蓄水、运营，工程河段将会形成一个巨大狭长的人工湖，工程所在的武江河段由自然流态生态转变为相对静止的湖泊生态，江水的自净作用降低，如果未来排入武江的污水和其他污染物大幅度增加，且得不到有效的处理，江水将会受到污染，水质将会降低，由于周边地下水和武江水有着紧密的水力联系和互补作用，地下水也有可能会受到污染，导致水质下降，给人们的生产生活带来负面影响。所以，在工程的建设和运营期间，禁止向武江排入污水和污染物，从而保护地表和地下水资源。

综上所述，工程的实施能够满足地下水环境质量要求，将对项目区武江周边地下水环境产生正面生态效益和经济效益。

5.4　水生态环境影响分析

5.4.1　施工期生态环境影响分析

5.4.1.1　施工活动对陆生生物的影响

（1）对陆生植物的影响

1）临时影响

包括施工活动和临时占地产生的影响，临时占地包括临建设施、施工临时道路、弃渣场、取土料场等，该工程临时占地面积为 28.62 hm²，其中耕地为 5.26 hm²，园地为 0.38 hm²、林地为 12.04 hm²，草地为 5 hm²，其他土地为 0.11 hm²，交通运输用地为 0.32 hm²，水域及水利设施用地为 5.51 hm²。

工程临时用地的植被主要为灌丛、草丛和农业植被，只要施工措施得当，项目工程完成后临时用地被破坏的植被能很快得到自然恢复。同时，这种影响只是临时的，工程建设对植被的损毁主要在施工期，工程完工后可通过施工临时用地恢复和水土保持措施，恢复景观，可将影响降低到最低限度。因此，临时占地对评价区陆生植被的影响最终会变得很轻微，物种的种类和数量不会因此发生明显的变化。

2）永久影响

塘头水电站工程的正常蓄水位 68.0 m，水库淹没区总面积为 162.04 hm²，其中陆地面积为 47.07 hm²，水域面积为 114.96 hm²。淹没区占地类型主要为耕地 19.96 hm²，草地 19.79 hm²，其他土地 5.66 hm²，林地 0.86 hm²，园地 0.81 hm²。这将对评价区陆生生物产生永久性的、不可逆的影响。项目永久占地内的自然生态系统，相对于评价范围内的自然生态系统体系来说，永久占地对陆生植被的影响很小，受影响的只是部分农田、低矮灌丛、草丛和部分人工林，农业生态会受到一定影响。另外，评价区陆生植被均为一般常见种，常见灌草丛植物如长刺酸模、酸模叶蓼、草木樨、小飞蓬、类芦、五节芒、芒其等，这些植被在施工区域周边地区均有广泛分布，不存在因局部植被损失而导致该植物种群消失的可能性，而且可以通过对水库周边的绿化来补偿这部分损失。

经过调查，工程淹没范围包括 1 株古树名木及各类零星树木，通过合适的保育、迁地保护措施可有效避免该类资源的损失，故对其影响可降至最低。水库淹没区没有发现国家重点保护植物与广东省省级保护植物分布，因此水库淹没对珍稀濒危植物无影响，电站运行对评价区的生态环境以及陆生植物生物多样性的影响不大。

（2）对陆生动物的影响

由于工程评价区人类活动频繁，当地野生动物分布密度较小，且野生动物都具有一定的迁移能力，有较广阔的活动栖息区域。在施工期间，大量施工人员、施工机械和车辆进入和库区植被清理等工程活动，对工程区内陆生动物的繁殖、觅食、栖息产生惊扰，也改变了区域内动物的生态环境。因栖息地丧失，迫使动物迁徙，使得生活在低洼地区的兽类、两栖类和爬行类等向地势更高的地方迁移。工程施工期间受噪声和施工人员活动的干扰，可能使施工区的种类数量减少，并且可能会迁徙栖息地，但在施工结束以后，随着噪声和人为活动的减少，临时占用的林草地和耕地也将得到恢复，使野生动物栖息地得以恢复，但在施工过程中仍需采取相应的保护措施，来限制和减缓工程对环境产生的不良影响。这种干扰随即消失，种群会很快恢复，对物种多样性影响较小。

工程区鸟类以小型雀形目鸟类为主，中大型鸟类少见，由于鸟类具有较强的迁徙能力，工程建设对其影响不大。此外，由于人类活动范围及频率增大，对周边环境也间接产生影响，将影响周边动物的生存和繁殖。工程占地将在一定程度上破坏当地湿地，进而影响水生和两栖类动物的生存环境。另外，施工人员进入后，如果管理不善，有可能因捕食而造成一些动物数量上的损失，如蛇类、蛙类等。施工期对栖息地的破坏，会导致一些兽类迁出，但食物增加及天敌减少，鼠类的种类及数量将有可能上升。

水库淹没将使动物栖息和活动场所缩小，如淹没小型穴居兽类、爬行类和两栖类的洞穴，少数动物的繁殖有可能受到一定的影响，原栖息在这一带的动物可能迁往其他生境适宜的地区，但不会导致物种的灭绝。在运行期间水库受到人为干扰相对较少，并且由于水面面积增加以及林地面积的恢复，动物群落种群将趋向稳定状态，鼠类等种群数量及种类将减少，两栖类、鸟类及兽类的种类及数量将有一定程度的上升，系统将趋于稳定。

5.4.1.2　施工活动对水生生物的影响

工程建设对水生生物的直接影响范围，主要在大坝至厂房之间及其附近的水域。工程建设开挖、围堰截流时的石料抛投会对施工河段的水生生物造成惊扰。同时，坝区及围堰占地会对施工河段的生境造成破环，特别是对该河段的底栖及固着类生物资源，将造成永久性的、不可逆的破坏。

（1）工程围堰截流对鱼类资源的影响

项目围堰截流后，河水通过导流下泄。围堰截流后，大坝基坑会形成积水。基坑积水主要来自三个方面：一是截留初期形成的积水，二是汛期围堰过流留下的基坑水，三是周围溪沟汇集的雨水。为此，大坝基坑需要经常性排水，由于基坑积水中悬浮物含量较高，因此，排水可能导致基坑以下局部水域内水质下降，对水生生境及鱼类产生不利影响。但由于浓度和总量有限，加之经过加絮凝剂静置沉淀后，基坑内的悬浮物大大降低，因此总体影响程度比较小。

（2）施工废水对水生生物的影响

施工期间，因淘洗沙石、清洗基石岩泥砂等用水所产生的废水，若排放入武江，将使局部河段河水变浑浊，不利于饵料生物生长。同时，也影响施工区域附近水域的浮游生物、底栖动物、水生植物生长与生存及鱼类的生产。在开挖、碎石、洗沙石等生产中，燃料油、润滑油等掺杂于生产废水中，这些废水若不经处理排入河流中，对鱼类、水域生态环境有较大影响。工程坝址建设期间会有一定量的土石方泥沙倾泄入江中，使江水变得浑浊，溶解氧降低，饵料生物急剧减少，施工产生的悬浮泥沙会对鱼卵、仔稚鱼和幼体造成伤害，主要表现为影响胚胎发育、堵塞生物的腮部造成窒息死亡，悬浮物沉积造成水体缺氧而导致死亡等，从而导致工程区域江段鱼类数量的减少。

丰水期因水量大，稀释与混合充分，生产废水对水体环境不会有明显影响；但枯水期在废水入河断面，将影响局部水体水质，改变水生生物，尤其是鱼类的生境，可能会造成鱼类种类和数量的降低。但由于施工过程中生产废水和生活污水排放量相对较小，且废水中污染物为无毒物质，再加上生产废水和生活污水在排放前均要求处理达标后排放，因此其对施工江段下游水生生态环境的影响可大大降低。此外，鱼类受到胁迫后会主动向上下游迁移，致使生存空间减少。但工程施工期间所有潜在影响都是暂时的，施工结束后，绝大部分影响也将随之消失。

1）对浮游生物的影响

施工期间，河床内施工以及地面植被破坏后的水土流失，均会造成河流浑浊，不利于浮游生物的生长。由于工程对施工废水、生活污水处理达标后尽量回用，不能利用时少量排放，会对水质产生一定程度的影响，一些邻近水体部分作业场，施工材料堆放在这些水体附近，若保管不善或受暴雨冲刷将会进入水体，这些施工材料和水土流失物中营养物质氮、磷及有毒有害物质会伴随泥沙进入水体，对水质也有一定的影响，从而影响浮游生物。但是，影响是局部的，是可以承受的。施工结束后，随着稀释和水体的自净作用，水质逐渐改良，浮游生物可基本恢复到施工前的水平。

2）对底栖生物的影响

坝区及围堰占地会对施工河段的生境造成破坏，特别是对该河段的底栖及固着类生物资源，将造成永久性的、不可逆的破坏。

3）对鱼类资源的影响

大坝兴建，把鱼类栖息生活的河流由原来的连续截成了分段，原天然河流鱼类的自然生存、调试条件大大降低，越接近人工条件下的鱼类，觅食、活动范围越小，并处于人群的威胁下。江河鱼类的分布不是机械性的，天然河流鱼类因生存目的及非生存目的所进行的活动与游迁很复杂。由于人类的活动（过度捕捞、污染、水利工程等），武江流域渔业资源急剧衰退，一些名贵鱼类及成规模的产卵场已基本销声匿迹。工程所在河段有洄游性鱼类和珍稀濒危鱼类，影响范围较大，所以施工活动对水生生物的影响较大。

为了减少施工活动对鱼类繁殖的影响，在河床内施工的活动项目如围堰和大坝基坑等，应避开鱼类产卵繁殖季节，即每年的 3—8 月。由于工程采取增殖放流、设置水池阶段式鱼道，在一定程度上能减小对洄游性鱼类及珍稀濒危鱼类的影响。

4）对产卵场的影响

工程所在的武江流域部分区域具备产黏性、沉性卵鱼类产卵所需的生态条件，根据现场调查，工程附近基本没有具备一定规模的鱼类产卵场，虽然施工时抛石、沉排会产生悬浮泥沙，但其影响距离有限。

5）对索饵场的影响

前文已分析，项目施工造成下游水体悬浮物增加，对影响区域内的浮游动植物和底栖动物生长会有一定程度的不利影响。相对应，以浮游植物和浮游动物为饵料的鱼类也会因为浮游植物和浮游动物受损而进一步受到影响。

项目工程施工区域周边目前主要鱼类索饵场为项目大坝上游2~4 km的桂头江段鱼类索饵场和下游12~22 km的犁市江段鱼类索饵场。桂头江段鱼类索饵场位于项目施工区上游，不受项目施工增加水体悬浮物影响。位于项目下游的犁市江段鱼类索饵场，排水造成该位置悬浮物增加小于 1 mg/L，悬浮物增加不明显。

因此，项目施工造成水体悬浮物增加，对影响区域内的浮游动植物和底栖动物生长会有一定程度的不利影响，进而对以影响区域浮游动植物为食的鱼类会有一定的影响，但下游主要的犁市江段鱼类索饵场因距离较远，受到的影响不明显。

（3）施工噪声对水生生物的影响

施工产生的噪声在水下传播较快，并且能量耗散较小，噪声传播区域较大，因此噪声将会对施工区域鱼类产生惊吓效果，会对鱼类的正常活动产生影响。但鱼类趋避活动能力较强，受惊扰后会主动逃离施工区域，能消除部分施工活动对水生动物的不利影响，因此工程施工产生的噪声总体上对水生动物的影响有限。

综上所述，本评价区域内水生生物种类和数量都相对较多，但由于施工期主要影响时段集中在工程施工期间和施工人员集中生活区，其影响范围小、时间短，随着施工活动的结束其影响也会消失。施工期活动对水生生物有不利的影响是不可避免的，需避免施工期废水、废渣等的不达标排放，严禁随意污染水体，迫害水生生物。

5.4.1.3 施工活动对生态完整性的影响

水库工程占地及水库淹没的植被主要是部分灌丛和草丛，淹没及影响的面积很小，对当地土地资源及植被的影响很小。施工期间，植被面积减少，评价区内生物生产力会有所降低，但其变化很小，对整个区域生态体系生产力的影响很小。工程运行期间，由于水土保持措施中种植的林草逐渐产生效益，区域生物生产力将逐步恢复和提高。工程建设对区域生态体系生产力的影响是自然体系可以接受的。工程建设和运行对区域生物生产力的影响很小，对评价区环境生态体系恢复稳定性的影响也较小，是评价区自然体系可以接受的。

工程建设和运行基本不会改变各植被斑块总体异质化程度，对评价区生态体系的阻抗稳定性影响很小。

水库建成蓄水后，区域自然体系生态完整性会发生一定程度的改变，主要表现为水域面积增加，绿地面积减少。因此，水域生态系统的生物量会增加，而陆地生态系统的生物量尤其是植被的生物量会减少，且工程建设对生态系统的连通度没有影响，因此对区域内自然植被生态系统的完整性影响甚微。

影响区域生态系统由三大部分组成：林灌生态系统、水域生态系统及农田生态系统。影响区域的森林生态系统处于区域边缘以及内部斑块，生态完整性较好；水域生态系统主要为武江干流，生态系统健康；农田生态系统在影响区域散落分布，受人工活动干扰较为严重。

由于工程占地、水库淹没等将改变原有土地利用类型，预计评价区域耕地减少 19.96 hm^2，草地减少 19.79 hm^2，其他土地减少 5.66 hm^2，林地减少 0.86 hm^2，园地减少 0.81 hm^2。林地仍然占据评价区域生态系统的优势地位，因此各类生态系统仍然保持相对稳定。

工程对当地湿地的结构及功能均有一定的影响，由于水域面积的增加，区域湿地面积有所增加。但由于水库为特殊的生境条件，库区水域范围内，水生生物难以生长，较难形成具有高生产力的湿地。工程影响区域的湿地不具稀缺性及特殊性，所生存生长的水生生物均为当地常见种，湿地结构的局部改变不影响当地的物种多样性，对当地生态系统的质量影响不大，生态系统将保持相对稳定。

5.4.1.4　对重点保护植物及古树名树的影响

评价区涉及的保护植物和古树共 14 株，其中古榕树 4 株，古樟树 10 株，主要分布于塘头村、凰村、莫家村等人为活动较多的区域。

拟建水库的淹没区发现 1 株古榕树，位于塘头村西口靠江边，该树主要位于大坝建设的河岸边。根据现场调查，该树已被藤本植物葎草严重覆盖，目前部分树叶已出现黄叶现象。大坝建成后蓄水期水位刚好淹没于该树位置，可能会对该树造成影响。榕树尽管为非国家珍稀濒危树种，但根据环境保护评价管理办法，在项目建设期应尽量对古树进行迁地保护，考虑该树胸径大，对该树进行迁地保护难度较大，不易成活，且该树因被藤本植物缠绕覆盖已久，本身已出现一定问题，如进行迁地保护，大树成活概率很小，且榕树古树在项目区分布常见，因此建议在项目建成后看是否对其造成严重影响，如无影响，尽量不要进行迁地保护。

5.4.2　运行期对生态环境影响预测评价

5.4.2.1　对陆生生物的影响分析

运行期对陆生生物的影响主要是淹没区和管理区以及大坝等。塘头水电站工程的正常蓄水位为 68.0 m，水库淹没区总面积为 162.04 hm²，其中陆地面积为 47.07 hm²，水域面积为 114.96 hm²。淹没区占地类型主要为耕地 19.96 hm²，草地 19.79 hm²，其他土地 5.66 hm²，林地 0.86 hm²，园地 0.81 hm²。这将对评价区陆生生物产生永久性的、不可逆的影响。

工程管理区的修建导致原有地表植被永久性的破坏，植物生物量减少；同时，原有地表植被的永久性破坏使得陆生动物栖息地永久性的消失，该类影响属于不可逆转的影响，但受直接影响的动植物种类在本评价区域内属于常见种类，又由于管理区和大坝占地面积不大，不会造成动植物物种的消失，也不会对动植物区系组成造成根本性的改变。

当水库大坝建成蓄水后，由于水位升高，水域面积扩大，一些原本生活于库区的陆生植物被淹没，近而使得该范围内的陆生脊椎动物失去赖以生存的环境而被迫向高处转移，这样又增加了对淹没线以上生态环境的压力；同时对于陆生脊椎动物来讲都有一定的迁移能力，只是不同的种类其迁移的能力大小不同。当水库大坝建成蓄水后，水位上涨是一个缓慢的过程，因此，分布在淹没区内的陆生脊椎动物，一般来讲在被库水淹没前都能主动往上迁移而逃离淹没区，但对于迁移能力较弱或几乎无迁移能力的幼体就可能被淹死。另一种情况是一些营洞穴生活或掘洞生活的动物，如一些蛇类、食虫类、鼠类等，当水位上涨淹没洞穴而它们还栖息在洞穴内时就很容易被淹死。上述两种情况致死的动物，只占各动物种群中的极小部分，加之大多数物种在淹没线上均有分布，所以，不会对动物的种群数量产生较大的影响，基本不会影响动物区系成分的组成。同时因淹没而死亡的植物在该库区淹没线以上也有分布，因此不会影响植物区系成分的组成。

水库蓄水后，将形成一个良好的水域环境，使得水生生物（水生动植物）种类数量和种群方面发生改变，可以增加主要生活在水域中、产卵要返回到水域中或主要以水生小动物及昆虫为食的陆生脊椎动物的物种丰富度，如主要生活在水域中的赤链蛇等，产卵要返回到水域中的两栖类，主要以水生小动物及昆虫为食的鸟类等。此外，水面的扩大还有利于各种蛙类等动物的生存和繁衍。

同时由于淹没线以下的陆生环境比淹没线以上的陆生环境面积小很多，迁入的动物种类和数量有限。因此，各动物种群可以通过自由扩散等方式在生态系统内部进行自我调节，从而不会使原来的生态系统结构和功能发生较大的改变。

水库淹没和管理所等占地会直接造成植被类型、面积减少和使分布在其中的野生动物种类的迁移，这一影响是不可逆的，又具有明显的局限性，即在空间上局限于库区范围。

由于受影响的植被类型和野生动物种类在本评价区域的其他地区均有分布，因此不会造成毁灭性影响。鉴于塘头水电站工程是河道型水库，其蓄水淹没面积小，水库的长度短，原河道两岸多为陡坡的实际情况，工程建设对陆生生物的影响在范围和程度上都不大。

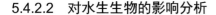

5.4.2.2　对水生生物的影响分析

（1）对水生生物的影响

对水生生物而言，不利影响与有利影响并存，有利影响大于不利影响。水库建成蓄水后，水位抬高会淹没原有河道两侧峭壁和在其上生长的植被，使得土壤中溶解的营养物质和清除时被淹没的残留植物浸泡在库区内死亡分解所产生的有机物质进入库区的水体中；加上水库的拦蓄作用，会使得外源性营养物质汇集在库区内，这将会导致水体的富营养化，影响一些水生生物的生长。当库区植被被淹没后，会在水中分解将消耗部分的 O_2，而水库在水量增大后，流速减缓，溶氧能力相应减弱，这将会导致水体缺氧，增大水生生物的生存压力。

1）对浮游植物的影响

该工程建设蓄水后，使得原有的河流生态系统向湖泊、水库生态系统演化。水库运行时，可能导致的富营养化可以为浮游植物的生存和繁殖提供充足的营养物质。水位提高，流速减慢，泥沙沉降，水体透明度增大，营养负荷滞留累积，库区水体水质发生变化，水体营养负荷增加，将提高水体初级生产力，有利于浮游植物的生长和繁殖。库区水环境条件变化较小，无明显污染源，水体理化性质基本保持原河流状态，只是流速趋缓。预计项目建成后，库区浮游植物种类、存在量会有所增加，尤其硅藻比例下降，喜静水的蓝藻和绿藻比例上升。

2）对浮游动物的影响

水库建成前，项目坝址以上河段，浮游动物和藻类植物一样，是以流水性、好氧性、着生性为主，种类多样，其中以轮虫的个体数最多，以桡足类的生物量最大。水库建成后坝址上游至坝址河段中静水性、浮游性的种类变为优势种群，原生动物中浮游性纤毛虫类种群会逐渐壮大；轮虫中普生性和浮游性的种类和数量将会升高；此前种类和数量都很少的枝角类和桡足类也将会增加。随着库区水体富营养化程度的增加，浮游动物现存量将会逐渐呈现上升趋势，并逐步趋向富营养化区系特征。

项目坝下近坝水域浮游动物变化与库区相似，下游基本保持现状。

3）对挺水植物的影响

水生维管束植物是水体中的生产者，能利用太阳能，通过光合作用制造有机营养物质，使之变成可供生物生长繁殖的能量，是水生生态系统的基本环节。水库建成前，坝址以上河段水体具有一定冲刷力，水位变幅大，水生维管植物在大部分河床不能生长。水库建成蓄水后，由于库坝的拦截作用，使水位提高，水流变缓，而大部分泥沙及有机物沉积于库底。尤其是在库尾、消落区和浅水地带的湿生环境将会增加，从而扩大了湿生植物的生存场所，这就彻底改变了现在库区河段内河流水底以卵石、砂、砾为主的底质环境，为水生植物创造较好的生存环境。使水生维管束植物在种类组成上和群落结构上趋于复杂，在生物量方面也将处于上升趋势。如田子萍、浮萍、水蓼、旱苗、野慈姑、喜旱莲子草、水芹、连子草、密齿苦草、马来眼子菜、水蓑衣、大花蓑衣、芦苇等将在浅水区出现，这些水草的生长为草上产卵性鱼类，如鲤、鲫、鲶等提供良好的产卵场，为这些鱼类种群在水库中的繁殖增殖提供了有利条件。因此，水库运行期水生植物生物量将不断增加。

4）对底栖动物的影响

水库建成前，坝址上游河段，水流湍急，水质保持良好，底栖动物数量较少，但水生昆虫数量相对较多，有一定的生物量。水库建成后，由于水位周年趋向稳定，水体流速减缓，大量浅滩砾石上的着生藻类生长，数量变得丰富，使生活在石底、缝隙间的底栖动物有较多的食物来源和隐蔽场所，因此，库区底栖动物数量有上升的趋势。随着电站运行时间延迟，入库泥沙和库区营养物质滞留，会导致沿岸带生境由之前的石砾生境向泥沙生境演替，从而为寡毛类、环节动物以及软体动物提供良好的生境条件。此外，沙泥底质的出现也为水生维管束植物的生长提供了空间，进而有利于一些攀爬、附生底栖动物的栖息，表现为底栖动物的生物量和多样性呈现增加的趋势。

水库在蓄水后，使得水域面积拓宽，饵料丰富，为虾类提供了适宜的生活环境，虾类的数量会大大增加，成为捕捞对象和鱼类的饵料；软体动物中如螺类、蚬类等也会因为库湾浅水区的增多，在种类和数量上也将有所增加。库区环境条件的改变是有利于底栖动物的生长和繁殖的。不仅现有种类能在库中继续繁衍，而且现时评价区域河段内没有的种类也将随着水流的带入而在库区内生存下来，因而库内的底栖动物可能在种群、数量以及生物量等方面都将呈现出上升的趋势。

如果加强对污染的控制，严禁污染的不处理排放，使水生环境得到保护，那么水生维管束植物种类和数量将会增加，为鱼类觅食、栖息、繁衍创造条件，从而使评价区域中鱼类在种类和数量上产生变化。

（2）对鱼类的影响

1）大坝阻隔对鱼类的影响

广东省乳源县塘头水电站工程大坝的建设阻断了河流，河流的连续性受到严重影响，对鱼类和其他水生生物有很强的阻隔效益。流域梯级开发，完整的河流生境被分割成多个片段，生境的片段化导致水生生物特别是鱼类形成大小不同的异质种群，种群间基因不能很好地交流，各种群将受到不同程度的影响。种群数量较大的鱼类，群体间将出现遗传分化；种群数量较少的物种将逐步丧失遗传多样性，危及物种长期生存。

根据《广东省韶关市武江梯级开发规划报告》，规划自上而下选定张滩（扩建）、昌山（茶亭角）、长安（白糖宁）、七星（七星墩）、厢廊和靖村（下坑）6级开发方案，除厢廊梯级（塘头水电站）未建设以外，其余5个梯级全部建设完成。塘头水电站修建所造成的大坝阻隔效益和生境破碎化效应将进一步加剧，使得从七星墩电站下游至靖村电站河段被

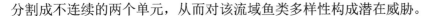

分割成不连续的两个单元，从而对该流域鱼类多样性构成潜在威胁。

塘头水电站建成后，由于大坝建筑物的影响，会阻隔上下游水生生物的种质资源交流，对其生活产生不利影响，由于该评价区水生生态系统内有地方性保护水生生物，对其影响较大。但由于已建电站均为低水头矮坝，上游来水可直接下泄，从而使得七星墩电站坝址下游常年基本保持流水状态，故上游的鱼类可随水流下游，对下游鱼类资源进行补充。此外，对河流内的其他物种，由于该水库有航运的作用，在通航时，船只会携带部分物种进入下游或上游，从而减弱了大坝对水生生物的阻隔作用。但下游鱼类将因电站的建设而无法正常回溯到上游。

2）对鱼类资源的影响

水库蓄水使河流生态环境转变为水库生态环境，大坝上游的水域面积拓宽，水深增大，使库区内水流减缓，在蓄水以后，无论是浮游植物还是浮游动物、底栖动物及水深维管束植物的种群数量，都将出现一定程度的增加，为多种鱼类提供饵料资源，为鱼类的觅食、栖息、繁衍创造条件，将使鱼类在种类和数量上产生变化。

首先，鱼类种类组成在生态类型上将以鲫、鲇等广布性的缓流鱼类和静水鱼类占优势，种类和数量将有一定程度的增加；其次，鱼类区系成分仍是以中国平原区系复合体和南方平原区系复合体为主体；最后，在近库缘的浅水区将有多种水生维管束植物出现，为喜在水草上产卵的鱼类，如华南鲤、鲫等提供了良好的产卵场所，它们产下的黏性卵附在水生维管束植物上顺利地孵化发育，其种群数量将会得到一定程度的发展。同时，在建库蓄水后，无论是浮游植物还是浮游动物、底栖动物及水生维管束植物的种群数量，都将出现一定程度的增加，可为多种鱼类提供饵料资源。

在水库大坝建成初期，沉水植物、浮游动植物及底栖动物的种类和数量上不会有太大的改观，如果合理的投放鱼苗还可以为渔业发展创造一定的条件。

3）对鱼类产卵场、索饵场、越冬场的影响

电站建成后，加剧了北江及武江洄游通道受阻程度，同时阻碍鱼类上溯至武江产卵场。通过保护区资料和调查数据可知，该水域分布有洄游性鱼类鳗鲡，江河半洄游性鱼类有青、草、鲢、鳙、倒刺鲃、光倒刺鲃、三角鲂、南方白甲鱼、银鲴、桂华鲮、唇鲮、三角鲤等，这些种类需要生殖洄游，水坝会阻碍它们的洄游通道，影响这些鱼类的繁衍，对这些种类的资源造成较大影响。工程采取增殖放流、设置水池阶段式鱼道，在一定程度上能减小对洄游性鱼类及珍稀濒危鱼类的影响。

5.4.3　对其他用户的影响分析

5.4.3.1　电站运行对上游排水设施及用水户的影响分析

（1）对上游排水设施的影响

根据建设征地移民安置专项报告内容，不涉及坝址上游排水设施，所以认为塘头水电站建成后，库区水位升高，不影响上游排水设施。

（2）对上游用水户的影响

塘头水电站上游梯级为七星电站，七星电站位于塘头水电站梯级库尾（距坝址 8.0 km）。塘头水电站正常蓄水位为 68.0 m，与上游梯级尾水衔接，满足《广东省韶关市武江梯级开发规划报告》的要求，不会对上游梯级产生影响。

工程库区回水淹没及工程占地造成的影响，将根据国家有关法规政策结合广东省地方情况，按照移民安置规划进行妥善的处理和补偿，对于淹没及占地影响的专项设施将按照复建、迁建及一次性补偿等方式进行补偿。

5.4.3.2　对库区用水户的影响分析

塘头水电站库区内无工业用水户，沿岸村庄亦不从库区取水。库区河道开阔，沿江两岸台地低矮，土地肥沃，物产丰富。塘头水电站工程属于无调节水电站，来水量主要用于发电，塘头水电站工程取用水过程并不消耗水量，其对两岸农业用水没有影响。

5.4.3.3　对下游用水的影响分析

（1）施工期

塘头水电站以发电为主，本身不承担供水任务，无调节性能。考虑下游用水户的用水需求，煤矸石电厂和韶关市政供水 3.67 m³/s，河道内生态用水要求 17.9 m³/s 和通航要求的 31.0 m³/s，综合生产、生活和生态用水需求，确定坝址最小下泄流量通航情况下为 31.0 m³/s，停航情况下为 21.7 m³/s。通航及停航情况下，最小下泄流量可同时满足大坝下游生产、生活、生态各方面用水的要求，对下游用水的影响很小。

施工期间，河道没有断流，通过右岸导流明渠下泄流量，基本上属于来多少泄多少，不设置最小下泄流量。

（2）运行期

项目运行期间年通航天数为 330 天，年发电天数为 365 天（全年发电）。根据塘头水电站的运行方式，为保证单台机组安全稳定运行，均保证最小下泄流量通航情况下为 31.0 m³/s，停航情况下为 21.7 m³/s。

总体来看，工程设计的最小下泄流量能满足下游用水户的生产、生活、生态各方面用水的要求，对下游用水的影响很小。

5.4.3.4　水生生态影响评价结论

综合本节分析，除施工期对施工区域及其下游的浮游动植物和底栖动物有一定影响外，项目工程建设对水生生物的主要影响还是鱼类及其产卵场，其主要影响在于大坝阻隔了洄游鱼类的洄游通道，以及水文情势变化改变了库区内鱼类种群结构，并使库区内桂头产卵场功能被弱化，甚至退化。项目工程除严格保障下游最小的生态流量外，还应采取控制施工废水影响、修建过鱼设施、增殖放流以及产卵场修复等保护措施，在采取措施后可将上述影响控制到可接受水平（表 5.4-1）。

表 5.4-1　项目工程建设对鱼类影响分析总计

时期	影响/影响途径	可能影响鱼类	影响程度	对应保护措施
施工期	施工废水若发生事故排放造成局部水体悬浮物增加，影响施工区下游产石隙隐藏性鱼卵的沙尾鱼类产卵场	产石隙隐藏性卵鱼类，如斑鳠（鮰）和黄颡鱼	小	加强施工管理，避免废水事故排放
运行期	大坝阻隔效应直接阻隔洄游鱼类的洄游通道	洄游鱼类，如鳗鲡、鳡、黄尾鲴、赤眼鳟、银鲴、银飘鱼及四大家鱼等	大	修建过鱼设施
	水文情势变化，改变库区鱼类种群结构	急流鱼类，如长臀鮠、唇鲮、桂华鲮、卷口鱼、倒刺鲃、盆唇华鲮、异尾爬鳅、多鳞原缨口鳅、光倒刺鲃、鳗鲡、黄尾鲴等	中	增殖放流、产卵场修复
		底栖鱼类，如卵形白甲鱼、白甲鱼、小口白甲鱼、南方白甲鱼、桂华鲮、盆唇华鲮、卷口鱼、唇鱼等		
	水文情势变化，造成桂头产卵场功能弱化甚至退化	产漂流性卵鱼类，如鳟、鳡、银鲴、四大家鱼等	大	
		产黏沉性卵的急流底栖鱼类，如长臀鮠、唇鲮、桂华鲮、卷口鱼、光倒刺鲃、倒刺鲃、盆唇华鲮、异尾爬鳅、多鳞原缨口鳅、白甲鱼、南方白甲鱼、鳗鲡、斑鳠、黄颡鱼等		

5.5　工程建设对北江特有珍稀鱼类省级自然保护区的影响分析

5.5.1　对保护区浮游生物的影响分析

塘头水电站工程水坝围堰施工以及河道疏浚等工程对水体的扰动，使施工江段附近水域悬浮物浓度增加，悬浮物在重力因素作用下扩散、运动，对附近水域的浮游生物产生不良影响，将导致光合作用下降，影响初级生产力；淤泥悬浮物对浮游动物的正常生长也将造成影响。

根据保护区调整时，在 2017 年编制的《韶关北江特有珍稀鱼类省级自然保护区范围与功能区调整综合科学考察报告》中，保护区的浮游生物资源现状及保护对象概述如下。

5.5.1.1 浮游植物

2015 年 6 月 11 日、7 月 15 日对保护区内武江及支流的浮游植物群落组成与分布进行了初步调查，调查采样点分别为桂头桥 S1（113°25′15.2″E，24°56′57.5″N）、塘头（坝下）S2（113°26′58.8″E，24°55′58.6″N）、水口村 S3（113°28′56.1″E，24°53′29″N）、靖村 S4（113°32′19.10″E，24°51′5.43″N）、十里亭大桥 S5（113°32′27.01″E，24°49′12.43″N）和海关半岛 S6（113°35′19.54″E，24°47′44.80″N）。

观察结果共发现浮游植物种类 7 门，128 种（含 7 个变种）。其中硅藻 66 种，占总种数的 51.56%，绿藻 29 种，占总种数的 22.66%，裸藻 14 种，占总种数的 10.93%，蓝藻 12 种，占总种数的 9.38%，隐藻 4 种，甲藻 2 种，金藻 1 种。种类数的变化范围为 30～56 种，最大值出现在海关半岛样点，最小值出现在坝下桂头样点。种群密度的变化范围为 $9.36×10^5$～$48.12×10^5$ cells/L，均值为 $20.05×10^5$ cells/L，最大值出现在海关半岛，最小值出现在桂头桥。

5.5.1.2 浮游动物

调查期间共检出浮游动物 55 种。其中，原生动物 12 种，占 21.82%；轮虫类 28 种，占 50.91%；枝角类 11 种，占 20.00%；桡足类 4 种，占 7.27%。

5.5.2 对保护区底栖动物的影响分析

河道清淤工程挖掘中对施工江段底质生境造成破坏，特别是对江段底栖及固着生物资源将造成永久性损失，具有不可逆的影响。此外，水坝围堰施工等工程施工时产生的悬浮物扩散区会导致下游局部地区透明度下降，使大部分底栖生物正常生理过程受到影响，一些敏感物种会受损，甚至消失。从而导致施工区域附近水域生物量减少，并影响以底栖动物为食的鱼类。通常底栖动物资源破坏后恢复困难，但该工程涉水面积小，不会对保护区江段底栖动物的总体数量及分布造成结构上的影响。

根据保护区调整时，在 2017 年编制的《韶关北江特有珍稀鱼类省级自然保护区范围与功能区调整综合科学考察报告》中，保护区的底栖动物资源现状及保护对象概述如下。

保护区共发现大型底栖动物 10 种，水口村、靖村（定性采集）和桂头桥大型底栖动物丰度和生物量分别为 32 ind/m² 和 0.004 5 g/m²、60 ind/m² 和 30.001 6 g/m² 以及 216 ind/m² 和 12.0 g/m²。

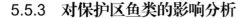

5.5.3 对保护区鱼类的影响分析

5.5.3.1 对保护区鱼类的影响分析

（1）施工产生的悬浮物对鱼类的影响

广东韶关武江塘头电站工程位于保护区实验区内，工程施工过程中，围堰、混凝土浇灌、河道疏浚等施工产生的悬浮物将会影响栖息在该区域的鱼类的正常生长。

（2）施工作业对鱼类繁殖行为的影响

工程水上施工期从第一年的 7 月至第三年的 2 月，约为 1 年 8 个月。武江每年的 3—8 月是鱼类繁殖产卵的高峰期，产黏性卵的鲤、鲫、鳜等鱼在水草、岩石上产卵，因而在施工区域附近水域活动或繁殖的鱼类，受到施工噪声惊扰、施工产生的浑水等因素影响，影响腺发育和产卵，进而影响鱼类资源。

（3）施工期污染物的影响

施工期间，江边的弃渣、沙石场，若不采取有效的防护措施，当雨季或暴雨来临时，弃渣和泥土将进入保护区江段，影响鱼类栖息与生长。另外，施工期大量施工人员集中在江段两岸，存在施工人员业余时间非法捕鱼活动的隐患，影响保护区鱼类资源。

（4）运营期水坝阻隔对洄游性鱼类的影响

电站建成后，加剧了北江及武江洄游通道受阻程度，同时阻碍鱼类上溯至武江产卵场。通过保护区资料和调查数据可知，该水域分布有洄游性鱼类鳗鲡，江河半洄游性鱼类有青、草、鲢、鳙、倒刺鲃、光倒刺鲃、三角鲂、南方白甲鱼、银鲴、桂华鲮、唇鲮、三角鲤等，这些种类需要生殖洄游，水坝会阻碍它们的洄游通道，影响这些鱼类的繁衍，对这些种类的资源造成较大影响。工程采取设置水池阶段式鱼道，在一定程度上能减小对洄游性鱼类及珍稀濒危鱼类的影响。

（5）运营期水坝阻隔对鱼类繁殖的影响

由于引流发电，改变了原来的水文条件，具体为原来坝下适宜鱼类产卵的流态区域发生变化，影响鱼类原有的产卵场规模，会导致鱼类资源、生物多样性发生改变。工程采取增殖放流、设置水池阶段式鱼道，在一定程度上能减小对洄游性鱼类及珍稀濒危鱼类的影响。

5.5.3.2 鱼类资源现状

（1）鱼类分布现状

《韶关北江特有珍稀鱼类省级自然保护区范围与功能区调整综合科学考察报告》根据数次调查结果，总结保护区鱼类分布现状如下。

1）保护区内

保护区内采集鱼类 1 148 尾，鉴别鱼类 49 种，主要种类有鳌条 26.6%（数量比例，以下同），宽鳍鱲 8.1%，银鮈 6.6%，尼罗罗非鱼 6.3%，鲫 5.7%，南方拟鰺5.3%，粗唇鮠 3.4%，圆吻鲴 3.2%等。其中，塘头江段共采集到鱼类 26 种，主要种类有鳘条、尼罗罗非鱼、条纹刺鲃、银鮈、圆吻鲴、黄颡鱼、宽鳍鱲、鲫、鲮等，珍稀特有鱼类有光倒刺鲃、倒刺鲃。

此外，在重阳水与新街水采集鱼类有 22 种，主要种类有尼罗罗非鱼、鲤、鲫、鳘条、海南红鲌、黄颡鱼、泥鳅、鰕虎鱼等。

2）保护区外上游江段

武江常来以上江段共监测到鱼类 5 目 14 科 96 种，其中鲤形目 3 科 14 亚科（鲤科 47 种，鳅科 7 种，平鳍鳅科 2 种）共 56 种，鲇形目 3 科共 11 种，鳉形目 1 科共 1 种，合鳃目 1 科共 1 种，鲈形目 6 科共 11 种。鲤形目鲤科种类数占绝对优势，占总数的 59%，其他 11 科共占 41%。优势种主要有宽鳍鱲、马口鱼、鳘条、草鱼、银鮈、鲤、鲫、光唇鱼、麦穗鱼、泥鳅、黄颡鱼、盆堂拟鳎、鰕虎鱼、大刺鳅等。

3）保护区外下游江段

韶关市至白土江段共采集到鱼类 65 种，分属于 6 目 20 科 61 属，主要种类为：鲤、鲫、南方拟鰺、黄尾鲴、鲮、赤眼鳟、黄颡鱼、斑鳠、大眼鳜等，采集到的珍稀特有鱼类有长臀鮠、细身拟鳎、光倒刺鲃、倒刺鲃等。

（2）保护鱼类概况

保护区保护珍稀鱼类 29 种，根据近几年的调查，对其资源分布情况、珍稀濒危程度进行以下划分：列入珍稀濒危鱼类红皮书的仅 1 种：长臀鮠。长臀鮠在保护区中数量较少，但在珠江水系其他江段仍有一定数量，为偶见种类。数量稀少的种类 3 种：唇鲮、伍氏华鲮、卷口鱼。这 3 个种类保护区内已难以发现，在珠江水系其他江段唇鲮及伍氏华鲮数量非常少，卷口鱼数量较多，是主要渔业捕捞对象。数量较少的种类 5 种：桂华鲮、倒刺鲃、光倒刺鲃、异尾爬鳅、多鳞原缨口鳅。桂华鲮和倒刺鲃在保护区内较少，但目前已商品化养殖，特别是倒刺鲃产量较高。异尾爬鳅、多鳞原缨口鳅是小型鳅类，主要分布在溪流，所以种群数量少。数量较多、常见的种类有 20 种：斑鳠、大眼鳜、斑鳜、鳗鲡、鲮、白甲鱼、南方白甲鱼、鳡、黄尾密鲴、花鲭、赤眼鳟、三角鲂、黄颡鱼、斑鳢、鲤、鲫、四大家鱼。斑鳠在保护区数量较多，是主要的渔业捕捞对象。其他的种类在珠江水系数量多，较为常见。保护区保护鱼类的生态习性、繁殖习性、洄游习性和特点分析见表 5.5-1。

表 5.5-1　保护区保护鱼类一览表

编号	名称	生态类型			繁殖类型				洄游习性	特点
		急流水体中下层类群	缓流水体中上层类群	静水缓流水体中下层类群	产黏沉性卵鱼类	产飘浮性卵鱼类	产黏性卵鱼类	其他		
1	长臀鮠	+			+					中国濒危动物红皮书
2	唇鲮	+								广东省重点保护鱼类
3	桂华鲮	+					+			
4	卷口鱼	+			+					
5	倒刺鲃	+			+					
6	盆唇华鲮	+			+					
7	异尾爬鳅	+			+					
8	多鳞原缨口鳅	+			+					北江的经济鱼类中属于珍稀、特有鱼类
9	光倒刺鲃	+					+			
10	白甲鱼	+			+				+	
11	南方白甲鱼	+			+				+	
12	鳗鲡	+			+				+	
13	斑鳠			+	+					
14	黄颡鱼			+						
15	黄尾鲴	+						+	+	
16	花鱛		+					+	+	
17	鳡		+			+			+	
18	鲮		+			+				
19	斑鱯		+		+					
20	赤眼鳟		+		+				+	
21	三角鲂		+					+	+	
22	大眼鳜		+		+					
23	青		+			+			+	
24	鲢		+			+			+	
25	鳙		+			+			+	
26	草		+			+			+	
27	斑鳢			+				+		
28	鲤			+			+		+	

注：+表示在保护区内有采集到该样本。

（3）鱼类产卵场现状

根据 2001 年调查资料，保护区内共有 8 处鱼类产卵场，分别为桂头产卵场、沙尾产卵场、东风山产卵场、沙园产卵场、沙洲产卵场、犁市产卵场、西河产卵场、黄田坝产卵场。在保护区调整规划中调出区域，桂头至塘头水电站，仅分布有桂头产卵场，该产卵场既有产漂流性卵的鱼类产卵，如四大家鱼，亦有产黏沉性卵的鱼类产卵繁殖，如光倒刺鲃、倒刺鲃。

根据 2014—2015 年武江鱼类资源调查，2001 年调查到的 22 种产卵鱼类中，除了鳡、银飘鱼在渔获物中难以发现外，其他的种类仍有一定规模，这充分说明了目前韶关江段 4 种不同类型（产漂流性卵、产草属性卵、产黏沉性卵、产石隙隐藏性卵）的鱼类产卵场仍然存在。在 2014 年的鱼类产卵场监测中也采集到了草鱼的鱼苗，更进一步证实了四大家鱼的产卵环境仍然存在。因此，可以认为保护区分布的 8 个产卵场除东风山、沙洲、犁市 3 个产卵场受已建电站影响外，其他 5 个仍然存在产卵场生境。

5.6　工程建设环境保护措施

5.6.1　水环境保护措施分析

根据《广东省地表水环境功能区划》（粤环〔2011〕14 号）的划分，工程所在河段武江河［乐昌城—犁市（曲江）］执行《地表水环境质量标准（GB 3838—2002）Ⅲ类标准，废水必须采取适当的措施进行处理，达到《水污染物排放限值》（DB 44/26—2001）一级标准才能排放。

5.6.1.1　施工期水环境保护措施

（1）砂石料加工系统生产废水

1）废水概况

砂石料筛分系统布置于塘头沙砾料场靠近 7# 施工道路附近，筛分系统设 DSM 1855 直线振动筛（生产能力 50～80 t/h）一台、ZD 1830 圆振动筛（生产能力 100～300 t/h）一台，根据骨料需要分级生产粗细骨料。砂石冲洗废水产生量约 486 m³/h；砂石冲洗废水主要污染物为 SS，其具有废水量大、SS 浓度高的特点，浓度一般为 1 500～5 000 mg/L，最高可达 40 000 mg/L，若不经处理直接排放，会对工程河段下游水质造成较大的影响。

2）处理目标

在砂石骨料加工系统设置一套生产废水处理装置，砂石废水经处理后悬浮物浓度小于 70 mg/L，实现废水循环利用。

3）处理措施

根据砂石料加工系统废水特性，采用混凝沉淀法处理生产废水。砂石加工厂废水从筛分楼流入废水调节池，由泵将高悬浮物废水供给细砂回收处理器，将大于 0.035 mm 的细砂回收约 80%，筛滤水流回入调节池，溢出水自流入平流式沉淀池，经絮凝沉淀后上清液流入回用系统，与补充水一起用于筛分楼生产用水；两组沉淀池轮流使用，底泥通过吸泥机抽出后通过压滤机压滤、干化脱水，压滤水自流入调节池，泥饼运至就近渣场（图 5.6-1）。该方案特点是占地小，整个处理工艺效果好，可回收大量细砂，且能达到回用水质要求。

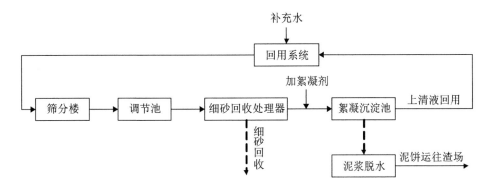

图 5.6-1　混凝沉淀法工艺流程

①沉砂处理单元

本处理单元的细砂回收处理器设备投资由施工单位承担，并在招标文件中明确。

②絮凝沉淀单元

针对施工废水原水浓度高，施工管理条件简陋的特点，絮凝沉淀采用平流式沉淀池。经分析比选，本阶段絮凝沉淀单元采用两格单池的平流式沉淀池，拟在检修和清泥时轮流使用。考虑来水中悬浮物浓度较大，且沉泥易于板结，拟采用吸泥机排泥。沉淀池设计流速 8.3 mm/s、停留时间为 1.1 h、表面负荷 2.26 m/h、单格沉淀池长 36 m、有效深度 4 m、单格净宽 10.0 m，共分两格总宽 21.2 m（隔墙和边墙厚度均为 0.4 m），单格运行，交替使用。由于采用吸泥机除泥，沉淀池可进行连续工作，仅在检修和阶段清泥时轮流使用。

絮凝剂选用聚丙烯酰胺（PAM），可不设絮凝反应池。经絮凝沉淀后，废水中粒径小于 0.035 mm 的悬浮细小颗粒得到进一步去除，处理出水的 SS 能稳定地保持在 70 mg/L 以下，可循环利用。

③脱水

底泥用吸泥机抽出后通过压滤机压滤、干化脱水。

④回水单元

回用系统由高、低位水池和回用水泵组成。高、低位水池尺寸分别为 10.0 m（长）×10.0 m（宽）×7.0 m（高）和 12.5 m（长）×12.5 m（宽）×7.0 m（高）。

4）砂石料加工系统废水综合利用可行性

①水质

砂石加工系统生产废水主要污染物是 SS，根据砂石废水处理设备性能，废水经过处理后，SS 能稳定地保持在 70 mg/L 以下；经处理的砂石加工系统废水完全满足砂石料加工系统用水要求；废水 SS 与砂石骨料属于同一岩性，不含有影响混凝土质量的物质。鉴于以上分析，废水经处理后，水质能够满足循环利用和综合利用要求。

②水量

由于砂石料加工系统冲洗废水产生量为 486 m^3/h；砂石料生产系统用水量为 540 m^3/h，大于 486 m^3/h，由此可见，砂石料加工系统能够完全回用处理后的废水。

根据以上分析，砂石料加工系统废水循环利用是可行的，但应该加强废水处理和程序管理，增强废水处理、循环（综合）利用过程的抗冲击能力。

（2）混凝土拌和系统冲洗废水处理措施

1）废水概况

考虑到工程分两岸布置，左、右两岸砼浇筑强度不均衡，左岸施工生产生活布置区内布置一座生产能力为 48～60 m^3/h 的 2×1.0 m^3 砼拌和楼，右岸施工生产生活布置区内布置一座生产能力为 15～20 m^3/h 的 0.8 m^3 砼拌机一台。混凝土拌和系统进行混凝土生产时，一般每方混凝土需用水 0.3～0.4 m^3。根据工程分析，系统废水产生量约为 32 m^3/d（混凝土总量按最大生产能力 80 m^3/h 计算）；废水 pH 约为 11，废水中悬浮物浓度约为 5 000 mg/L。

2）处理目标

砂石废水经处理后悬浮物浓度小于 70 mg/L，pH 控制在 6～9，实现废水循环利用。

3）处理措施

针对混凝土冲洗废水量少、冲洗时间短的特点，在左岸拌和站附近设沉淀池，容积不小于一次的冲洗废水量（4 m^3/次），利用换班时间将冲洗废水排入池内，静置至下次换班放出，人工清砂。废水收集池具体尺寸见表 5.6-1，平面布置见图 5.6-2。

表 5.6-1　废水收集池规格

项目	规格	备注
沉砂池	2 m（长）×1 m（宽）×2 m（高）	建两格，一格备用，池型为平流
中和沉淀池	2 m（长）×1 m（宽）×2 m（高）	池中建两隔流墙，出水口安装 pH 测定仪

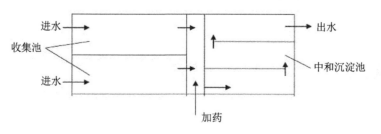

图 5.6-2　混凝土拌和系统废水处理平面布置示意图

拌和楼冲洗废水每班换班时排放入一个沉淀池经中和处理后（另一个备用），添入絮凝剂静置沉淀，一班时间后外排。池的出水端设置为活动式，便于清运和调节水位。在沉淀池污泥沉淀到一定程度后换用备用池。原池自干化，污泥干化后运至渣场处理。

4）混凝土拌和系统冲洗废水循环利用可行性分析

混凝土拌和系统冲洗废水产生量仅为 8 m³/d，废水产生量很小，用水量为 32 m³/d（混凝土总量按最大生产能力 80 m³/h 计算），远远大于冲洗废水量；废水经过处理后，主要污染物 SS 浓度小于 70 mg/L，利用水泵从蓄水池抽取废水与新鲜水混合，完全满足混凝土拌合用水的水质要求，因此，混凝土拌和系统冲洗废水循环利用、实现零排放是可行的。

（3）机械冲洗及修理系统（含油）废水处理措施

1）废水概况

在机械、车辆的检修、冲洗过程中，会产生一定量的油性废水。根据工程分析，施工期间产生含油废水量约 20 m³/d，含油废水中石油类浓度为 40 mg/L。

2）处理目标

含油废水经处理后，满足循环利用的水质要求。

3）设计方案

①方案 1——间歇处理并加混凝剂

废水中的悬浮物及石油类在沉淀池内经混凝沉淀后得以去除，其特点是构造简单、造价低、管理方便，仅需定期清理。

②方案 2——成套油水分离器

成套油水分离器对含油废水的处理效果较好，并且占地面积小，不足之处是设备投资大，修理保养费用和技术要求较高。

通过比较以上两个方案，工程含油废水需满足循环利用要求，同时考虑运行期沿用施工期处理设备，且运行期要求处理达《农田灌溉水质标准》（GB 5084—2005）和《水污染物排放限值》（DB 44/26—2001）一级标准较严者后综合利用，所以推荐方案 2 作为含油废水处理方案。

4）推荐设计方案

机械冲洗废水污染物以石油类为主，拟采用油水分离器的方法对该废水进行隔油处理，处理过的出水用作机械冲洗水。

根据废水的污染成分和回用目的，废水经过油水分离器处理后，排放到回用水池储存，按需要用于施工营地机械冲洗，油水分离器分离出来的油渣为危险废物，施工单位需委托具有相关处理资质的单位外运处置。

工程机械冲洗含油污水量约 20 m³/d，有效容积 25 m³ 的隔油沉淀池（调节池）及 1 t/h 油水分离器完全可以满足需要。

5）机械冲洗及修理系统（含油）废水循环利用可行性分析

机械冲洗及修理系统用水量大于废水产生量，且含油废水经处理后的石油类浓度小于 5 mg/L，经过处理后的含油废水进入蓄水池，采用水泵抽取与新鲜水混合，满足水质标准要求，所以含油废水循环利用，实现零排放是可行的。

（4）基坑废水处理措施

1）废水概况

工程基坑排水主要由降水、渗水、混凝土浇筑及养护水等组成，其特点为废水少、悬浮物含量高，pH 为 11～12。根据工程分析，工程基坑废水产生量约为 2 m³/d。

2）处理目标

SS 排放浓度控制在 70 mg/L 以下，实现废水循环利用。

3）处理措施

针对基坑废水量小、悬浮物浓度高、水体呈碱性的特点，类比其他水库项目对基坑废水的处理经验，采用混凝沉淀—中和组合工艺对其进行处理，具体工艺流程见图 5.6-3，本工程经常性基坑废水约为 2 m³/d。基坑废水由各处汇集至混凝沉淀池后，通过投加混凝剂使其中的 SS 迅速沉淀，上清液抽入集水调节池，待水质水量均匀后再进入中和池，加酸中和，至 pH 降为 7 后进入清水池，出水回用于施工现场绿地浇灌和厂房混凝土养护，各水池沉渣人工清除后运至渣场。针对基坑施工废水中的 SS 主要为砂粒水泥浆等比重较大颗粒物的特点，往废水中投加聚合氯化铝（PAC）和聚丙烯酰胺（PAM）以促进悬浮物快速沉淀，沉淀时间约 2 h，投加的酸液为废酸。这种基坑废水排放技术措施合理有效，经济节约，可解决基坑水问题。

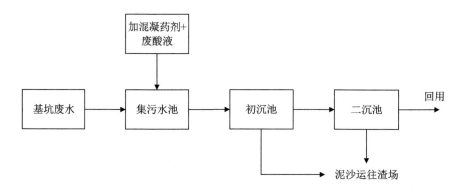

图 5.6-3 基坑废水处理工艺流程

（5）生活污水处理措施

本工程在施工高峰期施工人数为 480 人，最不利情况下日产生废水量为 64.8 m³，废水量较大。

塘头水电站工程排水采用雨、污分流的方式。

工程所在河段水环境功能为Ⅲ类，为避免工程施工期生活污水对区域水环境质量的不利影响，本评价推荐项目施工期生活污水经自建污水处理系统处理达到《水污染物排放限值》（DB 44/26—2001）一级标准和《农田灌溉水质标准》（GB 5084—2005）较严者，作农林灌溉用水及施工场地防尘洒水，不排入河道。

1）处理规模

本工程施工高峰期人数为 480 人，根据工程分析，高峰日排放量为 64.8 m³。根据项目可研报告设计的施工营地布局和最大生活污水产生量来确定污水处理站规模，并综合考虑污水变化系数（1.2～1.4），建议在左右岸施工营造区分别建立一座污水处理站，每座污水处理站的设计规模为 50 m³/d，确保高峰日生活污水均能得到有效处理。

2）工艺比选

在选择处理工艺方面不仅考虑到 BOD$_5$、COD、SS、N、P 等指标，还立足于先进性、使用性和经济性的综合平衡。如新型一体化氧化沟工艺、接触氧化法。

①新型一体化氧化沟工艺

氧化沟是一种连续环形曝气池，其曝气池呈封闭的沟渠形，污水和活性污泥在曝气池中循环流动，流动过程中具有推流特性。

一体化氧化沟又称合建式氧化沟，将生物处理净化和固液分离合为一体，无须建造单独的二沉池。从生物处理工艺来讲，该一体化氧化沟又是集厌氧、缺氧、好氧于一体的 A²/O 体系的一种变型。新型一体化氧化沟设置了相对独立的厌氧区、缺氧区、好氧区，同时又共为一体。在保证有机碳、氮、磷有效去除的同时，工艺简洁、结构紧凑、经济合理。

厌氧区、缺氧区和好氧区三个区的设置，以及氧化沟稳定的水力循环流动，特殊的水力流态，形成了适合微生物生长的功能区，实现了有机碳、氮、磷的有效去除。厌氧区、缺氧区和好氧区的排列方式基于最新提出的倒置 A²/O 工艺的原理，与传统的 A²/O 工艺流程相比，倒置 A²/O 工艺中污水先经过缺氧区再到厌氧区，这样可以达到更好的除磷脱氮效果。此外，通过三个区位置的合理布置，好氧区回流混合液至缺氧区，固液分离器污泥均实现了自动回流。各区相对独立，能较好地形成对应微生物生长环境，避免了 OCO 工艺容易出现的各区不能真正实现微生物生长环境的问题。

一体化氧化沟工艺流程如图 5.6-4 所示。一体化氧化沟的关键设备之一为固液分离器，其具有生物处理和固液分离的双重功能。固液分离器置于氧化沟的侧沟或中心岛处，对水质起着重要的保障作用。

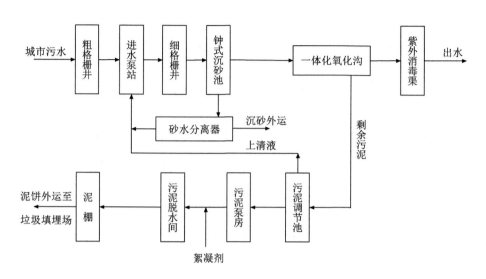

图 5.6-4　一体化氧化沟工艺流程

②接触氧化法

接触氧化法属于生物膜法的一种。处理时在生物池中悬挂填料,生物活性污泥吸附在填料上,污泥不易随水流出,一般情况下不用污泥回流,无污泥的丝状菌膨胀。在有氧条件下,污水与填料表面的生物膜反复接触,使污水得以净化。

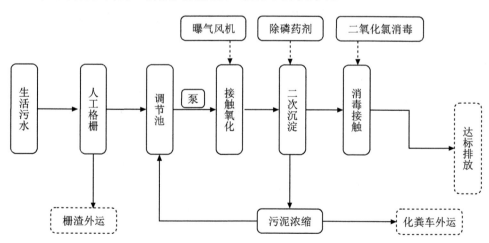

图 5.6-5　接触氧化法污水处理工艺流程

3)方案的技术经济比较

以上两个工艺方案的技术、经济比较见表 5.6-2。

表 5.6-2　一体化氧化沟与接触氧化法工艺技术比较

工艺特点	一体化氧化沟	接触氧化法
优点	①工艺流程简单，构筑物和设备少，不设初沉池、调节池和单独的二沉池。污泥自动回流，投资低、能耗低、占地面积相较单独设置二沉池的延时曝气工艺较小，管理简单。 ②氧化沟设置相对独立的厌氧区—缺氧区—好氧区，按照最近发展成熟的倒置 A^2/O 工艺顺序排列各区，脱碳、脱氮和除磷效果较好、较稳定。 ③一体化好氧区应用延时曝气原理，产生的剩余污泥量少，污泥无须硝化，污泥性质稳定，易脱水，不会带来二次污染。 ④固液分离效果比一般二沉池高，能使整个系统在较大的流量范围内稳定运行，抗冲击负荷能力强。 ⑤污泥回流及时，减少污泥膨胀的可能	①去除污染物效率高，整套工艺可以同时去除污水中的 BOD_5、COD、SS、N、P，出水直接达到外排水水质要求。 ②体积负荷高，生物活性强，具有较高的生物浓度，污泥量低且不需要污泥回流。 ③动力消耗低、挂膜方便。 ④在 COD 不高（＜1 000 mg/L）且可生化好的废水处理中有很好的处理效果，由于是连续处理，很容易出现自动控制，可以有效降低操作工人的劳动强度。 ⑤全系统实现了调节水池水位信号为指令的程控形式，自控系统维修量小，管理操作方便。 ⑥设备占地小，各工序不受结构限制，流程通畅，施工安全方便
缺点	①好氧区属延时曝气，需池体容积较大，相对占地面积较大，且是敞开式污水处理设施，不利于居民安全及环境景观。 ②固液分离器内易出现污泥上浮等问题，需设置刮沫机	①接触氧化法的处理是连续流，在废水的可生化性不是很好的情况下，系统往往难以控制，有时会出现不达标的情况。 ②接触氧化法从时间上来讲属于推流式的，池子进水段与出水段的有机物浓度变化很大，调试时细菌启动较困难
总投资/万元	40	30
单位处理运行费用/（元/m³）	0.72	0.42
单位水量耗电费/（元/m³）	0.25	0.22
占地面积/m²	180	100
管理人员/（人/d）	2	2

①从工艺技术效果方面考虑，两个方案在去除 BOD_5、COD、SS、NH_3-N 方面效果均较好，但接触氧化法优于一体化氧化沟。本处理方案采用接触氧化法，使其出水水质达到《水污染物排放限值》（DB 44/26—2001）一级标准。

②从占地方面考虑，一体化氧化沟占地面积大，而接触氧化法占地面积较小，且接触氧化法工艺可设置为地埋式，节约用地，容易解决污水恶臭问题，同时又不影响景观。

综上所述，采用地埋式接触氧化法工艺处理塘头水电站工程生活污水，每座污水处理站处理规模为 50 m³/d，投资不算太大，占用地表面积较小，运行费用可以承受。从技术、经济方面看，是可行的。

4）污泥处理及处置工艺

在污水处理过程中，要产生沉渣和污泥，沉渣主要来自格栅的栅渣和调节池的沉砂，污泥则主要来自生化处理过程中微生物代谢产物。污泥中含有大量微生物和植物营养元素 N、P 及未降解的有机物，污泥含水率高，易腐化，必须进行妥善处理和处置，以防止二次污染，形成新的公害。在目前没有综合利用工业化生产技术和市场的情况下，本工程的污泥处理遵循"减量化、稳定化、无害化"的原则。

本评价推荐的地埋式接触氧化法工艺，有较长水力停留时间和泥龄，污泥性质接近稳定，无须厌氧消化；另外，污泥厌氧消化需占较大面积，经济性也较差，同时由于本工程污水处理规模不大，污泥量小，为了加强污水处理站脱磷效果，减少磷的二次释放，本评价推荐污泥处理处置工艺为：

剩余污泥—污泥池—污泥浓缩—泥饼定期运往乳源县填埋场处置。

5）中水回用可行性分析

根据现场踏勘及资料收集，项目施工区域附近有耕地约 75 亩（包括旱地约 43 亩和水田 32 亩）、大量杉树林及少量经果林。根据《农田灌溉水质标准》，灌溉量：水田 800 m³/（亩·a）、旱田 300 m³/（亩·a），因此仅灌溉耕地需水量共计 3.85 万 m³/a（其中：水田 2.56 万 m³/a、旱田 1.29 万 m³/a）。塘头水电站工程施工期高峰日生活污水排放量为 64.8 m³，年污水排放量约为 2.37 万 m³，故周围农田及经果林能够完全消纳施工期产生的生活污水。

综上所述，采用地埋式接触氧化法工艺处理施工期生活污水，处理达标后回用于周围农林浇灌是可行的。

（6）船舶舱底油污水处理措施

施工期船舶舱底油污水平均含油浓度为 5 000 mg/L，根据有关规定，船舶舱底油污水需经船舶自带的油水分离器处理后达标排放（石油类排不大于 15 mg/L）。由于项目工程河段为Ⅲ类水体，禁止排放船舶舱底油污水，因此，施工船舶舱底油污废水经船舶自带的油水分离器处理后靠岸排入机械冲洗回用水池储存，作机械冲洗用水。

施工船舶水污染物需按照《中华人民共和国防治船舶污染内河水域环境管理规定》（交通部第 11 号令，2005 年 8 月 20 日）的要求进行处理，不得直接将船舶污染物排入内河，需交由有资质的船舶污水处理单位接收处理，不得直接排入武江。

油水分离器分离出来的油渣为危险废物，施工单位需委托有相关处理资质的单位外运处置。

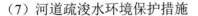

（7）河道疏浚水环境保护措施

1）在河道疏浚作业地采用防浊帘来防止底质上浮，防浊帘通常采用化纤织物附着在一个悬浮框架上，沉到水中，由于防浊帘具有足够细的筛，可以阻止底质颗粒向外扩散。

2）清淤过程产生的土石方不得弃至河道中，清除的弃渣由泥驳装运至 2# 渣渣场堆弃。

5.6.1.2　运行期水环境保护措施

（1）水库污染源治理措施

1）控制上游及库区污染源严禁在上游及库区新建排污口，从根本上减少入库污水量，控制其污染。

2）加强生活污染源治理。

在库周居民区、乡镇农村居住点应积极宣传卫生知识，强调环境卫生的重要性并加强对厕所、人畜粪便的处理措施，村镇的生活污水经过排污沟收集，对已有排污入河的排污沟进行改造，集中处理后回用做农家肥，定期将生活垃圾、人畜粪便运往指定地点处理后做农家肥使用，以减少对水库水源的污染。

在库区号召采用沼气池处理生活污水，建议在库区内以乡镇为单位结合新农村建设，开展农村家庭沼气工程建设。居民生活污水、人畜粪便可通过家庭沼气池处理，从而变废为宝，并可有效减缓农村生活、禽畜粪便造成的面源污染。

3）加强农业面污染源治理，大力发展生态农业。

减少农业面源的污染最有力的措施就是从根本上减少农药化肥的施用量。在库区加强农业污染的宣传，更加紧密地与农户联系，举办更多的培训讲座，让农户提高农业环保的意识，推广生态农业，指导农民更科学合理地使用化肥和农药，减少和控制化肥和农药的施用量。

维持耕地肥力，防止土壤营养物质流失。首先，调配氮肥和磷肥的最佳比例，采用有效的贮存和施肥方式；其次，加强土地的管理和使用，调整种植方式：如方法、及时性、种植的方向和深度，或者种植轮作制度中短期的肥田作物。在农业区，污染源的控制可以通过建设生态农业工程、大力推广农业新技术来实现。通过改进施肥方式，如限制肥料的施入以及施肥时间，可以避免氮肥的过量供应。完善灌溉制度以及合理种植农作物、推广新型复合肥和缓效肥料等措施可控制肥料的使用量。农田灌溉采用节水方式，以减少回归水对河道水质的污染。采取保土耕种、作物轮植、节水灌溉等措施可减少农业径流的氮磷损失。同时鼓励农民科学地开发利用污泥资源，既可以利用泥肥，弥补农田水土流失，又可以疏浚河道，减少水体的营养物质含量。

提倡使用低毒、低残留、高效的环保型农药，在区镇的农业服务技术中心的指导下科学合理地使用农药，增强病虫害防治的技术，改进施用农药的方法，遵守国家颁布的"农药安全使用标准"，禁止违章超标施用，减少农业面源污染。

4）采用水生态修复技术维护库区水质。

自然流态的河流在挡水坝的阻隔下，变成了流速缓慢的静水，污染物也随之停留沉积，易造成库区水体富营养化，诱发蓝绿藻类增多，建议采用浮岛式生物系统和沉箱式水体生态修复系统，该技术成本较低，且具有景观美感。

（2）库底清理

根据《水电工程水库淹没处理规划设计规范》（DL/T 5064—1996）的规定，为防止淹没于本工程库内的树木、杂物等对水体的污染和对水库安全运行及水质的影响，且工程所在河段属于Ⅲ类水功能区，为了保护武江水域功能，水库蓄水前必须进行清理。库底清理决定了水库及其下游河段水质和生物资源有效、合理开发利用的能力和深度，是控制蓄水后传染病流行的必要措施。清理对象包括：居民迁移线以下的建筑物和构筑物的拆迁与清理；正常蓄水位 68 m 以下的林木砍伐和迹地清理，防治水质污染的卫生防疫清理，正常蓄水位至死水位以下 2 m 范围内大体积建筑物和构筑物残留体（如桥墩、碑坊、线杆、墙体等）和林地等清理。

1）库底卫生清理

卫生防疫清理应在地方卫生防疫部门指导下进行。库底卫生清除应根据淹没区实物调查资料，清理对象包括厕所、坟地、建筑物、植被等，涉及范围上限为蓄水水位线，下限为天然水位线。卫生清理时应先消除污物，再拆建筑物，避免将厕所、垃圾等污物埋在下面。

①淹没区污物清理

a. 垃圾及被污染的土壤的处理办法

目前我国广泛采用并初见成效的是结合农业生产积肥、堆肥，或通过深翻、掩埋使其达到自净，也可以将污物撒布在地面上，厚度不超过 15 cm，使之通过暴晒达到无害化，这种方法经济简便，但至少需要半年时间。因此，清理工作必须在蓄水前半年内全部完成，不得随意缩短清理时间。对于施工人员撤走后遗留下的污物，应进行严格处理，否则由于距蓄水时间很近，极易造成蓄水后的污染。

b. 厕所、垃圾场、粪堆等污物及被污染的土壤处理办法

可将各种污物连同下面的脏土一道挖出（至净土为止），结合施肥运出库外利用或处理。对污水沟、渗坑及积肥池中的污泥可掏出晒干后作肥料在库外应用，污水坑洼用净土填平。

②淹没区建筑物的卫生清除

对淹没区建筑物的处理是为了防止水库受污染。在淹没区和浸没区，所有建筑物均应迁出库外。

建筑物残留的墙根断壁不应高出地面 0.3 m，土墙及火坑的土块可用以填坑，所有桥

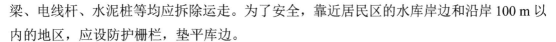

梁、电线杆、水泥桩等均应拆除运走。为了安全，靠近居民区的水库岸边和沿岸 100 m 以内的地区，应设防护栅栏，垫平库边。

淹没区内残存的水井、渗井、地下室等均应用净土或卵石填平，而不应用垃圾、碎砖来填垫，以免发生渗漏而污染地下水。

产生病原体（细菌、病菌、寄生虫卵等）污物的公共设施如厕所、卫生室等，除按上法处理污物外，对于受污染的场地、土壤及墙面等应使用漂白粉进行严密的消毒。

③坟墓与死畜掩埋的卫生清理

库区淹没区内的一切坟墓和死畜掩埋场都应迁出淹没线以外；工程开工后，应禁止继续在水库淹没区内埋葬尸体。

由于尸体在土壤中的无机化过程与气候、土质等因素有关，一般认为埋于地下的尸体经过 15 年后基本可以达到无机化。因此，凡不满 15 年的坟墓均应迁出库外，特别在位于水库正常高水位和最低水位以下 2 m 的地区、坍岸区、拟建集中式取水构筑物地区的坟墓，必须迁出库外。库区埋葬较久（15～20 年以上）或掩埋较深的坟墓，拆除墓碑后可进行加固，不必外迁。尸体迁出后，脏土应反复摊晒，并对其四周的土壤用生石灰或漂白粉消毒（方法与污物处理相同）。消毒后的土壤应深埋 1～1.2 m，上盖净土。

死畜掩埋场的处理，如有可能应在当地兽医指导下进行。畜尸可就地焚烧，场坑按坟墓处理办法处理。

④植被的清除

水库蓄水后，未加清除的枯枝落叶能在水中分解，增加水中的 COD、BOD_5 及含氮的溶解性盐类的浓度，使库水内的生物学过程急剧增强，促进藻类的生长繁殖，使库水产生各种臭味，特别是在加氯消毒后更为显著，甚至可生成次生致突变物质。水中的有机物分解时，能消耗水中的溶解氧，导致水的含氧量不足，从而降低了库水的自净能力。同时浅水区杂草大量生长时，为蚊类、鼠类、螺类孳生提供了适宜的条件。

因此整个淹没区的所有灌木、乔木、竹尽可能连根拔除。残留的树桩不宜超过 30 cm，凡有经济价值的苗木应尽量移出库外栽培，对于利用价值不大的树木和杂草极易形成漂浮物质的，可就地焚烧，其灰烬可用净土掩埋，以保证清库彻底。

2）库底消毒

库底消毒是水库淹没处理的重要环境保护措施，对保护、改善蓄水饮用安全、提高经济价值具有重要作用。水库库底消毒要与清理同时进行，采取边清理、边消毒、边验收、边检查的方法。水库库底消毒时间一般应在蓄水前半年内进行，使土壤有充分的无害化时间。

①消毒对象

淹没区内的粪坑、牲畜圈、垃圾堆、坟墓、厕所墙壁、地面。

②药物及浓度

石炭酸：3%、4%、5%；

生石灰：1.0 kg/m³、1.5 kg/m³、2.0 kg/m³；

石灰乳：20%、25%、30%；

漂白粉液：2%、4%、6%、8%有效氧。

③药物用量

除生石灰外，以上其余 3 种药物的多种浓度用于不同的消毒对象均以 2.0 kg/m³ 为标准用量计划。

炭疽、马鼻疽为动物的烈性传染病，炭疽杆菌芽能在土壤中存活很多年，并可使人类致病。因此，彻底消毒处理患此病而死的或可疑的尸体和污物非常重要。

对于因传染病死亡的人畜尸体，不应运出库外处理，以免病菌蔓延。最可靠的方法是将病尸就地焚烧，对尸坑上下四周 0.5 m 以内的土壤用生石灰、漂白粉（有效氯 25%以上）严密消毒。使用生石灰或漂白粉时，可直接撒干粉，洒水搅拌，连同尸体一并深埋 1～1.2 m，并用净土掩盖。

（3）生态流量下放措施

1）下放生态流量

本工程的开发任务主要是发电兼顾航运，在水库运行过程中，应该采取相应措施，保证坝址下游的生态流量。

塘头水电站以发电为主，本身不承担供水任务，无调节性能。考虑下游用水户的用水需求，煤矸石电厂和韶关市政供水 3.67 m³/s，河道内生态用水要求 17.9 m³/s 和通航要求的 31.0 m³/s，综合生产、生活和生态用水需求，确定坝址最小下泄流量通航情况下为 31.0 m³/s，停航情况下为 21.7 m³/s。

因此，本工程需要下放 31.0 m³/s 作为生态流量。

2）最小下泄流量保证措施

①施工期及初期蓄水期

根据本工程施工进度计划安排，结合施工导流及初期蓄水时间要求，工程在一期施工导流期间，主河道不断流，第一个枯水期填筑枯水围堰，结合泄水闸闸底板永久分缝考虑，围右岸侧设 4.5 孔泄水闸及厂房，由束窄后的左岸侧河床过流。第二个枯水期填筑上下游横向围堰，与一枯期间已完成的 C15 纵向埋石砼围堰形成二期枯水围堰，围左岸剩余 4.5 孔泄水闸及船闸，上游来水由一期已建好的右岸侧 4 孔泄水闸过流，以保证坝下减水段满足最小下泄流量要求。

②营运期

在发电时：塘头水电站为低水头径流式电站，水库建成后，为无调节性能水库，水库基本上保持原河道天然形状，水文情势改变较小，不会改变径流的年际、年内和月内水量分配。单台机最小发电引用流量为 36 m³/s，当上游来水流量大于 36 m³/s，小于电站 3 台机组最大发电流量 605.1 m³/s 时，泄洪闸关闭，水库维持正常蓄水位 68.00 m，来水量全部通过水轮机组发电；当上游来水流量小于最小发电流量 36 m³/s 时，电站停止发电，开启其中一孔泄水闸按来水下泄；当上游来水流量大于 605.1 m³/s 时，水库维持正常蓄水位 68.00 m，以最大发电流量 605.1 m³/s 发电，多余水量通过局部开启泄洪闸下泄；满足生态基流需求在引水发电时，满足坝址下游河道生态流量要求。

在停止发电时：根据水库运行方式，洪水期，随着来水流量的增大，上下游水头差逐渐变小，当水头差小于机组最小工作水头 2.0 m 时，停止发电，相应停机流量为 1 450 m³/s；为减小上游淹没，泄洪闸全开，此时来水流量全部经泄洪闸下泄，恢复至河道天然泄流状态。

③泄水闸要求

塘头水电站工程泄水闸的各项设计参数均需按照《水闸设计规范》（SL 265—2001）等的要求，而且泄水闸不得设置阀门。

（4）船舶污水处理要求

塘头水电站工程过往船舶水污染物需根据《中华人民共和国防治船舶污染内河水域环境管理规定》（交通部第 11 号令，2005 年 8 月 20 日）的要求进行处理，不得直接将船舶污染物排入内河，需交由有资质的船舶污水处理单位接收处理，不得直接排入武江。

（5）污废水处理措施

1）枢纽工程管理处生活污水处理措施

污水主要是工作人员的生活污水。初拟工程运行期的定员编制约 40 人，生活污水的产生量约为 5.40 t/d，污水中主要污染因子为 COD、BOD_5 和氨氮。管理人员产生的生活污水可经过厂区内自建的污水处理系统处理达标后再外排，由于水量较小，对武江的影响很小。

由于运营期管理人员少，拟建设的生活污水处理设施所采用处理工艺与施工期处理工艺一致，处理规模设计为 6 m³/d。

污泥与生活垃圾一起，定期交由环卫部门处理。

2）污染防治措施可行性分析

①运行期的生活污水量为 5.40 t/d，考虑到因不可预见因素而增加的污水量及一定的变化系数，运行期的污水处理设施处理能力设计为 6 m³/d。

②虽然塘头水电站工程施工期已建设污水处理设施（处理能力 2×50 m³/d），但由于运营期污水量小（5.40 m³/d），污水量仅为施工期的 6.75%，若直接沿用施工期污水处理设施，势必造成资源的浪费，且维护和运行成本较高，因此建议业主单位在运营期另行建设处理规模为 6 m³/d 的地埋式接触氧化法生活污水处理设施，处理工艺与施工期处理设施一致。

该处理工艺能保证生活污水经处理后达到《水污染物排放限值》（DB 44/26—2001）一级标准和《农田灌溉水质标准》（GB 5084—2005）较严者要求，6 m³/d 的处理规模能满足 5.40 m³/d 的生活污水产生量，生活污水处理措施经济合理，工艺可靠，措施可行。

综上所述，运行期新修建的地埋式接触氧化法设施（主体工艺为接触氧化法），污水经处理达标后外排，措施经济合理且可行。

5.6.1.3　水污染防治措施

项目工程位于武江饮用水水源准保护区范围，根据《广东省饮用水水源水质保护条例》，水源保护区内不能设置排污口。对此，塘头水电站工程施工期正常工况污废水和营运期的污废水拟全部处理达标后回用，不可外排。

5.6.2　水生态保护措施分析

5.6.2.1　施工期生态环境保护措施

（1）水生生物及其生态系统保护措施

通过对本工程评价区水生生物资源现状的调查及影响分析，为尽可能降低不利影响并尽可能转化为有利影响，减少或避免不利影响所造成的损失，使之最大可能地发挥其生态效益、经济效益和社会效益，提出以下建议和对策：

1）结合工程措施弥补鱼类的产卵场，包括利用工程构筑物营造利于水生生物附着的亲水护坡、护岸等。在部分河段的护岸（滩）过程中，将丙纶布换成编织物，由石块压基脚，岸上部分打木桩来稳定编织物，为水生维管束植物的生产留出固着基质。部分砌石、混凝土护岸营造成蜂窝状，利于水生生物吸附。

2）大坝近岸两侧水体流速相对缓慢处为适合水生维管束植物生长的栖息地，可通过人工维护和移植，将可能受整治工程影响的水生维管束植物移植到此处。

3）施工单位应加强与渔政部门的联系和协商，水下施工过程应接受专家指导，尽量避开每年 4—7 月鱼类洄游产卵季节，施工时应采取相应的干扰措施驱赶鱼类，以避开对鱼类的伤害。

4）工程污水需达标排放回用，禁止排放。对施工期工程产生的废水（如施工过程产生的生活污水等）应做相应的处理后回用，不可外排。对固体废物的处理，不能直接作用于水体。

5）卵砾石或砂质及卵砾石夹砂等的疏浚，采用铲扬式挖泥船疏挖，由甲板驳运至渣场堆存。

6）在执法上，应认真、严格：应组织相关人员对施工人员进行管理，并依据相应的法律、法规，认真、严格地执行，保护好现存的水体资源。并在评价区内加强植树造林，建立生态防护林，加强对现有植被的保护，防止施工期人员对植被的任意破坏，加强水土

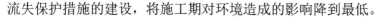

流失保护措施的建设，将施工期对环境造成的影响降到最低。

7）加强对自然保护区的保护工作，加强对工程河段水体的巡查，派专人进行瞭望，需要配备必要的救护设备，临时救护设备包括运输设备、增氧设备、药品等医疗设备以及各种网具。一旦发现伤害珍稀特有鱼类及其他保护水生动物的事件，施工方应及时向保护区管理机构报告，以便采取有效措施，对受伤珍稀特有鱼类进行救护。让施工人员在施工过程能自觉保护珍稀水生动物，并遵守相关的生态保护规定。

8）加强环境保护知识的宣传和教育：环境问题主要是认识问题，只要全社会认识到保护环境的重要性，大家都来参与环境保护，许多污染环境、破坏环境的情况就有可能不会发生。要提高认识就必须依靠宣传教育，对该地的居民可通过当地宣传工具如广播等，提高居民的素质；对施工人员的教育，应编印施工环境保护手册，发给施工人员，在施工前聘请有关专家对施工人员集中培训，提高他们的环保意识，以免在施工过程中对环境造成不必要的伤害。

（2）陆生生物及其生态系统保护措施

针对本工程评价区域陆生生物现状特点，结合水电工程可能对陆生生物及生态环境带来的不利影响，需要在工程建设进行的同时采取一系列切实可行的保护措施和恢复措施，以减小由于水电工程建设对陆生生物和生态环境带来的不利影响，从而对评价区域的陆生生物资源和生态环境起到积极的保护、恢复及改善作用。

1）对陆生植被的保护

①不得随意破坏植被，施工期严禁随意砍伐工程附近区域的树木或破坏植被；

②砂石料定点开采或购买，避免对天然植被造成大面积破坏；

③施工活动结束后应及时清场，以便尽快恢复植被；

④在连接道路利用空地进行植树绿化。绿化树种的选择应兼顾考虑以下因素：

a. 沿线当地群众乐于接受的树种；

b. 适合当地土壤及气候条件的树种；

c. 对有害气体抗性较强或者可以吸收有害气体的树种；

d. 速生树种；

e. 乡土树种。

2）对古树与大树的保护

本工程蓄水后，对工程区内的树木将产生一定的影响。在对古树、大树的现状调查中得知，评价区内共有 14 株古树，其中古榕树 4 株，古樟树 10 株，主要分布于塘头村、凰村、莫家村等人为活动较多的区域。仅塘头村西口靠江边的 1 株榕树在淹没区范围内，该树主要位于大坝建设的河岸边，然而根据现场调查，该树已被藤本植物葎草覆盖严重，目前部分树叶已出现黄叶现象。大坝建成后蓄水期水位刚好淹没于该树位置，因而可能会对该树造成影响。榕树尽管为非国家珍稀濒危树种，但根据环境保护管理办法，在项目建设期应尽量对古树进行迁地保护，考虑该树胸径太大，对该树进行迁地保护困难较大，不易成活，且该树因被藤本植物缠绕覆盖已久，本身已出现一定问题，如进行迁地保护，大树成活概率很小，且榕树古树在项目区分布常见，因此建议在项目建成后看是否对其造成严重影响，如无影响，则尽量不进行迁地保护。

其余 13 株古树不在工程库区淹没影响范围内，但应加强工程施工期和运营期对其的养护管理工作。建设单位应到相应的林业主管部门办理古树就地保护的相关手续，并遵照林业主管部门的规定和要求，认真做好古树与大树的保护工作。

依据评价区内古树的高程、位置、生长状况等，本评价提出以下保护对策及措施：

①加强立法，将古树保护纳入法制化管理轨道。

②围栏、挂牌保护措施。

③防治病虫害，修剪，对树体修补固定。对枯枝、亡枝进行树体修复。

④培土、松土、覆沙，换土、浇水、施肥，防旱防冻。

⑤对灰尘污染严重的地区，采取向树体喷水的措施。

⑥加设避雷针。

⑦对评价范围内的古榕树进行建档，分别做好登记、编号、造册，并对其进行周期性的调查并记录其生长状况，如有生长异常情况，及时查找原因，进行营救。

⑧加强工程施工期和运营期的养护管理工作。建设单位应遵照林业主管部门的规定和要求，认真做好古树与大树的保护工作。

位于淹没线以上的古树和大树，除采取上述措施外，还需采取用水泥挡墙加固、防止因水土流失导致古树和大树倾倒甚至死亡的情况发生。必要时应对古树和大树采取搬迁的保护措施。

3）对陆生动物的保护措施

①栖息地保护。在保护野生动物的措施中，最有力的一条就是保护野生动物的栖息地，从某种意义上来说，保护好栖息地，就等于保护好了野生动物。在施工期应禁止施工人员以施工为借口，任意破坏动物栖息地的。

②物种保护。凡国家或省（直辖市、自治区）发文保护的物种，要禁止非法狩猎和捕杀，如违反规定的要依法追究，在库底清理期间和工程施工期间尤其要加强对施工人员的管理和教育，减少或杜绝因清理工作造成动物迁移过程中的人为捕杀活动。

有关措施包括：向施工人员宣传保护动物的必要性，破坏或扑杀动物的危害性及后果；在施工时组织管理人员，加强对施工人员的管理；在清理库区时，应采取一定的措施，使部分动物及时迁移，以免造成伤害。

（3）景区、景观资源保护措施

本工程施工期评价区域内，不涉及对景区的影响，但评价范围内有一些古树和景观植物，属于景观资源应加以保护并提出相应的保护措施。

1）要尽量控制施工活动对生态环境的影响

在征用土地、土地开挖、开山放炮、取料弃渣、砍伐林木、安置营地、工人活动等一系列人为活动中，要严格控制活动范围，各个施工环节应制定行为规范和操作准则，防止超越界限的施工活动对评价区生态环境造成影响和破坏。对施工人员要加强环境保护宣传，提高环境保护意识，使其自觉树立保护古树的意识，自觉保护敏感区的生态环境。

2）落实生态环境恢复和景观绿化

枢纽主体工程结束后，应该采取土木工程与生物工程相结合的生态措施，尽快落实和实施水库周围的生态环境恢复和景观绿化。对弃渣场、施工营地等临时用地，应及时复垦或恢复植被，恢复其原来的生态功能。

3）加强环境保护监督管理

塘头水电站工程的环境保护的组织机构应包括管理机构和监督机构。省、地区、县等环境主管部门、行业主管部门及相关的厅、局，应将塘头水电站工程的环境管理、监督工作纳入部门工作计划，建设单位要积极开展环境保护的监理工作，确保水库主体工程的各项施工行为符合环保要求，各项环境保护措施得到落实，并自觉接受相关部门的监督。

（4）施工期管理措施

1）严格落实施工期水污染防治措施，杜绝废水排放事故。

2）制定合理的施工方案，合理安排水域施工进度，基坑初期排水等易产生悬浮物的施工作业避开 3—9 月斑鳠（鮰）产卵期。

3）严格按照施工范围进行施工，严禁侵占施工范围外用地及植被，保护野生动物原有栖息环境，妥善保护在施工场地内外发现的正在使用的鸟巢或动物巢穴。

4）定期对施工场地边界的古榕树观测调查，并记录其生长状况，如有生长异常情况，及时查找原因，委托林业部门进行救治。

5）按规范要求进行库底清理工作，合理引导动物及时迁移，以免造成伤害。

6）做好河岸保护工作，尽量减少对河流两岸植被的破坏，同时避免施工时频繁改变水流状态。

7）落实评价提出的施工期噪声和废气防治措施，车辆在施工地行驶时，应减少鸣笛，并按照规定速度通过，减少对野生动物造成的干扰。

8）禁止工程废渣随意倾倒，特别是严禁向江面倾倒垃圾及施工废物。对工程废物和施工人员的生活垃圾应及时清理，尽量避免废物为鼠类等疫源性兽类提供生活环境。

9）加强施工区域的绿化建设。

10）水电工程建设属于施工期环境影响较大的建设项目，而且塘头水电站工程工程影响范围涉及水源保护区及自然保护区，因此塘头水电站工程施工应按规范要求开展环境监理。

5.6.2.2 运行期生态环境保护措施

（1）水生生物及其生态系统保护措施

该水库建成后对水生生物资源既存在有利方面的影响，也存在不利方面的影响；为尽可能地将不利影响降至最低并尽可能转化为有利影响，减少或避免不利影响所造成的损失，使之最大可能地发挥其生态效益、经济效益和社会效益，提出以下保护措施和对策：

1）合理综合利用水体，可进行适当的开发利用

在水库营运期间要关注鱼类的保护和渔业的发展，使水体能最大限度地发挥综合经济效益。水库建成后，浮游动、植物，底栖动物，水生植物的种类和数量都将有不同程度的增加，为鱼类的觅食、栖息和繁衍提供有利的条件，渔业有一定的发展潜力，因此可以适当发展渔业，必须严格执行《中华人民共和国渔业法》，加强渔政管理，以便维护渔业生产秩序，应划出一定范围的禁渔区和规定禁渔期，对经济鱼种应作为当地的保护对象实施保护。由于水库的主要功能是发电兼顾航运，因此，严禁用网箱等人工方式养鱼，严禁毒鱼、电鱼、炸鱼和用小目密网捕捞。

2）加强环境保护知识的宣传和教育

在运行期，对该地的居民可通过当地宣传工具如广播等，提高居民的素质。严格控制上游污水的排放，减少水体污染。

3）设置诱鱼灯

在大坝与航道相交的地方设置一个诱鱼灯，将鱼类引诱到大坝附近，以利于通航时实现上下游鱼类的种质资源交流。

4）设置增殖放流点，恢复渔业资源

增殖放流种类的确定，需要坚持统筹兼顾、突出重点的原则，在已确定的保护对象中，依据保护鱼类的资源现状、生物学特性、生态环境变化趋势、技术经济可行性等方面进行综合分析。根据工程区域渔业资源的实际情况，及电站工程对鱼类资源的影响分析，人工增殖放流的对象建议重点以产黏沉性卵的北江特有的鱼类（光倒刺鲃、倒刺鲃、长臀鮠、白甲鱼、桂华鲮等）为主要增殖对象，以产漂浮性卵的种类（如青鱼、草鱼、鲢鱼、鳙鱼、赤眼鳟等）为辅进行人工增殖放流。

根据历史及近年监测数据分析，工程区域产漂浮性卵 159 150 万粒/年，产沉性卵 130 万粒/年，产石隙隐藏性卵 3 650 万粒/年。根据《"广东韶关武江塘头水电站工程"对韶关北江特有珍稀鱼类省级自然保护区影响评价报告》，考虑到电站的承受能力，按照产卵场年损失量的 2.44% 作为增殖放流补偿，拟在坝址上下游各 2 km 处各设置两个放流点。

为了提高人工培育苗种的自然存活率，苗种在放流前必须在自然水体中经过一段时间的适应性暂养和锻炼。暂养和锻炼可在网箱内或库区河汊内时行。暂养和锻炼时，选择水深适中（1.5～2.0 m）、水面开阔的水体，暂养时还必须加强对暂养水体的监管，采取一定措施对可能的敌害生物进行驱赶；放流时则应该把苗种尽量散于广阔的水域内，使其获得适合的生境与饵料条件。为满足日后放流效果评价监测的需要，放流前还需进行放流苗种标志技术研究。

建议工程业主方和保护区管理部门协商，依托韶关市水产研究所进行人工增殖放流，具体合作事宜由工程业主方、保护区管理部门和韶关市水产研究所三方协商，并由建设单位和管理部门认真监督执行。

根据《水生生物增殖放流管理规定》（农业部令第 20 号），用于增殖放流的人工繁殖的水生生物物种，应当来自有资质的生产单位。其中，属于经济物种的，应当来自持有《水产苗种生产许可证》的苗种生产单位；属于珍稀、濒危物种的，应当来自持有《水生野生动物驯养繁殖许可证》的苗种生产单位。

目前武江已建成 5 个梯级，建议塘头水电站工程建成后鱼苗增殖培育点由梯级建设单位协调各梯级统一布置后建设实施，并将该工作委托给乳源县渔业行政主管部门组织实施。

5）进行水生生物和鱼类资源的监测

生态系统的恢复、形成和保护是一项长期的工作，需不断地进行观测、调查和保护。流域开发是一个渐进的过程，因此，需要进行不断的调查、分析，有针对性地提出措施进行保护，使资源得到长期、有效的保护。

6）鱼类栖息地保护

本工程建成后库区水文情势发生改变，水环境影响因素发生变化，水生生物的生境相对封闭、稳态，生物群落相对稳定，生产者、消费者、分解者之间具有相对稳态的定量关系。水库内水环境受到人类干扰后（如营养物质增多，养鱼、捕鱼、污染排入等），生态系统会不断恶化或退化，在无人类干扰或人类干扰不显著的情况下，水体水面也会不断自然萎缩或出现水体富营养化。同时，工程建设后，库盆结构形态发生改变，水草或库滨带湿地面积减少，水温及水化学参数呈均质性变化，库区内缺少足够的水生物庇护、繁衍空穴，特别是对幼小鱼类、浮游动物的庇护、保护和孵化功能将产生不利影响。针对项目区水文情势特点、水环境特点、调度特征、水生生态物种等各种属性，应开展鱼类栖息地保护和科学研究方面的论证与设计。

工程运行后由于水文情势发生变化，且增殖放流部分当地鱼种后，在库区内将形成新的水生生态系统，有利于产黏性鱼类产卵，建议在库区内库湾回水区域增加一定面积的鱼类繁殖孵化人工生物岛，可起到保护幼小鱼类和浮游动物的作用，人工生物岛系统还能净化库区水质，提高水环境质量。

7）过鱼设施

①过鱼设施比选

常见的过鱼设施包括仿自然通道、鱼道、鱼闸、升鱼机、集鱼船等，过鱼设施不仅是洄游性鱼类穿越大坝、上溯产卵的通道，也可以作为协助大坝上游亲本或幼鱼下行的设施。仿自然通道是在岸上人工开凿的类似自然河流的小型溪流，其优势在于过鱼对象广泛，易于改造，劣势主要是长度长，所需空间大，边坡开挖量大。鱼道通常是通过设置隔板将上下游水位分为若干级，利用消能减速及控制水流量等措施来创建适合鱼类上溯的流态，优势在于能够维持一定水系连通，不需要人工操作，可以持续过鱼，运行费用低。缺点是不同的鱼道对过鱼对象有一定的选择性。鱼闸的运行方式与船闸相似，优点在于占地少，鱼类无须克服水流阻力，缺点是不能连续过鱼，工程难度大，维护费用高。升鱼机的原理类似于电梯，优点在于投资少，占地少，灵活性好，缺点是不能维持水系连通，不能连续过鱼，提运时间长。集运鱼系统主要包括集鱼设施和运输设施，优点是机动灵活，缺点是不能维持水系联通，不能连续过鱼。武江塘头水利枢纽为低水头水坝，从安全、过鱼效果、投资等综合考虑，建议在 5 种过鱼设施中推荐鱼道为过鱼设施。

②鱼道位置

由于鱼道的入口能否被鱼类较快发觉和顺利进入，是鱼道成败的关键，根据鱼类洄游规律，鱼道入口一般选择在经常有水流下泄的地方，能够适应下游水位的涨落。

③过鱼目标

过鱼的主要目标为武江洄游性鱼类：鳗鲡、花鳗鲡，江河半洄游性鱼类：以青鱼、草鱼、鲢鱼、鳙鱼、赤眼鳟、光倒刺鲃、倒刺鲃、南方白甲鱼、桂华鲮等为主要考虑对象，其他定居性种类也是兼顾过鱼种类。

④设计方案

塘头电站水库水位基本在正常运行水位 68.0 m，相应下游运行水位 64.0 m，上下游落差较小，属于低水头水坝。

鱼道流速的设计原则是：鱼道内流速小于鱼类的巡航速度，这样鱼类可以保持在鱼道中前进，竖缝流速小于鱼类的爆发速度，这样鱼类才能够通过鱼道中的孔或缝。鱼道的设计流速根据主要过鱼目标的克流能力制定，根据塘头电站评价区鱼类的特性，初步估计其极限流速在 0.8~1.6 m/s。后期设计阶段需进行鱼类游泳能力测试。

鱼道选取水池阶段式，鱼道本体结构选择垂直竖槽形式。鱼道坡度按 1/16 布设，水落差 0.1 m；鱼道通流宽度为 1.0 m。鱼道的出口（入水口）向上修建短隧道，底部设计成船道式鱼道隔板；向下至发电尾水消能尾槛形成鱼道入口；垂直竖槽的高度为 1.8 m，竖槽宽度为 0.2 m。设计通过 0.2 m 竖槽最大流速约为 1.4 m/s。鱼道底部用卵石设计成糙面。

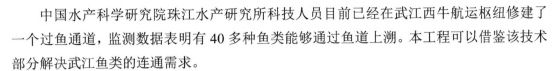

中国水产科学研究院珠江水产研究所科技人员目前已经在武江西牛航运枢纽修建了一个过鱼通道，监测数据表明有 40 多种鱼类能够通过鱼道上溯。本工程可以借鉴该技术部分解决武江鱼类的连通需求。

8）产卵场修复

产卵场修复是保护鱼类资源的有效措施，主要针对枢纽建设后干支流流水生境萎缩状况，满足对流水生境保护，营造鱼类理想栖息地需要。鱼类受到影响后，可以通过设置产黏沉性卵鱼类及产草黏性卵鱼类的产卵基质，修建人工产卵场，以修复河流生境和减缓水电工程对河段鱼类产卵场造成的损失。近年来，多个单位进行了人工产卵场的科学试验，其中产草黏性卵的鱼类产卵场实验较多，效果显著。

2012 年，云南金沙江中游水电开发有限公司阿海水电站人工模拟鱼类产卵场通过竣工验收。阿海水电站人工模拟鱼类产卵场工程于 2012 年 6 月开工，建设包括金沙江干流棋盘地，金沙江支流水洛河、翠玉河 3 个江段在内的三个产卵场。该人工产卵场通过人工改造和模拟的方式，为金沙江特有的裂腹鱼类、高原鳅类、鲇类等产沉黏性卵鱼类营造适宜的产卵场地及环境条件，最大限度地弥补工程建设对鱼类产卵及其繁殖带来的影响。阿海水电站人工模拟鱼类产卵场，是金沙江中游及云南省水利水电工程建设中第一个实施人工模拟生境的建设项目，具有缓解水电工程对鱼类繁殖造成的不利影响、修复流域水生生物生态多样性的重要作用。

此外，为促进长江三角洲鱼类栖息地保护和修复工作，中国水产科学研究院淡水渔业研究中心与江苏省靖江市渔政监督大队对位于长江靖江段中华绒螯蟹鳜鱼国家级水产种质资源保护区的双涧沙水域采取了植被培育、生态浮床、人工鱼巢等多项修复措施。2017年，课题组开展了鱼类早期资源调查和鲇形目鱼类产卵场人工修复工作。目前，该修复工作初见成效，沙洲的植被培育主要以芦苇为主，为黏草性鱼卵的附着提供重要基质；产卵场修复则以瓦氏黄颡鱼为代表种类，以网箱和沉船作为人工鱼巢，并比较分析了树根、石块、网袋等常见材料的产卵附着效果。该研究项目，人工鱼巢和产卵场人工修复初步探明了长江下游潮汐水域鱼类产卵条件和环境需求，并实现了沉黏性鱼类的产卵和附着，为我国河流鱼类栖息地修复和重建提供参考依据。

塘头水电站工程建设单位可与广东省渔政总队韶关支队（"韶关北江特有珍稀鱼类省级自然保护区"代管单位）以及韶关北江特有珍稀鱼类省级自然保护区管理处合作，尝试开展产卵场修复工程。

保护区内重阳水及新街水自然生境条件好，可以作为产卵场修复的水域。产卵场修复工程可采用人工鱼巢的形式，人工鱼巢主要针对产黏性卵鱼类。设计建设人工鱼巢 500 m²，人工鱼巢建设时间为 2—5 月。鱼巢材料为竹子、芦竹、各种水生植物及棕榈皮和生麻丝等，将上述材料制成一定形状，设置在水体，供鱼类作为产卵床（图 5.6-6）。

人工鱼巢   人工鱼巢鱼卵附着效果

图 5.6-6 人工鱼巢示例

人工鱼巢建成以后，需要定期进行管理和维护，并对人工鱼巢效果进行跟踪评估。

（2）陆生生物及其生态系统保护措施

1）对植物的保护措施

项目区因地处居住区，人类干扰严重，原生和次生的南亚热带常绿阔叶林已不存在，现存植被基本为人工植物群落和野生的湿地草本植物群落，未发现珍稀濒危植物分布在项目区内。人工植物群落以尾叶桉、马尾松、杉木群落为主，林下植物组成较为简单。

本工程评价区域内的植物种类较多，其中有不少种类是适宜该区生态环境、且生长良好、种群数量较多、有一定经济价值的优势植物，如枇杷、金樱子、桃金娘、高粱泡、悬钩子等富含高维生素和糖类；何首乌、蕨、薯莨、薯蓣、芋等富含淀粉的植物；凤尾蕨、狗脊、蕺菜、忍冬、金樱子、菝葜、女贞、蛇莓、小果蔷薇、接骨草、海金沙、半边旗等具有药用效能；山乌桕、山苍子等油料植物；樟树、潺槁、朴树、榕树、山乌桕、鸭脚木、桃金娘、粉单株、撑篙竹、芦苇等园林观赏植物。

在水库运营期间可以充分利用这些分布广泛、适应能力强且有一定经济价值的优势植物。一方面，为扩大森林植被面积发挥其保持水土、涵养水源、护岸固沙等方面的生态作用，补偿淹没给植物造成的生态损失；另一方面，可以促进地方经济发展。

2）对动物的保护措施

①协调好自然环境保护与社区发展的关系。通过各种方式增加群众的收入，提高群众的生活水平。大力开展宣传教育工作，使周围居民自觉主动地保护野生动物和野生动物的栖息地。

②减少污染的直接排放。尽量少用或不用剧毒农药，对农林有害昆虫防治应以生物防治为主。

③土地综合利用和管理。如对坡度较大的土地可实行退耕还林和提倡栽种经济果林

等，从而恢复和扩大库周的植被环境。

（3）景观资源保护措施

1）应落实生态环境恢复和景观绿化

水库主体工程结束后，应采取土木工程与生物工程相结合的生态措施，尽快落实水库周围的生态环境恢复和景观绿化。对弃渣场、施工营地等临时用地，应及时复垦和恢复植被，恢复其原有的生态功能。

2）发掘新的自然景观

水库蓄水后，及时发掘新形成的自然景观，确定新形成的景物景观的类型特征，并进行评价分级，对新形成的各景观提出具体保护措施及开发利用方案。

3）景观协调性措施

优化电站各建筑物及构筑物外观设计，线条尽量简略、明快，外墙色彩选用浅色系列，忌讳深色，以防喧宾夺主、降低主题景观特征，在造型、色彩、布局上与保护区的景观保持协调。开挖线周围裸露剥离面种植植被遮蔽。

4）加强环境保护监督管理

塘头水电站工程的环境保护的组织机构应包括管理机构和监督机构。省、市、县（区）等环境主管部门、行业主管部门及相关的厅、局，应将塘头水电站工程的环境管理、监督工作纳入部门工作计划，建设单位要积极开展环境保护的监理工作，确保水库主体工程的各项施工行为符合环保要求，各项环境保护措施得到落实，并自觉接受相关部门的监督。

5）开展水生生态环境监测

塘头水电站工程建设单位可与广东省渔政总队韶关支队（"韶关北江特有珍稀鱼类省级自然保护区"代管单位）以及韶关北江特有珍稀鱼类省级自然保护区管理处合作，定期开展水生生态环境监测。

①监测位置：S1——项目大坝上游 2 km（桂头产卵场）；S2——项目大坝下游 2 km（沙尾产卵场）；S3——沙园村（沙园产卵场）；S4——犁市（原犁市产卵场）。另外，项目工程鱼道作为日常观测记录点，在厂房的适当位置设计过鱼观察室，在入鱼口、鱼道中部、鱼出口布设水下摄像系统，连接至计算机或网络做远程记录或联网。相关监测系统包括附有红外线光源的防水摄影镜头，监视录像设备和连接网络的软件设施，在中控室记录、贮存过鱼实测资料。

②监测内容：浮游植物、浮游动物、底栖生物、水生维管束植物监测种类、丰度、生物量；鱼类监测调查种类组成、种群结构、资源量；产卵场调查鱼卵和仔鱼。

③监测频次：施工期各监测点位监测 1 次；运行期各监测点位每 2 年监测一次；项目工程鱼道，做日常观测记录。

（4）运行期管理措施

1）下泄水量记录

对于电站工程，下泄的基础生态流量是否得到保障，是下游水生生态环境的基础。塘头水电站工程委托编制的《广东省乳源县武江塘头水电站工程水资源论证报告》在水利部门进行了评审备案，报告将 21.7 m³/s（通航情况下为 31.0 m³/s）作为塘头水电站工程的最小下泄流量，其中包括 17.9 m³/s 的最小生态流量。17.9 m³/s 的最小生态流量符合《广东省水利厅关于小水电工程最小生态流量管理的意见》（粤水农电〔2011〕29 号）中所规定的有关中小水电工程的最小生态流量原则上按河道天然同期多年平均流量的 10%～20%的要求。

由于项目工程在大部分运行时间内，下泄水量来自引水发电后的尾水，属于被动下泄，下泄水量与发电量成比例关系，通过发电收益即可计算下泄水量；而在需要开启泄水闸门泄水的枯水期（发电机组已停运），泄水闸开启程度完全由机械自动化控制，泄水量按闸门开度即可自动计算，即本工程下泄水量完全可以通过自动化记录，应通过自动化手段做好下泄水量的记录，并定期向环保和水利主管部门汇报。

为配合管理部门监管，项目工程将在闸门设置视频监控系统，闸门泄流情况通过视频记录，并实时传送给相关的监管部门。

2）配合救护站加强对自然保护区保护

项目运行期间，可与保护区管理机构组成协调小组，协助保护区主管部门对韶关北江特有珍稀鱼类省级自然保护区的保护工作，如对工程河段水体的巡查，派专人进行瞭望，需要配备必要的救护设备，临时救护设备包括运输设备、增氧设备、药品等医疗设备以及各种网具。一旦发现伤害珍稀特有鱼类及其他保护水生动物的事件，施工方应及时向保护区管理机构报告，以便采取有效措施，协助对受伤珍稀特有鱼类进行救护。

3）加强绿化

工程建成投产后，加强项目区绿化，种植适应性和抗污染力强、抗病虫害强的树种。本工程的居住区、办公区应进行园林绿化，美化环境。

4）加强员工管理与教育

项目应加强员工管理与教育，特别要让员工了解韶关北江特有珍稀鱼类省级自然保护区的保护目标和保护对象，让员工了解自然保护区保护的重要性，加大对自然保护区的保护力度。

第 6 章

河湖健康评价概述

6.1 相关文件概况

河湖健康评价是河湖管理的重要内容,能够为判定河湖健康状况、查找河湖问题、剖析"病因"、提出治理对策等提供重要依据。河湖健康评价是强化落实河湖长制的重要技术手段,是编制"一河(湖)一策"方案的重要基础,是河湖长组织领导河湖管理保护工作的重要参考。开展河湖健康评价工作对于进一步提升公众对河湖健康认知水平,推动各地进一步深化落实河湖长制,强化河湖管理保护,维护河湖健康生命具有重要的现实意义。

为了深入贯彻落实中共中央办公厅、国务院办公厅印发的《关于全面推行河长制的意见》《关于在湖泊实施湖长制的指导意见》要求,指导各地做好河湖健康评价工作,水利部河湖管理司组织南京水利科学研究院等单位编制了《河湖健康评价指南(试行)》,并于2020 年 8 月印发。

《河湖健康评价指南(试行)》结合我国国情、水情和河湖管理实际,基于河湖健康概念从生态系统结构完整性、生态系统抗扰动弹性、社会服务功能可持续性 3 个方面建立河湖健康评价指标体系与评价方法,从"盆""水"、生物、社会服务功能 4 个准则层对河湖健康状态进行评价。根据评价指标分值高低,既可以将河湖健康状况划分为一类河湖(非常健康)、二类河湖(健康)、三类河湖(亚健康)、四类河湖(不健康)、五类河湖(劣态)5 个类别,又可以通过单项评价指标分值反映河湖某方面存在的健康问题和病灶程度,既有利于公众了解河湖真实健康状况,又有助于各地以问题导向因地制宜地实施河湖治理修复措施。同时,也为各地维护河湖健康提出适宜的治理保护标准,既能有效避免出现类似"不拆大建、豪华装修"的不合理治理现象,也能避免"治面不治里、治表不治根"的现象,达到导向准确、施策精准、治理系统的目的,推动各地河湖治理保护制度化、规范化。此外,《河湖健康评价指南(试行)》除必选指标外,各地可结合实际选择备选指标或自选指标,既可以对河湖健康进行综合评价,也可以对河湖"盆""水"、生物、社会服务功能或其中的指标进行单项评价，这符合我国的国情水情与河湖管理实际；评价成果能够有效服务于河长制、湖长制工作，为各级河长、湖长及相关主管部门履行河湖管理保护职责提供重要参考。

6.2　河湖健康评价指南

习近平总书记多次就建设生态文明，加强河湖管护发表重要论述，为做好新时代河湖治理与保护工作指明了方向、提供了根本遵循。为了深入贯彻落实中共中央办公厅、国务院办公厅印发的《关于全面推行河长制的意见》《关于在湖泊实施湖长制的指导意见》要求，水利部办公厅就河湖管护开展了大量工作，并下发了一系列文件指南，为各地河湖健康工作的开展提供指导，包括：《"一河（湖）一策"方案编制指南（试行）》（办建管函〔2017〕1071 号）、《"一河（湖）一档"建立指南（试行）》（办建管函〔2018〕360 号）、《水利部办公厅关于明确全国河湖"清四乱"专项行动问题认定及清理整治标准的通知》（办河湖〔2018〕245 号）、《河湖岸线保护与利用规划编制指南（试行）》（办河湖函〔2019〕394 号）、《河湖管理监督检查办法（试行）》（水河湖〔2019〕421 号）等。

2020 年 8 月，水利部印发《河湖健康评价指南（试行）》，为河湖健康评价工作提出明确指引。

6.2.1　总体要求

6.2.1.1　总则

（1）为加强河湖管理保护，科学评价河湖健康状况，指导落实河湖长制任务，制定本指南。

（2）本指南适用于中华人民共和国境内河流湖泊（不包括入海河口）的健康评价。

（3）河湖健康评价工作应遵循以下原则：

科学性原则：评价指标设置合理，体现普适性与区域差异性，评价方法、程序正确，基础数据来源客观、真实，评价结果准确反映河湖健康状况。

实用性原则：评价指标体系符合我国的国情水情与河湖管理实际，评价成果能够帮助公众了解河湖真实健康状况，有效服务于河长制、湖长制工作，为各级河长、湖长及相关主管部门履行河湖管理保护职责提供参考。

可操作性原则：评价所需基础数据应易获取、可监测。评价指标体系具有开放性，既可以对河湖健康进行综合评价，也可以对河湖"盆""水"、生物、社会服务功能或其中的指标进行单项评价；除必选指标外，各地可结合实际选择备选指标或自选指标。

（4）本指南引用了下列文件中的条款。凡是注日期的引用文件，仅注日期的版本适用于本指南。凡是未注日期的引用文件，其有效版本适用于本指南。本指南引用有关规定主要有：

水利部《河湖管理监督检查办法（试行）》（水河湖〔2019〕421 号）

《水利部办公厅关于明确全国河湖"清四乱"专项行动问题认定及清理整治标准的通知》（办河湖〔2018〕245 号）

水利部办公厅《河湖岸线保护与利用规划编制指南（试行）》（办河湖函〔2019〕394 号）

水利部办公厅《"一河（湖）一策"方案编制指南（试行）》（办建管函〔2017〕1071 号）

水利部办公厅《"一河（湖）一档"建立指南（试行）》（办建管函〔2018〕360 号）

《地表水环境质量标准》（GB 3838—2002）

《防洪标准》（GB 50201—2014）

《土壤环境质量农用地土壤污染风险管控标准（试行）》（GB 15618—2018）

《地表水资源质量评价技术规程》（SL 395—2007）

《水环境监测规范》（SL 219—2013）

《水库渔业资源调查规范》（SL 167—2014）

（5）河湖健康评价除应符合本指南规定外，尚应符合国家现行有关规定。

6.2.1.2　基本规定

（1）河湖健康评价应以本指南确定的指标体系进行综合评价，反映河湖健康总体状况；也可采用本指南确定的指标进行单项评价，反映河湖某方面的健康水平。

（2）河流健康评价可以整条河流为评价单元，也可以各级河长负责的河段为评价单元；根据评价单元长度，一个评价单元可以划分为多个评价河段，通过对各个河段进行评价后，综合得出评价单元的整体评价结果。湖泊健康评价原则上以整个湖泊为评价单元，可以通过分区评价后，综合得出湖泊的整体评价结果。

（3）河湖健康评价应根据河湖特征，依据本指南确定评价指标及指标权重分配方案。本指南不能涵盖某些特征（如重金属污染、河湖淤积等）明显的河湖时，可以增加自选指标。

（4）河湖健康评价应根据确定的评价指标，搜集相关基础资料，并对资料进行复核。当基础资料不满足河湖健康评价要求时，应通过专项调查或专项监测予以补齐。

（5）河湖健康评价应以行业历史数据资料和专项调查监测数据为依据，按照本指南规定的方法对评价指标计算赋分，依据本指南规定的权重对准则层进行计算，对河湖健康进行综合评价，提出河湖健康存在的问题和治理修复建议。

（6）根据综合评价结果，可将河湖健康状况分为五类：一类河湖（非常健康）、二类河湖（健康）、三类河湖（亚健康）、四类河湖（不健康）、五类河湖（劣态）。

6.2.1.3 工作流程

河湖健康评价按图 6.2-1 所示工作流程进行。

（1）技术准备。开展资料、数据收集与踏勘，根据本指南确定河湖健康评价指标，自选指标还应研究制定评价标准，提出评价指标专项调查监测方案与技术细则，形成河湖健康评价工作大纲。

（2）调查监测。组织开展河湖健康评价调查与专项监测。

（3）报告编制。系统整理调查与监测数据，根据本指南对河湖健康评价指标进行计算赋分，评价河湖健康状况，编制河湖健康评价报告。

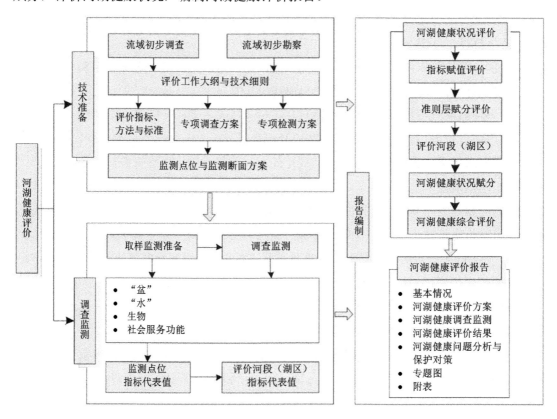

图 6.2-1　河湖健康评价工作流程

6.2.2　评价指标体系

6.2.2.1　评价指标

（1）河湖健康评价指标体系见表 6.2-1、表 6.2-2。

（2）"备选"指标选择原则：省级河长、湖长管理的河湖原则上全选，市、县、乡级河长、湖长管理的河湖根据实际情况选择。有防洪、供水、岸线开发利用功能的河湖，防洪达标率、供水水量保障程度、河流（湖泊）集中式饮用水水源地水质达标率指标和岸线利用管理指数指标应为必选。

表 6.2-1 河流评价指标体系

目标层	准则层		指标层	指标类型
河流健康	"盆"		河流纵向连通指数	备选
			岸线自然状况	必选
			河岸带宽度指数	备选
			违规开发利用水域岸线程度	必选
	"水"	水量	生态流量/水位满足程度	必选
			流量过程变异程度	备选
		水质	水质优劣程度	必选
			底泥污染状况	备选
			水体自净能力	必选
	生物		大型底栖无脊椎动物生物完整性指数	备选
			鱼类保有指数	必选
			水鸟状况	备选
			水生植物群落状况	备选
	社会服务功能		防洪达标率	备选
			供水水量保证程度	备选
			河流集中式饮用水水源地水质达标率	备选
			岸线利用管理指数	备选
			通航保证率	备选
			公众满意度	必选

表 6.2-2 湖泊评价指标体系

目标层	准则层		指标层	指标类型
湖泊健康	"盆"		湖泊连通指数	备选
			湖泊面积萎缩比例	必选
			岸线自然状况	必选
			违规开发利用水域岸线程度	必选
	"水"	水量	最低生态水位满足程度	必选
			入湖流量变异程度	备选
		水质	水质优劣程度	必选
			湖泊营养状态	必选
			底泥污染状况	备选
			水体自净能力	必选

目标层	准则层	指标层	指标类型
湖泊健康	生物	大型底栖无脊椎动物生物完整性指数	备选
		鱼类保有指数	必选
		水鸟状况	备选
		浮游植物密度	必选
		大型水生植物覆盖度	备选
	社会服务功能	防洪达标率	备选
		供水水量保证程度	备选
		湖泊集中式饮用水水源地水质达标率	备选
		岸线利用管理指数	备选
		公众满意度	必选

6.2.2.2　指标评价方法与赋分标准

（1）"盆"

1）河流纵向连通指数

根据单位河长内影响河流连通性的建筑物或设施数量评价，有生态流量或生态水量保障，有过鱼设施且能正常运行的不在统计范围内。赋分标准见表 6.2-3。

表 6.2-3　河流纵向连通指数赋分标准

河流纵向连通指数/（个/100 km）	0	0.25	0.5	1	≥1.2
赋分	100	60	40	20	0

2）湖泊连通指数

根据环湖主要入湖河流和出湖河流与湖泊之间的水流畅通程度评价。按照如下公式计算：

$$CIS = \frac{\sum_{n=1}^{N_s} CIS_n Q_n}{\sum_{n=1}^{N_s} Q_n} \qquad (6\text{-}1)$$

式中，CIS —— 湖泊连通指数赋分；

N_s —— 环湖主要河流数量，条；

CIS_n —— 评价年第 n 条环湖河流连通性赋分；

Q_n —— 评价年第 n 条河流实测的出（入）湖泊水量，万 m^3/a。

每条环湖河流连通状况的赋分标准见表 6.2-4。

表 6.2-4 环湖河流连通性赋分标准

连通性	阻隔时间/月	年入湖水量占入湖河流多年平均实测年径流量比例/%	赋分
顺畅	0	70	100
较顺畅	1	60	70
阻隔	2	40	40
严重阻隔	4	10	20
完全阻隔	12	0	0

3）湖泊面积萎缩比例

采用评价年湖泊水面萎缩面积与历史参考年湖泊水面面积的比例表示，按照式（6-2）计算。历史参考年宜选择 20 世纪 80 年代末（1988 年《中华人民共和国河道管理条例》颁布之后）与评价年水文频率相近年份。赋分标准见表 6.2-5。

$$ASI = \left(1 - \frac{AC}{AR}\right) \times 100 \tag{6-2}$$

式中，ASI —— 湖泊面积萎缩比例，%；

AC —— 评价年湖泊水面面积，km^2；

AR —— 历史参考年湖泊水面面积，km^2。

历史参考年宜选取 20 世纪 80 年代末（1988 年《中华人民共和国河道管理条例》颁布之后）与距离 2021 年最近一个平水年水文频率相近的年份。赋分标准见表 6.2-5。

表 6.2-5 湖泊面积萎缩比例赋分标准

湖泊面积萎缩比例/%	≤5	10	20	30	≥40
赋分	100	60	30	10	0

4）岸线自然状况

选取岸线自然状况指标评价河湖岸线健康状况，包括河（湖）岸稳定性和岸线植被覆盖率两个方面。河（湖）岸稳定性指标示意图见图 6.2-2。

其中，河（湖）岸稳定性采用如下公式计算：

$$BS_r = (SA_r + SC_r + SH_r + SM_r + ST_r)/5 \tag{6-3}$$

式中，BS_r —— 河（湖）岸稳定性赋分；

SA_r —— 岸坡倾角分值；

SC_r —— 岸坡植被覆盖度分值；

SH$_r$ —— 岸坡高度分值；

SM$_r$ —— 河岸基质分值；

ST$_r$ —— 坡脚冲刷强度分值。

各指标赋分标准见表 6.2-6。

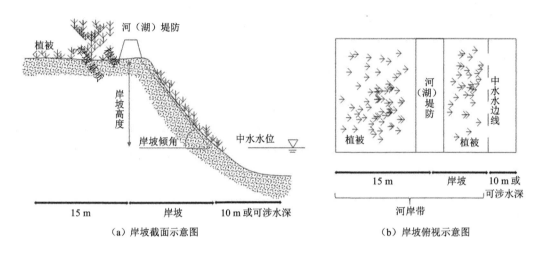

（a）岸坡截面示意图   （b）岸坡俯视示意图

图 6.2-2 河（湖）岸稳定性指标示意图

表 6.2-6 河（湖）岸稳定性指标赋分标准

河湖岸特征	稳定	基本稳定	次不稳定	不稳定
分值	100	75	25	0
岸坡倾角/（°）（≤）	15	30	45	60
岸坡植被覆盖度/%（≥）	75	50	25	0
岸坡高度/m（≤）	1	2	3	5
基质（类别）	基岩	岩土	黏土	非黏土
河岸冲刷状况	无冲刷迹象	轻度冲刷	中度冲刷	重度冲刷
总体特征描述	近期内河湖岸不会发生变形破坏，无水土流失现象	河湖岸结构有松动发育迹象，有水土流失迹象，但近期不会发生变形和破坏	河湖岸松动裂痕发育趋势明显，一定条件下可导致河岸变形和破坏，中度水土流失	河湖岸水土流失严重，随时可能发生大的变形和破坏，或已经发生破坏

岸线植被覆盖率计算公式为

$$PC_r = \sum_{i=1}^{n} \frac{L_{vci}}{L} \times \frac{A_{ci}}{A_{ai}} \times 100 \qquad (6-4)$$

式中，PC$_r$ —— 岸线植被覆盖率赋分；

A_{ci} —— 岸段 i 的植被覆盖面积，km^2；

A_{ai} —— 岸段 i 的岸带面积，km^2；

L_{vci} —— 岸段 i 的长度，km；

L —— 评价岸段的总长度，km。

岸线植被覆盖率指标赋分标准见表 6.2-7。

表 6.2-7　岸线植被覆盖率指标赋分标准

河湖岸线植被覆盖率/%	说明	赋分
0～5	几乎无植被	0
5～25	植被稀疏	25
25～50	中密度覆盖	50
50～75	高密度覆盖	75
>75	极高密度覆盖	100

岸线状况指标分值按下式计算：

$$BH = BS_r \times BS_w + PC_r \times PC_w \qquad (6-5)$$

式中，BH —— 岸线状况赋分；

　　　BS_r —— 河（湖）岸稳定性赋分；

　　　PC_r —— 岸线植被覆盖率赋分；

　　　BS_w —— 河（湖）岸稳定性权重；

　　　PC_w —— 岸线植被覆盖率权重。

河流与湖泊计算方法及赋分相同，见表 6.2-8。

表 6.2-8　岸线状况指标权重

序号	名称	符号	权重
1	河（湖）岸稳定性	BS_w	0.4
2	岸线植被覆盖率	PC_r	0.6

5）河岸带宽度指数

河岸带是水域与陆域系统间的过渡区域，是河流系统的保护屏障。通常，河槽宽度可以取临水边界线以内河槽宽度，河岸带宽度可取临水边界线与外缘边界线之间的宽度（临水边界线与外缘边界线确定方法参考水利部于 2019 年印发的《河湖岸线保护与利用规划编制指南（试行）》），适宜的左、右岸河岸宽度均应大于河槽的 0.4 倍。这一要求可以通过

河岸带宽度指数来反映。河岸带宽度指数是指单位河长内满足宽度要求的河岸长度，其计算公式为

$$AW = \frac{L_w}{L} \qquad (6\text{-}6)$$

式中，AW —— 河岸带宽度指数；

L_w —— 满足河岸带宽度要求的河岸总长度，m；

L —— 河岸总长度，m。

对于不同类型的河流，其河岸带宽度发育程度不同，必须区别对待，采用不同的赋分标准，具体参见表 6.2-9。

表 6.2-9　河岸带宽度指数赋分标准

河岸带宽度指数		说明	赋分
平原、丘陵河流	山区河流		
>0.8	>0.8	河岸带宽度优良	(80，100]
0.7～0.8	0.6～0.8	河岸带宽适中	(60，80]
0.6～0.7	0.45～0.6	河岸带宽度不足	(40，60]
0.5～0.6	0.3～0.45	河岸带宽度严重不足	(20，40]
<0.5	<0.3	河岸带宽度极度不足	[0，20]

6）违规开发利用水域岸线程度

违规开发利用水域岸线程度综合考虑了入河湖排污口规范化建设率、入河湖排污口布局合理程度和河湖"四乱"状况，采用各指标的加权平均值，各指标权重可参考表 6.2-10。

表 6.2-10　违规开发利用水域岸线程度指标权重

序号	名称	权重
1	入河湖排污口规范化建设率	0.2
2	入河湖排污口布局合理程度	0.2
3	河湖"四乱"状况	0.6

各分项指标计算赋分方法如下：

①入河湖排污口规范化建设率

入河湖排污口规范化建设率是指已按照要求开展规范化建设的入河湖排污口数量比例。入河湖排污口规范化建设是指实现入河湖排污口"看得见、可测量、有监控"的目标，其中包括：对暗管和潜没式排污口，要求在院墙外、入河湖前设置明渠段或取样井，以便监督采样；在排污口入河湖处竖立内容规范的标志牌，公布举报电话和微信等其他举报途

径；因地制宜，对重点排污口安装在线计量和视频监控设施，强化对其排污情况的实施监管和信息共享。

指标赋分值按照以下公式：

$$RG = N_i / N \times 100 \tag{6-7}$$

式中，RG —— 入河湖排污口规范化建设率；

N_i —— 开展规范化建设的入河湖排污口数量，个；

N —— 入河湖排污口总数，个。

如出现日排放量＞300 m³ 或年排放量＞10 万 m³ 的未规范化建设的排污口，该项得 0分。赋分标准见表 6.2-11。

表 6.2-11　入河湖排污口规范化建设率评价赋分标准

入河湖排污口规范化建设率	优	良	中	差	劣
赋分	100	[90，100）	[60，90）	[20，60）	[0，20）

②入河湖排污口布局合理程度

评估入河湖排污口合规性及其混合区规模，赋分标准见表 6.2-12。取其中最差状况确定最终得分。

表 6.2-12　入河湖排污口布局合理程度赋分标准

入河湖排污口设置情况	赋分
河湖水域无入河湖排污口	80～100
①饮用水水源一、二级保护区均无入河湖排污口； ②仅排污控制区有入河湖排污口，且不影响邻近水功能区水质达标，其他水功能区无入河湖排污口	60～80
①饮用水水源一、二级保护区均无入河湖排污口； ②河流：取水口上游 1 km 无排污口；排污形成的污水带（混合区）长度小于 1 km，或宽度小于 1/4 河宽； ③湖：单个或多个排污口形成的污水带（混合区）面积总和占水域面积的 1%～5%	40～60
①饮用水水源二级保护区存在入河湖排污口； ②河流：取水口上游 1 km 内有排污口；排污口形成污水带（混合区）长度大于 1 km，或宽度为 1/4～1/2 河宽； ③湖：单个或多个排污口形成的污水带（混合区）面积总和占水域面积的 5%～10%	20～40
①饮用水水源一级保护区存在入河湖排污口； ②河流：取水口上游 500 m 内有排污口；排污口形成的污水带（混合区）长度大于 2 km，或宽度大于 1/2 河宽； ③湖：单个或多个排污口形成的污水带（混合区）面积总和超过水域面积的 10%	0～20

③河湖"四乱"状况

无"四乱"状况的河段/湖区赋分为 100 分,"四乱"扣分时应考虑其严重程度,扣完为止,赋分标准见表 6.2-13。

表 6.2-13 河湖"四乱"状况赋分标准

类型	"四乱"问题扣分标准(每发现 1 处)		
	一般问题	较严重问题	重大问题
乱采	−5	−25	−50
乱占	−5	−25	−50
乱堆	−5	−25	−50
乱建	−5	−25	−50

(2)"水"

1)水量

①生态流量/水位满足程度

对于常年有流量的河流,宜采用生态流量满足程度进行表征。分别计算 4—9 月及 10 月—次年 3 月最小日均流量占相应时段多年平均流量的百分比,赋分标准见表 6.2-14,取二者的最低赋分值为河流生态流量满足程度赋分。

表 6.2-14 生态流量满足程度赋分标准

(10 月—次年 3 月)最小日均流量占比/%	≥30	20	10	5	<5
赋分	100	80	40	20	0
(4—9 月)最小日均流量占比/%	≥50	40	30	10	<10
赋分	100	80	40	20	0

针对季节性河流,可根据丰水年、平水年、枯水年分别计算满足生态流量的天数占各水期天数的百分比,按计算结果百分比数值赋分。

②最低生态水位满足程度

对于某些缺水河流,无法保障全年均有流量,可采用生态水位计算方法。采用近 30 年的 90%保证率年最低水位作为生态水位,计算河流逐日水位满足生态水位的百分比,指标计算结果数即为对照的评分。对于资料覆盖度不高的区域,同一片区可采用流域规划确定的片区代表站生态水位最低值作为标准值。

湖泊最低生态水位宜选择规划或管理文件确定的限值,或采用天然水位资料法、湖泊形态法、生物空间最小需求法等确定。湖泊最低生态水位满足程度赋分标准见表 6.2-15。

表 6.2-15 最低生态水位满足程度赋分标准

湖泊最低生态水位满足程度	赋分
年内日均水位均高于最低生态水位	100
日均水位低于最低生态水位，但 3 d 滑动平均水位不低于最低生态水位	75
3 d 滑动平均水位低于最低生态水位，但 7 d 滑动平均水位不低于最低生态水位	50
7 d 滑动平均水位低于最低生态水位	30
60 d 滑动平均水位低于最低生态水位	0

③流量过程变异程度

河流流量过程变异程度计算评价年实测月径流量与天然月径流量的平均偏离程度（宜同时考虑丰水年、平水年、枯水年的差异性），按照以下公式计算。赋分标准见表 6.2-16。

$$\text{FDI} = \sqrt{\sum_{m=1}^{12}\left(\frac{(q_m - Q_m)}{\overline{Q}}\right)^2} \tag{6-8}$$

$$\overline{Q} = \frac{1}{12}\sum_{m=1}^{12}Q_m \tag{6-9}$$

式中，FDI —— 流量过程变异程度；

q_m —— 评价年第 m 月实测月径流量，m^3/s；

Q_m —— 评价年第 m 月天然月径流量，m^3/s；

$\overline{Q}$ —— 评价年天然月径流量年均值，m^3/s；

m —— 评价年内月份的序号。

表 6.2-16 流量过程变异程度赋分标准

流量过程变异程度	≤0.05	0.1	0.3	1.5	≥5
赋分	100	75	50	25	0

④入湖流量变异程度

入湖流量变异程度，统计环湖河流的入湖实测月径流量与天然月径流的平均偏离程度（宜同时考虑丰水年、平水年、枯水年的差异性），按照以下公式计算。赋分标准见表 6.2-17。

$$\text{FLI} = \sqrt{\sum_{m=1}^{12}\left(\frac{(r_m - R_m)}{\overline{R}}\right)^2}$$

$$r_m = \sum_{n=1}^{N}r_n$$

$$R_m = \sum_{n=1}^{N}R_n \tag{6-10}$$

$$\overline{R} = \frac{1}{12}\sum_{m=1}^{12}R_m$$

式中，FLI —— 入湖流量变异程度；

r_m —— 所有入湖河流第 m 月实测月径流量，m^3/s；

R_m —— 所有入湖河流第 m 月天然月径流量，m^3/s；

$\overline{R}$ —— 所有入湖河流天然月径流量年均值，m^3/s；

r_n —— 第 n 条入湖河流实测月径流量，m^3/s；

R_n —— 第 n 条入湖河流天然月径流量，m^3/s；

n —— 所有入湖河流数量；

m —— 评价年内月份的序号。

表 6.2-17　入湖流量变异程度赋分标准

入湖流量变异程度	≤0.05	0.1	0.3	1.5	≥5
赋分	100	75	50	25	0

2）水质

①水质优劣程度

水样的采样布点、监测频率及监测数据的处理应遵守 SL 219 相关规定，水质评价应遵守 GB 3838—2002 相关规定。

有多次监测数据时，应采用多次监测结果的平均值；有多个断面监测数据时，应以各监测断面的代表性河长作为权重，计算各个断面监测结果的加权平均值。

水质优劣程度评判时分项指标（如总磷、总氮、溶解氧等）应符合各地河（湖）长制水质指标考核的要求，由评价时段内最差水质项目的水质类别代表该河流（湖泊）的水质类别，将该项目实测浓度值依据 GB 3838—2002 水质类别标准值和对照评分阈值进行线性内插得到评分值，赋分采用线性插值，水质类别的对照评分见表 6.2-18。当有多个水质项目浓度均为最差水质类别时，分别进行评分计算，取最低值。

表 6.2-18　水质优劣程度赋分标准

水质类别	Ⅰ类、Ⅱ类	Ⅲ类	Ⅳ类	Ⅴ类	劣Ⅴ类
赋分	[90, 100]	[75, 90)	[60, 75)	[40, 60)	[0, 40)

②湖泊营养状态

应按照 SL 395 的规定评价湖泊营养状态指数。根据湖泊营养状态指数值确定湖泊营养状态赋分，赋分标准见表 6.2-19。

表 6.2-19 湖泊营养状态赋分标准

湖泊营养状态指数	≤10	42	50	65	≥70
赋分	100	80	60	10	0

③底泥污染状况

采用底泥污染指数即底泥中每一项污染物浓度占对应标准值的百分比进行评价。底泥污染指数赋分时，选用超标浓度最高的污染物倍数值，赋分标准见表 6.2-20。污染物浓度标准值参考 GB 15618。

表 6.2-20 底泥污染状况赋分标准

底泥污染指数	<1	2	3	5	>5
赋分	100	60	40	20	0

④水体自净能力

选择水中溶解氧浓度衡量水体自净能力，赋分标准见表 6.2-21。溶解氧（DO）对水生动植物十分重要，过高和过低的 DO 对水生生物均会造成危害。饱和值与压强和温度有关，若 DO 浓度超过当地大气压下饱和值的 110%（饱和值无法测算时，建议饱和值为 14.4 mg/L 或饱和度 192%），此项 0 分。

表 6.2-21 水体自净能力赋分标准

溶解氧浓度/（mg/L）	≥7.5（饱和度≥90%）	≥6	≥3	≥2	0
赋分	100	80	30	10	0

（3）生物

1）大型底栖无脊椎动物生物完整性指数

大型底栖无脊椎动物生物完整性指数（BIBI）通过对比参考点和受损点大型底栖无脊椎动物状况进行评价。基于候选指标库选取核心评价指标，对评价河湖底栖生物调查数据按照评价参数分值计算方法，计算 BIBI 监测值，根据河湖所在水生态分区 BIBI 最佳期望值，按照以下公式计算 BIBI 指标赋分：

$$BIBIS = \frac{BIBIO}{BIBIE} \times 100 \qquad (6\text{-}11)$$

式中，BIBIS —— 评价河湖大型底栖无脊椎动物生物完整性指数赋分；

BIBIO —— 评价河湖大型底栖无脊椎动物生物完整性指数监测值；

BIBIE —— 河湖所在水生态分区大型底栖无脊椎动物生物完整性指数最佳期望值。

大型底栖无脊椎动物生物完整性指数赋分标准如表 6.2-22 所示。

表 6.2-22　大型底栖无脊椎动物生物完整性指数赋分标准

大型底栖无脊椎动物生物完整性指数	1.62	1.03	0.31	0.1	0
赋分	100	80	60	30	0

2）鱼类保有指数

评价现状鱼类种数与历史参考点鱼类种数的差异状况。对于无法获取历史鱼类监测数据的评价区域，可采用专家咨询的方法确定。调查鱼类种数不包括外来鱼种。鱼类调查取样监测可按 SL 167 等鱼类调查技术标准确定。计算公式为

$$FOEI = \frac{FO}{FE} \times 100 \tag{6-12}$$

式中，FOEI —— 鱼类保有指数，%；

FO —— 评价河湖调查获得的鱼类种类数量（剔除外来物种），种；

FE —— 20 世纪 80 年代以前评价河湖的鱼类种类数量，种。

鱼类保有指数赋分标准如表 6.2-23 所示。

表 6.2-23　鱼类保有指数赋分标准

鱼类保有指数/%	100	75	50	25	0
赋分	100	60	30	10	0

3）水鸟状况

调查评价河湖内鸟类的种类、数量，结合现场观测记录（如照片）作为赋分依据，赋分见表 6.2-24。水鸟状况赋分也可采用参考点倍数法，以河湖水质及形态重大变化前的历史参考时段的监测数据为基点，宜采用 20 世纪 80 年代或以前的监测数据。

表 6.2-24　鸟类栖息地状况赋分标准

水鸟栖息地状况分级	描述	赋分
好	种类、数量多，有珍稀鸟类	100～90
较好	种类、数量比较多，常见	90～80
一般	种类，数量比较少，偶尔可见	80～60
较差	种类少，难以观测到	60～30
非常差	任何时候都没有见到	0～30

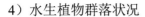

4）水生植物群落状况

水生植物群落包括挺水植物、沉水植物、浮叶植物和漂浮植物以及湿生植物。评价河道每 5～10 km 选取 1 个评价断面，对断面区域水生植物种类、数量、外来物种入侵状况进行调查，结合现场验证，按照丰富、较丰富、一般、较少、无 5 个等级分析水生植物群落状况。水生植物群落状况赋分见表 6.2-25，取各断面赋分平均值为水生植物群落状况得分。

表 6.2-25　水生植物群落状况赋分标准

水生植物群落状况分级	指标描述	赋分
丰富	水生植物种类很多，配置合理，植株密闭	100～90
较丰富	水生植物种类多，配置较合理，植株数量多	90～80
一般	水生植物种类尚多，植株数量不多且散布	80～60
较少	水生植物种类单一，植株数量很少且稀疏	60～30
无	难以观测到水生植物	30～0

5）浮游植物密度

浮游植物密度指标评价根据实际情况选用下列方法：

①参考点倍数法。以同一生态分区或湖泊地理分区中湖泊类型相近、未受人类活动影响或影响轻微的湖泊，以湖泊水质及形态重大变化前的历史参考时段的监测数据为基点，宜采用 20 世纪 80 年代或以前的监测数据。评价年浮游植物密度除以该历史基点计算其倍数，浮游植物密度赋分标准见表 6.2-26。

表 6.2-26　湖泊浮游植物密度赋分标准（参考点倍数法）

浮游植物密度倍数	≤1	10	50	100	≥150
赋分	100	60	40	20	0

②直接评判赋分法。无参考点时，浮游植物密度赋分标准见表 6.2-27。

表 6.2-27　湖泊浮游植物密度赋分标准（直接评判赋分法）

浮游植物密度/（万个/L）	≤40	200	500	1 000	≥5 000
赋分	100	60	40	30	0

6）大型水生植物覆盖度

大型水生植物覆盖度评价河湖岸带湖向水域内的挺水植物、浮叶植物、沉水植物和漂

浮植物四类植物中非外来物种的总覆盖度,可根据实际情况选用下列方法:

①参考点比对赋分法。以同一生态分区或湖泊地理分区中湖泊类型相近、未受人类活动影响或影响轻微的湖泊,或选择评价湖泊在湖泊形态及水体水质重大改变前的某一历史时段作为参考点,确定评价湖泊大型水生植物覆盖度评价标准;以评价年大型水生植物覆盖度除以该参考点标准计算其百分比,赋分标准见表6.2-28。

表 6.2-28　大型水生植物覆盖度赋分标准(参考点比对赋分法)

大型水生植物覆盖度变化比例/%	≤5	10	25	50	≥75
说明	接近参考点状况	与参考点状况有较小差异	与参考点状况有中度差异	与参考点状况有较大差异	与参考点状况有显著差异
赋分	100	75	50	25	0

②直接评判赋分法。湖泊大型水生植物覆盖度赋分标准见表6.2-29。

表 6.2-29　大型水生植物覆盖度赋分标准(直接评判赋分法)

大型水生植物覆盖度/%	>75	40～75	10～40	0～10	0
说明	极高密度覆盖	高密度覆盖	中密度覆盖	植被稀疏	无该类植被
赋分	75～100	50～75	25～50	0～25	0

(4)社会服务功能

1)防洪达标率

评价河湖堤防及沿河(环湖)口门建筑物防洪达标情况。河流防洪达标率统计达到防洪标准的堤防长度占堤防总长度的比例,有堤防交叉建筑物的,须考虑堤防交叉建设物防洪标准达标比例,按照以下公式计算;湖泊同时还应评价环湖口门建筑物满足设计标准的比例,按照以下公式计算。无相关规划对防洪达标标准规定时,可参照 GB 50201—2018 确定。河流及湖泊防洪达标率赋分标准见表6.2-30。

$$FDRI = \left(\frac{RDA}{RD} + \frac{SL}{SSL}\right) \times \frac{1}{2} \times 100\%$$

$$FDLI = \left(\frac{LDA}{LD} + \frac{GWA}{DW}\right) \times \frac{1}{2} \times 100\%$$

(6-13)

式中,FDRI —— 河流防洪工程达标率,%;

RDA —— 河流达到防洪标准的堤防长度,m;

RD —— 河流堤防总长度,m;

SL —— 河流堤防交叉建筑物达标个数；

SSL —— 河流堤防交叉建筑物总个数；

FDLI —— 湖泊防洪工程达标率，%；

LDA —— 湖泊达到防洪标准的堤防长度，m；

LD —— 湖泊堤防总长度，m；

GWA —— 环湖达标口门宽度，m；

DW —— 环湖口门总宽度，m。

表 6.2-30 防洪达标率赋分标准

防洪达标率/%	≥95	90	85	70	≤50
指标	100	75	50	25	0

2）供水水量保证程度

供水水量保证程度等于一年内河湖逐日水位或流量达到供水保证水位或流量的天数占年内总天数的百分比，按照以下公式计算。指标数值结果对照的评分见表 6.2-31，赋分采用区间内线性插值。

$$R_{gs} = \frac{D_0}{D_n} \times 100\% \qquad (6-14)$$

式中，R_{gs} —— 供水水量保证程度；

D_0 —— 水位或流量达到供水保证水位或流量的天数，天；

D_n —— 一年内总天数，天。

表 6.2-31 供水水量保证程度赋分标准

供水水量保证程度/%	[95，100]	[85，95)	[60，85)	[20，60)	[0，20)
赋分	100	[85，100)	[60，85)	[20，60]	[0，20]

3）河流（湖泊）集中式饮用水水源地水质达标率

河流（湖泊）集中式饮用水水源地水质达标率指达标的集中式饮用水水源地（地表水）的个数占评价河流（湖泊）集中式饮用水水源地总数的百分比。其中，单个集中式饮用水水源地采用全年内监测的均值进行评价，参评指标取《地表水环境质量标准》中的 24 个基本指标和 5 项集中式饮用水水源地补充指标。评分对照表见表 6.2-32。

$$河流（湖泊）集中式饮用水水源地水质达标率 = \frac{达标集中式饮用水水源地个数}{评价河流（湖泊）集中式饮用水水源地总数} \times 100\%$$

表 6.2-32　河流（湖泊）集中式饮用水水源地水质达标率评分对照

河流（湖泊）集中式饮用水水源地水质达标率/%	[95，100]	[85，95)	[60，85)	[20，60)	[0，20)
赋分	100	[85，100)	[60，85)	[20，60)	[0，20]

4）岸线利用管理指数

岸线利用管理指数指河流岸线保护完好程度，按公式进行赋分。岸线利用管理指数包括两个组成部分：

岸线利用率，即已利用生产岸线长度占河岸线总长度的百分比。已利用岸线完好率，即已利用生产岸线经保护恢复原状的长度占已利用生产岸线总长度的百分比。

$$R_{u} = \frac{L_{n} - L_{u} + L_{0}}{L_{n}} \qquad (6-15)$$

式中，R_{u} —— 岸线利用管理指数；

L_{u} —— 已开发利用岸线长度，km；

L_{n} —— 岸线总长度，km；

L_{0} —— 已利用岸线经保护完好的长度，km。

岸线利用管理指数赋分值=岸线用管理指数×100

5）通航保证率

按年计，通航保证率 N_{d} 为正常通航日数 N_{n} 占全年总日数的比例，即

$$N_{d} = \frac{N_{n}}{365} \times 100\% \qquad (6-16)$$

式中，N_{n} —— 全年内正常通航的天数，以日计算，可统计全年河湖水位位于最高通航水位和最低通航水位之间的天数。

赋分见表 6.2-33～表 6.2-35，赋分采用区间内线性插值。

表 6.2-33　Ⅰ级、Ⅱ级航道通航保证率赋分标准

通航保证率/%	[98，100]	[96，98)	[94，96)	[92，94)	[0，92)
赋分	100	[80，100)	[60，80)	[40，60)	0

表 6.2-34　Ⅲ级、Ⅳ级航道通航保证率赋分标准

通航保证率/%	[95，100]	[91，95)	[87，91)	[83，87)	[0，83)
赋分	100	[80，100)	[60，80)	[40，60)	0

表 6.2-35　Ⅴ～Ⅶ级航道通航保证率赋分标准

通航保证率/%	[90，100]	[85，90)	[80，85)	[75，80)	[0，75)
赋分	100	[80，100)	[60，80)	[40，60)	0

6）公众满意度

评价公众对河湖环境、水质水量、涉水景观等的满意程度，采用公众调查方法评价，其赋分取评价流域（区域）内参与调查的公众赋分的平均值。公众满意度的赋分如表 6.2-36 所示，赋分采用区间内线性插值，公众满意度问卷样见附件。

表 6.2-36　公众满意度指标赋分标准

公众满意度	[95，100]	[80，95)	[60，80)	[30，60)	[0，30)
赋分	100	80	60	30	0

（5）自选指标评价标准建立

1）河湖健康评价指标可采用下列方法确定评价标准

①基于评价河湖所在生态分区的背景调查，根据参考点状况确定评价标准。涉及生物方面的指标宜采用该类方法。

②根据现有标准或在河湖管理工作中广泛应用的标准确定评价标准。在已颁布的标准中有规定的指标宜采用该类方法。

③基于历史调查数据确定评价标准。宜选择人类活动干扰影响相对较低的某个时间节点的状态作为评价标准，可选择 20 世纪 80 年代或以前的调查评价成果作为评价标准的依据。

④基于专家判断或管理预期目标确定评价标准。社会服务可持续性准则层指标宜采用该类方法，鱼类调查资料缺乏时也可采用该类方法。

2）河湖健康评价指标可采用一种方法或几种方法综合确定评价标准。根据上述方法确定的评价标准应经过典型河湖评价检验后方可应用。

6.2.3　河湖健康调查监测

6.2.3.1　监测范围与监测点位

（1）河湖岸带范围与分区

河湖岸带宽度为临水边界线至外缘边界线之间的区域。河流健康评价范围横向分区应包括河道水面及左右河岸带，示意见图 6.2-3。

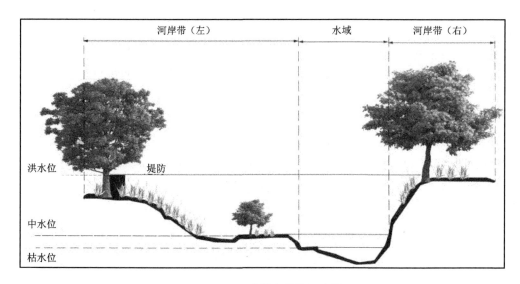

图 6.2-3　河流横向分区示意图

湖岸带分区示意见图 6.2-4，其范围规定如下：

1）陆向区（岸上带）：湖岸堤陆向区（包括岸堤）区域，该区域外边线与管理范围外缘线重合。

2）岸坡：当前水面线至岸堤的范围。

3）水向区（近岸带）：为当前水边线湖向区域，自水边线向水域延伸至有根植物存活最大水深处。

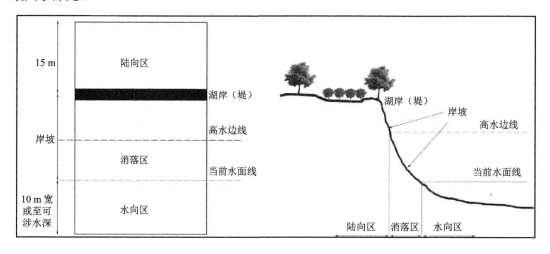

图 6.2-4　湖泊岸带分区示意图

（2）河流分段与监测点位

河流纵向分段（评价河段）、监测点位、监测河段与监测断面设置可按图 6.2-5 确定。

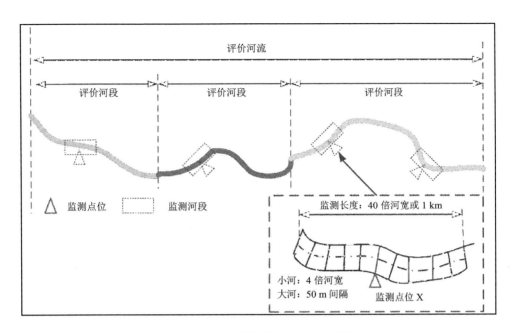

图 6.2-5 河流健康评价分段示意图

1）评价河段

河流评价单元的长度大于 50 km 的，宜划分为多个评价河段；长度低于 50 km，且河流上下游差异性不明显的河流（段），可只设置 1 个评价河段。

河流分段应根据河流水文特征、河床及河滨带形态、水质状况、水生生物特征以及流域经济社会发展特征的相同性和差异性，同时以河长管辖段作为依据，沿河流纵向将河流分为若干评价河段。

评价河段按照以下方法确定：

①河道地貌形态变异点，可根据河流地貌形态差异性分段：

——按河型分类分段，分为顺直型、弯曲型、分汊型、游荡型河段；

——按照地形地貌分段，分为山区（包括高原）河段和平原河段。

②河流流域水文分区点，如河流上游、中游、下游等。

③水文及水力学状况变异点，如闸坝、大的支流汇入断面、大的支流分汊点。

④河岸邻近陆域土地利用状况差异分区点，如城市河段、乡村河段等。

2）监测点位

每个评价河段内可根据评价指标特点设置 1 个或多个监测点位。监测点位应按下列要求确定：

①水量、水质监测点位设置应符合水文及水质监测规范要求，优先选择现有常规水文站及水质监测断面。

②不同指标的监测点位可根据河段特点分别选取，评价指标的监测点位位置宜保持一致。

③综合考虑代表性、监测便利性和取样监测安全保障等确定多个备选点位，可结合现场勘察，最终确定合适的监测点位。

3）监测河段

应根据评价指标特点在监测点位设置监测河段，监测河段范围采用固定长度方法或河道水面宽度倍数法确定，监测河段长度规定如下：

①深泓水深小于 5 m 的河流（小河），监测河段长度可采用河道水面宽度倍数法确定，其长度为 40 倍水面宽度，最大长度宜不超过 1 km。

②深泓水深不小于 5 m 的河流（大河）采用固定长度法，规定长度为 1 km。

4）监测断面

每个监测河段可设置若干监测断面。监测断面应按下列要求确定：深泓水深小于 5 m 的小河，监测断面可根据深泓线设置，参考监测断面间距为 4 倍河宽；深泓水深不小于 5 m 的大河，监测断面可根据河岸线设置，参考监测断面间距可为 50 m。根据现场考察，分析断面设置的合理性，可根据取样的便利性适当调整监测断面位置。

河流健康评价指标取样调查位置如表 6.2-37 所示。

表 6.2-37   河流健康评价指标取样调查范围或取样监测位置

目标层	准则层		指标层	调查范围或取样监测位置
河流健康	"盆"		河流纵向连通指数	河流水域沿程
			岸线自然状况	河流河岸带
			河岸带宽度指数	河流河岸带
			违规开发利用水域岸线程度	河段水域与河岸带
	"水"	水量	生态流量/水位满足程度	河段水域监测点位
			流量过程变异程度	河流所在流域
		水质	水质优劣程度	河段水域监测点位
			底泥污染状况	河段水域监测点位
			水体自净能力	河段水域监测点位
	生物		大型底栖无脊椎动物生物完整性指数	监测断面水生生物取样区
			鱼类保有指数	河段水域/河流
			水鸟状况	河段水域及河岸带
			水生植物群落状况	河段水域/河流
	社会服务功能		防洪达标率	河流堤防
			供水水量保证程度	河流水域
			河流集中式饮用水水源地水质达标率	河流水域
			岸线利用管理指数	河流河岸带
			通航保证率	河流水域
			公众满意度	河流周边社会公众

（3）湖泊分区与监测点位

1）湖泊分区应根据其水文、水动力学特征，水质、生物分区特征，以及湖泊水功能区区划特征分区，同时考虑湖长管辖湖片作为依据。

2）监测点位布设应根据湖泊规模及健康评价指标特点，按下列要求确定（图 6.2-6）：

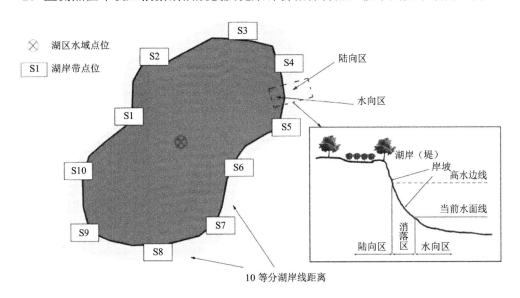

图 6.2-6 湖泊监测点断面布置示意图

①每个湖泊分区应在湖泊分区评价的水域中心及其代表性样点，设置水质、浮游植物及浮游动物等的同步监测断面（湖泊区水域点位），优先选择现有常规水文站及水质监测点。

②湖泊应采用随机取样方法沿湖泊岸带布设湖泊岸带监测点位。对于水面面积大于 10 km² 的湖泊，在湖泊周边随机选择第一个点位，然后将湖泊岸线 10 等分，依次设置监测点位；对于水面面积小于 10 km² 的湖泊，可以适当减少监测点位；对于水面面积大于 500 km² 的湖泊，宜按湖泊岸线距离不大于 30 km 的要求，增加监测点位。

③监测点位可根据取样的便利性和安全性等适当调整。湖泊健康评价指标取样调查位置如表 6.2-38 所示。

表 6.2-38 湖泊健康评价指标调查范围与取样监测位置

目标层	准则层	指标层	调查监测对象与范围
湖泊健康	"盆"	湖泊连通指数	环湖河流
		湖泊面积萎缩比例	湖泊水域
		岸线自然状况	湖岸（堤）带
		违规开发利用水域岸线程度	湖泊水域与湖岸带

目标层	准则层		指标层	调查监测对象与范围
湖泊健康	"水"	水量	最低生态水位满足程度	湖泊水域监测点位
			入湖流量变异程度	环湖河流
		水质	水质优劣程度	湖泊水域监测点位
			湖泊营养状态	湖泊水域监测点位
			底泥污染状况	湖泊水域监测点位
			水体自净能力	湖泊水域监测点位
	生物		大型底栖无脊椎动物生物完整性指数	湖区水域和近湖岸带监测点位
			鱼类保有指数	湖泊水域
			水鸟状况	湖泊水域及湖岸（堤）带
			浮游植物密度	湖泊水域监测点位
			大型水生植物覆盖度	湖区岸带监测点位
	社会服务功能		防洪达标率	湖岸（堤）
			供水水量保证程度	湖泊水域
			湖泊集中式饮用水水源地水质达标率	湖泊水域
			岸线利用管理指数	湖岸带
			公众满意度	湖泊周边社会公众

6.2.3.2 指标获取方法与计算频次

（1）"盆"

"盆"准则层主要考查河湖形态结构完整性，指标包括河流纵向连通指数、岸线自然状况、河岸带宽度指数、违规开发利用水域岸线程度、湖泊连通指数、湖泊面积萎缩比例6项指标。相关指标数据获取方法如表6.2-39、表6.2-40所示。

表6.2-39 河流形态结构完整性（"盆"）准则层指标数据获取方法

目标层	准则层	指标层	数据获取方法
河流健康	"盆"	河流纵向连通指数	查询水利工程基础数据、遥感或现场调查
		岸线自然状况	现场调查或遥感解译
		河岸带宽度指数	现场勘察或遥感解译
		违规开发利用水域岸线程度	现场调查或遥感解译

表6.2-40 湖泊形态结构完整性（"盆"）准则层指标数据获取方法

目标层	准则层	指标层	数据获取方法
湖泊健康	"盆"	湖泊连通指数	查询水利工程基础数据、遥感或现场调查
		湖泊面积萎缩比例	官方统计数据或遥感解译
		岸线自然状况	现场勘察或遥感解译
		违规开发利用水域岸线程度	现场调查或遥感解译

1）河流纵向连通指数

该指标可采用查询水利工程基础数据、遥感或现场调查方式获取，计算频次为 1 次/年，与相邻评价期间隔为 1 年。

2）岸线自然状况

该指标可采用现场调查或遥感解译方式获取，且宜采用植物生长最茂盛的 3—10 月获取数据，计算频次为 1 次/年，与相邻评价期间隔为 1 年。

3）河岸带宽度指数

该指标可采用现场勘察或遥感解译方式获取，计算频次为 1 次/年，与相邻评价期间隔为 1 年。

4）违规开发利用水域岸线程度

该指标可采用现场调查或遥感解译方式获取，计算频次为 1 次/年，与相邻评价期间隔 1 年。

5）湖泊连通指数

该指标可采用查询水利工程基础数据、遥感或现场调查方式获取，计算频次为 1 次/年，与相邻评价期间隔为 1 年。

6）湖泊面积萎缩比例

该指标可采用查询官方统计数据或遥感解译方式获取，计算频次为 1 次/年，与相邻评价期间隔为 1 年。历史参考年宜选用 20 世纪 80 年代末（1988 年《中华人民共和国河道管理条例》颁布之后）与评价年水文频率相近年份，且获取时期保持一致。

（2）"水"

"水"准则层分为水量和水质两部分，主要考察水生态完整性与抗扰动弹性，指标包括河湖健康评价指标 8 项，其中，水量包括：生态流量/水位满足程度、流量过程变异程度、最低生态水位满足程度、入湖流量变异程度；水质包括：水质优劣程度、底泥污染状况、水体自净能力、湖泊营养状态。相关指标数据获取方法如表 6.2-41、表 6.2-42 所示。

表 6.2-41 河流水生态完整性与抗扰动弹性（"水"）准则层指标数据获取方法

目标层	准则层	指标层		数据获取方法
河流健康	"水"	水量	生态流量/水位满足程度	水文在线监测、人工监测或查询工程环评报告等资料
			流量过程变异程度	水文在线监测、人工监测或查询水文年鉴
		水质	水质优劣程度	水质在线监测、取样送检或查询当地水质公报、水资源公报等
			底泥污染状况	取样送检或查询官方发布数据
			水体自净能力	水质在线监测、取样送检或查询全国主要流域重点断面水质自动监测周报等

表 6.2-42　湖泊水生态完整性与抗扰动弹性（"水"）准则层指标数据获取方法

目标层	准则层		指标层	数据获取方法
湖泊健康	"水"	水量	最低生态水位满足程度	水文在线监测、人工监测或查询工程环评报告等资料
			入湖流量变异程度	水文在线监测、人工监测或查询水文年鉴
		水质	水质优劣程度	水质在线监测或取样送检或查询当地水质公报、水资源公报等
			湖泊营养状态	水质在线监测或取样送检或查询当地水质公报、水资源公报等
			底泥污染状况	取样送检或查询官方发布数据
			水体自净能力	水质在线监测、取样送检或查询全国主要流域重点断面水质自动监测周报等

1）生态流量/水位满足程度

该指标采用水文在线监测、人工监测或查询工程环评报告等资料方式获取。计算频次为 1 次/年，与相邻评价期间隔为 1 年，日均流量与日均水位监测期应覆盖一年四季（1—12 月）。

2）流量过程变异程度

该指标采用水文在线监测、人工监测或查询水文年鉴方式获取。计算频次为 1 次/年，与相邻评价期间隔为 1 年，月径流量监测期应覆盖一年四季（1—12 月）。

3）水质优劣程度

该指标采用水质在线监测、取样送检或查询当地水质公报、水资源公报等方式获取。计算频次为 1 次/年，与相邻评价期间隔为 1 年，月水质监测期应覆盖一年四季（1—12 月）。

4）底泥污染状况

该指标采用取样送检或查询官方发布数据方式获取。宜在 3—10 月获取数据，计算频次为 1 次/年，与相邻评价期间隔为 1 年。

5）水体自净能力

该指标采用水质在线监测、取样送检或查询全国主要流域重点断面水质自动监测周报等官方发布数据方式获取。计算频次为 1 次/年，与相邻评价期间隔为 1 年，月水质监测期应覆盖一年四季（1—12 月）。

6）最低生态水位满足程度

该指标水文在线监测、人工监测或查询工程环评报告等资料方式获取。计算频次为 1 次/年，与相邻评价期间隔为 1 年，水位监测期应覆盖一年四季（1—12 月）。

7）入湖流量变异程度

该指标采用水文在线监测、人工监测或查询水文年鉴方式获取。计算频次为 1 次/年，与相邻评价期间隔为 1 年，入湖月径流量监测期应覆盖一年四季（1—12 月）。

8）湖泊营养状态

该指标采用水文在线监测、人工监测或查询官方发布数据方式获取。计算频次为 1 次/年，与相邻评价期间隔为 1 年。

（3）生物

生物准则层指标包括大型底栖无脊椎动物生物完整性指数、鱼类保有指数、水鸟状况、水生植物群落状况、浮游植物密度、大型水生植物覆盖度 6 项指标。相关指标数据获取方法如表 6.2-43、表 6.2-44 所示。

表 6.2-43   河流生物准则层指标数据获取方法

目标层	准则层	指标层	数据获取方法
河流健康	生物	大型底栖无脊椎动物生物完整性指数	专业机构现场调查
		鱼类保有指数	专业机构现场调查或咨询各地水产研究所、农业农村局等相关机构
		水鸟状况	现场调查、查询观鸟网或咨询林业和草原局、地方观鸟会、湿地公园或湿地保护区管理局等
		水生植物群落状况	现场调查或遥感解译

表 6.2-44   湖泊生物准则层指标数据获取方法

目标层	准则层	指标层	数据获取方法
湖泊健康	生物	大型底栖无脊椎动物生物完整性指数	专业机构现场调查
		鱼类保有指数	专业机构现场调查或咨询各地水产研究所、农业农村局等相关机构
		水鸟状况	现场调查、查询观鸟网或咨询林业和草原局、地方观鸟会、湿地公园或湿地保护区管理局等
		浮游植物密度	现场采样或专业机构监测
		大型水生植物覆盖度	现场调查或遥感解译

1）大型底栖无脊椎动物生物完整性指数

该指标采用专业机构现场调查方式获取，评价年内监测次数不小于 2 次，计算频次为 1 次/年，与相邻评价期间隔为 1 年。

2）鱼类保有指数

该指标采用专业机构现场调查或咨询各地水产研究所、农业农村局等相关机构方式获取，指标监测时期可依据本地区主要鱼类繁殖期确定，评价年内监测次数最低为 1 次。计算频次为 1 次/年，与相邻评价期间隔为 1 年。

3）水鸟状况

该指标采用现场调查、查询观鸟网或咨询林业和草原局、地方观鸟会、湿地公园或湿地保护区管理局等方式获取，计算频次为 1 次/年，与相邻评价期间隔为 1 年。

4）水生植物群落状况

该指标采用现场调查或遥感解译等方式获取，采用评估年 3—10 月中植物生长最旺盛月份的调查数据，与相邻评价期间隔为 1 年。

5）浮游植物密度

该指标采用现场采样或专业机构监测等方式获取，浮游植物监测时期应包括藻类生长旺盛季节，年内监测次数不小于 2 次，与相邻评价期间隔为 1 年。

6）大型水生植物覆盖度

该指标采用现场调查或遥感解译等方式获取，采用评估年 3—10 月中植物生长最旺盛月份的调查数据，与相邻评价期间隔为 1 年。

（4）社会服务功能

社会服务功能包括防洪达标率、供水水量保证程度、河流（湖泊）集中式饮用水水源地水质达标率、岸线利用管理指数、通航保证率、公众满意度 6 项指标。相关指标数据获取方法如表 6.2-45、表 6.2-46 所示。

表 6.2-45　河流社会服务功能准则层指标数据获取方法

目标层	准则层	指标层	数据获取方法
河流健康	社会服务功能	防洪达标率	查询"中国水利统计年鉴"等官方发布数据
		供水水量保证程度	水文在线监测或人工监测查询官方发布数据
		河流集中式饮用水水源地水质达标率	水质在线监测、人工监测或查询当地水质公报、水资源公报、环境状况公报等
		岸线利用管理指数	现场调查结合官方规划数据
		通航保证率	查询水文统计资料或官方发布数据
		公众满意度	现场问卷调查或 App 在线统计

表 6.2-46　湖泊社会服务功能准则层指标数据获取方法

目标层	准则层	指标层	数据获取方法
湖泊健康	社会服务功能	防洪达标率	查询"中国水利统计年鉴"等官方发布数据
		供水水量保证程度	水文在线监测或人工监测查询官方发布数据
		湖泊集中式饮用水水源地水质达标率	水质在线监测、人工监测或查询当地水质公报、水资源公报、环境状况公报等
		岸线利用管理指数	现场调查结合官方规划数据
		公众满意度	现场问卷调查或 App 在线统计

1）防洪达标率

该指标采用查询"中国水利统计年鉴"等官方发布数据方式获取，计算频次为1次/年，与相邻评价期间隔为1年。

2）供水水量保证程度

该指标采用水文在线监测或人工监测查询官方发布数据方式获取，计算频次为1次/年，与相邻评价期间隔为1年。

3）河流（湖泊）集中式饮用水水源地水质达标率

该指标采用水质在线监测或人工监测或查询当地水质公报、水资源公报、环境状况公报等方式获取，计算频次为1次/年，与相邻评价期间隔为1年。

4）岸线利用管理指数

该指标采用现场调查结合官方规划数据方式获取，计算频次为1次/年，与相邻评价期间隔为1年。

5）通航保证率

该指标可通过查询水文统计资料或官方发布数据方式获取，计算频次为1次/年，与相邻评价期间隔为1年。

6）公众满意度

该指标采用现场问卷调查或App在线统计方式获取，评价年总调查人数不宜少于100人，计算频次为1次/年，与相邻评价期间隔为1年。

6.2.4 评价

6.2.4.1 评价赋分

（1）河湖健康评价赋分权重

1）评价指标值根据赋分标准表进行赋分时，采用线性插值法。

2）河湖健康评价采用分级指标评分法，逐级加权，综合计算评分，赋分权重应符合表6.2-47的规定。

表6.2-47 河湖健康准则层赋分权重

目标层	准则层		
名称	名称		权重
河湖健康	"盆"		0.2
	"水"	水量	0.3
		水质	
	生物		0.2
	社会服务功能		0.3

评价河段或评价湖区健康状况赋分要求如下：

①评价河段或评价湖区指标赋分值应根据评价河段或评价湖区代表值，按本导则规定的评价方法与标准计算。

②根据准则层内评价指标权重，计算评价河段或评价湖区准则层赋分。评价指标赋分权重可根据实际情况确定，必选指标的权重应高于备选指标及自选指标的权重。

（2）河湖健康评价赋分计算方法

1）大型底栖无脊椎动物生物完整性指数、鱼类保有指数、水鸟状况、浮游植物密度和大型水生植物覆盖度等监测时应设置多个重复样的水生生物类群，应将监测断面同类群的样品综合为一个数据进行分析，作为监测河段或监测湖泊区的评价代表值。

2）在评价河段或湖泊区设置有多个监测点位的指标，河流可采用监测点位代表河长、湖泊以代表水面面积为权重加权平均确定指标代表值。

3）河流纵向连通指数、湖泊连通指数、湖泊面积萎缩比例、河流（湖泊）集中式饮用水水源地水质达标率、公众满意度、防洪达标率、供水水量保证程度等评价指标的代表值可根据河湖整体状况确定。

4）对河湖健康进行综合评价时，按照目标层、准则层及指标层逐层加权的方法，计算得到河湖健康最终评价结果，计算公式如下：

$$\mathrm{RHI}_i = \sum^{m}\left[\mathrm{YMB}_{mw} \times \sum^{n}\left(\mathrm{ZB}_{nw} \times \mathrm{ZB}_{nr}\right)\right] \qquad (6\text{-}17)$$

式中，RHI_i —— 第 i 个评价河段或评价湖泊区河湖健康综合赋分；

　　　ZB_{nw} —— 指标层第 n 个指标的权重（具体值按照专家咨询或当地标准确定）；

　　　ZB_{nr} —— 指标层第 n 个指标的赋分；

　　　YMB_{mw} —— 准则层第 m 个准则层的权重。

河流、湖泊分别采用河段长度、湖泊水面面积为权重按照公式进行河湖健康赋分计算：

$$\mathrm{RHI} = \frac{\sum_{i=1}^{R_s}\left(\mathrm{RHI}_i \times W_i\right)}{\sum_{i=1}^{R_s}\left(W_i\right)} \qquad (6\text{-}18)$$

式中，RHI —— 河湖健康综合赋分；

　　　RHI_i —— 第 i 个评价河段或评价湖泊区河湖健康综合赋分；

　　　W_i —— 第 i 个评价河段的长度（km）或第 i 个评价湖区的水面面积（km^2）；

　　　R_s —— 评价河段数量（个）或评价湖泊区个数（个）。

（3）河湖健康评价成果展示

河湖健康评价成果展示可采用百分制赋分条和雷达图形式，如图 6.2-7～图 6.2-9 所示。

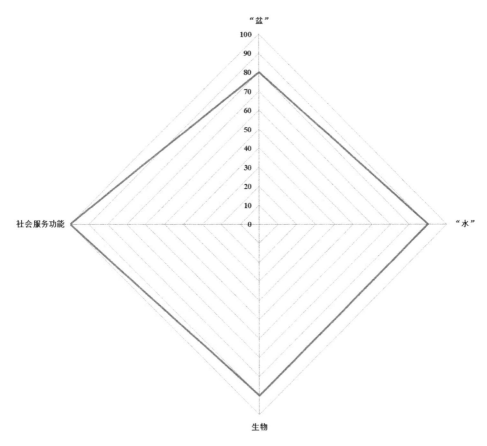

图 6.2-7 河湖健康准则层赋分示意图

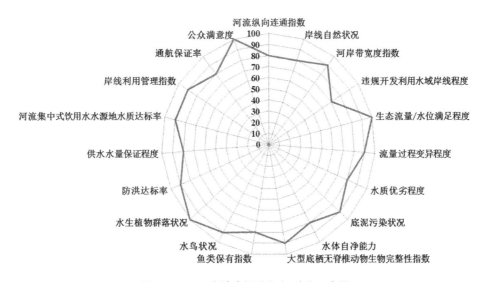

图 6.2-8 河流健康评价指标赋分示意图

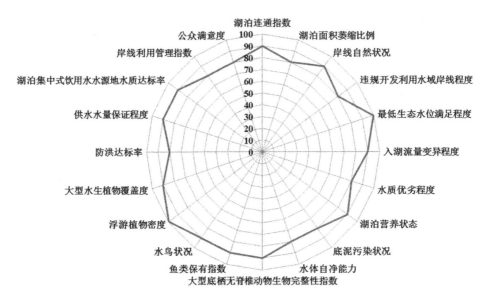

图 6.2-9　湖泊健康评价指标赋分示意图

6.2.4.2　评价分类标准

（1）河湖健康分为五类：一类河湖（非常健康）、二类河湖（健康）、三类河湖（亚健康）、四类河湖（不健康）、五类河湖（劣态）。

（2）河湖健康分类根据评估指标综合赋分确定，采用百分制，河湖健康分类、状态、赋分范围、颜色和 RGB 色值说明见表 6.2-48。

表 6.2-48　河湖健康评价分类

分类	状态	赋分范围	颜色	RGB 色值
一类河湖	非常健康	90≤RHI≤100	蓝	0，180，255
二类河湖	健康	75≤RHI<90	绿	150，200，80
三类河湖	亚健康	60≤RHI<75	黄	255，255，0
四类河湖	不健康	40≤RHI<60	橙	255，165，0
五类河湖	劣态	RHI<40	红	255，0，0

6.2.4.3　河湖健康综合评价

（1）评定为一类河湖，说明河湖在形态结构完整性、水生态完整性与抗扰动弹性、生物多样性、社会服务功能可持续性等方面都保持非常健康状态。

（2）评定为二类河湖，说明河湖在形态结构完整性、水生态完整性与抗扰动弹性、生

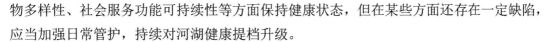

物多样性、社会服务功能可持续性等方面保持健康状态，但在某些方面还存在一定缺陷，应当加强日常管护，持续对河湖健康提档升级。

（3）评定为三类河湖，说明河湖在形态结构完整性、水生态完整性与抗扰动弹性、生物多样性、社会服务功能可持续性等方面存在缺陷，处于亚健康状态，应当加强日常维护和监管力度，及时对局部缺陷进行治理修复，消除影响健康的隐患。

（4）评定为四类河湖，说明河湖在形态结构完整性、水生态完整性与抗扰动弹性、生物多样性等方面存在明显缺陷，处于不健康状态，社会服务功能难以发挥，应当采取综合措施对河湖进行治理修复，改善河湖面貌，提升河湖水环境水生态。

（5）评定为五类河湖，说明河湖在形态结构完整性、水生态完整性与抗扰动弹性、生物多样性等方面存在非常严重问题，处于劣性状态，社会服务功能丧失，必须采取根本性措施，重塑河湖形态和生境。

6.2.5　河湖健康评价报告编制

6.2.5.1　河湖健康评价报告内容

（1）河湖健康资料收集。流域概况和水文气象资料搜集与复核主要包括：河湖所在流域内的地形、地质、植被、土壤分布、水系、降水、蒸发、气温、风向、风力等基本资料；河湖所在流域与相关区域的暴雨、洪水、冰情特征等资料，相关雨量站的降雨资料，相关水文（位）站历年实测洪水资料及人类活动对水文参数的影响资料；河湖上、下游其他水利工程基本情况资料。

（2）基本情况。概要说明自然地理、河湖水系及历史演变、水文气象及经济社会状况，概要分析水资源及开发利用状况、水环境、水生态等方面的主要特点及存在的主要问题；概要说明河湖健康评价工作过程。

（3）河湖健康评价方案。说明选用的评价指标体系、评价方法与评价标准；重点针对新增加的自选指标，说明其内涵及选用的必要性与依据、与其他指标的关系，论述新增指标评价标准的制定依据与合理性；说明评价河湖范围，河流给出分段评价方案（评价河段），湖泊给出分区评价方案，并说明分段或分区的合理性；说明各评价河段或评价湖泊区地形地貌、水文地质、河湖物理形态、水环境及水生态的分区（段）特点，以图表结合方式，说明各评价河段或评价湖泊区的空间位置与物理参数（河流包括起始与终止断面经纬度、河长、河宽、多年平均径流量等，湖泊包括水面面积、水深及水位特征参数等）。

（4）河湖健康调查监测。说明专项勘察、专项调查、专项监测方案，详细说明各评价指标数据来源；以图表结合方式，说明专项监测方案监测点位、监测断面布置方案，并说明监测点位的代表性；说明专项监测频次与监测时间；说明专项监测采用的设备与方法；以表格方式给出专项监测指标的监测成果；分析评价指标数据的代表性、准确性、可靠性与客观性。

（5）河湖健康评价结果。按照规定的评价方法与标准，逐一说明各指标的计算过程与赋分结果，形成评价河段或评价湖泊区为单元的健康状况及准则层赋分结果，最终给出河湖健康状况赋分，给出河湖健康综合评价结论。

（6）河湖健康问题分析与保护对策。根据各指标、准则层及综合赋分情况，说明河湖健康整体特征、不健康的主要表征；开展定期评价的河湖，结合前期评价结果，说明变化趋势；分析河湖不健康的主要压力，给出持续改进意见，给出河湖健康保护及修复目标建议方案。

6.2.5.2　河湖健康评价专题图

（1）河湖水系图，同时包括水资源分区、水功能区区划、行政区划、重要水利工程布置等信息。

（2）河湖流域地形图、土壤类型图、植被类型图、土地利用图等。

（3）河湖健康调查监测方案专题图，包括评价河段及评价湖泊区位置图，常规水文、水质站位置图，监测点位、监测断面及样方分布图等。

6.2.5.3　河湖健康评价报告附表

含评价河段、湖泊分区、监测点位、样方信息、调查表、生物物种名录及其照片等。

6.2.6　附件

6.2.6.1　参考点确定方法

（1）参考点

参考点是指河流与湖泊中未受人类活动影响或仅受到轻微影响的区域，该区域包含了较自然的物理形态结构和完整的水生生物群落结构，可以作为河湖健康评价的基准点。

（2）参考点的确定方法

参考点的确定主要基于监测点周边人为活动干扰强度和河湖物理自然形态的判定，在水质指标可获取的条件下，水质指标也可以作为参照点选定的依据。参考点确定的主要依据见表 6.2-49。

表 6.2-49　参考点确定的主要依据

参考点	序列	主要确定依据
人为活动干扰强度	1	样点上游的汇水区范围内无工业和生活污水的排放
	2	样点周边可视范围内无明显的人为活动迹象
	3	样点周边河湖岸带范围内无农业耕种
物理形态结构	4	样点周边河湖岸带形态无明显的人为改造痕迹
	5	样点周边河湖底质无明显的人为扰动痕迹
	6	样点周边河湖岸带植被以自然植被为主

参考点	序列	主要确定依据
水环境状况	7	无漂浮废弃物
	8	水体无异味
	9	pH 为 6～9
	10	溶解氧≥6 mg/L
	11	高锰酸盐指数≤4 mg/L
	12	氨氮≤0.5 mg/L

6.2.6.2 大型底栖无脊椎动物生物完整性指数

（1）参考点和受损点

大型底栖无脊椎动物采样监测方案设计应根据评价河湖所在水生态分区确定，采样点应包括不同程度人类活动干扰影响的区域，其中无明显人为活动影响的采样点作为参考点，明显受到人为活动影响的采样点作为受损点。

（2）备选参数

1）备选参数应包括能充分反映大型底栖无脊椎动物物种多样性、丰富性、群落结构组成、耐污能力、功能摄食类群和生活型等类型的参数。

2）大型底栖无脊椎动物完整性指数的常见参数应按表 6.2-50 确定。

表 6.2-50　大型底栖无脊椎动物生物完整性评价指标

类群	评价参数编号	评价参数
多样性和丰富性	1	总分类单元数
	2	蜉蝣目、毛翅目和襀翅目分类单元数
	3	蜉蝣目分类单元数
	4	襀翅目分类单元数
	5	毛翅目分类单元数
群落结构组成	6	蜉蝣目、毛翅目和襀翅目个体数百分比
	7	蜉蝣目个体数百分比
	8	摇蚊类个体数百分比
耐污能力	9	敏感类群分类单元数
	10	耐污类群个体数百分比
	11	Hilsenhoff 生物指数
	12	优势类群个体数百分比
	13	大型无脊椎动物敏感类群评价指数（BMWP 指数）
	14	科级耐污指数（FBI 指数）
功能摄食类群与生活型	15	黏附者分类单元数
	16	黏附者个体数百分比
	17	滤食者个体数百分比
	18	刮食者个体数百分比

（3）评价参数选择

1）备选参数应进行判别能力分析、冗余度分析和变异度分析，筛选并淘汰不能充分反映水生态系统受损情况的参数。

2）判别能力分析应分别比较参考点和受损点各个备选参数箱体 IQ（25%分位数至75%分位数）的重叠程度，箱体没有重叠或有部分重叠，但各自中位数均在对方箱体范围之外的参数才有较强的判别能力，保留并作进一步分析使用。

3）冗余度分析应对剩余参数进行相关性分析，当参数之间相关系数 $|r|>0.9$ 时，应保留其中一个，其余淘汰，最大限度地保证各参数反映信息的独立性。

4）异度分析应对剩余参数在参考点中的分布情况作进一步检验，保留变异度较小的参数作为构建 BIBI 指数的核心参数。

（4）评价参数分值计算

1）采用比值法来统一各入选参数的量纲。比值法应符合下列要求：

①对于外界压力响应下降或减少的参数，应以所有样点由高到低排序的5%的分位数作为最佳期望值，该类参数的分值等于参数实际值除以最佳期望值。

②对于外界压力响应增加或上升的参数，应以95%的分位值为最佳期望值，该类参数的分值等于（最大值－实际值）/（最大值－最佳期望值）。

2）将各评价参数的分值算术平均，得到 BIBI 指数值。以参考点样点 BIBI 值由高到低排序，选取25%分位数作为最佳期望值，BIBIE 指数赋分100。

6.2.6.3 河湖健康评价公众调查样表

表 6.2-51 河湖健康评价公众调查

防洪安全状况		岸线状况			
洪水漫溢现象		河岸乱采、乱占、乱堆、乱建情况		河岸破损情况	
经常	□	严重	□	严重	□
偶尔	□	一般	□	一般	□
不存在	□	无	□	无	□
水质状况			水生态状况		
透明度	清澈	□	鱼类	数量多	□
	一般	□		一般	□
	浑浊	□		数量少	□
颜色	优美	□	水草	太多	□
	一般	□		正常	□
	异常	□		太少	□
垃圾、漂浮物	多	□	水鸟	数量多	□
	一般	□		一般	□
	无	□		数量少	□

水环境状况					
景观绿化情况	优美	☐	娱乐休闲活动	适合	☐
	一般	☐		一般	☐
	较差	☐		不适合	☐
对河湖满意度程度调查					
总体满意度/分		不满意的原因是什么?		希望的状况是什么样的?	
很满意（90～100）					
满意（75～90）					
基本满意（60～75）					
不满意（0～60）					

6.2.6.4 河湖健康评价赋分表

表 6.2-52 评价河段健康赋分

目标层	准则层		指标层	评价河段					指标赋分	指标权重	准则层赋分	准则层权重	评价河段健康赋分
				监测点位01	监测点位02	监测点位03	监测点位04	……					
				监测点位代表河长/km									
				监测点位代表河长占比									
				监测点位指标赋分									
河流健康	"盆"		河流纵向连通指数									0.2	
			岸线自然状况										
			河岸带宽度指数										
			违规开发利用水域岸线程度										
	"水"	水量	生态流量/水位满足程度									0.3	
			流量过程变异程度										
		水质	水质优劣程度										
			底泥污染状况										
			水体自净能力										
	生物		大型底栖无脊椎动物生物完整性指数									0.2	
			鱼类保有指数										
			水鸟状况										
			水生植物群落状况										

		防洪达标率								
河流健康	社会服务功能	供水水量保证程度								
		河流集中式饮用水水源地水质达标率							0.3	
		岸线利用管理指数								
		通航保证率								
		公众满意度								

表 6.2-53　湖泊分区健康赋分

目标层	准则层		指标层	湖泊分区					指标赋分	指标权重	准则层赋分	准则层权重	评价河段健康赋分
				监测点位01	监测点位02	监测点位03	监测点位04	……					
				监测点位代表湖泊面积/km²									
				监测点位代表湖泊面积占比									
				监测点位指标赋分									
河流健康	"盆"		湖泊连通指数									0.2	
			湖泊面积萎缩比例										
			岸线自然状况										
			违规开发利用水域岸线程度										
	"水"	水量	最低生态水位满足程度									0.3	
			入湖流量变异程度										
		水质	水质优劣程度										
			湖泊营养状态										
			底泥污染状况										
			水体自净能力										
	生物		大型底栖无脊椎动物生物完整性指数									0.2	
			鱼类保有指数										
			水鸟状况										
			浮游植物密度										
			大型水生植物覆盖度										
	社会服务功能		防洪达标率									0.3	
			供水水量保证程度										
			湖泊集中式饮用水水源地水质达标率										
			岸线利用管理指数										
			公众满意度										

表 6.2-54　河流健康赋分

评价河流	评价河段长度/ km	评价河段长度占评价河流 总长度的比例	评价河段健康 赋分	评价河流健康 赋分
评价河段 01				
评价河段 02				
评价河段 03				
评价河段 04				
……				

表 6.2-55　湖泊健康赋分

评价湖泊	湖泊分区水面面积/ km^2	湖泊分区水面面积占湖泊 总面积的比例	湖泊分区健康 赋分	评价湖泊健康 赋分
湖泊分区 01				
湖泊分区 02				
湖泊分区 03				
湖泊分区 04				
……				

6.2.6.5　河湖"四乱"问题认定及严重程度分类表

表 6.2-56　河湖"四乱"问题认定及严重程度分类

序号	问题 类型	问题描述	严重程度 一般	严重程度 较严重	严重程度 重大
1		围垦湖泊			√
2		未经省级人民政府批准围垦河流，或者超批准范围围垦河流			√
3		在行洪河道内种植阻碍行洪的高秆作物、林木（堤防防护林、河道防浪林除外）5 000 m^2 以上			√
4		在行洪河道内种植阻碍行洪的高秆作物、林木（堤防防护林、河道防浪林除外）1 000 m^2 以上、5 000 m^2 以下		√	
5	乱占	在行洪河道内种植阻碍行洪的高秆作物、林木（堤防防护林、河道防浪林除外）1 000 m^2 以下	√		
6		擅自填堵、占用或者拆毁江河的故道、旧堤、原有工程设施		√	
7		擅自填堵、缩减原有河道沟汊、贮水湖塘洼淀和废除原有防洪围堤		√	
8		擅自调整河湖水系、减少河湖水域面积或者将河湖改为暗河			√
9		擅自开发利用沙洲		√	
10		围网养殖等非法占用水面面积 5 000 m^2 以上			√
11		围网养殖等非法占用水面面积 1 000 m^2 以上、5 000 m^2 以下		√	
12		围网养殖等非法占用水面面积 1 000 m^2 以下	√		

序号	问题类型	问题描述	严重程度		
			一般	较严重	重大
13	乱采	未经县级以上水行政主管部门或者流域管理机构批准，在河湖水域滩地内从事爆破、钻探、挖筑鱼塘或者开采地下资源及进行考古发掘			√
14		未经县级以上有关水行政主管部门或者流域管理机构批准，在河湖管理范围内挖砂取土 500 m³ 以上			√
15		未经县级以上有关水行政主管部门或者流域管理机构批准，在河湖管理范围内挖砂取土 100 m³ 以上、500 m³ 以下		√	
16		未经县级以上有关水行政主管部门或者流域管理机构批准，在河湖管理范围内零星挖砂取土 100 m³ 以下	√		
17		检查河段或湖泊存在 1 艘及以上大中型采砂船或 5 艘及以上小型采砂船正在从事非法采砂作业			√
18		检查河段或湖泊存在 5 艘以下小型采砂船正在从事非法采砂作业		√	
19	乱堆	在河湖管理范围内倾倒（堆放、贮存、掩埋）危险废物、医疗废物			√
20		在河湖管理范围内倾倒（堆放、贮存、掩埋）重量 100 t 以上一般工业固体废物或体积为 500 m³ 以上生活垃圾、砂石泥土及其他物料			√
21		在河湖管理范围内倾倒（堆放、贮存、掩埋）重量 1 t 以上、100 t 以下一般工业固体废物或体积 10 m³ 以上、500 m³ 以下生活垃圾、砂石泥土及其他物料		√	
22		在河湖管理范围内倾倒（堆放、贮存、掩埋）重量 1 t 以下一般工业固体废物或体积 10 m³ 以下生活垃圾、砂石泥土等零星废弃物及其他物料	√		
23		在河湖水面存在 1 000 m² 以上垃圾漂浮物			√
24		在河湖水面存在 100 m² 以上、1 000 m² 以下垃圾漂浮物		√	
25		在河湖水面存在 100 m² 以下少量垃圾漂浮物	√		
26	乱建	在河湖管理范围内建设或弃置严重妨碍行洪的大、中型建筑物、构筑物			√
27		在河湖管理范围内建设、弃置妨碍行洪的建筑物、构筑物或者设置拦河渔具		√	
28		在河湖管理范围内违法违规开发建设别墅、房地产、工矿企业、高尔夫球场			√
29		在河道管理范围内违法违规布设妨碍行洪、影响水环境的光能风能发电、餐饮娱乐、旅游等设施		√	
30		在堤防和护堤地安装设施（河道和水工程管理设施除外）、放牧、耕种、葬坟、晒粮、存放物料（防汛物料除外），或者在堤防保护范围内取土		√	
31		在堤防和护堤地建房、打井、开渠、挖窖、开采地下资源、考古发掘以及开展集市贸易活动		√	
32		在堤防保护范围内打井、钻探、爆破、挖筑池塘、采石、生产或者存放易燃易爆物品等危害堤防安全活动		√	

序号	问题类型	问题描述	严重程度		
			一般	较严重	重大
33	乱建	未申请取得有关水行政主管部门或流域管理机构签署的规划同意书，擅自开工建设水工程		√	
34		工程建设方案未报经有关水行政主管部门或者流域管理机构审查同意，擅自在河道管理范围内新建、扩建、改建跨河、穿河、穿堤、临河的大、中型建设项目		√	
35		工程建设方案未报经有关水行政主管部门或者流域管理机构审查同意，擅自在河道管理范围内新建、扩建、改建跨河、穿河、穿堤、临河的小型建设项目，或者未按审查批准的位置和界限建设	√		

注：该表依据水利部印发实施的河湖管理监督检查办法。

第 7 章

武江干流河流健康评价

7.1 武江干流河流健康评估方案

7.1.1 河流健康的内涵

河流健康是伴随生态系统健康概念出现的一个新概念，生态健康是 20 世纪 80 年代兴起的新兴研究领域。目前，在生态学领域有关健康状况的概念和内涵研究多集中于生态系统健康、流域生态系统健康、湿地生态系统健康等方面，而河流健康状况的概念及方法体系尚处于探讨阶段，关于河流健康的定义至今没有取得统一的意见。

美国于 1972 年颁布的《清洁水法》为河流健康设定了一个标准，即物理、化学和生物的完整性，其中完整性指维持生态系统的自然结构和功能的状态，该标准也成为部分国家河流健康评价的指导原则。其他学者也提出河流健康的观点，Karr 认为，河流健康就是河流的 3 个主要物理和化学属性（能源、水质和流量状态）与生物及其栖息地在所有的尺度上与自然状态相匹配；Schofield 认为，河流健康是与同一类型没有受到破坏的河流的相似程度，主要体现在生物多样性和生态功能方面。

以上定义仅强调河流生态方面的健康，而实际上河流受到人类活动的影响，河流健康在维持自身生态系统完整性的同时，还要能维持正常的服务功能和满足人类社会发展的合理需求。Meyer 认为，健康的河流需维持河流生态系统的结构与功能，同时要包括人类与社会价值。Norris 认为，河流生态系统健康依赖于社会系统的判断，应考虑人类福利的要求。

针对我国河流保护的实际情况及河流管理中出现的问题，我国学者也提出相关的河流健康概念及理解。李国英指出，黄河的健康生命在于维护黄河的生命功能，而河流的生命力体现在许多方面，包括洪沙造床能力、水资源总量、水流自净能力等。刘恒等指出，河流健康的基本范畴表现在水、土、植物和功能 4 个方面，河流健康的社会经济价值应体现在满足区域和流域生产生活的需要上。董哲仁提出了"可持续利用的生态健康河流"，兼

顾了社会经济和河流生态系统两方面的需求。《河湖健康评估技术导则》(SL/T 793—2020)
提出河湖健康的内涵为，"河流生态状况良好，且具有可持续的社会服务功能。河流生态
状况包括河流物理、化学和生物状况，用完整性表述良好状况；可持续的社会服务功能是
指河流在具有良好的生态状况基础上，具有可持续为人类社会提供服务的能力。"

《河湖健康评价指南》结合我国的国情、水情和河湖管理实际，基于河湖健康概念从
生态系统结构完整性、生态系统抗扰动弹性、社会服务功能可持续性 3 个方面建立河湖健
康评价指标体系与评价方法，从"盆""水"、生物、社会服务功能 4 个准则层对河湖健康
状态进行评价。

7.1.2　武江干流河流健康评价指标体系

随着对河流健康评估的深入研究，河流健康状况的理论与方法研究不断得到拓展，采
用何种指标来表征和评价河流健康状况已经成为研究和实践的热点。不同的河流由于其类
型不同、自然地理条件不同、所处的社会经济发展水平不同，很难建立一套标准的指标体
系来对每一条河流进行健康评价。借鉴国内外已有的研究成果，建立符合区域特征的河流
健康状况理论及评价方法体系具有重要的理论和现实意义。

本次武江干流河流健康评价以水利部《河湖健康评价指南》为依据，在查阅借鉴国内
外相关研究建立指标体系经验的基础上，进一步结合武江干流的实际情况构建武江干流河
流健康评价的多层次、多指标的体系框架。

（1）目标层

目标层是对河流健康评价指标体系的高度概括，用以反映河流健康状况的总体水平，
用"河流健康"（RHI）表示。RHI 是根据准则层、指标层逐层聚合的结果，将最终结果与
河流健康评价等级标准进行比较，可以确定河流的整体健康水平。

（2）准则层

准则层是对目标层的进一步说明。根据本次评价认为的河流健康概念，准则层包括
"盆""水"、生物、社会服务功能 4 个方面。

1）"盆"：武江干流受人类活动影响明显，共建设了 7 个梯级电站，除了选取岸线自
然状况、违规开发利用水域岸线程度两个必选指标外，考虑到武江干流梯级开发等涉水构
筑物以及河流系统的保护，还选取了河流纵向连通指数指标。

2）"水"：结合武江干流水量、流速、含沙量等河流的水文特征受人类活动影响明显，
水文情势变化突出，选取生态流量满足程度指标。水质方面在选取水质优劣程度和水体
自净能力两个必选指标基础上，考虑武江干流存在底泥污染情况，还选取底泥污染状况
指标。

3）生物：河流生物状况是相对综合的河流生态系统健康状况的表达，反映了自然变

动和人为活动对河流生态系统的影响，一些指示生物类群被用于监测河流健康状况，其中大型底栖无脊椎动物和鱼类为使用较多的类群。结合武江干流历史调查监测资料，选取大型底栖无脊椎动物生物完整性指数、鱼类保有指数 2 个指标表征武江干流生物状况。

4）社会服务功能：保护河流、遵循河流发展的规律、维持河流健康，都是为了更好地服务于人类以及自然生物。社会服务功能是河流的价值体现。结合武江干流的社会服务功能，考虑社会经济的发展，选取防洪达标率、通航保证率、河流集中式饮用水水源地水质达标率和公众满意度共 4 项指标评价武江干流社会服务功能情况。

（3）指标层

指标层是在准则层下选择若干指标所组成，是对目标层含义和范围的进一步明确化和清晰化，本次指标层选取了 13 个定量或定性指标反映河流健康状况，主要以定量为主、定性为辅，对易于获得的指标应尽可能通过量化指标来反映，不能量化的指标可通过定性描述来反映。

构建的武江干流河流健康评价指标体系见表 7.1-1。

表 7.1-1　武江干流河流健康评价指标体系

目标层	准则层		指标层	指标类型	指标来源说明
河流健康	"盆"		河流纵向连通指数	备选指标	评价指南
			岸线自然状况	必选指标	评价指南
			违规开发利用水域岸线程度	必选指标	评价指南
	"水"	水量	生态流量满足程度	必选指标	评价指南
		水质	水质优劣程度	必选指标	评价指南
			底泥污染状况	备选指标	评价指南
			水体自净能力	必选指标	评价指南
	生物		大型底栖无脊椎动物生物完整性指数	备选指标	评价指南
			鱼类保有指数	必选指标	评价指南
	社会服务功能		防洪达标率	备选指标	评价指南
			通航保证率	备选指标	评价指南
			河流集中式饮用水水源地水质达标率	备选指标	评价指南
			公众满意度	必选指标	评价指南

武江干流河流健康评价指标体系，包括目标层、准则层和指标层。指标体系结构如图 7.1-1 所示。

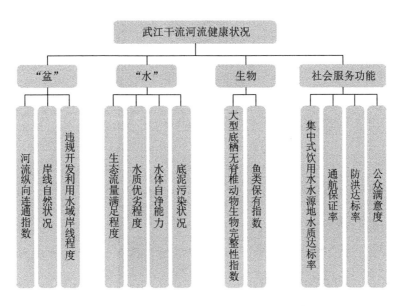

图 7.1-1　武江干流河流健康评价层次分析

7.1.3　武江干流河流健康评价赋分权重

7.1.3.1　河流健康评价赋分权重确立

（1）评价指标值根据赋分标准表进行赋分时，涉及区间分值的指标采用线性插值法。

（2）河流健康评价采用分级指标评分法，逐级加权，综合计算评分。四大准则层以及指标层所有指标的权重分配情况详见表 7.1-2。

表 7.1-2　河流健康评价指标体系及指标权重

准则层	准则层权重	指标层		指标层权重	指标类型
"盆"	0.2		河流纵向连通指数	0.20	备选指标
			岸线自然状况	0.30	必选指标
			河岸带宽度指数	0.20	备选指标
			违规开发利用水域岸线程度	0.30	必选指标
"水"	0.3	水量	生态流量满足程度	0.22	必选指标
			流量过程变异程度	0.17	备选指标
		水质	水质优劣程度	0.22	必选指标
			底泥污染状况	0.17	备选指标
			水体自净能力	0.22	必选指标
生物	0.2		大型底栖无脊椎生物完整性指数	0.20	备选指标
			鱼类保有指数	0.40	必选指标
			水鸟状况	0.20	备选指标
			水生植物群落状况	0.20	备选指标

准则层	准则层权重	指标层	指标层权重	指标类型
社会服务功能	0.3	防洪达标率	0.12	备选指标
		供水水量保证程度	0.12	备选指标
		河流集中式饮用水水源地水质达标率	0.12	备选指标
		岸线利用管理指数	0.12	备选指标
		碧道建设综合效益	0.12	备选指标
		通航保证率	0.12	备选指标
		流域水土保持率	0.12	备选指标
		公众满意度	0.16	必选指标

评价河流健康状况赋分要求如下：

1）评价河流指标赋分值应根据评价河流代表值，按规定的评价方法与标准计算。

2）根据准则层内评价指标权重，计算评价河流准则层赋分。

7.1.3.2　武江干流河流健康评价指标权重确立

根据上述计算步骤，咨询专家意见，结合查阅文献对咨询结果进行整理，最终建立和计算本次武江干流河流健康评价体系的指标权重，具体见表 7.1-3。

表 7.1-3　武江干流河流健康评价指标体系及指标权重

准则层	准则层权重	指标层		指标层权重	指标类型
"盆"	0.2	河流纵向连通指数		0.25	备选指标
		岸线自然状况		0.375	必选指标
		违规开发利用水域岸线程度		0.375	必选指标
"水"	0.3	水量	生态流量满足程度	0.265	必选指标
		水质	水质优劣程度	0.265	必选指标
			底泥污染状况	0.205	备选指标
			水体自净能力	0.265	必选指标
生物	0.2	大型底栖无脊椎生物完整性指数		0.33	备选指标
		鱼类保有指数		0.67	必选指标
社会服务功能	0.3	防洪达标率		0.23	备选指标
		河流集中式饮用水水源地水质达标率		0.23	备选指标
		通航保证率		0.23	备选指标
		公众满意度		0.31	必选指标

7.1.4　河流健康评价赋分方法及标准

本次武江干流河流健康评价赋分方法参照《广东省 2021 年河湖健康评价技术指引》。

7.1.5　河流健康评价方法

本次武江干流河流健康评价方法参照《广东省 2021 年河湖健康评价技术指引》。

7.1.6　河流健康评价等级

本次武江干流河流健康评价等级参照《广东省 2021 年河湖健康评价技术指引》。

7.1.7　武江干流评估河段划分

7.1.7.1　评价范围

武江干流梯级规划范围为乐昌峡塘角坝址以下的武江干流河段。

根据《韶关市武江梯级开发规划报告》，乐昌市上游规划第一级乐昌峡水库，乐昌峡水库坝址至韶关市河段长 81.4 km，落差 44 m；此河段规划共分 6 级开发，从上游起至下游依次是：张滩、昌山（茶亭角）、长安、七星（七星墩）、厢廊（塘头）、靖村（下坑）。

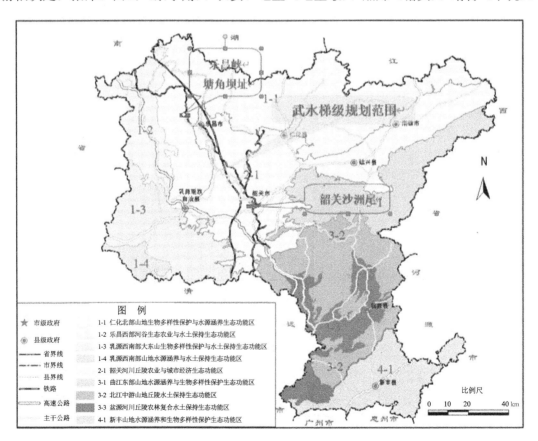

图 7.1-2　武江干流梯级规划范围

7.1.7.2 评价河段划分

根据河流水文特征、河床及河滨带形态、水质状况、水生生物特征以及流域经济社会发展特征的相同性和差异性，将武江干流划分为 1 个评价河段。

7.1.7.3 监测点位布设

根据《水库渔业资源调查规范》（SL 167—2014）、《水生生物调查技术规范》（DB11/T 1721—2020）、《淡水生物资源调查技术规范》（DB43/T 432—2009）等技术规范中采样点设置的原则，断面在总体和宏观上须能反映水系或所在区域的水环境质量状况。各断面的具体位置须能反映所在区域环境的污染特征，尽可能以最少的断面获取足够的有代表性的环境信息，同时还须考虑实际采样时的可行性和方便性。

（1）水质监测

本次分析研究的武江干流范围内有 2 个韶关市控水质监测断面，分别为昌山变电站断面和武江桥断面，断面位置详见图 7.1-3。

图 7.1-3　武江干流监测断面位置

为了全面了解研究范围内的水质情况，在乐昌峡以下已建各梯级坝址上游 500 m 处布设一个取样断面，共 5 个水质监测断面采取水样进行补充分析。取样时间为 2014 年 12 月 11—13 日，连续 3 d 取样，监测指标为：pH、DO、BOD_5、COD_{Cr}、氨氮、SS、石油类、总磷、总氮、氟化物、硫化物、挥发酚、水温、砷、铅、锰、铬（六价）、汞、铜等 20 项。水质监测布点详见图 7.1-3。

（2）底泥监测

在乐昌峡以下已建各梯级坝址上游 500 m 处以及武江与北江交汇处上游 500 m 处各布设一个底泥取样点，共 6 个底泥监测点采取底泥进行分析。取样时间为 2014 年 12 月 11 日，监测指标为：pH、镉、汞、铜、铅、总铬、锰、砷 8 项。底泥监测布点详见图 7.1-3。

（3）鱼类调查

1981—1983 年，农业部组织珠江水系渔业资源调查；2001 年，广东省海洋与渔业局立项资助了北江水系韶关江段鱼类产卵场的调查。2005 年 10 月至 2008 年 3 月，广东省科技厅和广东省海洋与渔业局联合组织了广东省淡水鱼类资源调查，结合广东省淡水鱼类资源调查的工作，华南师范大学生命科学学院在乐昌市坪石镇、乐昌市区、黎市镇、十里亭镇等地进行了调研和鱼类采集工作，并于 2008 年 3 月对武江干流张滩至罗家渡段进行调研；于 2008 年 6 月对乐昌峡库尾和支流九峰水、田头水、白沙水、廊田水等进行了实地考察。2014 年 1 月，中国水产科学研究院珠江水产研究所对武江拟建塘头水电站上下游水域进行了鱼类资源调查，调查地为桂头镇和黎市镇。

鱼类调查以收集资料进行分析研究为手段，结合《广东省乐昌峡水利枢纽工程环境影响报告书（报批稿）》（2008 年 12 月）和《广东韶关武江塘头水电站工程对韶关北江特有珍稀鱼类省级自然保护区影响评价报告》（2014 年 3 月）的成果进行分析。

（4）浮游动物、浮游植物及底栖动物

浮游动物、浮游植物及底栖动物调查评价区域的采样站位为张滩、西坑水、昌山、杨溪水、长安、靖村、七星墩及廊田。

7.2　武江干流河流健康评价

7.2.1　河流健康调查监测

7.2.1.1　"盆"

（1）河流纵向连通指数

河流纵向连通指标表征鱼类等生物迁徙及水流与营养物质传递阻断状况，根据单位河长内影响河流连通性的建筑物或设施数量评价，有生态流量或生态水量保障、有过鱼设施且能正常运行的不在统计范围内。

据统计，武江干流现有梯级水电站 7 个。7 个水电站分别为：乐昌水电站、张滩水电站、昌山水电站、长安水电站、七星墩水电站、厢廊（塘头）水电站及靖村水电站，其中厢廊（塘头）水电站正在建设中。

（2）岸线自然状况

河岸带（或河滨带）指河流水域与陆地相邻生态系统之间的过渡带，其特征由相邻生态系统之间的相互作用的空间、时间和强度所决定。河岸带一般根据植被变化差异进行界定。鉴于河滨带清晰辨认存在一定困难，通常采用观察地形、土壤结构、沉积物、植被、洪水痕迹和土地利用方式来确定。在河流监测断面监测点位开展河岸带状况专项监测，调查指标包括河岸带稳定性、河岸带植被覆盖率。

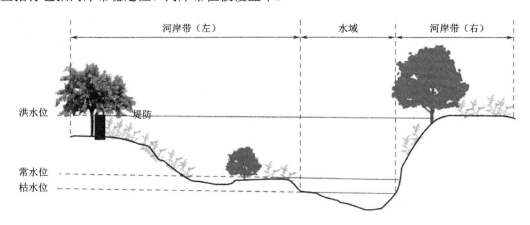

图 7.2-1　武江干流河流横向分区

1）河岸带稳定性

河岸带稳定性指标根据河岸侵蚀现状（包括已经发生的或潜在发生的河岸侵蚀）评估。河岸带易于侵蚀可表现为河岸缺乏植被覆盖、树根暴露、土壤暴露、河岸水力冲刷、坍塌裂隙发育等。

河岸带岸坡稳定性评估要素包括岸坡倾角、河岸高度、基质特征岸、坡植被覆盖度和坡脚冲刷强度。

2）岸线植被覆盖率

综合相关资料和实地调研，武江干流岸线植被覆盖率为极高密度覆盖。

（3）违规开发利用水域岸线程度

违规开发利用水域岸线程度综合考虑了入河排污口规范化建设率、入河排污口布局合理程度和河湖"四乱"状况。

1）入河排污口规范化建设率

通过现场调查和文档资料搜集，基于高分二号遥感影像（空间分辨率1 m）、0.5 m分辨率 Google 地图影像开展入河排污口调查。

2）入河排污口布局合理程度

通过现场调查和文档资料搜集，基于高分二号遥感影像（空间分辨率1 m）、0.5 m分辨率 Google 地图影像开展入河排污口调查。

武江干流内涉及2处饮用水水源保护区，分别是韶关市武江饮用水水源地和乐昌市生活饮用水水源地，结合保护区范围及排污口分布河流分析入河排污口布局合理程度。

3）河湖"四乱"状况

①"四乱"认定标准建立

2018年7月，水利部部署开展全国河湖"清四乱"专项行动，"四乱"认定标准为：

乱占：围垦湖泊；未依法经省级以上人民政府批准围垦河道；非法侵占水域、滩地；种植阻碍行洪的林木及高秆作物。

乱采：未经许可在河道管理范围内采砂；不按许可要求采砂；在禁采区、禁采期采砂；未经批准在河道管理范围内取土。

乱堆：河湖管理范围内乱扔乱堆垃圾；倾倒、填埋、贮存、堆放固体废物；弃置、堆放阻碍行洪的物体。

乱建：水域岸线长期占而不用、多占少用、滥占滥用；未经许可和不按许可要求建设涉河项目；河道管理范围内修建阻碍行洪的建筑物、构筑物。

②武江干流"四乱"分布

根据实际调研，武江干流不存在"四乱"情况。

7.2.1.2 "水"

（1）生态流量满足程度

根据《塘头水电站环境影响报告书》和《广东省韶关市武水梯级开发规划（乐昌峡塘角坝址以下武水干流河段）环境影响回顾性研究报告》，收集武江干流生态流量相关数据，见表7.2-1。

表 7.2-1　武江干流生态流量数据　　　　　　　　单位：m³/s

名称	多年平均流量	下游河道生态流量	最小下泄流量
张滩水电站	139	14.2	14.2
昌山水电站	145	14.3	14.3
长安水电站	157	15.8	57.7
七星墩水电站	169	15.4	26.7
塘头水电站	179	17.9	21.7
靖村水电站	193	19.3	40.3

为维持各区间河段水生生态系统的稳定性，张滩坝址处常年需下放 14.2 m³/s 的生态流量，昌山水电站坝址处常年需下放 14.3 m³/s 的生态流量，长安水电站坝址处常年需下放 15.8 m³/s 的生态流量，七星墩水电站坝址处常年需下放 15.4 m³/s 的生态流量，靖村水电站坝址处常年需下放 19.3 m³/s 的生态流量。各梯级工程最小下泄流量基本满足河道生态需水要求。根据武江干流梯级电站的工程特点，并结合对武江干流的实际调研情况，可知武江干流生态流量满足程度较高。

（2）水质优劣程度

采用遥感监测、无人机巡航、人工定点监测相结合的方式实施。

1）监测指标

对武江干流水质设置如下指标：水温、电导率、溶解氧、pH、透明度、总磷、COD_{Mn}、化学需氧量、五日生化需氧量、六价铬、砷、汞、铅、镉。

2）监测点位

监测点位布设见 7.1.7.3 节。

3）方法

水温、电导率、溶解氧、pH 数据在监测点处采用 YSI 多参数水质监测仪现场测定。

透明度利用 Secchi 盘测定。在 Secchi 盘绳上每 10 cm 处做一标记，将盘在船的背光处平放入水中，待盘逐渐自然下沉，至恰好不能看见盘面的白色时，记录其深度，以 cm 为单位，即为其透明度值，需反复测量 2~3 次。

其余指标分析方法如下：总氮：碱性过硫酸钾氧化——紫外分光光度法；总磷：过硫酸钾氧化——酶标仪法；化学需氧量——快速消解分光光度法；五日生化需氧量——稀释与接种法；高锰酸盐指数——滴定法；六价铬、砷、汞、铅、镉——原子吸收分光光度法；叶绿素 a——丙酮萃取分光光度法。

4）参考规范

理化指标的检测参照《水和废水监测分析方法（第四版）》（国家环境保护总局，2013），水质标准执行《地表水环境质量标准》（GB 3838—2002）。

（3）底泥污染状况

1）监测指标

检测指标包括 Fe、Mn、Zn、Pb、Cu、Ni、Cd、Hg 及 As。

2）监测点位

监测点位布设见 7.1.7.3 节。

3）监测方法

采集河流表层 0~5 cm 的沉积物样品时，对于可以直接涉水的区域，直接用彼得森采泥器采集。将采集的泥样混匀后装入清洁的聚乙烯自封袋中，冷冻保存后送回实验室进行预处理及分析，同时记录水体名称、位置、采样点编号、采样时间及采样点周边环境等信息。将沉积物样品在实验室内用冷冻干燥机干燥，并剔除动植物残体及石块，经玛瑙研钵研磨处理后，过 200 目尼龙筛后置于干燥器中待用。

重金属 Fe、Mn、Zn、Pb、Cu、Ni 和 Cd 的含量使用 WFX-210 型原子吸收分光光度计测定，Hg 和 As 的含量使用 AFS-230E 型原子荧光分光光度计测定。

（4）水体自净能力

该项指标与水质优劣程度指标同步监测调查。

7.2.1.3　生物

（1）大型底栖无脊椎动物完整性指数

1）监测点位

监测点位布设见 7.1.7.3 节。

2）调查方法

定量采样，一般用带网夹泥器采集，采得泥样后应将网口闭紧，放在水中涤荡，清除网中泥沙，然后提出水面，捡出其中全部贝壳类底栖动物；小型软体动物，用改良彼得森采泥器采集，将采得的泥样全部倒入塑料桶或盆内，经 40 目、60 目分样筛筛洗后，捡出筛上可见的全部动物。如采样时来不及分捡，则将筛洗后所余杂物连同动物全部装入塑料袋中，缚紧袋口带回室内分捡，如从采样到分捡超过 2 h，则应在袋中加入适量固定液；塑料袋中的泥样逐次倒入白色解剖盘内，加适量清水，用吸管、小镊子、解剖针等分拣。如带回的样品不能及时分拣，可置于低温（4℃）保存。各采样点上，用上述两种采样器各采集 2~3 次样品。水库中无螺、蚌等较大型底栖动物时，可用不带网夹的采泥器进行定量采样。

定性采样，除用定量采样方法采集定性样品外，还可用三角拖网、手抄网等在沿岸带和亚沿岸带的不同生境中采集定性样品。

样品的固定和保存：可以用 75% 乙醇溶液保存，4~5 d 后再换一次乙醇溶液。也可用 5% 甲醛溶液固定，但要加入少量苏打或硼砂中和酸性甲醛。还可去内脏后保存空壳。

种类鉴定及记录：软体动物鉴定到种，每个采样点所采得的底栖动物应按不同种类准确地统计个体数。在标本已有损坏的情况下，一般只统计头部，不统计零散的腹部、附肢等。最后记录不同种类底栖动物的密度、生物量和种群结构。

（2）鱼类保有指数

1）调查断面

监测点位布设见 7.1.7.3 节。

2）调查方法

主要调查方式采取刺网、定置渔具、抄网、地笼等相结合的方式开展调查。采用同一监测断面定时采集的方式，统计调查时段内全部渔获物的种类和数量。部分需要用于后续研究的种类可适当保留少量标本。渔获物处理细节如下：

①不作标本的渔获物处理

对于仅需测量体长体重的渔获物，需先进行拍照，以记录鱼的形态特征，为保证体长的测量精确，可视具体情况在拍照的同时与鱼平行放一把尺子，再通过拍摄的照片利用软件对渔获物进行体长的测定。

②需保存为标本的渔获物处理

拍照：新鲜标本固定前要先行拍照，以保留自然的真实色泽。

标本的固定：野外采集的鱼类标本需要在第一时间进行固定处理。首先用清水将标本冲洗干净，以自然伸展的状态摆放在固定盒中，加入95%医用酒精，酒精的量要至少完全覆盖所有标本，固定24 h后换一次酒精，再固定24 h（24 h后是否需要更换酒精根据具体情况而定），将固定好的标本置于70%的医用酒精中保存。每尾标本都需要记录其具体信息，包含采集地点和采集时间的信息。

种类鉴定：依据最新出版的《中国动物志》有关鱼类的分册、《中国鱼类系统检索》《广东淡水鱼类志》《珠江鱼类志》等相关鱼类鉴定专著，同时需注意收集参考目前最新鱼类分类研究的结果，以确保种类鉴定的准确有效。鱼类系统和名称以 www.fishbase.org 和 Nelson 的《世界鱼类（第四版）》（2006）为准。鲤形目分科及亚科采用《中国动物志》硬骨鱼纲鲤形目的系统。

7.2.1.4　社会服务功能完整性

（1）防洪达标率

本次评价范围是乐昌峡塘角坝址以下武江干流河段，根据已有规划，吕田河吕田镇段防洪标准为20年一遇，规划0.8 km堤防，堤防已建，已达标，其他段采用天然岸坡防护，均达标。

（2）通航保证率

通航保证率是指评价河段内正常通航日数占全年总日数的比例。航道部门对乐昌—韶关段航道进行了整治，全线66 km航道尺度已达到水深0.8 m，航宽为18 m，弯曲半径为120 m，通航保证率90%，常年通航50 t级船舶；桂头以下河段通航100 t级船舶。

（3）河流集中式饮用水水源地水质达标率

研究范围内分布有韶关市武江饮用水水源地和乐昌市生活饮用水水源地，水质目标为Ⅱ～Ⅲ类水，收集乐昌水厂上游100 m断面2003—2007年丰水期、平水期、枯水期的水质监测资料和2008年张滩电站上游500 m处断面的水质监测资料，通过与2014年张滩电站上游500 m处断面的水质监测资料进行对比，从而对饮用水水源地水质监测情况进行评价。

（4）公众满意程度

公众满意度反映了公众对评估河流景观和美学价值等的满意程度。河湖建设的使命是为人民谋幸福，实现百姓与水相近、相亲、相宜，具有更多的获得感和幸福感。该指标采用公众参与调查统计的方法进行，对武江干流周边居民以及当地政府、环保、水利等相关部门发放公众调查表，通过对调查结果的统计分析，确定公众对河流的综合满意度，获取公众对河流的整体印象及相应意见、建议。

本次共发放公众满意度调查表 140 份，收回 126 份，主要调查对象包括武江干流周边居民以及当地政府、环保、水利等相关部门工作人员，调查年龄为 15～70 岁，文化程度从小学至大学以上。

7.2.2　河流健康现状评价结果

参考《河湖健康评价指南》的评价方法与标准，以及本次构建的指标体系，依据调查与监测的分析成果，从"盆"、"水"、生物、社会服务功能 4 个准则层，逐一说明各指标的计算过程与赋分结果，结合权重形成武江干流的健康状况及准则层赋分结果，最终给出评价范围内武江干流健康状况赋分，得出河流健康综合评价结论，结合图表展示评价结果。

7.2.2.1　"盆"评价结果

（1）河流纵向连通指数评价结果

利用遥感影像分析结合现场查看，武江干流长度 81.4 km，影响连通性的建筑物或设施有 7 个，河流纵向连通指数为 8.60 个/100 km，按照赋分标准赋分 0 分。

（2）岸线自然状况评价结果

1）河岸稳定性

根据数据资料并结合人工现场调查，获取河岸稳定性相关参数，按照赋分标准对武江干流河岸稳定性赋分。武江干流近期内河湖岸不会发生变形破坏，河湖岸特征为基本稳定，赋分 70 分。

2）岸线植被覆盖率

结合数据资料与现场调查结果，武江干流岸线植被呈极高密度覆盖，赋分 90 分。

3）岸线状况指标赋分

岸线自然状况指标按照河岸稳定性指标（0.4）与岸线植被覆盖率指标（0.6）综合加权计算赋分，赋分结果见表 7.2-2。

表 7.2-2　武江干流岸线自然状况赋分

名称	河岸稳定性赋分	河岸稳定性指标权重	岸线植被覆盖率赋分	岸线植被覆盖率指标权重	赋分
武江干流	70	0.4	90	0.6	82

（3）违规开发利用水域岸线程度评价结果

1）入河排污口规范化建设率赋分

通过现场调查和文档资料搜集，基于高分二号遥感影像（空间分辨率 1 m）、0.5 m 分辨率 Google 地图影像开展入河湖排污口调查，武江干流排污口均已完成规范化建设。按照赋分标准入河排污口规范化建设率赋分 100 分。

2）入河排污口布局合理程度赋分

通过现场调查和文档资料搜集，基于高分二号遥感影像（空间分辨率 1 m）、0.5 m 分辨率 Google 地图影像开展入河湖排污口调查。

武江干流内涉及 2 处饮用水水源保护区，结合保护区范围及排污口分布河流，2 处饮用水水源保护区均无入河排污口，赋分 80 分。

3）河湖"四乱"状况赋分

根据实际调研，武江干流不存在"四乱"情况，赋分 100 分。

4）违规开发利用水域岸线程度赋分

违规开发利用水域岸线程度综合考虑了入河排污口规范化建设率、入河排污口布局合理程度和河湖"四乱"状况，采用各指标的加权平均值，赋分成果见表 7.2-3。

表 7.2-3　违规开发利用水域岸线程度指标赋分成果

名称	入河湖排污口规范化建设率赋分	入河湖排污口规范化建设率权重	入河排污口布局合理程度赋分	入河排污口布局合理程度权重	河湖"四乱"状况赋分	河湖"四乱"状况权重	赋分
武江干流	100	0.2	80	0.2	100	0.6	96

7.2.2.2　"水"评价结果

（1）生态流量满足程度评价结果

根据武江干流梯级电站的工程特点，并结合对武江干流的实际调研情况，各梯级工程最小下泄流量基本满足河道生态需水要求，武江干流生态流量满足程度较高，赋分 100 分。

（2）水质优劣程度评价结果

水质优劣程度评判选择的分项指标符合"河湖长制"水质考核指标的要求。首先对水质项目进行水质类别评价，确定最差水质项目，将该项目实测浓度值依据《地表水环境质量标准》（GB 3838—2002）水质类别标准值和对照分阈值进行线性内插得到评分值，赋分采用线性插值。

昌山变电站断面和武江桥断面 2009—2013 年的水质监测结果见表 7.2-4～表 7.2-8。昌山变电站断面和武江桥断面所在河水水质目标均为Ⅲ类水，由表 7.2-4～表 7.2-8 可知，昌山变电站和武江桥断面的各项监测指标均能达到《地表水环境质量标准》（GB 3838—2002）Ⅲ类标准，研究河段近年来地表水水质状况良好。

在乐昌峡以下已建的各梯级坝址上游 500 m 处布设一个取样断面，共 5 个水质监测断面。取样时间为 2014 年 12 月 11—13 日，连续 3 d 取样，监测指标为：pH、DO、BOD_5、COD_{Cr}、氨氮、SS、石油类、总磷、总氮、氟化物、硫化物、挥发酚、水温、砷、铅、锰、铬（六价）、汞、铜等 20 项。水质监测结果见表 7.2-9。由表 7.2-9 可知，5 个监测断面本次取样的水质均达到《地表水环境质量标准》（GB 3838—2002）中Ⅱ类水的要求，研究河段水质良好。

综上，武江干流水质优劣程度赋分 80 分。

（3）底泥污染状况评价结果

在乐昌峡以下已建的各梯级坝址上游 500 m 处以及武江与北江交汇处上游 500 m 处各布设一个底泥取样点，共 6 个底泥监测点采取底泥进行分析。取样时间为 2014 年 12 月 11 日，监测指标为：pH、镉、汞、铜、铅、总铬、锰、砷 8 项，底泥监测结果见表 7.2-10。采用底泥污染指数进行赋分，赋分成果见表 7.2-11，该指数即底泥中每一项污染物浓度与对应标准值的比值，污染物浓度标准值参考《土壤环境质量　农用地土壤污染风险管控标准（试行）》（GB 15618—2018），根据底泥 pH，选取 5.5＜pH≤6.5 的风险筛选值作为标准值。赋分时选用超标浓度最高的污染物项目。

塘头水电站工程的评价标准采用《土壤环境质量　农用地土壤污染风险管控标准（试行）》（GB 15618—2018）中"表 1　农用地土壤污染风险筛选值"中"其他"类农用地土壤污染风险筛选值，根据底泥污染状况赋分标准表，得到武江干流底泥污染状况赋分，武江干流底泥污染状况最终赋分 86 分。

各监测断面底泥均呈酸性，各监测断面底泥中铜、铅、总铬等指标均为达标，但是武江桥断面底泥的镉、砷、汞等监测指标超标，七星墩断面底泥中的汞出现超标，长安断面底泥中的砷出现超标。

由于韶关市武江干流内没有矿山开采项目，也没有重金属直接排入武江，而北江上游湖南境内有相关矿山开采项目，因此，本次研究的河道部分底泥中部分重金属超标应该为上游湖南境内相关矿山或企业排入河流，在底泥中富集所致。

2017 年 11 月 1 日，为了解时隔数年后整个武江河流沉积物的变化情况，对上述三个超标断面（武江桥断面、七星墩断面及长安断面）的河流沉积物进行了补充监测。监测结果显示，武江各监测断面的监测因子均符合《土壤环境质量　农用地土壤污染风险管控标准（试行）》（GB 15618—2018）二级标准要求。

表 7.2-4　2009 年韶关市武江水质监测结果

单位：mg/L（pH 除外；粪大肠菌群：个/L）

断面名称	垂线	采样时间	pH	溶解氧	高锰酸盐指数	化学需氧量	五日生化需氧量	氨氮	总磷	总氮	铜	锌	氟化物	硒	砷	汞	镉	六价铬	铅	氰化物	挥发酚	石油类	阴离子表面活性剂	硫化物	粪大肠菌群
昌山变电站	中	1月5日	7.56	10.5	2.0	7.8	1.7	0.29	0.01	2.11	0.005	0.008	0.53	0.0003	0.026	0.000 06	0.001	0.008	0.002	0.002	0.001	0.02	0.10	0.046	20 000
	中	3月3日	7.20	7.6	2.3	8.0	1.7	0.28	0.06	1.06	0.005	0.030	0.36	0.0005	0.025	0.000 07	0.001	0.009	0.002	0.002	0.001	0.02	0.15	0.015	4 200
	中	5月9日	7.40	7.9	2.0	12.0	1.4	0.29	0.02	1.74	0.005	0.048	0.30	0.0004	0.025	0.000 01	0.001	0.009	0.002	0.002	0.001	0.02	0.10	0.046	14 100
	中	7月7日	7.85	8.0	2.2	11.7	1.5	0.27	0.03	1.65	0.005	0.010	0.58	0.0007	0.036	0.000 02	0.001	0.009	0.002	0.002	0.001	0.02	0.15	0.031	3 900
	中	9月1日	7.50	7.9	2.0	12.0	1.5	0.28	0.02	1.26	0.005	0.010	0.55	0.0001	0.025	0.000 07	0.001	0.008	0.002	0.002	0.001	0.03	0.109	0.046	4 800
	中	11月3日	7.55	9.7	2.2	12.0	1.5	0.32	0.01L	1.39	0.005	0.003	0.38	0.0001	0.026	0.000 08	0.001	0.009	0.002	0.002	0.001	0.01	0.08	0.030	2 000

断面名称	垂线	采样时间	pH	溶解氧	高锰酸盐指数	化学需氧量	五日生化需氧量	氨氮	总磷	总氮	铜	锌	氟化物	硒	砷	汞	镉	六价铬	铅	氰化物	挥发酚	石油类	阴离子表面活性剂	硫化物	粪大肠菌群
武江桥	左	1月5日	7.38	9.5	2.3	2.5	1.9	0.35	0.03	-1.00	0.001	0.019	0.44	0.000 2	0.004 0	0.000 08	0.000 4	0.002	0.007	0.002	0.001	0.02	0.03	0.012	5 400
	右		7.46	9.6	2.3	2.5	1.9	0.35	0.04	-1.00	0.001	0.016	0.43	0.000 3	0.004 0	0.000 08	0.000 2	0.004	0.007	0.002	0.001	0.02	0.03	0.012	5 000
	左	3月3日	7.61	9.1	2.3	2.5	2.0	0.32	0.04	-1.00	0.001	0.012	0.41	0.000 7	0.005 0	0.000 02	0.000 1	0.002	0.003	0.002	0.001	0.02	0.03	0.012	5 200
	右		7.48	9.1	2.2	2.5	2.0	0.30	0.04	-1.00	0.001	0.004	0.41	0.000 6	0.005 1	0.000 03	0.000 1	0.002	0.006	0.002	0.001	0.02	0.03	0.012	4 400
	左	5月11日	7.84	7.4	1.4	4.0	2.2	0.34	0.03	-1.00	0.001	0.004	0.34	0.000 1	0.007 9	0.000 005	0.000 1	0.002	0.005	0.002	0.001	0.02	0.03	0.010	8 550
	右		7.83	7.3	1.4	5.4	2.3	0.38	0.03	-1.00	0.001	0.004	0.33	0.000 1	0.007 8	0.000 005	0.000 1	0.002	0.004	0.002	0.001	0.02	0.03	0.008	8 600
	左	7月7日	7.76	7.3	2.0	2.5	1.1	0.14	0.02	-1.00	0.001	0.017	0.34	0.000 4	0.011 9	0.000 02	0.000 1	0.002	0.006	0.002	0.001	0.02	0.03	0.011	10 100
	右		7.72	7.3	2.2	2.5	1.0	0.14	0.03	-1.00	0.000	0.018	0.31	0.000 2	0.011 6	0.000 01	0.000 7	0.002	0.021	0.002	0.001	0.02	0.03	0.015	7 200
	左	9月1日	7.71	5.9	2.2	5.7	2.1	0.05	0.08	-1.00	0.005	0.004	0.46	0.000 2	0.019 1	0.000 04	0.000 1	0.002	0.002	0.002	0.001	0.02	0.03	0.005	13 600
	右		7.75	5.7	2.2	5.2	2.1	0.04	0.07	-1.00	0.002	0.004	0.46	0.000 1	0.020 2	0.000 04	0.000 1	0.002	0.003	0.002	0.001	0.02	0.03	0.003	8 700
	左	11月3日	7.69	7.8	2.0	5.5	1.9	0.07	0.03	-1.00	0.001	0.065	0.47	0.000 1	0.004 7	0.000 05	0.000 7	0.002	0.006	0.002	0.001	0.02	0.05	0.003	8 900
	右		7.67	7.8	2.2	6.2	1.9	0.06	0.04	-1.00	0.002	0.077	0.48	0.000 1	0.004 7	0.000 05	0.001 3	0.002	0.007	0.002	0.001	0.02	0.06	0.003	9 300

表 7.2-5　2010 年韶关市武江水质监测结果

单位：mg/L（pH 除外；粪大肠菌群：个/L）

断面名称	垂线	采样时间	pH	溶解氧	高锰酸盐指数	化学需氧量	五日生化需氧量	氨氮	总磷	总氮	铜	锌	氟化物	硒	砷	汞	镉	六价铬	铅	氰化物	挥发酚	石油类	阴离子表面活性剂	硫化物	粪大肠菌群
昌山变电站	中	1月5日	7.41	8.9	2.0	9.0	1.9	0.24	0.01	2.76	0.01	0.110	0.26	0.001 5	0.02	0.000 01	0.002	0.008	0.005	0.004	0.002	0.02	0.07	0.090	5 900
	中	3月2日	7.52	8.2	2.0	8.0	1.4	0.26	0.01	2.02	0.01	0.030	0.35	0.000 3	0.024	0.000 02	0.002	0.009	0.005	0.004	0.002	0.02	0.09	0.080	1 600
	中	5月10日	7.25	7.8	1.9	10.0	1.6	0.26	0.02	1.74	0.01	0.020	0.31	0.000 7	0.022	0.000 03	0.002	0.008	0.006	0.004	0.002	0.02	0.11	0.039	4 100
	中	7月6日	6.72	7.5	2.0	14.0	1.5	0.28	0.01	0.85	0.01	0.005	0.47	0.000 6	0.024	0.000 03	0.002	0.008	0.005	0.004	0.001 3	0.02	0.13	0.090	3 100
	中	9月6日	7.40	6.0	1.7	15.0	1.5	0.29	0.02	1.31	0.01	0.050	0.45	0.001	0.036	0.000 02	0.002	0.009	0.005	0.004	0.001	0.01	0.15	0.046	2 000
	中	11月3日	7.00	7.3	2.0	14.0	1.6	0.37	0.02	2.66	0.01	0.020	0.37	0.000 2	0.032	0.000 01	0.002	0.078	0.005	0.004	0.000 6	0.02	0.14	0.100	400

断面名称	垂线	采样时间	pH	溶解氧	高锰酸盐指数	化学需氧量	五日生化需氧量	氨氮	总磷	总氮	铜	锌	氟化物	硒	砷	汞	镉	六价铬	铅	氰化物	挥发酚	石油类	阴离子表面活性剂	硫化物	粪大肠菌群
武江桥	左	1月5日	7.40	8.6	2.3	7.9	1.3	0.64	0.04	—	0.001	0.004	0.29	0.0005	0.0033	0.00006	0.0004	0.002	0.001	0.002	0.001	0.02	0.05	0.014	8 600
	右		7.47	8.7	3.6	7.5	2.6	0.57	0.04	—	0.001	0.004	0.37	0.0005	0.0026	0.00007	0.0002	0.002	0.001	0.002	0.001	0.02	0.06	0.014	9 200
	左	3月2日	7.36	8.5	2.2	7.5	1.9	0.08	0.04	—	0.001	0.013	0.26	0.0004	0.0054	0.00002	0.0002	0.002	0.001	0.002	0.001	0.02	0.01	0.012	8 300
	右		7.31	8.5	2.3	7.7	1.9	0.10	0.05	—	0.001	0.013	0.26	0.0004	0.0051	0.00003	0.0002	0.002	0.002	0.002	0.001	0.02	0.01	0.012	8 200
	左	5月10日	7.40	8.2	3.6	10.3	2.6	0.57	0.08	—	0.004	0.077	0.26	0.0004	0.0149	0.00003	0.0005	0.002	0.010	0.002	0.0002	0.02	0.03	0.013	8 100
	右		7.37	8.2	3.6	10.8	2.4	0.56	0.08	—	0.002	0.079	0.26	0.0002	0.0150	0.00002	0.0006	0.002	0.016	0.002	0.0002	0.02	0.03	0.015	9 100
	左	7月6日	7.03	7.2	3.6	5.2	2.1	0.09	0.03	—	0.001	0.013	0.34	0.0008	0.0101	0.00002	0.0002	0.006	0.003	0.002	0.0005	0.02	0.03	0.010	8 000
	右		7.08	7.0	3.6	6.0	2.1	0.09	0.03	—	0.001	0.014	0.35	0.0007	0.0102	0.00003	0.0002	0.006	0.002	0.002	0.0002	0.02	0.03	0.013	9 000
	左	9月6日	7.78	6.7	2.9	9.4	1.3	0.13	0.04	—	0.001	0.017	0.36	0.0014	0.0152	0.000005	0.0001	0.002	0.003	0.002	0.0004	0.02	0.03	0.010	9 000
	右		7.78	6.6	2.5	6.7	1.5	0.14	0.03	—	0.001	0.010	0.34	0.0014	0.0138	0.000005	0.0001	0.002	0.001	0.002	0.0003	0.02	0.03	0.009	8 000
	左	11月3日	7.77	8.8	1.5	5.1	1.0	0.22	0.04	—	0.002	0.006	0.48	0.0001	0.0053	0.00001	0.0001	0.002	0.001	0.002	0.0002	0.02	0.03	0.007	9 000
	右		7.69	8.8	1.4	2.5	1.1	0.04	0.03	—	0.002	0.010	0.47	0.0001	0.0060	0.00001	0.0005	0.002	0.005	0.002	0.0002	0.02	0.03	0.008	9 000

表 7.2-6　2011 年韶关市武江水质监测结果

单位: mg/L (pH 除外; 粪大肠菌群: 个/L)

断面名称	垂线	采样时间	pH	溶解氧	高锰酸盐指数	化学需氧量	五日生化需氧量	氨氮	总磷	总氮	铜	锌	氟化物	硒	砷	汞	镉	六价铬	铅	氰化物	挥发酚	石油类	阴离子表面活性剂	硫化物	粪大肠菌群
昌山变电站	中	1月4日	7.17	8.4	2.0	15.0	1.4	0.450	0.01	2.32	0.01	0.005	0.30	0.0007	0.026	0.00003	0.002	0.010	0.005	0.004	0.0010	0.01	0.12	0.130	880
	中	3月1日	7.12	7.3	1.9	15.0	1.5	0.460	0.06	1.82	0.01	0.008	0.30	0.0002	0.019	0.00007	0.002	0.009	0.005	0.004	0.0010	0.03	0.18	0.120	200
	中	5月10日	7.07	6.1	1.7	11.2	2.7	0.470	0.07	0.23	0.01	0.050	0.41	0.0002	0.035	0.00001	0.003	0.012	0.007	0.004	0.0008	0.03	0.14	0.078	7 800
	中	7月4日	7.31	7.5	2.1	10.0	3.9	0.220	0.02	0.36	0.01	0.005	0.57	0.0005	0.031	0.00001	0.002	0.009	0.005	0.004	0.0008	0.03	0.16	0.090	20 000
	中	9月4日	7.02	6.9	1.6	14.0	2.5	0.300	0.03	1.93	0.01	0.005	0.30	0.0002	0.016	0.00016	0.002	0.006	0.005	0.004	0.0003	0.03	0.15	0.120	8 000
	中	11月4日	7.25	7.0	1.9	13.0	1.5	0.400	0.05	1.09	0.01	0.010	0.52	0.0002	0.017	0.00001	0.002	0.007	0.007	0.004	0.0003	0.03	0.17	0.060	2 800

断面名称	垂线	采样时间	pH	溶解氧	高锰酸盐指数	化学需氧量	五日生化需氧量	氨氮	总磷	总氮	铜	锌	氟化物	硒	砷	汞	镉	六价铬	铅	氰化物	挥发酚	石油类	阴离子表面活性剂	硫化物	粪大肠菌群
武江桥	左	1月	7.24	9.56	1.3	5	1.1	0.304	0.02	1.72	0.020	0.035	0.36	0.000 7	0.003 3	0.000 01	0.002	0.004	0.015	0.004	0.000 3	0.04	0.05	0.016	8 600
	右	4日	7.18	9.66	1.2	5.1	1.0	0.282	0.02	1.76	0.010	0.040	0.37	0.000 3	0.003 2	0.000 04	0.002	0.004	0.008	0.004	0.000 3	0.04	0.05	0.016	8 000
	左	3月	7.55	9.01	1.5	5.7	1.0	0.159	0.03	1.70	0.002	0.008	0.310	0.000 2	0.000 8	0.000 02	0.000 3	0.004	0.007	0.004	0.001 9	0.04	0.05	0.005	9 000
	右	1日	7.48	8.89	1.6	6.2	1.1	0.174	0.03	1.57	0.002	0.009	0.310	0.000 2	0.001 0	0.000 02	0.000 1	0.004	0.003	0.004	0.001 5	0.04	0.05	0.005	8 000
	左	5月	7.08	8.57	2.6	5.7	2.0	0.418	0.03	1.34	0.002	0.011	0.210	0.000 2	0.018 3	0.000 03	0.000 1	0.004	0.004	0.004	0.000 3	0.04	0.05	0.006	9 400
	右	10日	7.12	8.40	2.8	6.0	2.2	0.323	0.03	1.35	0.002	0.011	0.210	0.000 2	0.019 0	0.000 03	0.000 1	0.004	0.004	0.004	0.000 3	0.04	0.05	0.005	9 600
	左	7月	7.42	6.79	2.4	6.4	0.5	0.111	0.03	1.53	0.001	0.065	0.290	0.000 2	0.007 1	0.000 01	0.000 1	0.005	0.001	0.004	0.000 3	0.04	0.05	0.007	9 500
	右	11日	7.37	6.84	2.3	7.1	0.5	0.111	0.02	1.54	0.002	0.066	0.290	0.000 2	0.002 5	0.000 01	0.000 1	0.005	0.003	0.004	0.000 3	0.04	0.05	0.007	8 600
	左	9月	7.03	6.49	1.5	5.1	0.8	0.097	0.04	1.65	0.001	0.039	0.381	0.000 2	0.013 6	0.000 01	0.000 2	0.004	0.002	0.004	0.000 3	0.04	0.05	0.005	9 000
	右	6日	7.00	6.48	1.4	5.6	0.7	0.068	0.04	1.59	0.001	0.051	0.375	0.000 2	0.014 6	0.000 01	0.000 5	0.004	0.002	0.004	0.000 3	0.04	0.05	0.005	8 400
	左	11月	7.43	8.25	1.5	5.1	0.7	0.067	0.03	1.18	0.001	0.015	0.282	0.000 2	0.007 8	0.000 08	0.000 1	0.004	0.001	0.004	0.000 3	0.04	0.07	0.008	5 200
	右	1日	7.41	8.25	1.5	5.2	0.8	0.073	0.03	1.20	0.001	0.012	0.278	0.000 2	0.007 7	0.000 01	0.000 1	0.004	0.001	0.004	0.000 3	0.04	0.07	0.008	6 000

表 7.2-7　2012 年韶关市武江水质监测结果

单位：mg/L（pH 除外；粪大肠菌群：个/L）

断面名称	垂线	采样时间	pH	溶解氧	高锰酸盐指数	化学需氧量	五日生化需氧量	氨氮	总磷	总氮	铜	锌	氟化物	硒	砷	汞	镉	六价铬	铅	氰化物	挥发酚	石油类	阴离子表面活性剂	硫化物	粪大肠菌群
昌山变电站	中	1月4日	7.61	9.1	1.6	13.0	1.4	0.460	0.04	2.22	0.01	0.080	0.49	0.000 2	0.025	0.000 05	0.002	0.007	0.005	0.004	0.000 3	0.03	0.15	0.110	900
	中	3月6日	7.50	7.0	1.7	15.0	1.5	0.670	0.22	1.28	0.01	0.080	0.54	0.000 2	0.030	0.000 01	0.002	0.008	0.005	0.004	0.000 3	0.03	0.13	0.110	16 000
	中	5月8日	6.67	8.0	1.7	12.0	1.6	0.430	0.04	1.40	0.01	0.005	0.46	0.000 2	0.024	0.000 02	0.002	0.006	0.005	0.004	0.000 3	0.02	0.11	0.120	8 400
	中	7月3日	7.34	8.1	1.7	15.0	1.4	0.380	0.03	1.07	0.01	0.005	0.34	0.000 2	0.020	0.000 02	0.002	0.005	0.005	0.004	0.000 3	0.03	0.17	0.130	4 000
	中	9月5日	7.51	7.9	1.7	12.0	1.5	0.370	0.01	1.01	0.01	0.020	0.43	0.000 2	0.038	0.000 01	0.002	0.006	0.005	0.004	0.000 3	0.03	0.09	0.030	330
	中	11月6日	7.05	8.2	1.8	14.0	1.5	0.380	0.02	0.92	0.003	0.014	0.41	0.000 2	0.028	0.000 01	0.002	0.006	0.005	0.004	0.000 3	0.04	0.13	0.130	1 600

断面名称	垂线	采样时间	pH	溶解氧	高锰酸盐指数	化学需氧量	五日生化需氧量	氨氮	总磷	总氮	铜	锌	氟化物	硒	砷	汞	镉	六价铬	铅	氰化物	挥发酚	石油类	阴离子表面活性剂	硫化物	粪大肠菌群
武江桥	左	1月4日	7.85	10.50	1.3	5.2	0.9	0.471	0.02	1.33	0.001	0.063	0.349	0.000 2	0.003 4	0.000 01	0.001 3	0.004	0.001	0.004	0.001 2	0.04	0.05	0.007	10 000
武江桥	右	1月4日	7.80	10.30	1.6	5.6	0.9	0.477	0.03	1.32	0.001	0.055	0.362	0.000 2	0.004 5	0.000 02	0.000 7	0.004	0.002	0.004	0.001 0	0.04	0.05	0.007	12 000
武江桥	左	3月6日	6.74	9.81	3.0	5.4	2.3	0.338	0.08	1.47	0.001	0.026	0.239	0.000 2	0.026 5	0.000 04	0.000 1	0.004	0.001	0.004	0.001 0	0.04	0.06	0.008	10 000
武江桥	右	3月6日	6.71	9.76	2.9	5.6	2.1	0.322	0.08	1.47	0.001	0.037	0.225	0.000 2	0.025 8	0.000 05	0.000 1	0.004	0.001	0.004	0.000 8	0.04	0.05	0.007	11 000
武江桥	左	5月8日	7.34	7.69	2.0	6.8	1.3	0.052	0.08	1.28	0.000 1	0.000 3	0.241	0.000 2	0.014 7	0.000 01	0.000 1	0.005	0.000 1	0.001	0.000 3	0.04	0.01	0.005	6 700
武江桥	右	5月8日	7.36	7.69	1.9	5.3	1.0	0.068	0.08	1.26	0.000 1	0.000 3	0.241	0.000 2	0.013 9	0.000 04	0.000 2	0.005	0.000 1	0.001	0.000 3	0.04	0.01	0.005	7 200
武江桥	左	7月3日	7.86	8.00	2.2	10.1	0.8	0.141	0.06	1.06	0.000 7	0.010	0.180	0.000 2	0.014 2	0.000 01	0.000 1	0.004	0.000 1	0.004	0.000 3	0.04	0.05	0.005	15 000
武江桥	右	7月3日	7.83	7.9	2.2	9.7	0.7	0.153	0.06	1.03	0.001 0	0.024	0.175	0.000 2	0.014 8	0.000 01	0.000 01	0.004	0.000 1	0.004	0.000 3	0.04	0.05	0.005	12 000
武江桥	左	9月4日	7.31	8.9	2.1	11.0	1.4	0.135	0.04	1.13	0.001 0	0.000 23	0.320	0.000 2	0.022 3	0.000 03	0.000 03	0.004	0.000 1	0.004	0.000 9	0.04	0.05	0.006	15 000
武江桥	右	9月4日	7.29	8.7	2.1	11.0	1.4	0.124	0.05	1.13	0.001 8	0.000 21	0.328	0.000 2	0.022 2	0.000 01	0.000 01	0.004	0.000 2	0.004	0.001 1	0.04	0.05	0.006	14 000
武江桥	左	11月6日	7.23	8.6	2.7	8.6	1.2	0.108	0.04	1.05	0.001 4	0.000 83	0.342	0.000 2	0.013 6	0.000 06	0.000 12	0.004	0.000 1	0.002	0.001	0.04	0.03	0.005	9 100
武江桥	右	11月6日	7.27	8.6	2.8	9.0	1.1	0.114	0.04	1.04	0.001 0	0.000 47	0.266	0.000 2	0.014 2	0.000 05	0.000 07	0.004	0.000 1	0.002	0.001	0.04	0.03	0.005	9 700

表 7.2-8　2013 年韶关市武江水质监测结果

单位：mg/L（pH 除外；粪大肠菌群：个/L）

断面名称	垂线名称	采样时间	pH	溶解氧	高锰酸盐指数	化学需氧量	五日生化需氧量	氨氮	总磷	总氮	铜	锌	氟化物	硒	砷	汞	镉	六价铬	铅	氰化物	挥发酚	石油类	阴离子表面活性剂	硫化物	粪大肠菌群
昌山变电站	中	1月7日	7.60	8.5	1.7	12.0	1.5	0.270	0.03	0.95	0.01	0.005	0.47	0.0002	0.027	0.00001	0.002	0.004	0.005	0.004	0.0003	0.03	0.13	0.11	400
	中	3月5日	7.02	7.8	1.7	13.0	1.5	0.350	0.04	0.74	0.01	0.012	0.31	0.0002	0.020	0.00001	0.002	0.005	0.005	0.004	0.0005	0.03	0.11	0.10	300
	中	5月8日	7.42	8.5	1.6	15.0	0.9	0.360	0.03	0.82	0.01	0.005	0.31	0.0002	0.010	0.00001	0.002	0.005	0.005	0.004	0.0003	0.03	0.08	0.02	3 600
	中	7月2日	7.35	7.4	1.7	12.0	1.5	0.250	0.03	0.90	0.01	0.020	0.50	0.0002	0.018	0.00001	0.002	0.005	0.005	0.004	0.0003	0.03	0.11	0.01	2 000
	中	9月9日	7.40	7.2	1.7	12.0	1.6	0.390	0.02	0.81	0.01	0.005	0.29	0.0002	0.012	0.00001	0.002	0.005	0.005	0.004	0.0003	0.02	0.08	0.01	2 000
	中	11月5日	7.52	7.9	1.0	11.0	1.6	0.360	0.02	0.89	0.01	0.005	0.29	0.0002	0.018	0.00001	0.002	0.005	0.005	0.004	0.0003	0.02	0.08	0.01	2 600

断面名称	垂线	采样时间	pH	溶解氧	高锰酸盐指数	化学需氧量	五日生化需氧量	氨氮	总磷	总氮	铜	锌	氟化物	硒	砷	汞	镉	六价铬	铅	氰化物	挥发酚	石油类	阴离子表面活性剂	硫化物	粪大肠菌群
武江桥	左	1月7日	7.30	11.2	1.3	6.1	1.0	0.206	0.04	1.10	0.001 1	0.039 8	0.180	0.000 2	0.007 0	0.000 01	0.000 11	0.004	0.000 01	0.001	0.001	0.04	0.04	0.005	10 000
武江桥	右	1月7日	7.35	11.0	1.4	6.4	1.1	0.236	0.04	1.12	0.000 9	0.040 3	0.202	0.000 2	0.006 7	0.000 01	0.000 09	0.004	0.000 01	0.001	0.001	0.04	0.05	0.005	10 800
武江桥	左	3月5日	7.29	9.5	1.2	7.1	1.1	0.226	0.07	1.52	0.001 5	0.048 3	0.196	0.000 2	0.010 0	0.000 04	0.000 27	0.004	0.001 8	0.002	0.001	0.04	0.02	0.005	20 000
武江桥	右	3月5日	7.28	9.6	1.4	7.2	1.3	0.242	0.06	1.52	0.001 7	0.081 2	0.197	0.000 2	0.010 4	0.000 06	0.000 56	0.004	0.002 7	0.002	0.001	0.04	0.01	0.005	18 000
武江桥	左	5月8日	7.34	7.4	1.2	5.2	0.6	0.108	0.04	1.45	0.001 0	0.018 4	0.244	0.000 2	0.013 1	0.000 01	0.000 05	0.004	0.000 1	0.001	0.001	0.04	0.01	0.005	8 200
武江桥	右	5月8日	7.36	7.3	1.2	5.8	0.5	0.184	0.05	1.50	0.001 0	0.018 8	0.253	0.000 2	0.013 0	0.000 01	0.000 06	0.004	0.000 2	0.002	0.001	0.04	0.03	0.005	7 700
武江桥	左	7月2日	7.45	7.9	1.0	7.0	0.8	0.037	0.06	2.21	0.001 2	0.048 7	0.107	0.000 2	0.011 5	0.000 01	0.000 04	0.004	0.001 3	0.001	0.001	0.04	0.03	0.005	8 000
武江桥	右	7月2日	7.43	7.5	1.0	7.0	0.7	0.048	0.05	2.07	0.001 0	0.046 2	0.099	0.000 2	0.011 4	0.000 01	0.000 04	0.004	0.000 9	0.001	0.001	0.04	0.01	0.005	7 300
武江桥	左	9月9日	7.18	7.6	1.3	8.3	1.2	0.231	0.08	0.99	0.000 8	0.005 9	0.245	0.000 2	0.009 8	0.000 03	0.000 07	0.004	0.001 8	0.001	0.001	0.04	0.01	0.005	20 000
武江桥	右	9月9日	7.16	7.7	1.3	8.5	1.1	0.256	0.07	0.93	0.000 8	0.086 5	0.254	0.000 2	0.009 7	0.000 03	0.000 07	0.004	0.003 6	0.001	0.001	0.04	0.01	0.005	20 000
武江桥	左	11月5日	7.55	8.6	1.2	7.4	1.0	0.142	0.04	0.84	0.001 2	0.012 7	0.317	0.000 2	0.006 4	0.000 01	0.000 01	0.004	0.000 1	0.001	0.001	0.04	0.01	0.005	19 000
武江桥	右	11月5日	7.53	8.6	1.1	7.4	1.0	0.153	0.04	0.82	0.001 4	0.009 1	0.323	0.000 2	0.006 8	0.000 01	0.000 01	0.004	0.000 1	0.001	0.001	0.04	0.01	0.005	19 400

表 7.2-9　2014 年 12 月韶关市武江水质监测结果

断面名称	采样时间	指标									
1 溢洲断面左岸	12 月 11 日	水温	pH	SS	S²⁻	CODCr	BOD5	DO	氨氮	总磷	石油类
		15.6	7.51	6	ND	ND	ND	9.38	ND	0.045	ND
		挥发酚	氟化物	总氮	铜	铅	六价铬	锰	砷	汞	—
		ND	0.33	ND	ND	ND	ND	ND	ND	ND	ND
	12 月 12 日	水温	pH	SS	S²⁻	CODCr	BOD5	DO	氨氮	总磷	石油类
		12.1	7.48	6	ND	ND	ND	9.25	ND	0.051	ND
		挥发酚	氟化物	总氮	铜	铅	六价铬	锰	砷	汞	—
		ND	0.30	ND	ND	ND	ND	ND	ND	ND	ND
	12 月 13 日	水温	pH	SS	S²⁻	CODCr	BOD5	DO	氨氮	总磷	石油类
		11.4	7.50	5	ND	ND	ND	9.34	ND	0.047	ND
		挥发酚	氟化物	总氮	铜	铅	六价铬	锰	砷	汞	—
		ND	0.32	ND	ND	ND	ND	ND	ND	ND	ND
2 溢洲断面右岸	12 月 11 日	水温	pH	SS	S²⁻	CODCr	BOD5	DO	氨氮	总磷	石油类
		15.5	7.55	ND	ND	ND	ND	9.44	0.028	0.055	ND
		挥发酚	氟化物	总氮	铜	铅	六价铬	锰	砷	汞	—
		ND	0.35	ND	ND	ND	ND	ND	ND	ND	ND
	12 月 12 日	水温	pH	SS	S²⁻	CODCr	BOD5	DO	氨氮	总磷	石油类
		12.0	7.52	ND	ND	ND	ND	9.36	ND	0.049	ND
		挥发酚	氟化物	总氮	铜	铅	六价铬	锰	砷	汞	—
		ND	0.38	ND	ND	ND	ND	ND	ND	ND	ND
	12 月 13 日	水温	pH	SS	S²⁻	CODCr	BOD5	DO	氨氮	总磷	石油类
		11.3	7.56	ND	ND	ND	ND	9.28	0.026	0.051	ND
		挥发酚	氟化物	总氮	铜	铅	六价铬	锰	砷	汞	—
		ND	0.33	ND	ND	ND	ND	ND	ND	ND	ND
3 七星墩断面左岸	12 月 11 日	水温	pH	SS	S²⁻	CODCr	BOD5	DO	氨氮	总磷	石油类
		16.1	7.51	7	ND	ND	ND	8.67	0.048	0.049	ND
		挥发酚	氟化物	总氮	铜	铅	六价铬	锰	砷	汞	—
		ND	0.036	0.06	ND	ND	ND	ND	ND	ND	ND
	12 月 12 日	水温	pH	SS	S²⁻	CODCr	BOD5	DO	氨氮	总磷	石油类
		12.5	7.48	6	ND	ND	ND	8.82	0.051	0.053	ND
		挥发酚	氟化物	总氮	铜	铅	六价铬	锰	砷	汞	—
		ND	0.033	0.07	ND	ND	ND	ND	ND	ND	ND
	12 月 13 日	水温	pH	SS	S²⁻	CODCr	BOD5	DO	氨氮	总磷	石油类
		12.3	7.50	7	ND	ND	ND	8.90	0.054	0.041	ND
		挥发酚	氟化物	总氮	铜	铅	六价铬	锰	砷	汞	—
		ND	0.038	0.06	ND	ND	ND	ND	ND	ND	ND

	断面名称	采样时间	指标									
4	七星墩断面右岸	12 月 11 日	水温	pH	SS	S²⁻	COD_Cr	BOD₅	DO	氨氮	总磷	石油类
			15.9	7.49	5	ND	ND	ND	8.82	0.065	0.035	ND
			挥发酚	氟化物	总氮	铜	铅	六价铬	锰	砷	汞	—
			ND	0.32	0.07	ND	ND	ND	ND	ND	ND	ND
		12 月 12 日	水温	pH	SS	S²⁻	COD_Cr	BOD₅	DO	氨氮	总磷	石油类
			12.2	7.46	5	ND	ND	ND	8.93	0.060	0.047	ND
			挥发酚	氟化物	总氮	铜	铅	六价铬	锰	砷	汞	—
			ND	0.29	0.08	ND	ND	ND	ND	ND	ND	ND
		12 月 13 日	水温	pH	SS	S²⁻	COD_Cr	BOD₅	DO	氨氮	总磷	石油类
			12.1	7.51	6	ND	ND	ND	8.97	0.057	0.039	ND
			挥发酚	氟化物	总氮	铜	铅	六价铬	锰	砷	汞	—
			ND	0.35	0.07	ND	ND	ND	ND	ND	ND	ND
5	长安断面左岸	12 月 11 日	水温	pH	SS	S²⁻	COD_Cr	BOD₅	DO	氨氮	总磷	石油类
			16.4	7.49	11	ND	ND	ND	8.98	0.057	0.051	ND
			挥发酚	氟化物	总氮	铜	铅	六价铬	锰	砷	汞	—
			ND	0.36	0.07	ND	ND	ND	ND	ND	ND	ND
		12 月 12 日	水温	pH	SS	S²⁻	COD_Cr	BOD₅	DO	氨氮	总磷	石油类
			13.3	7.50	10	ND	ND	ND	9.02	0.062	0.047	ND
			挥发酚	氟化物	总氮	铜	铅	六价铬	锰	砷	汞	—
			ND	0.033	0.08	ND	ND	ND	ND	ND	ND	ND
		12 月 13 日	水温	pH	SS	S²⁻	COD_Cr	BOD₅	DO	氨氮	总磷	石油类
			13.6	7.47	12	ND	ND	ND	8.93	0.065	0.055	ND
			挥发酚	氟化物	总氮	铜	铅	六价铬	锰	砷	汞	—
			ND	0.39	0.08	ND	ND	ND	ND	ND	ND	ND
6	长安断面右岸	12 月 11 日	水温	pH	SS	S²⁻	COD_Cr	BOD₅	DO	氨氮	总磷	石油类
			16.3	7.42	12	ND	ND	ND	9.10	0.051	0.045	ND
			挥发酚	氟化物	总氮	铜	铅	六价铬	锰	砷	汞	—
			ND	0.35	0.07	ND	ND	ND	ND	ND	ND	ND
		12 月 12 日	水温	pH	SS	S²⁻	COD_Cr	BOD₅	DO	氨氮	总磷	石油类
			13.0	7.45	10	ND	ND	ND	9.16	0.048	0.051	ND
			挥发酚	氟化物	总氮	铜	铅	六价铬	锰	砷	汞	—
			ND	0.36	0.07	ND	ND	ND	ND	ND	ND	ND
		12 月 13 日	水温	pH	SS	S²⁻	COD_Cr	BOD₅	DO	氨氮	总磷	石油类
			13.4	7.43	12	ND	ND	ND	9.05	0.057	0.049	ND
			挥发酚	氟化物	总氮	铜	铅	六价铬	锰	砷	汞	—
			ND	0.33	0.08	ND	ND	ND	ND	ND	ND	ND

	断面名称	采样时间	指标									
7	昌山断面左岸	12月11日	水温	pH	SS	S²⁻	CODCr	BOD₅	DO	氨氮	总磷	石油类
			17.5	7.45	5	ND	ND	ND	7.93	ND	0.039	ND
			挥发酚	氟化物	总氮	铜	铅	六价铬	锰	砷	汞	—
			ND	0.38	ND	ND	ND	ND	ND	ND	ND	ND
		12月12日	水温	pH	SS	S²⁻	CODCr	BOD₅	DO	氨氮	总磷	石油类
			14.4	7.42	5	ND	ND	ND	8.02	ND	0.041	ND
			挥发酚	氟化物	总氮	铜	铅	六价铬	锰	砷	汞	—
			ND	0.40	ND	ND	ND	ND	ND	ND	ND	ND
		12月13日	水温	pH	SS	S²⁻	CODCr	BOD₅	DO	氨氮	总磷	石油类
			14.1	7.46	6	ND	ND	ND	8.17	ND	0.035	ND
			挥发酚	氟化物	总氮	铜	铅	六价铬	锰	砷	汞	—
			ND	0.35	ND	ND	ND	ND	ND	ND	ND	ND
8	昌山断面右岸	12月11日	水温	pH	SS	S²⁻	CODCr	BOD₅	DO	氨氮	总磷	石油类
			17.3	7.47	8	ND	ND	ND	7.98	ND	0.035	ND
			挥发酚	氟化物	总氮	铜	铅	六价铬	锰	砷	汞	—
			ND	0.33	ND	ND	ND	ND	ND	ND	ND	ND
		12月12日	水温	pH	SS	S²⁻	CODCr	BOD₅	DO	氨氮	总磷	石油类
			14.2	7.50	6	ND	ND	ND	8.10	ND	0.039	ND
			挥发酚	氟化物	总氮	铜	铅	六价铬	锰	砷	汞	—
			ND	0.37	ND	ND	ND	ND	ND	ND	ND	ND
		12月13日	水温	pH	SS	S²⁻	CODCr	BOD₅	DO	氨氮	总磷	石油类
			14.0	7.46	6	ND	ND	ND	8.19	ND	0.033	ND
			挥发酚	氟化物	总氮	铜	铅	六价铬	锰	砷	汞	—
			ND	0.36	ND	ND	ND	ND	ND	ND	ND	ND
9	张滩断面左岸	12月11日	水温	pH	SS	S²⁻	CODCr	BOD₅	DO	氨氮	总磷	石油类
			18.6	7.46	8	ND	ND	ND	9.11	0.028	0.031	ND
			挥发酚	氟化物	总氮	铜	铅	六价铬	锰	砷	汞	—
			ND	0.35	0.06	ND	ND	ND	ND	ND	ND	ND
		12月12日	水温	pH	SS	S²⁻	CODCr	BOD₅	DO	氨氮	总磷	石油类
			14.9	7.48	7	ND	ND	ND	9.20	0.037	0.029	ND
			挥发酚	氟化物	总氮	铜	铅	六价铬	锰	砷	汞	—
			ND	0.31	0.05	ND	ND	ND	ND	ND	ND	ND
		12月13日	水温	pH	SS	S²⁻	CODCr	BOD₅	DO	氨氮	总磷	石油类
			15.3	7.50	9	ND	ND	ND	9.14	0.034	0.035	ND
			挥发酚	氟化物	总氮	铜	铅	六价铬	锰	砷	汞	—
			ND	0.37	0.06	ND	ND	ND	ND	ND	ND	ND

断面名称	采样时间	指标									
10 张滩断面右岸	12月11日	水温	pH	SS	S²⁻	COD_Cr	BOD₅	DO	氨氮	总磷	石油类
		18.5	7.52	6	ND	ND	ND	9.01	0.034	0.045	ND
		挥发酚	氟化物	总氮	铜	铅	六价铬	锰	砷	汞	—
		ND	0.37	0.07	ND	ND	ND	ND	ND	ND	ND
	12月12日	水温	pH	SS	S²⁻	COD_Cr	BOD₅	DO	氨氮	总磷	石油类
		14.8	7.50	8	ND	ND	ND	9.23	0.037	0.039	ND
		挥发酚	氟化物	总氮	铜	铅	六价铬	锰	砷	汞	—
		ND	0.34	0.06	ND	ND	ND	ND	ND	ND	ND
	12月13日	水温	pH	SS	S²⁻	COD_Cr	BOD₅	DO	氨氮	总磷	石油类
		15.0	7.53	6	ND	ND	ND	9.11	0.031	0.043	ND
		挥发酚	氟化物	总氮	铜	铅	六价铬	锰	砷	汞	—
		ND	0.40	0.07	ND	ND	ND	ND	ND	ND	ND

注：1. "ND"表示低检出限；

2. 水温单位：℃；

3. pH 为量纲一；

4. SS、S²⁻、COD_Cr、BOD₅、DO、氨氮、总磷单位：mg/L。

表 7.2-10　武江干流梯级开发河流底泥监测结果

采样点名称	污染物项目	监测值/(mg/kg)	标准值/(mg/kg)	底泥污染指数
武江桥断面	pH①	5.61	—	—
	铜	49	50	0.98
	铅	105	90	1.17
	镉	1.08	0.3	3.6
	总铬	68	150	0.45
	砷	47.6	40	1.19
	汞	1.2	1.8	0.67
溢洲断面	pH	5.55	—	—
	铜	46	50	0.92
	铅	12.3	90	0.14
	镉	0.03	0.3	0.1
	总铬	41	150	0.27
	砷	20.7	40	0.52
	汞	0.078	1.8	0.043
七星墩断面	pH	6.02	—	—
	铜	20	50	0.4
	铅	14.4	90	0.16
	镉	0.01	0.3	0.03
	总铬	45	150	0.3
	砷	26.2	40	0.65
	汞	0.613	1.8	0.34

采样点名称	污染物项目	监测值/ （mg/kg）	标准值/ （mg/kg）	底泥污染指数
长安断面	pH	6.15	—	—
	铜	41	50	0.82
	铅	40	90	0.44
	镉	0.26	0.3	0.87
	总铬	57	150	0.38
	砷	51.4	40	1.285
	汞	0.221	1.8	0.12
昌山断面	pH	6.22	—	—
	铜	17	50	0.34
	铅	6.5	90	0.72
	镉	0.02	0.3	0.07
	总铬	40	150	0.27
	砷	11.6	40	0.29
	汞	0.055	1.8	0.03
张滩断面	pH	5.71	—	—
	铜	19	50	0.38
	铅	28.8	90	0.32
	镉	0.01	0.3	0.03
	总铬	52	150	0.35
	砷	13.1	40	0.33
	汞	0.064	1.8	0.04

注：①pH 为量纲一。

表 7.2-11　武江干流及各断面底泥污染状况赋分成果　　　　　单位：mg/kg

评估河段	武江桥断面	溢洲断面	七星墩断面	长安断面	昌山断面	张滩断面
底泥污染状况赋分	24	100	100	90	100	100
最终赋分	86					

（4）水体自净能力评价结果

选择水中溶解氧浓度衡量水体自净能力，按照赋分标准，武江干流水体自净能力赋分情况如表 7.2-12 所示。

昌山变电站断面和武江桥断面 2009—2013 年的溶解氧监测结果见表 7.2-12。在乐昌峡以下已建的各梯级坝址上游 500 m 处布设一个取样断面，共 5 个水质监测断面。溶解氧监测结果见表 7.2-12。

由表 7.2-12 可知，武江干流溶解氧浓度均＞7.5 mg/L，且溶解氧浓度未超过当地大气压饱和值的 110%，根据赋分标准，武江干流水体自净能力赋分 100 分。

表 7.2-12　武江干流各监测断面水体自净能力赋分情况

序号	监测点位	监测情况					
1	昌山变电站断面（常规监测）	年份	2009	2010	2011	2012	2013
		溶解氧/（mg/L）	8.6	7.62	7.2	8.05	7.88
		平均/（mg/L）	7.87				
		赋分	100 分				
2	武江桥断面（常规监测）	年份	2009	2010	2011	2012	2013
		溶解氧/（mg/L）	7.81	7.98	8.1	8.87	8.66
		平均/（mg/L）	8.28				
		赋分	100 分				
3	溢洲断面左岸	年份	2014				
	溢洲断面右岸	溶解氧/（mg/L）	9.32				
		溶解氧/（mg/L）	9.36				
		平均/（mg/L）	9.34				
		赋分	100 分				
4	七星墩断面左岸	年份	2014				
	七星墩断面右岸	溶解氧/（mg/L）	8.80				
		溶解氧/（mg/L）	8.91				
		平均/（mg/L）	8.86				
		赋分	100 分				
5	长安断面左岸	年份	2014				
	长安断面右岸	溶解氧/（mg/L）	8.98				
		溶解氧/（mg/L）	9.10				
		平均/（mg/L）	9.04				
		赋分	100 分				
6	昌山断面左岸	年份	2014				
	昌山断面右岸	溶解氧/（mg/L）	8.04				
		溶解氧/（mg/L）	8.33				
		平均/（mg/L）	8.19				
		赋分	100 分				
7	张滩断面左岸	年份	2014				
	张滩断面右岸	溶解氧/（mg/L）	9.15				
		溶解氧/（mg/L）	9.12				
		平均/（mg/L）	9.13				
		赋分	100 分				
	武江干流	综合赋分	100 分				

7.2.2.3 生物评价结果

（1）大型底栖无脊椎动物完整性指数评价结果

武江干流大型底栖无脊椎动物调查结果见 1.4 节。

根据调查结果，得出各站位大型底栖动物多样性指数，见 1.4 节。

赋分结果

各站位大型底栖无脊椎动物丰富度指数在 0.443～2.042，均值为 1.152；均匀度指数在 0.192～0.788，均值为 0.566；Shannon-Wiener 指数在 0.281～0.749，均值为 0.460，整体而言，各站位底栖动物多样性指数都不高。

大型底栖无脊椎动物为河流健康评估的基本指标，对河流健康评估十分重要。选取 Shannon-Wiener 多样性指数、Margalef 丰富度指数和 Pielou 均匀度指数作为大型底栖无脊椎动物完整性指数计算指标，公式如下：

$$H' = -\sum_{i=1}^{S} P_i \times \log_2(P_i)$$
$$D = (S-1)/\log_2 N \qquad (7\text{-}1)$$
$$J = H/\log_2 S$$

式中，H —— Shannon-Wiener 多样性指数；

n —— 单个物种的数量；

S —— 群落中所有物种的数目；

D —— Margalef 丰富度指数；

N —— 所有物种的数量；

J —— Pielou 均匀度指数；

P_i —— n/N。

根据赋分标准（表 7.2-13），通过赋分表计算出各点位 Shannon-Wiener 多样性指数、Margalef 丰富度指数和 Pielou 均匀度指数 3 个指数所对应的得分，取其算术平均数作为该点位大型底栖无脊椎动物完整性指数的得分（表 7.2-14）。

综上，武江干流大型底栖无脊椎动物完整性指数的得分为 46 分。

表 7.2-13　武江干流大型底栖无脊椎动物赋分标准

指数	Shannon-Wiener 多样性指数（H）	Margalef 丰富度指数（D）	Pielou 均匀度指数（J）	赋分
评价水体标准	—	0 严重污染类型	0～0.3 重污染	0
	0～1 严重污染	0～1 重污染类型	0.3～0.5 中污染	40
	1～2 中度污染	1～2 中污染类型	—	60
	2～3 中度污染	2～3 轻污染类型	0.5～0.8 无污染或轻污染	80
	>3 轻度污染或无污染	>3 清洁环境类型	—	100

表 7.2-14　武江干流大型底栖无脊椎动物各点位赋分情况

名称	点位	Margalef 丰富度指数（D）	Pielou 均匀度指数（J）	Shannon-Wiener 多样性指数（H）	平均分
武江干流	张滩	0.443	0.192	0.265	26
	西坑水	1.554	0.765	0.730	60
	昌山	2.042	0.749	0.749	66
	杨溪水	0.913	0.788	0.551	53
	长安	0.973	0.402	0.281	26
	靖村	1.092	0.452	0.316	46
	七星墩	1.607	0.527	0.476	52
	廊田	0.588	0.651	0.311	40
均值		1.152	0.566	0.460	46

（2）鱼类保有指数评价结果

武江干流鱼类调查结果见 1.4 节。

根据调查结果，得出武江鱼类分布情况，见表 7.2-15，历史记录鱼类有 82 种，2014 年调查结果显示鱼类为 66 种。

表 7.2-15　武江鱼类分布情况

鱼类	历史记录		2014 年调查	
	乐昌市	黎市镇	桂头镇	黎市镇
一、鲤形目（Cyprinifomes）				
（一）鲤科（Cyprinidae）				
1. 宽鳍鱲（*Zacco platypus*）	+	+	+	+
2. 马口鱼（*Opsariichthys bidens*）	+	+	+	
3. 青鱼（*Mylopharyngodon piceus*）	+			+
4. 草鱼（*Ctenopharyngodon idellus*）	+		+	+
5. 赤眼鳟（*Squaliobarbus curriculus*）	+		+	+
6. 海南红鲌（*Erythroculter recurviceps*）		+		+
7. 翘嘴红鲌（*Erythroculter alburnus*）	+	+	+	+
8. 三角鲂（*Megalobrama terminal*）	+			
9. 团头鲂（*Megalobrama amblycephala*）				+
10. 鳌（*Hmiculter leucisxulus*）	+		+	+
11. 半鳌（*Hmiculter sauvagei*）	+	+		
12. 南方拟鳌（*Pseudohemiculter dispar*）	+		+	+
13. 线细鳊（*Rasborinus lineatus*）	+	+		
14. 银鲴（*Xenocypris argentea*）	+		+	+

鱼类	历史记录		2014 年调查	
	乐昌市	黎市镇	桂头镇	黎市镇
15. 鳙（*Aristichthys nobilis*）	+		+	+
16. 鲢（*Hypophthalmichthys molitrix*）	+		+	+
17. 大鳍骨（*Hemibarbus macracanthus*）	+			
18. 唇骨（*Hemibarbus labeo*）	+		+	+
19. 花骨（*Hemibarbus maculatus*）	+		+	
20. 麦穗鱼（*Pseudorasbora parva*）	+		+	+
21. 小鳈（*Sarcocheilichthys parvus*）	+			+
22. 黑鳍鳈（*Sarcocheilichthys nigripinnis*）	+			
23. 银色颌须鮈（*Gnathopogon argentatus*）	+	+	+	+
24. 银鮈（*Squalidus argentatus*）	+		+	+
25. 棒花鱼（*Abbottina rivularis*）	+		+	+
26. 乐山棒花鱼（*Abbottina kiatingensis*）	+			
27. 片唇鮈（*Platysmacheilus exigums*）	+			
28. 似鮈（*Pseudogobio vaillanti vaillanti*）	+			+
29. 蛇鮈（*Saurogobio dabryi*）	+		+	
30. 短须鱊（*Acheilognathus barbatulus*）	+			+
31. 越南鱊（*Acanthorhodeus tonkinensis*）	+		+	+
32. 大鳍刺鳑鲏（*Rhodeus macropterus*）	+			
33. 兴凯刺鳑鲏（*Rhodeus chankacensis*）	+			
34. 中华鳑鲏（*Rhodeus sinesis*）	+		+	+
35. 条纹二须鲃（*Capoeta semifasciolata*）	+	+	+	+
36. 光倒刺鲃（*Spinibarbus caldwelli*）	+	+	+	+
37. 倒刺鲃（*Spinibarbus denticulatus denticulatus*）	+		+	
38. 北江光唇鱼（*Acrossocheilus beijiangensis*）	+	+		
39. 珠江虹彩光唇鱼（*Acrossocheilus zhujiangensis*）	+			
40. 细身光唇鱼（*Acrossocheilus elongatus*）	+			
41. 长鳍光唇鱼（*Acrossocheilus longipinnis*）	+			
42. 侧条光唇鱼（*Acrossocheilus parallens*）	+	+	+	+
43. 南方白甲鱼（*Varicorhirnus gerlachi*）	+		+	
44. 白甲鱼（*Varicorhirnus sima*）	+			
45. 卵形白甲鱼（*Varicorhirnus ovalis ovalias*）	+			
46. 稀有白甲鱼（*Varicorhirnus rarus*）	+			
47. 小口白甲鱼（*Varicorhirnus lini*）	+			
48. 瓣结鱼（*Tor brevifilis brevifilis*）	+	+		
49. 纹唇鱼（*Osteoichilus salsburyi*）	+			
50. 鲮（*Cirrhina molitorella*）	+		+	+
51. 麦瑞加拉鲮（*Cirrhina mrigola*）			+	+

鱼类	历史记录		2014 年调查	
	乐昌市	黎市镇	桂头镇	黎市镇
52．桂华鲮（*Sinilabeo decorus*）	+			
53．异华鲮（*Parasinlabos assimilis*）	+			
54．唇鲮（*Semilabeo notabilis*）	+			
55．东方墨头鱼（*Garra orientalis*）	+		+	+
56．三角鲤（*Cyprinus multitaeniata*）	+			+
57．鲤（*Cyprinus carpio*）	+	+	+	+
58．鲫（*Carassius auratus*）	+		+	+
59．南方长须鳅鮀（*Gobiobotia longgibarba meridionalis*）	+			+
60．海南鳅鮀（*Gobiobotia kolleri*）	+			
（二）鳅科（Cobitidae）				
61．横纹条鳅（*Nemacheilus fasciolatus*）	+	+		+
62．花斑副沙鳅（*Parabotia fasciolata*）			+	+
63．沙花鳅（*Cobitis arenae*）	+		+	+
64．泥鳅（*Misgurnus anguillicaudatus*）	+	+	+	+
（三）平鳍鳅科（Homalopteridae）				
65．平舟原缨口鳅（*Vanmanenia pingchowensis*）	+		+	+
66．广西华平鳅（*Pseudogastromyzon fangi*）				+
67．刺臀华吸鳅（*Sinogastromyzon wui*）	+	+		
68．贵州细尾爬岩鳅（*Beaufortia kweichowensis gracilicauda*）	+		+	
二、鲇形目（Siluriform）				
（四）鲇科（Siluridae）				
69．鲇（*Silurus asotus*）	+		+	+
（五）长臀鮠科（Cranoglanididae）				
70．长臀鮠（*Cranoglanididae bouderiusbouderius*）			+	
（六）胡子鲇科（Clariidae）				
71．胡子鲇（*Clarias fuscus*）	+	+	+	+
（七）鲿科（Bagridae）				
72．黄颡鱼（*Pelteobagrus fulvidraco*）	+	+	+	+
73．瓦氏黄颡鱼（*Pelteobagrus vachelli*）	+	+	+	
74．粗唇鮠（*Leiocassis crassilabris Gunther*）	+	+	+	+
75．纵带鮠（*Leiocassis argentivittatus*）	+			
76．细身拟鲿（*Pseudobagrus gracilis*）	+			+
77．斑鳠（*Mystus guttatus*）	+	+	+	+
（八）鮡科（Sisoridae）				
78．福建纹胸鮡（*Glyptothorax fokiensis*）		+		+
三、合鳃鱼目（Synbranchiform）				
（九）合鳃鱼科（Synbanchidae）				
79．黄鳝（*Monopterus albus*）	+	+	+	+

鱼类	历史记录		2014 年调查	
	乐昌市	黎市镇	桂头镇	黎市镇
四、鳉形目（Syprinodontiformes）				
（十）鳉科（Oryziatidae）				
80．青鳉（*Oryzias latipes*）	+			
五、鲈形目（Perciformes）				
（十一）鮨科（Serranidae）				
81．大眼鳜（*Siniperca kneri*）	+	+	+	+
82．斑鳜（*Siniperca scherzeri*）			+	+
（十二）丽鱼科（Cichlidae）				
83．莫桑比克罗非鱼（*Tilapia mossambica*）			+	+
84．尼罗罗非鱼（*Tilapia niloticus*）		+	+	+
（十三）塘鳢科（Eleotridae）				
85．尖头塘鳢（*Eleotris oxycephala*）			+	+
（十四）鰕虎鱼科（Gobiidae）				
86．子陵吻鰕虎（*Rhinogobit giurinus*）			+	+
87．溪吻鰕虎（*Rhinogobit duospilus*）		+		+
（十五）攀鲈科（Anabantiidae）				
88．攀鲈（*Anabas testudineus*）		+		+
（十六）斗鱼科（Belontiidae）				
89．歧尾斗鱼（*Macropodus opercularis*）	+			+
（十七）鳢科（Channidae）				
90．斑鳢（*Channa maculata*）	+	+	+	+
91．月鳢（*Channa asiatica*）	+		+	+
92．南鳢（*Channa gachua*）	+			
（十八）刺鳅科（Mastacembelidae）				
93．大刺鳅（*Mastacembelus armatus*）	+	+	+	+
94．刺鳅（*Mastacembelus aculeatus*）	+			
六、鳗鲡目（Anguilliformes）				
（十九）鳗鲡科（Anguillidae）				
95．鳗鲡（*Anguilla japonica*）	+	+	+	+

注：+ 表示该物种在该区域被采集到。

（3）赋分结果

对河流健康评估而言，鱼类保有指数为必选指标，其目的为评价现状鱼类种数与历史参考点鱼类种数的差异状况。

根据历史情况及现状调查，计算鱼类保有指数为 76.7，按照赋分标准赋分为 61 分。

7.2.2.4　社会服务功能评价结果

（1）防洪达标率评价结果

结合影像数据解译、现场调研、资料分析，武江干流均建设有堤防，均达标，按照赋

分标准防洪达标率指标赋分 100 分。

（2）通航保证率

2016 年 7 月，由广东省交通运输规划研究中心编制完成的《广东省内河航道中长期发展规划研究（送审稿）》已将武江桂头至武江口河段 36 km 的航道规划研究提升至Ⅲ级航道，日通航时间 22 h，年通航天数 330 天。近年来，航道部门对乐昌—韶关段航道进行了整治，全线 66 km 航道尺度已达到水深 0.8 m，航宽 18 m，弯曲半径 120 m，通航保证率 91%，常年通航 50 t 级船舶、桂头段以下通航 100 t 级船舶。武江干流通航保证率赋分为 80 分。

（3）河流集中式饮用水水源地水质达标率评价结果

1）乐昌市生活饮用水水源地

收集乐昌水厂上游 100 m 处断面 2003—2007 年丰水期、平水期、枯水期的水质监测资料和 2008 年张滩电站上游 500 m 处断面的水质监测资料，见表 4.4-1～表 4.4-3。

乐昌水厂上游 100 m 断面位于乐昌市生活饮用水水源地一级保护区范围内，水质目标为Ⅱ类，张滩电站上游 500 m 断面位于乐昌市生活饮用水水源地二级保护区范围内，水质目标为Ⅱ类。

由表 4.4-1～表 4.4-3 可知，武江干流梯级工程开发建设前，乐昌水厂上游 100 m 断面 2003—2007 年全年水质类别依次为Ⅱ类、Ⅱ类、Ⅲ类、Ⅱ类、Ⅱ类，其中 2003—2005 年枯水期和平水期水质略差，2003 年平水期氨氮为Ⅲ类，2004 年枯水期石油类为Ⅳ类，2005 年枯水期和平水期 Hg 为Ⅲ类。从 2003—2007 年的水质趋势分析，乐昌水厂上游 100 m 断面全年水质在Ⅱ～Ⅲ类，略有下降—上升的趋势，总体水质基本达到水环境功能要求。2008 年 3 月的监测结果显示，张滩电站上游 500 m 断面水质能够达到地表水Ⅱ类水质标准要求。

2014 年 12 月 11—13 日在乐昌峡以下已建的各梯级坝址上游 500 m 处各布设了一个取样断面，进行水质取样分析，其中张滩电站上游 500 m 断面位于乐昌市生活饮用水水源地二级保护区范围内，监测数据见表 7.2-9。

由表 7.2-9 可知，张滩电站上游 500 m 断面现状水质达到《地表水环境质量标准》（GB 3838—2002）Ⅱ类水质要求，符合集中式饮用水水源标准，表明研究河段水质良好。

2）韶关市武江饮用水水源地

根据《韶关市溢洲水电站环境影响补充报告书》（2009 年）中溢洲水电站下游十里亭断面 2002 年的水质情况和 2014 年 12 月在溢洲水电站上游 500 m 断面水质监测数据。溢洲水电站下游十里亭断面位于韶关市武江饮用水水源地一级保护区范围内，水质目标为Ⅱ类水；溢洲水电站上游 500 m 断面位于韶关市武江饮用水水源地二级保护区范围内，水质目标为Ⅱ类水。

《韶关市溢洲水电站环境影响补充报告书》（2009 年）中对于十里亭饮用水水源地水质历史监测结果总结如下：该段水域水质良好，大多数指标都属于 I 类标准，部分属于 II 类标准，符合集中式饮用水水源标准，但铅的年平均值属于 III 类标准，主要是监测频次不足造成的，监测时段内可能有短时间的铅浓度增大，引起平均值的增大。纵观十里亭断面多年对铅的监测，铅的年平均浓度都达到 I 类标准，分析某些时段的浓度增大原因可能是矿物中铅的溶出在局部时段增多，但从全年时段看，铅仍然达标。

2014 年 12 月 11—13 日在乐昌峡以下已建的各梯级坝址上游 500 m 处分别布设了一个取样断面，进行水质取样分析，其中溢洲水电站上游 500 m 断面位于韶关市武江饮用水水源地二级保护区范围内，监测数据见表 7.2-9。

由表 7.2-9 可知，溢洲水电站上游 500 m 断面现状水质达到《地表水环境质量标准》（GB 3838—2002）II 类水质要求，符合集中式饮用水水源标准，研究河段水质良好。

综上，武江干流集中式饮用水水源地水质达标率 100%，按照赋分标准赋分 100 分。

（4）公众满意程度评价结果

本次共发放公众满意度调查表 140 份，收回 126 份，主要调查对象包括沿河居民、河道管理者、河道周边从事生产活动及旅游人士，调查年龄为 15～70 岁，文化程度从小学至大学以上。根据收回的 126 份武江干流满意度调查表，参照赋分标准整体赋分 94 分，见表 7.2-16 和表 7.2-17。

表 7.2-16 公众调查参与对象构成统计

项目		合计	比例/%
调查总人数		126	100
性别	男	71	56
	女	55	44
年龄/岁	10～19	1	1
	20～29	8	6
	30～39	23	18
	40～49	43	34
	50～59	38	30
	60 以上	13	10
文化程度	小学	14	11
	初中	81	64
	高中	27	21
	中专以上	4	3

表 7.2-17　武江干流公众满意程度赋分成果

总体满意度	很满意（90～100）	满意（75～90）	基本满意（60～75）	不满意（0～60）
人数/人	106	18	2	0
公众满意度	90			
赋分	94 分			

7.2.2.5　武江干流评价结果

对武江干流的健康状况进行评价，主要从"盆""水"、生物、社会服务功能 4 个准则层出发，对武江干流河流健康进行综合评价时，按照目标层、准则层及指标层逐层加权的方法，计算得到河流健康最终评价结果，评价结果见表 7.2-18、图 7.2-2～图 7.2-4。

表 7.2-18　武江干流河流健康评价成果

准则层	准则层权重	准则层赋分	指标层		指标权重	指标层赋分
"盆"	0.2	66.75	河流纵向连通指数		0.25	0
			岸线自然状况		0.375	82
			违规开发利用水域岸线程度		0.375	96
"水"	0.3	91.83	水量	生态流量满足程度	0.265	100
			水质	水质优劣程度	0.265	80
				底泥污染状况	0.205	86
				水体自净能力	0.265	100
生物	0.2	56.05	大型底栖无脊椎生物完整性指数		0.33	46
			鱼类保有指数		0.67	61
社会服务功能	0.3	86	防洪达标率		0.23	100
			通航保证率		0.23	80
			河流集中式饮用水水源地水质达标率		0.23	100
			公众满意程度		0.31	94
武江干流综合评价			赋分		78	
			等级		二类河流	
			颜色		绿色	
			健康状态		健康	

由评价结果可知，武江干流赋分 78 分，为二类河流，处于健康状态。由 4 个准则层赋分结果发现："盆"准则层赋分 66.75 分，处于亚健康状态；"水"准则层赋分 91.83 分，处于非常健康状态；生物准则层赋分 56.05 分，处于不健康状态；社会服务功能准则层赋

分 86 分，处于非常健康状态。

"盆"准则层中的河流纵向连通指数指标分数较低，原因为武江干流建设有 7 个梯级电站，按照《河湖健康评价指南》赋分标准，单位河长内影响河流连通性的建筑物或设施数量≥1.2 则赋分为 0 分，根据计算武江干流河流纵向连通指数为 8.6，赋分 0 分；岸线自然状况指标赋分 82 分；违规开发利用水域岸线程度指标赋分 96 分。

"水"准则层包括水量和水质，水量中生态流量满足程度赋分较高，梯级电站的建设，未对河道生态流量产生明显影响；水质下设 3 个具体指标表征，水质优劣程度指标赋分 80 分，底泥污染状况指标赋分 86 分，水体自净能力指标赋分 100 分。

生物准则层赋分为 56.05 分，该准则层下设大型底栖无脊椎生物完整性指数和鱼类保有指数两个指标，两个指标采用现场调查和结合历史数据的方式进行分析评价，另外，鱼类保有指数按照整条河流进行评价，该指标赋分 61 分，说明武江干流鱼类相对历史鱼类有所损失。大型底栖无脊椎动物完整性指数选取 Shannon-Wiener 多样性指数、Margalef 丰富度指数和 Pielou 均匀度指数作为计算指标，对应赋分标准为 46 分。

社会服务功能准则层下设 4 个指标，防洪达标率指标赋分 100 分；通航保证率指标赋分 80 分；河流集中式饮用水水源地水质达标率赋分 100 分；公众满意度赋分 94 分。

综上，武江干流评定为二类河湖，说明河流在形态结构完整性、水生态完整性与抗扰动弹性、生物多样性、社会服务功能可持续性等方面保持健康状态，但在某些方面还存在一定缺陷，应当加强日常管护，持续对河流健康提档升级。

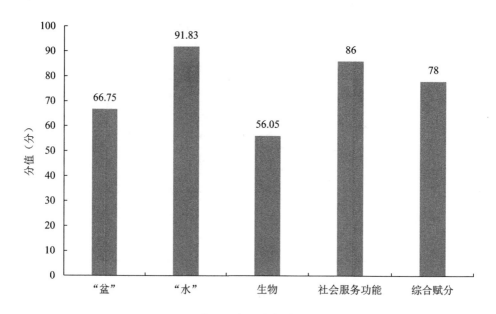

图 7.2-2   武江干流不同准则层评估成果

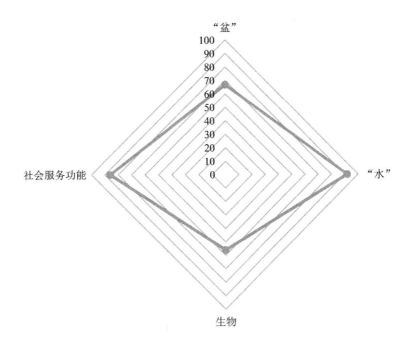

图 7.2-3　武江干流准则层赋分成果

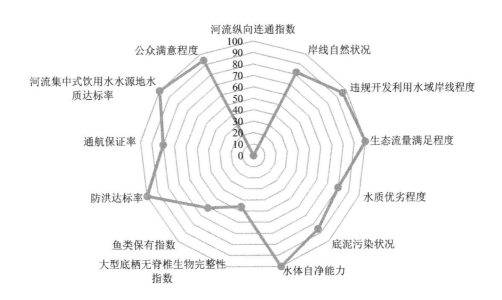

图 7.2-4　武江干流指标层赋分成果

7.3　武江干流健康评价结果与分析

根据武江干流各指标层、准则层及综合赋分情况，说明河流健康整体特征以及不健康的主要表征；从"盆""水""生物""社会服务功能" 4 个准则层，以及具体指标研判，从点一线一面全方位诊断问题，根据评估结果溯源，分析不健康的主要压力，给出改进意见，为下一步实施"一河一策"方案编制提供精准依据。

7.3.1　武江干流健康整体特征

武江干流健康评价总得分 78 分，处于 75～90 分，为健康状态，为二类河流；"盆"准则层赋分 66.75 分，处于亚健康状态；"水"准则层 91.83 分，处于非常健康状态；生物准则层 56.05 分，处于不健康状态；社会服务功能 86 分，处于非常健康状态。

7.3.2　武江干流不健康的主要表征

武江干流总体处于健康水平，但从各准则层以及各指标来看，仍然有部分指标处于不健康状态。

"盆"准则层中的河流纵向连通指数指标分数较低，原因为武江干流建设有 7 个梯级电站，按照《河湖健康评价指南》赋分标准河流纵向连通指数为 0 分。

"水"准则层包括水量和水质，水质下设 3 个具体指标表征，其中底泥污染指数赋分 86 分，武江桥断面底泥污染指数为 3.6，镉含量超标；昌山变电站和武江桥断面的各项监测指标均能达到《地表水环境质量标准》（GB 3838—2002）Ⅲ类标准；乐昌峡以下已建各梯级坝址上游 500 m 处布设一个取样断面，共 5 个水质监测断面，水质均达到《地表水环境质量标准》（GB 3838—2002）Ⅱ类水质要求，综合监测结果对水质优劣程度赋分 80 分。

"生物"准则层赋分为 56.05 分，该准则层下设大型底栖无脊椎生物完整性指数和鱼类保有指数两个指标，两个指标采用现场调查和结合历史数据的方式进行分析评价，另外，鱼类保有指数按照整条河流进行评价，该指标赋分 61 分，说明武江干流鱼类相对历史鱼类有所损失。大型底栖无脊椎动物完整性指数选取 Shannon-Wiener 多样性指数、Margalef 丰富度指数和 Pielou 均匀度指数作为计算指标，对应赋分标准为 46 分。

综合分析，武江干流河流健康状态水平相对较差的指标主要为河流纵向连通指数、大型底栖无脊椎动物完整性指数及鱼类保有指数。

7.3.3　武江干流不健康的主要压力

（1）流域内梯级开发工程阻隔

随着社会经济的发展，武江干流水资源开发利用程度较高，乐昌峡塘角坝址以下的武江干流河段建设了 7 座梯级电站。

（2）流域内饮用水安全形势严峻

武江干流内产业结构及布局不尽合理，工业点源污染治理和污水处理效率偏低，农村面源污染治理严重滞后，水环境监测和预警应急能力不强等情况对武江干流河流健康造成一定隐患。

（3）水生态环境有待改善

生物指标调查结果显示，大型底栖无脊椎动物、鱼类种类较历史状况均存在损失现象。

7.3.4　武江干流保护对策建议

武江干流健康管理是平衡生态保护与开发利用的重要手段，在有效保护干预的作用下，武江干流修复目标是实施干流梯级电站生态调度措施，加强河道纵向连通性，实施全流域污染源严格控制等一系列措施，紧盯"一个关键"——梯级开发，夯实"两个行动"——彻底清除"四乱"和落实生态流量，统筹"三个区域"——从全流域实施系统治理，精准"多项管理"——从点、线、面全方位精准管理，保持武江干流的健康状态。提出以下对策建议：

（1）深入推进河湖"清四乱"常态化规范化

深入推进河湖"清四乱"常态化规范化，加强河湖日常巡查管护，持续清理整治河湖"四乱"问题，坚决遏增量、清存量。对 2019 年 1 月 1 日以后出现涉河湖违建和非法围河围湖等违法违规问题的，严肃追究有关单位和人员责任。对已发现"四乱"及时清退。

（2）落实生态流量下放措施，保证河道基本生态环境

采取梯级电站生态优化调度措施，在考虑流域内基本生态环境需水、目标生态环境需水和敏感生态需水要求下，明确主要生态需水对象、生态需水量及需水过程要求；在统筹协调发电、灌溉、防洪、供水等综合利用的前提下，提出兼顾生态需水保障要求的水电站优化调度运用原则、方式、流量监控及保障措施。

（3）恢复河道纵向连通性

武江干流梯级开发等人类活动，造成鱼类洄游通道受阻。目前可采取适宜的过鱼设施或方案来缓解重要水生生物洄游通道受阻隔的情况。国内外的过鱼设施主要有仿自然通道、鱼道、升鱼机和集运鱼系统等。针对目前已建电站可采取集运鱼船系统或网捕过坝等过鱼措施。

（4）深化夯实水环境治理工作

坚持"控（源）、截（污）、清（淤）、补（水）、管（理）"五字治水方针，实施推进网格化治水、排水单元达标攻坚，践行"三源""四洗""五清"等一系列做法，在现有水环境治理工作基础上，继续深化找准问题，精准把脉对症施策。秉承流域系统治理的理念，统筹全流域、全方位、全覆盖解决污染问题，结合多种手段首先溯源解析，对症施策。

（5）定期常态化健康评价机制

按照《河湖健康评价指南》的要求，定期开展评价工作，定期向社会公布河流健康状况，加强全社会保护河流的意识，形成常态化健康评价机制，逐步建立河湖健康档案。

（6）精准管理

以实行"河长制"和"最严格水资源管理制度"为抓手，加强河道水资源保护、河道水域岸线管理保护，加强水污染防治、水环境治理、水生态修复等，滚动编制完善"一河（湖）一策"方案，推动全流域系统治理，切实提高河流健康的管理水平。

7.3.5   梯级开发对武江干流河流健康的影响

根据武江干流河流健康评价结果，分析发现梯级开发对于河流健康存在不同程度的影响。

"盆"准则层：梯级开发对武江干流"盆"准则层的影响主要体现在河流纵向连通指数这一指标。梯级水电站的建设影响了武江干流的河流纵向连通指数，河流纵向连通指数较高表明可能妨碍或阻止鱼类到达必要的栖息地，有可能影响鱼类的分布、种群结构、繁殖成功率和许多物种的扩散。因连通性受阻而导致的一系列水生态、水坏境、水安全问题，严重制约了区域经济和社会的可持续发展。根据对武江干流梯级电站的研究，7 个梯级电站均能满足生态流量保障。武江干流岸线自然状况和违规开发利用水域岸线程度两个指标分别赋分为 82 分和 96 分，梯级开发无显著影响。

"水"准则层：从武江干流生态流量满足程度、水质优劣程度、底泥污染状况及水体自净能力 4 个指标来研究梯级开发对"水"准则层的影响。各梯级工程最小下泄流量基本满足河道生态需水要求，表明梯级开发对武江干流生态流量满足程度无显著影响。本研究对武江干流 2009—2013 年、2014 年、2017 年的水质监测数据进行了分析，并对武江干流 2014 年和 2017 年的底泥监测数据进行了分析，研究发现，武江干流地表水水质状况良好，武江干流底泥污染状况良好，体自净能力赋分 100 分，综上，梯级开发对"水"准则层的相关指标无显著影响。

"生物"准则层：根据对武江干流水生态环境的调查分析，武江干流的大型底栖无脊椎动物生物完整性指数和鱼类保有指数两个指标均较低，一方面可能与韶关市经济发展规划导致的武江干流两岸岸线发生改变，从而影响到流域生态有关；另一方面可能是梯级开

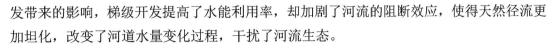

发带来的影响，梯级开发提高了水能利用率，却加剧了河流的阻断效应，使得天然径流更加坦化，改变了河道水量变化过程，干扰了河流生态。

"社会服务功能"准则层：梯级开发通过人为规划和实施，能有效提高防洪达标率和通航保证率。根据乐昌水厂和张滩电站的常规水质监测资料，武江干流河流集中式饮用水水源地水质达标率为 100 分，表明梯级开发无显著影响。根据公众满意度调查，公众对武江干流满意程度较高，表明梯级开发对武江干流未产生较大影响。

综上所述，梯级开发在 4 个层面对武江干流均存在不同程度的影响，其中对"盆"准则层的河流连通纵向指数和"生物"准则层产生较大影响。

参考文献

[1] 我国河流流域梯级水电开发状况及特点[OL]. http://www.chinalww.com/20060914/115824931048979.shtml.

[2] 包先霞,毛旭锋,魏晓燕,等. 梯级水坝对高原河流健康的影响研究——以青海湟水城区段为例[J]. 北京师范大学学报(自然科学版),2021,57(2):246-254.

[3] 张炜华,刘华斌,罗火钱. 河流健康评价研究现状与展望[J]. 水利规划与设计,2021(4):57-62.

[4] 赵科学,王立权,李铁男,等. 关于河湖健康评估中指标赋分方法的优化[J]. 水利科学与寒区工程,2021,4(2):10-14.

[5] 张磊,季颖,陈旭坤. 基于多指标分析法的南通市如海运河河流健康评价及治理对策[J]. 江苏水利,2021(2):5-10.

[6] 彭翠华,宋旭燕,孙景昆. 雅砻江中下游水电规划调整对水环境的影响研究[J]. 甘肃水利水电技术,2020,56(10):6-9.

[7] 魏显贵. 黄河龙羊至茨哈段梯级电站建设对鱼类生态影响及保护措施研究[D]. 青海省,黄河上游水电开发有限责任公司,2018-11-29.

[8] 杨志凌. 广西龙江干流环境影响回顾性评价[J]. 广西水利水电,2018(3):74-79.

[9] 农定飞,韩方虎,杨美临. 马过河流域梯级开发对植被及景观格局的影响研究[J]. 华中师范大学学报(自然科学版),2018,52(1):80-88.

[10] 任重,王丽,黄少峰. 左江流域梯级电站开发对流域水生生态环境影响回顾及改善对策[A]//国际水生态安全中国委员会、河海大学环境学院、中国疏浚协会、浙江省生态经济促进会、浙江省水利学会. 加强城市水系综合治理 共同维护河湖生态健康——2016 第四届中国水生态大会论文集[C]. 国际水生态安全中国委员会、河海大学环境学院、中国疏浚协会、浙江省生态经济促进会、浙江省水利学会:北京沃特咨询有限公司,2016:4.

[11] 徐守云,崔光云. 面向生态的流域梯级电站调度研究[J]. 科技创新与应用,2015(23):218.

[12] 钟姗姗. 流域水电梯级开发项目累积环境影响作用机制及评价研究[D]. 长沙:中南大学,2013.

[13] 孙然好,魏琳沅,张海萍,等. 河流生态系统健康研究现状与展望——基于文献计量研究[J]. 生态学报,2020,40(10):3526-3536.

[14] 黄毅. 白龙江干流沙川坝—苗家坝河段水电梯级开发对生态环境影响的评价[J]. 甘肃水利水电技术,2010,46(8):1-3,9.

[15] 李柏山,李海燕,周培疆. 汉江流域水电梯级开发对生态环境影响评价研究[J]. 人民长江,2016,47(23):16-22,54.

[16] 文伏波,韩其为,许炯心,等. 河流健康的定义与内涵[J]. 水科学进展,2007(1):140-150.

[17] 王敏，张垚，肖志豪，等．基于"3S"技术的生态环境影响回顾性评价——以巫水流域水电梯级开发为例[J]．华中师范大学学报（自然科学版），2013，47（05）：687-691.

[18] 闫业庆，胡雅杰，孙继成，等．水电梯级开发对流域生态环境影响的评价——以白龙江干流（沙川坝—苗家坝河段）为例[J]．兰州大学学报（自然科学版），2010，46（S1）：42-47，53.

[19] 徐雅俊．基于河湖健康评估技术导则的公信河健康状况评估[J]．吉林水利，2021（5）：4-7，15.

[20] 张道军，朱麦云，张昭，等．流域生态环境可持续发展论[M]．郑州：黄河水利出版社，2001：12-13，24-30.

[21] 冯雪，赵鑫，李青云，等．水利工程地下水环境影响评价要点及方法探讨——以某水电站建设项目为例[J]．长江科学院院报，2015，32（1）：39-42.

[22] 孙华林．水利工程规划的生态环境影响探析[J]．工程建设与设计，2016（12x）：100-102.

[23] 杨雪萍，孙彩平．基于水利工程建设对环境影响评价方法的分析[J]．现代商贸工业，2017（17）：96-97.

[24] 张黎庆，王银龙．水电工程生态环境影响评价指标及其标准探讨[J]．水力发电，2014（7）：5-8.

[25] 侯小波，何孟．水电开发生态环境影响评价方法研究进展[A]//中国环境科学学会，2010中国环境科学学会学术年会论文集（第二卷）[C]．中国环境科学学会，2010：7.

[26] 赵贵林．分析水利水电工程建设对生态环境的影响[J]．建材与装饰，2017（34）：294-295.

[27] 李朝霞，吕琳莉，李萍．西藏水电开发对河流生态环境影响评价[J]．河海大学学报（自然科学版），2014，42（3）：200-204.

[28] 刘福存．基于河流生态健康的河流管理研讨[J]．珠江水运，2021（15）：48-50.

[29] 周静，白雪兰，刘哲，等．基于大型底栖动物完整性指数和多样性综合指数评价黄河榆中段河流生态健康状况[J]．甘肃农业大学学报，2021，56（4）：103-111，119.

[30] Álvarez-Cabria M，Barquín J，Antonio-Juanes J. Spatial and seasonal variability of macroinvertebrate metrics：Do macroinvertebrate communities track river health?[J] Ecol. Indic. 2010，10：370-379.

[31] An K G，Park S S，Shin J Y. An evaluation of a river health using the index of biological integrity along with relations to chemical and habitat conditions[J]. Environ. Int. 2002，28：411-420.

[32] Cooper J A G，Ramm A E L，Harrison T D. The estuarine health index：A new approach to scientific information transfer[J]. Ocean Coast. Manag，1994，25：103-141.

[33] Cox B，Oeding S，Taffs K. A comparison of macroinvertebrate-based indices for biological assessment of river health：A case example from the sub-tropical Richmond River Catchment in northeast New South Wales，Australia[J]. Ecol. Indic. 2019：106.

[34] De Jalon D G，Sanchez P，Camargo，J A. Downstream effects of a new hydropower impoundment on macrophyte，macroinvertebrate and fish communities[J]. Regul. Rivers Res. Manag. 1994，9：253-261.

[35] Dong Zheren. River health connotation. China Water Resour. 2005，4：15-18.

[36] Harmsworth G R，Young R G，Walker D，et al. Linkages between cultural and scientific indicators of river and stream health[J]. New Zeal. J. Mar. Freshw. Res. 2011，45：423-436.

[37] Hering D，Meier C，Rawer-Jost C，et al. Assessing streams in Germany with benthic invertebrates：Selection of candidate metrics[J]. Limnologica. 2004，34：398-415.

[38] Liu C，Zhang S-L，Cui W-Y，et al. The Review of River Health Assessment in China[C]. Clam：Springer International Publishing，2019.

[39] Luo Z，Zuo Q，Shao Q. A new framework for assessing river ecosystem health with consideration of human service demand[J]. Sci. Total Environ. 2018，41：442-453.

[40] Norris R H，Thoms M C. What is river health?[J]. Freshw. Biol. 1999，41：197-209.

[41] O'Brien A，Townsend K，Hale R，et al. How is ecosystem health defined and measured? A critical review of freshwater and estuarine studies[J]. Ecol. Indic. 2016，69：722-729.

[42] Vugteveen P，Leuven R.S.E.W.，Huijbregts M A J，et al. Redefinition and elaboration of river ecosystem health：Perspective for river management[J]. Hydrobiologia. 2006，565：289-308.

[43] Wen Fubo，Han Qiwei，Xu Jiongxin，et al. Definition and connotation of river health[J]. Adv. WATER Sci. 2007，18：0-10.

[44] Yang H，Shao X，Wu M. A review on ecosystem health research：A visualization based on CiteSpace[J]. Sustain. 2019，11.